PHYSIOLOGIE

NORMALE ET PATHOLOGIQUE

DU FOIE

G.-H. ROGER

Doyen de la Faculté de Médecine de Paris
Professeur de Pathologie expérimentale et comparée
Membre de l'Académie de Médecine

PHYSIOLOGIE

NORMALE & PATHOLOGIQUE

= DU FOIE =

MASSON ET CIE, ÉDITEURS
LIBRAIRES DE L'ACADÉMIE DE MÉDECINE
120, BOULEVARD SAINT-GERMAIN, PARIS, VIe
1922

PHYSIOLOGIE

NORMALE ET PATHOLOGIQUE

DU FOIE

CHAPITRE PREMIER

CONSIDÉRATIONS GÉNÉRALES

Par son *origine embryogénique*, le foie est un simple diverticule de l'intestin moyen. Il se développe de bonne heure ; c'est le premier organe glandulaire qui se forme, et c'est celui qui acquiert dès le début de la vie, pour les conserver toujours, les plus grandes dimensions.

La phylogénie, confirmant les données de l'ontogénie, nous apprend que chez un grand nombre de CŒLENTÉRÉS et de VERS, ainsi que chez certains INSECTES, le foie est simplement constitué par quelques cellules appliquées sur le tube digestif. Puis un bourgeon se produit qui s'allonge et s'éloigne, bourgeon creux, glande tubulaire, qui sert à la sécrétion d'un liquide digestif et d'un liquide excrémentitiel, ainsi qu'à l'accumulation et à l'élaboration des matériaux destinés à la nutrition. C'est l'homologue du foie et du pancréas, produisant une amylase, une sucrase, une cytase qui dissout la cellulose, une lipase, une trypsine, ou plutôt un trypsinogène qui est activé par une kinase intestinale.

Chez la plupart des RAYONNÉS et chez certains VERS, l'*hépato-pancréas* est simplement représenté par quelques amas de cellules ; chez d'autres êtres appartenant au même groupe, il est constitué par des cæcums qui s'ouvrent dans l'intestin moyen.

Chez les CRUSTACÉS, on trouve au commencement de l'intestin deux conduits excréteurs déversant un liquide analogue au suc pancréatique. La glande sert de réservoir au glycogène, surtout abondant pendant la période qui précède la mue ; et aux graisses qui, devant être utilisées par les glandes génitales, sont mises en réserve au moment de la reproduction.

Le foie des MOLLUSQUES se rapproche davantage de celui des VERTÉBRÉS. C'est une glande différenciée s'ouvrant dans l'intestin moyen et comprenant deux parties : l'une, servant à l'élaboration d'un liquide digestif, est formée d'une série de tubes sécréteurs ; l'autre est une glande interstitielle où s'accumulent la matière glycogène et les substances calcaires : celles-ci sont contenues dans des cellules spéciales, où elles forment des boules brillantes de phosphate de chaux. Accumulée pendant l'été, cette substance servira à la réparation de l'écaille et, pendant l'hiver, à la production de l'épiphragme ; seulement tandis que l'épiphragme est formé de phosphate calcaire, la coquille est constituée presque exclusivement de carbonate, ce qui suppose une transformation préliminaire. Voilà déjà un exemple du rôle que joue le foie dans l'accumulation des réserves nécessaires à la nutrition et à la réparation de l'organisme.

L'analyse chimique démontre la présence du *fer* dans le foie des MOLLUSQUES alors que le sang renferme, à la place de l'hémoglobine, un composé cuprique, l'*hémocyanine*. Le résultat est intéressant, il établit l'indépendance des fonctions martiales du sang et du foie. Le fer, qui se trouve en abondance dans la glande, servira aux processus d'oxydation et, accessoirement, à la formation de la coquille. Transportant cette constatation aux animaux supérieurs, on peut en tirer des déductions sur le rôle fonctionnel du fer contenu dans le foie.

Chez aucun INVERTÉBRÉ la sécrétion hépato-pancréatique ne contient de substances comparables aux sels ou aux pigments biliaires. Mais le tissu hépatique renferme des pigments analogues aux pigments hépatiques des VERTÉBRÉS. On y trouve également un pigment ferrugineux voisin de la ferrine et un pigment soluble dans le chloroforme qui se rapproche du choléchrome.

Chez les CRUSTACÉS et chez certains MOLLUSQUES, l'*hépato-pancréas* sert encore à l'absorption. Les matières alimentaires pénètrent dans l'intérieur des tubes, y subissent une transformation ultime et finalement sont absorbées. La glande hépato-pancréatique remplit donc quatre ordres de fonctions : elle solubilise

les aliments, y compris la cellulose que les sucs des vertébrés
sont incapables d'attaquer ; elle les absorbe ; elle accumule les
matériaux de réserve et les substances toxiques ; elle sert à l'élimination des substances excrémentitielles.

Par sa structure et ses fonctions, le foie des GASTÉROPODES est
bien supérieur au foie du dernier vertébré, l'AMPHIOXUS, simple
cæcum s'ouvrant dans l'intestin.

Chez tous les êtres inférieurs, le foie est une glande en tubes :
une telle disposition se retrouve chez un certain nombre de VER-
TÉBRÉS, les POISSONS et la COULEUVRE par exemple ; on peut même
arriver à la reconstituer chez les MAMMIFÈRES.

En s'élevant dans l'échelle animale, on voit le pancréas s'in-
dividualiser. En même temps le rôle digestif du foie diminue et
son rôle nutritif augmente. Malgré l'importance de la sécrétion
biliaire, le foie des vertébrés supérieurs a pour fonction principale d'arrêter, d'emmagasiner, de modifier ou de transformer les
nombreuses substances que lui amène la veine porte.

De ces substances, les unes viennent d'être absorbées dans
l'intestin. Ce sont les *produits alimentaires* qui ont été liquéfiés
et rendus diffusibles. Quelques-uns semblent suffisamment transformés pour pouvoir d'ores et déjà être offerts aux cellules et
servir à leur nutrition. Les autres ont besoin de subir une modification ultime et c'est dans le foie, comme l'avait compris Galien
et comme l'a démontré Cl. Bernard, que cette modification a
lieu.

« Après que le foie, dit Galien, a reçu l'aliment déjà préparé
d'avance par ses serviteurs et offrant, pour ainsi dire, une certaine ébauche et une image obscure du sang, il lui donne la dernière préparation nécessaire pour qu'il devienne aliment par-
fait ». N'est-ce pas la même idée que nous trouvons formulée
par Cl. Bernard : « Lorsque les substances ont passé par la veine
porte et par le foie, elles ont acquis la propriété de rester dans
l'organisme et d'entrer comme éléments constituants dans le
sang ».

Le tube digestif ne reçoit pas seulement des aliments. C'est
une voie ouverte à un grand nombre de substances toxiques ;
c'est une cavité où pullulent d'innombrables microbes qui produisent des poisons souvent fort énergiques : le foie intervient

pour arrêter et détruire la plupart de ces substances dangereuses. Le sang de la veine porte lui amène encore des déchets de la vie cellulaire, et ces déchets, qui menacent d'engendrer une constante auto-intoxication, le foie est capable de les modifier, de les transformer en produits inoffensifs, parfois même en produits utiles.

Ces premières considérations nous montrent que le foie est une glande digestive, agissant par la bile sur certains aliments; que c'est une glande nutritive, capable d'achever l'élaboration des matériaux utiles destinés à l'assimilation et de transformer les substances inutiles ou nuisibles provenant de la désassimilation. En accumulant certains produits d'origine alimentaire, le foie remplit le rôle d'un magasin ou d'un grenier, qui tient en réserve les substances nécessaires à la vie des cellules. En arrêtant les produits toxiques introduits accidentellement ou formés dans le tube digestif, il remplit le rôle d'une usine où viennent s'épurer les résidus malsains.

Le foie peut encore accumuler dans son réseau vasculaire des quantités considérables de sang. Il se comporte ainsi comme un barrage ou plutôt comme un réservoir qui régularise la circulation.

De toutes les fonctions du foie, la *sécrétion biliaire* est parfois considérée comme une des moins importantes. Cette assertion est inexacte. Il est vrai que la bile n'a guère d'action sur les aliments. Elle sert seulement à neutraliser les acides qui proviennent de l'estomac ou sont produits par le dédoublement des graisses neutres; mais elle renforce l'action de certains ferments, comme la lipase pancréatique et la lipase intestinale ; elle favorise la transformation et surtout l'absorption des graisses ; elle s'oppose à l'action coagulante de la mucinase et empêche la précipitation et la concrétion du mucus produit dans les parties supérieures de l'intestin; elle entrave les putréfactions intestinales et, si elle ne possède pas de pouvoir antiseptique, exception faite de quelques microbes, comme le pneumocoque qu'elle est capable de détruire, elle modifie le fonctionnement des bactéries putréfactives et neutralise les poisons que celles-ci peuvent élaborer.

Les sécrétions qui se déversent dans la cavité gastro-intestinale ont pour effet de rendre diffusibles les aliments ingérés ; les grosses molécules colloïdales sont disloquées et font place à des molécules plus petites qui s'infiltrent dans les parois intestinales pour gagner les chylifères et les radicules de la veine porte.

Si les aliments conservaient la propriété de diffusion qu'ils viennent d'acquérir, ils s'élimineraient à mesure qu'ils pénètrent dans l'économie. La formation et la rénovation du protoplasma deviendraient impossibles, et si, par extraordinaire, la vie pouvait se maintenir, ce serait à la condition qu'on introduisît constamment et continuellement des aliments dans le tube digestif. Toute réserve étant impossible, l'individu serait incapable de supporter le moindre jeûne. Le rôle du foie consiste justement à arrêter les substances diffusibles, à leur faire perdre le caractère qu'elles avaient acquis, à les ramener à l'état de substances stables ou tout au moins à l'état de grosses molécules.

C'est ce que démontre nettement l'étude de la *fonction glycogénique*.

Dans l'intestin, les colloïdes hydro-carbonés, dont l'amidon est le principal représentant, ont été hydrolysés. Ils ont été transformés en sucres et les différents sucres, ingérés ou produits, ont été finalement amenés à l'état de glycose. Le glycose, c'est la substance énergétique par excellence ; en se dédoublant, il abandonne l'énergie qu'il avait accumulée et que le muscle utilisera pendant sa contraction. Il est donc important que du glycose soit mis en réserve pour être livré peu à peu, au fur et à mesure que l'organisme en a besoin. C'est ici qu'intervient le foie. Il arrête le glycose que dans la période digestive la veine porte contient en excès ; il le déshydrate et, par polymérisation, le transforme en un colloïde, plus ou moins analogue à l'amidon, le glycogène. Puis, quand le sucre du sang diminue, ce qui a lieu, par exemple, pendant le travail musculaire ou pendant le jeûne, le foie transforme, par hydratation et dislocation, le glycogène en glycose et livre ce corps diffusible au sang qui l'emporte vers les cellules.

Ainsi le foie est capable d'accomplir deux processus diamétralement opposés ; il peut déshydrater le glycose et le polymériser ; hydrater le glycogène et en dissocier la grosse molécule. Cette double action est due à un ferment, à un seul et même ferment, qui agit tantôt dans un sens, tantôt dans un autre, et tend à établir un état d'équilibre entre les substances qui sont en présence.

Si, le plus souvent, le foie transforme le glycogène en glycose, il est capable, dans d'autres circonstances, de le transformer en acide lactique et, ce qui est plus important, de transformer l'acide lactique en glycose et en glycogène. C'est un nouvel exemple d'une transformation réversible.

Le foie possède encore la propriété de transformer le glycogène ou du moins le glycose en *acide glycuronique*. Cette transformation exige une combinaison préalable du glycose avec diverses substances, dont quelques-unes sont toxiques. Le chloral, le camphre, les aldéhydes, les acétones, certains corps aromatiques, benzol, phénol, indol, toluol, divers alcaloïdes, en s'unissant avec le glucose pour former des acides glycuroniques conjugués, perdent leur toxicité et s'éliminent facilement par l'urine. Ainsi une formule chimique rend compte de certains faits expérimentaux démontrant que si le foie est capable de neutraliser des poisons, c'est seulement quand son parenchyme contient du glycogène.

Cette constatation n'a pas seulement un intérêt théorique. La recherche de la glycuronurie est assez facile et fournit en clinique des renseignements intéressants sur le fonctionnement du foie.

De même que sur les hydrates de carbone, le foie agit sur les *matières grasses*. Si les graisses neutres passent, presque en totalité, dans les chylifères et, déversées dans la veine sous-clavière gauche, arrivent tout d'abord au poumon ; si cet organe exerce sur les graisses une action primordiale, comparable à celle que le foie exerce sur les sucres ; la glande hépatique n'en est pas moins capable d'arrêter les quelques gouttelettes de graisses émulsionnées que contient le sang de la veine porte pendant les périodes digestives. Il arrête aussi les savons et cette action est d'autant plus importante que les savons sont toxiques ; les expériences de Munk, celles plus récentes de Brothier ne laissent à cet égard aucun doute. Mais ce qui s'accumule dans le foie, ce ne sont pas les savons, substances nuisibles et d'ailleurs diffusibles. Le foie accomplit une nouvelle synthèse qu'il pourra détruire plus tard ; il l'accomplit en unissant de la glycérine aux acides gras. Le seul point obscur, c'est l'origine de la glycérine, dont on ne trouve que des traces dans le sang et les organes.

Bien que plus complexe, l'action du foie sur les *matières azotées* est comparable à son action sur les hydrates de carbone et sur les graisses. C'est le grenier où l'organisme puise toutes les substances dont il a besoin.

Le foie arrête et modifie un grand nombre d'*albumines* : il retient les traces de *peptones* qui ont pu traverser les parois intestinales. Il agit sur les *acides aminés*, dont quelques-uns sont dégradés, tandis que d'autres servent à reconstituer des matières protéiques.

Par les nombreux *ferments* qu'il renferme, le foie intervient dans toutes les mutations organiques. Faisant l'histoire de ses fonctions, nous serons forcé de passer en revue l'évolution de toutes les substances que la chimie biologique nous a fait connaître. Il n'y a pas un processus ressortissant à la nutrition et à la dénutrition, où le foie n'intervienne.

Les ferments hépatiques expliquent les phénomènes d'*autolyse*, qu'on étudie si facilement en conservant aseptiquement un foie prélevé sur un animal qu'on vient de sacrifier. Les transformations qui se produisent sont analogues à celles qui surviennent pendant la vie, au cours de la désassimilation. Leur étude éclaire un grand nombre de points obscurs.

Les produits autolytiques qui prennent naissance dans toutes les cellules de l'organisme subissent, pour la plupart, une transformation ultime dans le foie. Cet organe joue un rôle important dans la formation de l'*urée*, dans la formation et la destruction de l'*acide urique*, dans la *sulfo-conjugaison* des substances aromatiques. Il agit sur les *globules rouges*, contribuant à leur destruction et à leur rénovation grâce au fer qu'il met en réserve et qu'il renferme en telle quantité qu'on a pu lui assigner une *fonction martiale*. Il sert encore à l'élaboration des *pigments*. Il contribue à la production de toute une série de corps qui interviennent dans la *coagulation du sang*.

En emmagasinant et modifiant un grand nombre de substances formées dans l'organisme ou introduites du dehors, en arrêtant la plupart des matières qui proviennent de l'intestin et sont charriées par la veine porte, le foie remplit un *rôle pro-*

tecteur d'une importance capitale. Les troubles qui caractérisent l'*insuffisance hépatique* doivent être attribués à une auto-intoxication, dont les travaux modernes nous permettent de saisir le mécanisme.

Ce n'est pas seulement contre les matières solubles que le foie protège l'organisme. Il possède encore la propriété d'arrêter au passage certains *microbes*, et, par une sorte de digestion, d'en neutraliser les effets. C'est ainsi qu'il peut fixer et détruire des quantités considérables de bacilles charbonneux. Une dose 64 fois supérieure à celle qui tue par les veines périphériques, reste sans effet quand on l'injecte par la veine porte.

Si certains microbes sont retenus et détruits, d'autres s'éliminent par la bile. Leur passage dans les voies biliaires pourra devenir le point de départ de nouveaux accidents. Il se traduira par le développement d'une angiocholite ou d'une cholécystite suppurée. C'est ce que nous avons observé dans des expériences déjà anciennes et c'est un processus qu'on tend à invoquer de plus en plus aujourd'hui, et avec raison, pour expliquer la plupart des suppurations biliaires.

Ces considérations préliminaires établissent que le foie constitue une véritable barrière chargée d'arrêter un grand nombre des substances que charrie la veine porte. Il en retient une partie, empêchant une arrivée trop brusque dans la circulation générale des substances absorbées dans l'intestin; il réglemente leur introduction dans l'organisme ou bien il les transforme en des corps peu diffusibles et les emmagasine pour les livrer ensuite, suivant les besoins de l'économie. Il complète l'élaboration des matériaux d'origine alimentaire et leur fait subir les mutations ultimes qui leur permettront de servir à la nutrition; il rend inoffensives certaines substances nuisibles ou toxiques et achève ainsi de protéger l'économie contre les intoxications exogènes et les auto-intoxications.

Il ne faut pas croire cependant que ce rôle protecteur soit l'apanage exclusif de la glande hépatique. Presque toutes les cellules coopèrent au même but. C'est une propriété générale qui semble avoir acquis une importance prépondérante dans trois organes : le foie, le poumon, le rein.

Le foie est surtout chargé de transformer les substances toxiques. Son rôle éliminatoire, pour être réel, est peu important, d'autant moins important que la bile est un liquide partiellement récrémentitiel et que les substances rejetées par le foie dans l'intestin lui reviennent facilement par la veine porte. Le poumon et le rein sont, avant tout, des émonctoires. Mais ils peuvent aussi agir chimiquement sur certains poisons. Le fait est depuis longtemps démontré pour le rein ; il est également vrai pour le poumon qui constitue une deuxième barrière, capable d'arrêter les poisons qui auraient échappé à l'action protectrice du foie. C'est la dernière étape que devront franchir les diverses substances contenues dans le sang veineux avant de pénétrer dans le système artériel et d'être distribuées à toutes les cellules de l'économie.

Les phénomènes chimiques qui se produisent dans le foie sont pour la plupart *exothermiques*, c'est-à-dire qu'il dégagent de la chaleur. Cl. Bernard a démontré, depuis longtemps, que le sang des veines hépatiques est plus chaud que le sang de la veine porte. C'est à la sortie du foie que la température du sang est le plus élevée. Aussi la destruction de la glande entraîne-t-elle l'hypothermie, résultat important qui explique un grand nombre de faits cliniques.

Les fonctions du foie sont, nous avons essayé de le montrer dans cette revue sommaire, d'ordre chimique. Voila pourquoi il nous faut, avant tout, déterminer sa constitution et rechercher quelles substances révèle l'analyse de son parenchyme.

CHAPITRE II

POIDS, VOLUME ET CONSTITUTION CHIMIQUE DU FOIE

Poids et volume du foie. — Le foie des Vertébrés est la glande de beaucoup la plus volumineuse de l'économie. Son poids est variable et, chez une même espèce, il oscille dans des limites assez larges suivant l'âge du sujet et les conditions de son existence. Ch. Richet a fait une étude approfondie de la question et il a essayé d'établir le rapport qui relie le poids du foie au poids du corps et à la surface cutanée. Ne pouvant rapporter tous les chiffres qu'il donne, nous lui emprunterons le tableau suivant qui résume les résultats auxquels il est parvenu.

ANIMAUX	POIDS MOYEN *du corps*	POIDS *du foie*	POIDS DU FOIE	
			par déc. carré	*pour 100 gr.*
	gr.	gr.	gr.	gr.
Souris. . .	5,6	0,29	0,85	5,1
Rats . . .	260	13,25	2,90	5,1
Cobayes . .	460	18,8	2,83	4,1
Lapins . .	1.430	60,2	4,20	4,2
Chats . . .	2 670	97	4	3,25
Hommes . .	3.190	153	6,35	4,80
Chiens. . .	9 000	340	6,8	3,61
Chiens . .	20.000	540	6,5	2,63
Hommes . .	38.000	1.326	10,5	3,50
Hommes . .	56.000	1 680	10,2	2,95
Moutons . .	64.000	1.070	5,4	1,66
Moutons . .	88.000	1.220	5,45	1,49
Hommes . .	89.000	2.101	9,40	2,35
Porcs . . .	92 000	1.480	6,30	1,55
Bœufs. . .	525.000	6.850	9,40	1,31

Ces chiffres démontrent tout d'abord que, par rapport à la surface ou au poids, l'homme est de tous les animaux celui qui a la plus grande quantité de tissu hépatique. L'homme mis à part, la proportion de tissu hépatique va en croissant assez régulièrement par rapport à l'unité de surface et en diminuant par rapport à l'unité de poids, si bien que la moyenne reste sensiblement constante. Il semble que le développement du foie, chez l'homme, dépende de l'intense radiation qui se produit par la peau dépourvue de poils. Chez le chat, protégé par une épaisse fourrure, le rapport entre le foie et la surface est moins élevé que chez le chien.

Dans une même espèce, la proportion du tissu hépatique varie avec l'âge. Voici, par exemple, quelques chiffres, pris aux différentes époques de la vie humaine.

AGE	POIDS	POIDS	POIDS DU FOIE	
	du corps	du foie	par déc. carré	par kilog.
	kg.	gr.	gr.	gr.
1 jour . .	3,2	141,7	5,45	44,3
1 an . . .	9	333	6,30	37
7 ans . . .	19,1	677	7,80	35
14 ans . . .	38,6	1.188	8,70	32
25 ans . . .	63	1.819	9,65	27

Ainsi le poids du foie, par rapport à la surface, va croissant avec l'âge et décroissant par rapport à l'unité de poids corporel. Deux hypothèses peuvent expliquer ce résultat : ou bien les phénomènes chimiques qui se passent dans le foie sont moins intenses chez l'enfant que chez l'adulte ; ou bien les cellules infantiles sont plus actives de sorte que, pour un même poids, le fonctionnement hépatique est plus intense.

Maurel, qui a repris l'étude de la question, arrive à une première conclusion qui est assez analogue. Dans une même espèce animale, la quantité de foie par kilogramme corporel est d'autant plus grande que l'animal est plus petit. Mais il ajoute que la proportion varie avec la nature de l'alimentation ; elle est plus élevée chez les Carnivores que chez les Granivores.

Les recherches très précises de Magnan mettent bien en évidence l'influence du régime alimentaire. Opérant sur un très grand nombre de Mammifères et d'Oiseaux, il trouve les proportions suivantes, le poids du foie étant rapporté au kilogramme d'animal :

Herbivores	26,3
Piscivores	29,5
Carnivores	36,8
Insectivores.	38,8
Granivores	39,4
Omnicarnivores . . .	39,6
Frugivores	44,2
Omnivores	53,4

Constitution chimique du foie. — L'étude de la constitution chimique du foie se heurte à une très grosse difficulté. La glande est gorgée de sang, elle contient près du cinquième de la masse totale. Faire l'analyse du foie, tel qu'on le retire de l'abdomen, même quand on a tué l'animal par hémorragie, c'est fausser le résultat par la présence du sang. Laver au préalable l'organe, c'est lui enlever, même avec les liquides isotoniques, certains de ses principes et c'est introduire dans le parenchyme une quantité indéterminée d'eau et de sels.

Aussitôt après la mort, le foie a une *réaction alcaline* ; le tissu devient rapidement *acide*, ce qui est attribué à la formation d'acide lactique. En même temps il devient dur et résistant, c'est une sorte de *rigidité cadavérique* analogue à la rigidité musculaire. Cette transformation se fait d'autant plus vite que la température est plus élevée : en 2 heures environ vers 18° ; en 1 heure ou 1 h. 1/2 vers 40°.

Parmi les nombreuses analyses qui ont été faites, celles de Bibra, quoique fort anciennes (1849), sont restées classiques. Voici les chiffres qu'il a trouvés pour l'homme et le bœuf et les résultats que nous avons obtenus sur le lapin adulte :

	HOMME	BŒUF	LAPIN
Eau	76,17	71,39	72,69
Matières insolubles	9,44	11,29	13,07
Albumines solubles	2,40	2,35	2,84
Matières collogènes	3,37	6,25	} 8,48
Matières extractives	6,07	4,91	
Matières grasses	2,50	3,28	2,24
Total. . . .	99,95	99,57	99,32

Nous avons eu l'occasion de faire quelques dosages sur le foie d'un supplicié de 28 ans. L'organe fut prélevé quatre heures après l'exécution. Pour le dosage des albumines, on a fait une macération dans de l'eau chargée de bicarbonate et de fluorure de sodium. Les graisses ont été dosées par la méthode très précise de Kumagawa, ce qui explique leur taux assez élevé.

Eeau	72,48
Albumines	5,81
Glycose	2,45
Glycogène	3,69
Matières grasses	3,10
	88,53

Il faut ajouter à ces substances, plusieurs pigments : un pigment brun ferrugineux, la ferrine de Dastre, soluble dans l'eau légèrement alcaline, insoluble dans l'alcool et le chloroforme ; un pigment jaune également ferrugineux, soluble dans l'eau et un autre pigment jaune, le chlorochrome, soluble dans le chloroforme.

Variations de la quantité d'eau. — La quantité d'eau varie avec l'âge. Chez un jeune lapereau de 900 gr , elle est de 78,99 ; chez un lapin de 1.830 gr. elle tombe à 72,39, et chez un gros lapin de 2.880 gr., à 71,06. C'est le cas particulier d'une loi générale : plus un tissu est jeune, plus il est actif ; plus il est actif, plus il contient d'eau. La même loi se vérifie dans l'espèce humaine : chez le nouveau-né la proportion d'eau atteint 82,5.

Quand on soumet un animal au *jeûne* (**47**) (1), lui supprimant nourriture et boisson, la teneur en eau, loin de diminuer, augmente. Après 60 heures de jeûne, un rat blanc, dont le poids primitif était de 154 gr , pesait 129 gr. On sacrifie l'animal et on trouve 91 gr. 43 d'eau, soit une proportion de 70,8 o/o. Chez un témoin de 148 gr., sacrifié en pleine digestion, la proportion était de 64,57. Et cependant le rat inanitié avait perdu 6,55 d'eau par les matières fécales, 7,05 par l'urine et 25,82 par la respiration, soit au total 33,43. Il avait donc fabriqué une quantité d'eau qu'un calcul très simple permet d'évaluer à 25 gr. 43, quantité supérieure au quart de la masse d'eau renfermée primitivement dans son organisme.

______

(1) Les chiffres placés entre parenthèses renvoient à l'index chronologique des travaux de l'auteur, p. 395.

Le dosage de l'eau dans les différents organes établit que dans tous, sauf le poumon, la proportion de liquide est restée normale ou a légèrement augmentée. C'est du moins ce que nous avons constaté en comparant l'animal inanitié à un animal témoin de taille semblable. Chez ce dernier le foie contenait 70,1 o/o et chez l'animal en expérience 74,2.

Les résultats que nous avons obtenus chez le lapin sont analogues. Voici, par exemple, les chiffres fournis par 5 dosages :

	ANIMAL	ANIMAUX EN INANITION			
	témoin	*4 jours*	*5 jours*	*5 jours*	*7 jours*
Poids { initial . .	1.830	1.820	1.825	2 210	2.200
{ final. . .	»	1.440	1.470	1.645	1.550
Eau du foie . . .	72,39	73,6	72,07	72,86	71,7

On peut conclure que, si le jeûne n'est pas trop prolongé, la teneur en eau est égale ou légèrement supérieure à la normale.

Quand on reprend l'alimentation, le foie accumule les différentes matières organiques que lui amène la veine porte et fixe, en même temps, une certaine quantité d'eau. Son *volume* se trouve ainsi augmenté et cette augmentation varie avec l'*alimentation*. Elle est beaucoup plus marquée avec un régime riche en hydrates de carbone qu'avec un régime riche en matières azotées. C'est du moins l'opinion classique qui s'appuie sur un certain nombre d'expériences faites sur des animaux dont on peut facilement modifier le régime, comme le chien.

Les recherches récentes de Lafayette Mendel, ne semblent pas confirmer cette relation. 37 souris ont été soumises à des régimes variés : 7 ont reçu un régime mixte ; 10 un régime riche en albumine ; 8 un régime riche en graisse et 12 un régime riche en hydrates de carbone. L'expérience a été prolongée pendant un laps de temps qui a varié de 28 à 137 jours. Les chiffres obtenus, touchant le poids de l'animal, la teneur en eau de l'organisme et le poids du foie semblent livrés au hasard et paraissent défier toute systématisation. En les réunissant on obtient les moyennes suivantes :

RÉGIME *alimentaire*	NOMBRE *d'animaux*	POIDS MOYEN *du corps*	POIDS MOYEN *du foie*	RAPPORT o/o
Mixte	7	21,14	1,76	8,3
Azoté	10	18,74	2,12	11,3
Gras	8	19,81	1,86	9,4
Hydro-carboné . .	12	15,92	1,39	8,7
	37	20,43	1,92	9,4

Les résultats que nous rapportons semblent établir que le foie se développe surtout sous l'influence du régime azoté. Cette conclusion ne serait pas exacte. Car, en examinant les divers chiffres, on trouve entre eux des différences telles que les moyennes semblent sans importance. Il serait d'autant plus utile de reprendre l'étude de la question, que l'accumulation de certaines substances semble entraîner une augmentation de l'eau d'imbibition. Zuntz invoque l'influence du glycogène. Quand le foie en fixe 1 gr., il retient en même temps 4 gr. d'eau.

Mayer et Schæffer font intervenir un autre facteur. Ils rappellent tout d'abord, que le protoplasma des cellules est constitué par une suspension colloïdale d'albumine. La présence des acides gras insolubles dans l'eau tend à rompre la liaison. Mais la cholestérine, les graisses, les phosphatides jouissent de la solubilité réciproque et le mélange qui en résulte est perméable à l'eau. Dès lors un gel protoplasmique résistera d'autant moins à l'imbibition que le coefficient lipocytique calculé, soit en rapport $\dfrac{\text{cholestérine}}{\text{acide gras}}$, soit en rapport $\dfrac{\text{cholestérine}}{\text{phosphore lipoïdique}}$ sera plus élevé. C'est ce qui a lieu, en effet. Si, par exemple, on prend le poumon, le rein, le foie et si, après avoir desséché ces organes, on en plonge des fragments dans de l'eau distillée, on constate que l'imbibition est proportionnelle au coefficient lipocytique, ce qui conduit à supposer l'existence d'une constante que l'on peut ainsi formuler :

$$\text{Eau d'imbibition} \times \frac{\text{Ac. gras ou phosphore lipoïdique}}{\text{cholestérine}} = \text{K.}$$

Voici les résultats trouvés par Mayer et Schæffer.

ANIMAL	TISSUS	COEFFIC. lipocy-tique	EAU retenue par 1 gr. de tissu sec	$\dfrac{1}{\text{coeff. lip.}}$	VALEUR de K	
Lapin. .	Poumon.	17,1	9,28 $\times$	5,8 =	60,1	Rapport
	Rein . .	13,3	8,29	7,5	62,1	avec les
	Foie . .	8,4	5,09	11,9	60,4	ac. gras
Chien. .	Poumon.	4,44	12,22 $\times$	0,225=	2,74	Rapport avec le
	Rein . .	2,29	6,78	0,435	2,94	phosph.
	Foie . .	1,44	4,18	0,690	2,68	lipoïd.

Pour compléter les recherches faites en dehors de l'organisme, il est indispensable de savoir comment l'eau se distribue quand on en injecte dans les veines.

Les expériences de Engels montrent qu'un chien, ayant reçu 1.159 cmc. d'eau, en élimine 352 gr. Le reste s'accumule surtout dans les muscles (67,89 o/o) et la peau (17,75) ; le foie n'en retient que 2,96 ; le poumon 1,97 et le sang 1,55.

Les recherches que nous avons faites avec M. Garnier (**63**) fournissent à la question quelques données complémentaires. Elles se divisent en trois séries. La première comprend plusieurs lapins qui ont reçu dans les veines des quantités d'eau salée isotonique variant de 315 à 970 cmc. L'excès de liquide est éliminé rapidement et la rétention n'est que de 30 o/o de la quantité introduite. Dans la deuxième série d'expériences, nous avons injecté de 300 à 1.200 cmc. de liquide isotonique à des lapins qui avaient subi au préalable l'extirpation des deux reins ; comme on pouvait s'y attendre, la rétention aqueuse a été bien plus élevée, atteignant 88,3 o/o. Chez les animaux de la troisième série on a injecté une solution isotonique rendue isovisqueuse par l'adjonction de gomme arabique. Ce liquide visqueux s'élimine difficilement : la sécrétion rénale et même l'exhalation pulmonaire sont fortement entravées et la rétention hydrique s'élève à 90,6 o/o. Aussi les animaux succombent-ils fréquemment à un œdème pulmonaire.

Les animaux de la première série ayant survécu ou étant morts tardivement, nous n'avons fait de dosages que sur ceux des deuxième et troisième séries. Voici quelques chiffres trouvés en dosant l'eau dans le foie, les muscles et les poumons. Nous les mettons en regard des résultats obtenus chez un lapin normal :

| POIDS des animaux | QUANTITÉ de liquide injecté | QUANTITÉ D'EAU retenue | | DOSAGE DE L'EAU | | | | | |
| | | | | Foie | | Muscles | | Poumons | |
		totale	p. 100 cc. injectés	Quantité	Augmentat.	Quantité	Augmentat.	Quantité	Augmentat.
Lapin témoin, non injecté.									
2.000	»	»	»	72,69	»	76,2	»	79,2	»
Lapins néphrectomisés : injection d'eau salée isotonique.									
3.000	700	650	92,8	75,12	2,43	81,9	5,7	83,24	4,04
2.620	1.274	1.130	88,6	75,24	2,55	83	6,8	88	8,8
Moyennes . 2.810	987	890	90,7	75,18	2,49	82,45	6,25	85,62	6,42
Lapins normaux : injection d'eau salée, isotonique et isovisqueuse.									
2.450	600	550	91,6	78,03	5,34	82,37	6,17	85,84	6,64
1.770	560	500	89,2	80	7,31	80,08	3,88	86,55	7,35
Moyennes . 2 110	580	525	90,5	79,01	6,32	81,22	5,02	86,19	6,99

2

Chez les animaux néphrectomisés, malgré l'énorme rétention aqueuse, la quantité d'eau contenue dans le foie n'augmente que dans une proportion assez légère. Au contraire, avec le liquide isovisqueux, le chiffre est assez élevé : ce qui tient non à une imbibition des cellules, mais à une accumulation dans les capillaires ; le foie se transforme en une véritable éponge. Par contre, l'infiltration des muscles et des poumons est à peu près la même dans les deux cas.

Ces premiers résultats devraient être complétés par des recherches sur les causes qui, en plus de la viscocité, interviennent pour favoriser l'hydratation des organes et sur les modifications fonctionnelles qui se produisent dans les cellules.

Il serait d'autant plus intéressant d'approfondir la question que l'analyse chimique révèle une relation assez étroite entre l'activité des organes et leur teneur en eau. Il est important de faire, en même temps, le dosage de la graisse, car, contrairement à ce qui a lieu pour l'eau, plus l'organe est riche en graisse, moins il est actif. Les deux déterminations semblent donc se compléter. Si l'on dose l'eau et la graisse aux différents âges, on suit très nettement la corrélation que nous indiquons : l'eau diminuant et la graisse augmentant à mesure que l'animal vieillit et que ses organes perdent leur activité.

Rubner fait remarquer qu'il est intéressant, quand on soumet les résultats au calcul, de déterminer le pourcentage de l'eau par rapport au tissu dégraissé. La graisse devrait être considérée comme un élément surajouté au principe essentiel, l'albumine ; en la comprenant dans les pourcentages, on fausserait les résultats. Cette conception renferme une part de vérité, mais elle est trop schématique, les travaux de Mayer et Schæffer ayant bien mis en évidence le rôle des graisses et de la cholestérine dans l'imbibition cellulaire.

Contrairement à ce qu'on a pu soutenir autrefois, la proportion de la graisse contenue dans le foie serait peu modifiée par le jeûne et l'alimentation. Ce serait un élément constituant du protoplasma, la réserve de graisse se faisant en d'autres points, au moins dans les conditions normales. Terroine dose la graisse dans le foie de chiens, soumis à l'inanition ou à des régimes fort variés. Malgré la multiplicité des conditions expérimentales, les chiffres obtenus sont fort voisins. Pour 100 gr. de tissu sec, on trouve 10,5 chez les animaux normaux ; 11 chez ceux qui ont été soumis à une inanition de 3 à 26 jours ; 11,1 chez ceux qui sont tués de 3 à 18 heures après un repas de graisse ; 13,1 chez ceux qui ont été suralimentés.

GRAISSES ET LIPOIDES. — Dans un grand nombre de circonstances, le foie intervient pour emmagasiner les *matières grasses*. Il exerce sur ces substances une action fort importante, que nous étudierons en détail, et qui consiste essentiellement à transformer les acides gras saturés en acides gras non saturés, beaucoup plus facilement oxydables. Les acides palmitique $C^{16}H^{32}O^2$ et stéarique $C^{18}H^{36}O^2$ donneront ainsi de l'acide oléique $C^{18}H^{34}O^2$ et surtout de l'acide linoléique $C^{18}H^{32}O^2$, peut-être même de l'acide linolénique $C^{18}H^{30}O^2$. Hartley a isolé du parenchyme hépatique un acide encore moins saturé ayant pour formule $C^{20}H^{32}O^2$.

A côté des graisses, il faut placer les *lipoïdes* dont le foie renferme une forte proportion. Iscovesco en trouve 20 o/o de foie sec chez le cheval et 16 o/o chez le bœuf. On peut y distinguer des lécithines solubles dans l'alcool, des lipoïdes phosphorés insolubles dans ce liquide, des lipoïdes solubles dans le chloroforme, etc.

D'après Iscovesco, les lipoïdes du foie agiraient très énergiquement sur la croissance. Le développement des jeunes animaux, auxquels on en injecte, atteint 62 o/o, alors que le développement des témoins ne dépasse pas 29. Quelques organes plus que d'autres profitent de cette influence favorable. Ce sont le foie, la rate et surtout les poumons. L'huile de foie de morue contient également des lécithides favorisant le développement du tissu pulmonaire, ce qui expliquerait en partie son heureuse influence sur la marche de la tuberculose.

PROTÉINES ET PROTÉIDES DU FOIE. — En opérant à une basse température, Plosz a extrait du foie un *plasma* analogue au plasma musculaire de Kühne, mais ne contenant pas de myosine. Il y a trouvé une protéide coagulant à 45° et une nucléo-albumine. Dans les cellules dont on a retiré le plasma, il reste une globuline, difficilement soluble, du glycogène et de petites quantités de sérine.

Une étude plus approfondie des diverses *matières protéiques* du foie a permis de distinguer les corps suivants :

1° Une *globuline* coagulable à 45°, complètement soluble dans le suc gastrique, et paraissant analogue à la globuline cellulaire α d'Halliburton ;

2° Une *globuline* coagulable à 56°, et comparable au myosinogène : c'est l'hépato-globuline (Halliburton) ;

3° Une *globuline* coagulable à 70°, et laissant, après digestion dans le suc gastrique, un résidu insoluble de nucléine ;

4° Une *globuline* coagulable à 75°, soluble dans une solution de chlorure de sodium à 10 o/o et complètement digérée par le suc gastrique ;

5° Une *alcali-albumine*.

Sous le nom de *cytosine*, Bigart a décrit une matière protéique qui semble intermédiaire entre les globulines et la caséine et, comme celle-ci, précipite à froid par l'acide acétique.

Kruppffer a trouvé une substance qu'il appelle la *cytine* et qui ne se dissout que dans les solutions alcalines chaudes.

A côté de ces corps assez mal définis, nous citerons des *nucléo-protéides* qui semblent fort abondantes, si on en juge par la teneur élevée du phosphore, 1,45 pour 100 gr. de substances sèches. C'est probablement combiné à une nucléine que se trouve en grande partie le fer contenu dans le foie. Il forme ainsi des composés spéciaux, *hépatine*, *ferratine*, *ferrine*, que nous retrouverons en parlant des matières minérales.

Par hydrolyse les nucléines hépatiques donnent les quatre *bases nucléiniques* dans la proportion suivante, d'après Kossel : guanine, 1,97 ; hypoxanthine, 1,34 ; xanthine, 1,21 pour 1.000 parties sèches ; l'adénine est en proportion moindre. L'hydrate de carbone qui entre dans la constitution de la nucléine semble être un *pentose*, très probablement du l-xylose. La proportion est de 0,56 o/o dans l'extrait sec.

Une partie du *phosphore hépatique* entre dans la constitution des *lécithines*. La proportion de ces phosphatides, chez les Mammifères, est de 23,5 o/oo d'après Noël Paton, de 21,8 d'après Hefter. Balthazard trouve des chiffres moins élevés : 13 o/o chez le lapin ; 8,5 chez le cobaye ; 12,8 chez l'homme. La quantité varie suivant les conditions physiologiques et pathologiques. D'après Balthazard la teneur en lécithine augmente dans le jeûne et, chez le lapin, s'élève de 13 à 25 o/o. Elle augmente également dans l'intoxication phosphorée et dans l'infection typhique expérimentale. Chez un homme mort de tuberculose, le foie en renfermait 43,1 o/o. On en trouve aussi une forte proportion dans le foie des oies soumises à l'engraissement.

Drechsel a découvert dans le foie une autre substance phosphorée et azotée, c'est la *jécorine* qui semble un complexe de lipoïdes et de glycose. Elle réduit la liqueur de Fehling. L'analyse chimique y démontre la présence du soufre.

Parmi les autres substances qu'on trouve dans le foie, et dont nous parlerons à propos des fonctions de cet organe, nous signalerons des quantités plus ou moins considérables d'urée, d'acide urique, de xanthine, d'hypoxanthine, de guanine ; de la neuridine ; de la saprine ; de la β-méthyltétraméthylendiamine ; une base cristallisable, la gérontine de Gradis, qui disparaît chez les vieillards. Dans les états pathologiques le foie renferme beaucoup d'autres corps, leucine, tyrosine, acides lactique et paralactique, inusite. Mais la plupart de ces substances ne font pas partie du protoplasma. Ce sont des corps formés pendant les nombreuses mutations chimiques qui s'accomplissent constamment dans la glande.

Il nous faudrait encore parler des ferments que renferme le parenchyme. Nous les étudierons à propos des effets qu'ils produisent.

Matières minérales. — La proportion des matières anorganiques contenues dans le foie est d'environ 1,1 o/o, d'après Oidtmann. Comme dans la plupart des tissus, c'est le phosphate de potassium qui prédomine. Le rapport entre les diverses substances minérales peut être représenté de la façon suivante : potasse, 25,23 o/o ; soude, 14,51 ; magnésie, 0,2 ; chaux, 3,61 ; chlore, 2,58 ; acide phosphorique, 50,18 ; acide sulfurique, 0,92 ; silice, 0,27 ; oxyde de fer, 2,74 ; oxydes de plomb, de cuivre, de manganèse, 0,16.

Le *calcium*, abondant au moment de la naissance, diminue en même temps que se fait le développement. C'est surtout le fer qui subit, pendant l'évolution de l'être, les plus grandes variations, mais l'importance de ce corps est tellement considérable que nous en ferons une étude spéciale. Il convient, en effet, à l'exemple de Dastre, de décrire dans un chapitre particulier la *fonction martiale* du foie.

CHAPITRE III

CIRCULATION SANGUINE

Le foie reçoit du sang de deux vaisseaux différents : 1° l'artère hépatique, qui semble surtout présider à sa nutrition ; 2° la veine porte, qui paraît destinée à fournir les matériaux nécessaires à ses diverses fonctions.

Veine porte. — La quantité de sang, qui traverse la veine porte en 24 heures, est extrêmement considérable : chez un chien de 20 kg., Flügge trouve que le débit est de 500 gr. en une minute. Cela conduit à admettre que la douzième partie de la masse sanguine mise quotidiennement en mouvement traverse le foie ; autrement dit, 720 litres de sang passeraient chaque jour par cette glande. Aussi Stolnikow soutient-il que le foie constitue une sorte de régulateur mécanique de l'activité du cœur, compensant les excès de pression qui peuvent se produire dans le domaine de la veine cave inférieure ; après l'extirpation complète de la glande, la pression monte dans la veine cave inférieure et détermine une dilatation énorme du cœur ; ce fait expliquerait la rapidité de la mort, qui survient 6 heures environ après l'opération.

Quoi qu'il en soit, les *capillaires hépatiques* opposent au sang une notable résistance ; aussi la pression dans la veine porte est-elle plus élevée que dans les autres veines; elle oscille, chez le chien, entre 7 et 20 mm. de mercure et peut même monter à 24 pendant la période digestive (Rosapelly). Les expériences très précises de Villaret donnent une moyenne de 5 mm. La circulation est assurée par la faible pression sus-hépatique, qui n'atteint que 3 ou 4 mm. et peut même tomber à — 7 et — 8. Il est facile de comprendre qu'une pression, négative au delà du foie, doit produire le même effet qu'une pression, positive en deçà de la résistance; autrement dit, son influence s'ajoute à celle de la pression porte et augmente, en quelque sorte, la valeur positive de celle-ci.

Les chiffres que nous venons de donner se rapportent à la pression constante, c'est-à-dire débarrassée des oscillations continuelles qui la font varier. Or chaque mouvement inspiratoire produit dans la veine cave inférieure un abaissement de la pression, qui se fait sentir au confluent des veines sus-hépatiques : c'est alors qu'on trouve les chiffres de — 7 et — 8, c'est-à-dire les conditions les plus favorables à la circulation ; en même temps, les organes abdominaux sont refoulés par suite de l'abaissement du diaphragme, et la pression s'élève dans le système porte ; voilà comment la circulation intra-hépatique est considérablement favorisée par l'inspiration. Elle est gênée par l'expiration et par l'effort, qui produisent une augmentation de pression dans les veines sus-hépatiques.

Pour déterminer la vitesse de la circulation intra-hépatique, Rosapelly introduit dans la veine porte o gr. 8 à 1 gr. de ferrocyanure de potassium et constate que ce sel apparaît dans les veines sus-hépatiques huit secondes après l'injection ; la quantité éliminée augmente peu à peu, atteint son maximum vers la trentième seconde, puis diminue ; au bout d'une minute, on ne trouve plus de ferrocyanure. En pratiquant des circulations artificielles, Rosapelly a constaté qu'il faut faire passer 200 cmc. de liquide en une minute, pour que le ferrocyanure traverse le foie avec la même rapidité que sur l'animal vivant. Or, dans la veine porte, la surface de section est d'environ 1 cmq. ; la vitesse est donc de 33 mm. par seconde. Dans les branches de bifurcation, dont le calibre est supérieur d'un tiers à celui du tronc, la vitesse est de 22 mm. ; dans les veines sus-hépatiques, dont le calibre est double, le sang ne parcourt plus que 16 mm. à la seconde. Enfin, dans la portion intermédiaire, c'est-à-dire dans les capillaires, on peut évaluer la rapidité du courant sanguin à 4 ou 5 mm.

La méthode des circulations artificielles a permis encore de mesurer la résistance que les capillaires du foie opposent au passage du sang venant de la veine porte ou de l'artère hépatique. La circulation veineuse ne s'arrête que lorsque la pression sus-hépatique est presque égale à la pression porte ; au contraire, la circulation artérielle est suspendue pour peu qu'on élève la pression sus-hépatique, alors même que cette pression est encore de sept à huit fois inférieure à celle de l'artère : les capillaires artériels semblent donc opposer au passage du sang une plus grande résistance que les capillaires veineux. Ce résultat conduit à admettre une certaine indépendance entre les deux systèmes ; pourtant cette indépendance n'est pas absolue : en augmentant la pression dans la veine porte, on gêne la circulation artérielle et réciproquement. Rosapelly avait constaté, en pratiquant simultanément des circulations artificielles dans les divers vaisseaux du foie, que l'écoulement du liquide, apporté simultanément par la veine porte et par l'artère hépatique, était un peu plus considérable que la somme des écoulements successifs par l'un et l'autre vaisseau. Ce résultat, qui paraît assez paradoxal, est controuvé par Gad, Betz, Cavazzani. D'après ces physiologistes il y aurait au contraire diminution de l'écoulement, l'augmentation de la pression artérielle entravant l'écoulement par la veine porte (Cavazzani). Les obstacles apportés au cours de la bile gênent la circulation sanguine, au point de déterminer parfois de l'ascite et de l'hypertrophie de la rate (Maragliano).

La circulation sanguine peut encore être modifiée par les variations de calibre des vaisseaux. Plusieurs observateurs, opérant sur des animaux vivants, ont remarqué que la veine porte est contractile ; Kölliker, Virchow ont vérifié le fait sur des cadavres de suppliciés. Les contractions du tronc porte doivent favoriser le cours du sang. L'influence des changements qui peuvent survenir dans le calibre des capillaires n'est pas moins considérable. Il résulte des expériences de Héger qu'un courant de sérum qui, sous une pression constante, traverse un foie préparé pour la circulation artificielle, ne s'écoule pas d'une façon uniforme ; on observe une série d'oscillations, qui sont surtout marquées dans la première heure, et diminuent ensuite ; quand l'organe est mort, l'écoulement se fait d'une façon continue, comme à travers un tube inerte. L'adjonction d'un alcaloïde au sérum modifie notablement la vitesse du courant sanguin. Ces variations doivent évidemment reconnaître pour cause des changements dans le calibre des capillaires. Si l'on veut bien se rappeler que les quantités écoulées dans un même temps et sous une même pression, sont proportionnelles à la quatrième puissance des diamètres, on comprendra que le moindre changement dans le calibre des petits vaisseaux devra se traduire par des modifications considérables dans la vitesse de l'écoulement.

En injectant 2 milligr. de nicotine dans la veine porte d'un chien, François Franck et Hallion ont observé une diminution de volume de la glande, provoquant une augmentation de la pression dans le système porte et une élévation de la pression artérielle, caractérisée par d'énormes oscillations systo-diastoliques. Cette dernière manifestation est d'ordre réflexe et disparaît après énervation du foie.

La contraction des capillaires hépatiques, que provoquent diverses substances toxiques, a pour conséquence de prolonger le contact des poisons avec les cellules du foie, et de le rendre plus intime. Elle favorise ainsi la pénétration dans les cellules hépatiques.

Pendant la période digestive, le système veineux abdominal est gorgé de sang, ce qui augmente la pression constante du système porte. L'inanition a un effet diamétralement opposé. Il doit se produire, dans ces diverses conditions, des modifications dans la rapidité du courant sanguin qui traverse le foie ; mais, nous n'avons trouvé sur ce sujet aucune expérience démonstrative.

Les travaux très intéressants de Glenard, Sicaud, Sérégé, tendent à faire admettre une certaine indépendance circulatoire entre les deux lobes du foie. Deux courants sanguins arriveraient dans le tronc porte et couleraient côte à côte sans se mélanger. Le sang des veines splénique et petite mésaraïque, provenant de la rate et de la partie terminale du gros intestin, se rendrait au lobe gauche du foie ; le sang de la grande mésaraïque, provenant de l'intestin grêle et de la partie supérieure du gros intestin, servirait à irriguer le lobe droit. Il y aurait ainsi deux départements dont la démarcation est assez exactement représentée par une ligne allant de l'incisure biliaire à l'embouchure des veines sus-hépatiques.

Cette dualité circulatoire se superpose à l'origine embryologique du foie, qui peut être considéré comme formé de plusieurs lobes dont chacun se développe par réticulation secondaire d'un vaisseau embryonnaire.

Les relations entre les différentes parties du foie et les diverses branches des systèmes porte et sus-hépatique, se trouvent résumées dans le tableau suivant :

SINUS DE CLIVAGE		RÉGION DU FOIE		S. PORTE		S. SUS-HÉPAT.
Veine omphalo-mésent. droite .	{	Lobe lat. dr. sup. Lobe lat. dr. inf.		Br. arquée. . Br. descend.	}	V. sus-hép. droite
V. ombilicale droite. . . .	{	Lobe moyen droit	{	Br. ascend. . Br. cystique .	}	V. sus-hép. accessoires
V. ombilicale gauche . . .	{	Lobe moyen g. .	{	Bouquet vasculaire droit ·	}	V. sus-hép. médiane
V. omphalo-mésent. gauche.	{	Lobe lat. g. sup. Lobe lat. g. inf.		Bouquet vasc. g. Br. angulaire.	}	V. sus-hép. gauche
Canal d'Aranzi .		Lobe de Spiegel.		Br. de Spiegel.		Groupe ventral.

Quelques expériences semblent démontrer la réalité de la conception nouvelle. Ainsi la compression de la veine sus-hépatique gauche entraîne la congestion du lobe gauche, de l'estomac, de la rate et de la partie inférieure du gros intestin. La compression de la veine sus-hépatique droite a pour résultat la congestion du lobe droit, de la deuxième portion de l'intestin grêle et du commencement du gros intestin.

L'indépendance des deux lobes est encore mise en évidence par des recherches sur la vitesse de la circulation sanguine. Le ferrocyanure de potassium met 45 secondes à traverser le lobe droit et 95 à traverser le lobe gauche.

Quelques faits pathologiques viennent confirmer les données expérimentales en établissant que les troubles gastriques retentissent de préférence sur le lobe gauche ; les troubles du duodénum et du jéjunum sur le lobe médian et ceux de la partie inférieure de l'iléon et de la partie supérieure du gros intestin sur le lobe droit.

Les analyses chimiques de Sérégé montrent les différences fonctionnelles des deux lobes au cours de la digestion. Voici les chiffres qu'a donnés le dosage de l'urée et du glycogène :

	URÉE		GLYCOGÈNE	
	Lobe gauche	*Lobe droit*	*Lobe gauche*	*Lobe droit*
A jeun.	48	48	1,90	1,57
2 h. après repas. .	65	48	1,17	0,93
4 h. après repas . .	64	70	3,45	3,86
6 h. après repas . .	68	81	3,83	4,35
8 h. après repas . .	50	50	1,61	1,15

A ces différences chimiques Sérégé superpose des différences biologiques. Il détermine sur des lapins la toxicité des extraits obtenus en faisant macérer du foie de chien dans trois parties d'eau salée. Si le chien est à jeun, l'extrait du lobe gauche amène de la somnolence et un abaissement de la température, tandis que l'extrait du lobe droit provoque une forte hyperthermie, après une phase passagère d'hypothermie. Quand l'animal est en digestion, c'est l'extrait du lobe droit qui détermine les convulsions les plus violentes.

Les critiques, formulées par Gilbert et Villaret, commandent une certaine réserve. Cependant la question posée par les expériences que nous avons rapportées est trop intéressante pour ne pas mériter de fixer l'attention.

Vaso=moteurs. — L'étude des *vaso-moteurs* du foie est loin d'être achevée. Les *fibres vaso-constrictives* quittent la moelle par les sixième et septième dorsales, suivent les nerfs splanchniques et, après avoir traversé les ganglions cœliaques, se rendent au foie en cheminant le long du canal cholédoque, de l'artère hépatique et de la veine porte. Les recherches de Burton Opitz ont établi que l'excitation du plexus hépatique amène la vaso-constriction dans le territoire de l'artère hépatique : foie, pylore, extrémité droite de l'estomac, pancréas et duodénum. L'excitation du splanchnique augmente le débit du sang par l'artère hépatique, sans doute parce que les vaisseaux du système porte, vides de sang, ne font plus obstacle au remplissage des artères et cela précisément au moment où la pression artérielle s'élève sous l'influence de la vaso-constriction abdominale.

On a observé la constriction des vaisseaux hépatiques en faradisant le nerf vertébral, les ganglions cervicaux, du moins le ganglion cervical inférieur, l'anse de Vieussens, le premier ganglion thoracique. Il s'agirait, d'après F. Franck et Hallion, d'actions réflexes qui cessent de se produire quand on a sectionné les rameaux communicants des nerfs dorsaux.

Les excitations des nerfs de la sensibilité générale provoquent toujours de la vaso-constriction réflexe : celles des nerfs sensibles viscéraux amènent le plus souvent de la vaso-dilatation et, en même temps, une vaso-constriction de la périphérie cutanée.

Quant aux vaso-dilatateurs, partis du bulbe, ils semblent suivre la moelle cervicale et les trois premières paires dorsales, pour descendre ensuite par le sympathique et passer dans les nerfs splanchniques. Ceux-ci contiennent les deux ordres de filets : mais les vaso-constricteurs prédominent. Aussi l'extirpation du plexus solaire ou la section des ganglions semi-lunaires est-elle suivie d'une congestion intense.

Par le développement considérable de son réseau capillaire, par la facilité de sa distension et sa rétractilité, le foie peut être considéré comme un vaste réservoir dans lequel le sang s'accumule : réservoir annexé au cœur, d'après quelques savants, empêchant une arrivée trop brusque de sang dans l'oreillette droite, quand s'accélère ou augmente le flot sanguin de la veine porte ; réservoir servant aussi à l'accumulation de grandes quantités de sang, quand le cœur droit, au cours des états pathologiques, faiblit et se laisse distendre. Le foie s'imbibe, suivant la comparaison classique, comme une vaste éponge. Ce rôle mécanique est complété par l'intervention d'un organe annexé au foie, la rate, qui se laisse distendre dans les mêmes conditions. Après une alimentation copieuse, après l'ingestion d'une grande quantité de liquide, le système porte se remplit de sang et le foie se congestionne. On éprouve parfois une certaine gêne de la région hépatique, voire même une certaine douleur, surtout marquée pendant la marche, qui traduisent cette congestion prandiale.

Les oscillations rythmiques de la rate contribuent puissamment à assurer et à régler la circulation intra-hépatique ; quand la pression s'élève, les contractions de l'organe deviennent plus énergiques et favorisent le cheminement du sang dans la veine porte.

Œdèmes et ascite. — Un grand nombre d'affections hépatiques, en gênant la circulation du sang, entraînent des troubles morbides, en tête desquels on a coutume de placer *l'ascite*.

L'épanchement péritonéal est formé par un liquide citrin, dont la constitution chimique, d'ailleurs très variable, s'éloigne considérablement de la constitution du plasma. Voici, par exemple, les résultats de trois analyses rapportées par Hoppe Seyler :

| | ASCITE (CIRRHOSE DU FOIE) | | | PLASMA |
	1re ponct.	*2e ponct.*	*autopsie*	*sanguin*
Eau	984,50	982,35	983,33	902
Matières solides	15.50	17,74	16,67	92
Matières protéiques.	6,17	7,73	6,11	78,84
Fibrine	—	—	—	4,05
Graisses et matières extractives .	1,25	1,84	2,25	5,66
Sels	8,45	8,13	8,24	8,55

On voit que la proportion des sels est analogue à celle du sang. C'est que les substances minérales passent dans la sérosité péritonéale par une simple dialyse, tandis que les albumines y sont déversées par une véritable sécrétion. Aussi leur quantité varie-t-elle considérablement suivant les causes de l'ascite. Elle varie même, dans des proportions notables, chez des malades atteints d'affections en apparence analogues. Voici, en effet, les chiffres que nous relevons dans un travail de Bernheim :

	MINIMUM	MAXIMUM	MOYENNES
Cirrhose hépatique. . . .	5,6	34,5	10 à 21
Néphrites.	10,10	16,11	5 à 10
Péritonite tuberculeuse . .	18,72	55,8	30 à 38
Cancer du péritoine. . . .	27	54,2	35 à 49

En dehors des albumines et des graisses, le liquide ascitique renferme de l'urée, dont la proportion peut s'élever à 4 pour 1.000 dans les néphrites ; de l'acide urique ; de l'allantoïne, surtout abondante dans les cirrhoses ; de la xanthine, de la créatine, de la cholestérine et du sucre. On y trouve des ferments amylolytique et protéolytique et, d'après Hamburger, de la lipase.

Le liquide de l'ascite ne coagule pas spontanément. Cependant il contient tous les éléments nécessaires à la coagulation. C'est ce que montre une intéressante expérience de Lisbonne. Si, dans 3o ou 4o cmc. de liquide ascitique, on verse de 2 à 5 cmc. de chloroforme, si on agite et si on ajoute du chloroforme à 3 ou 4 reprises, on voit à un moment de larges filaments de fibrine apparaître brusquement : il se forme ainsi une masse tremblotante qui se rétracte plus tard.

Aux différences chimiques que nous avons indiquées entre l'épanchement péritonéal et le sérum sanguin, se superposent des différences biologiques.

Si l'on injecte à des lapins, par la voie intra-veineuse, du sérum sanguin, il suffit d'introduire par kilogramme de leur poids 15 à 20 cmc. pour amener la mort. Une quantité deux fois plus élevée de liquide ascitique ne produit aucun trouble. Au contraire le liquide des ascites cancéreuses est toxique aux doses de 10 à 20 cmc. Ce résultat expérimental est confirmé par une observation de Mauclaire. Le drainage de l'ascite par le saphène est une opération chirurgicale fort bien supportée. Cependant un malade succomba quelques heures après l'intervention, et le décès, que rien n'expliquait, était dû, comme l'établit l'autopsie, à l'origine cancéreuse de l'épanchement. Voilà une démonstration saisissante de la réalité des poisons cancéreux.

Faut-il, suivant la conception classique, attribuer l'ascite des cirrhotiques au trouble de la circulation porte ?

On invoque, en faveur de cette opinion, la présence dans le liquide de nombreux placards endothéliaux, indices d'un épanchement d'origine mécanique.

L'argument est un peu fragile et ne tient pas devant les objections qu'on peut formuler. Nous ferons remarquer, tout d'abord, que les affections hépatiques, comme les affections rénales, sont essentiellement *hydropigènes*. On observe fréquemment des *œdèmes* au cours des cirrhoses. Quand ils siègent aux membres inférieurs, on les explique par une compression que l'ascite exercerait sur la veine cave. Mais, chez un grand nombre de malades, l'œdème est abondant et l'ascite est légère. Réciproquement des ascites extrêmement abondantes ont pu se développer sans provoquer d'œdème.

Ce qui est encore plus grave pour la théorie, c'est que parfois l'œdème des membres inférieurs précède l'ascite, comme dans les observations publiées par Monneret (1852), Mac Swinney (1876), Giovanni (1884), Gilbert et son élève Presles (1891). La théorie mécanique de la compression n'étant plus soutenable, on admit, avec Gilbert, une altération de la veine cave inférieure, un rétrécissement de cette veine gênant la circulation en retour.

Mais on a vu se développer des œdèmes aux membres supérieurs et même à la face. On en a signalé dans les affections hépatiques ne provoquant pas d'ascite. Dieulafoy en mentionne le développement dans la cirrhose hypertrophique graisseuse. Guéneau de Mussy a décrit, au cours de la colique hépatique, des œdèmes malléolaires, trop facilement mis sur le compte d'une asystolie passagère d'origine réflexe.

Sur 36 cirrhotiques, examinés par Le Damany, 17 étaient atteints d'œdèmes et, chez plusieurs d'entre eux, ce trouble constitua le symptôme initial de la maladie. C'est parfois une manifestation passagère, se développant à la période pré-ascitique. Le soir, après la fatigue de la journée, le malade s'aperçoit que la peau des régions malléolaires est gonflée. Le lendemain matin, la résorption du liquide épanché s'est produite. Chez certains sujets, l'infiltration œdémateuse débute aux paupières ; elle a les mêmes caractères que dans le mal de Bright. Mais l'examen de l'urine ne révèle pas d'albumine et il suffit de quelques jours de repos pour que ces manifestations rétrocèdent.

Chez plusieurs malades observés par Le Damany, on constata l'œdème des membres supérieurs, du thorax, de la face, et cependant l'urine ne contenait pas d'albumine : on ne pouvait pas non plus invoquer une rétention des chlorures, car l'ingestion d'une dose quotidienne de 30 gr. de sel marin, donnée huit jours de suite, n'empêcha pas la résorption du liquide infiltré.

Tous ces résultats conduisent à faire un rapprochement entre les œdèmes hépatiques et les œdèmes brightiques et à supposer que les troubles du foie, comme ceux du rein, comptent l'hydropisie parmi leurs symptômes. C'était l'opinion de Hanot : « L'altération de la cellule hépatique explique, dit-il, les œdèmes localisés, soit autour des malléoles, soit à la face, sans albuminurie. Il y a un œdème hépatique comme il y a un œdème rénal et il peut être un signe d'avant-garde ».

L'examen impartial des faits conduit, en effet, à rejeter la théorique mécanique et à invoquer un trouble fonctionnel.

La diminution si marquée de l'urine résulterait, d'après les partisans de la théorie mécanique, de l'accumulation du liquide dans le péritoine : ce serait le résultat de l'hydropisie. Les partisans de la théorie fonctionnelle renversent les termes et font de l'oligurie une des causes de la rétention hydrique. Cette oligurie a été souvent attribuée à une diminution de l'urée, qui représente en effet l'excitant normal du rein et règle la diurèse. Mais au cours de plusieurs maladies, l'urée subit des diminutions aussi marquées sans que des œdèmes se produisent.

Le Damany essaya d'expliquer les œdèmes par une auto-intoxication de l'organisme ; il supposa une mauvaise élaboration de la matière protéique qui resterait dans les tissus et provoquerait secondairement la rétention de l'eau et des chlorures.

Les recherches que nous avons faites (**74**) nous paraissent démontrer que les œdèmes doivent être attribués à l'influence des *produits autolytiques* du foie. Leur injection diminue dans des proportions considérables, l'excrétion de l'eau par les reins. En opérant sur des lapins, nous avons vu la quantité d'urine tomber de 150 et 200 cmc., dose moyenne en 24 heures, à 20 et même 15 cmc. Le résultat est trop rapide pour qu'on puisse invoquer une lésion des reins ; il s'agit d'un trouble fonctionnel qui ne dépend pas d'une insuffisance uropoétique ; car, si la quantité d'urée émise en 24 heures est, par suite de l'oligurie, considérablement diminuée, la proportion en est fortement accrue. C'est, dira-t-on, une différence avec ce qu'on observe chez les cirrhotiques. Elle tient simplement à ce qu'on opère sur un animal sain, dont le foie fonctionne régulièrement. L'expérience est d'autant plus démonstrative que, malgré la forte proportion d'urée, qui peut atteindre 50 et même 70 gr. pour 1.000, alors que chez le lapin normal elle oscille entre 6 et 10 gr., malgré, disons-nous, cette augmentation de l'urée, la sécrétion rénale diminue. Ainsi les produits autolytiques du foie exercent sur le rein une action inhibitrice : ils entravent l'excrétion de l'eau, tout en permettant une excrétion facile d'autres produits, l'urée par exemple. Il y a là une dissociation fonctionnelle fort curieuse.

L'autolyse provoquée par les processus morbides, ayant pour conséquence une oligurie très marquée, une rétention de liquide se produit et le sang se débarrasse de l'eau qu'il renferme en excès en la déversant dans les tissus. La situation est la même que dans les néphrites albumineuses. Si l'ascite est plus fréquente, si elle constitue souvent la première et même l'unique hydropisie, c'est que le trouble mécanique de la circulation favorise la localisation intrapéritonéale. La gêne de la circulation porte est simplement une condition déterminante de l'ascite.

La conception, qui ressort des expériences que nous avons rapportées, rend compte de tous les faits cliniques. Elle explique le développement des œdèmes pré-ascitiques, leur disparition possible quand l'état général du malade s'améliore, c'est-à-dire quand l'autolyse diminue. Elle explique aussi les cas sur lesquels insistait Hanot, où l'ascite s'est développée rapidement, atteignant en quelques jours des proportions énormes ; c'est ce qui a lieu à la suite de trop copieuses libations ou d'un coup de froid. La cause occasionnelle a précipité l'autolyse des cellules déjà malades. Enfin elle rend compte des œdèmes qui surviennent en dehors de toute gêne dans la circulation du foie. Peut-être même explique t-elle l'œdème de la colique hépatique, attribué autrefois à une dilatation réflexe du cœur, cette affection retentissant plus qu'on ne le croyait jadis sur les fonctions du foie.

Les intéressantes recherches de Blum, Aubet et Hansknecht apportent une preuve thérapeutique en faveur de notre conception. Elles démontrent que l'ascite, comme les œdèmes, diminue quand on administre une forte dose de chlorure de calcium, 10 à 15 gr. en 24 heures. En quelques jours les épanchements séreux se résorbent, alors qu'aucune modification n'a été apportée aux troubles de la circulation portale.

Quand elle est constituée, l'ascite exerce sur les organes et les vaisseaux abdominaux, une pression qu'il était intéressant de mesurer. En introduisant dans la cavité péritonéale un manomètre à air libre, Gilbert a trouvé que la pression varie de 28 à 45 cm. ; elle est en moyenne de 30 ; augmentant pendant l'inspiration, pendant les quintes de toux ; s'élevant quand on fait asseoir le malade et surtout quand on le fait lever. A la fin de la ponction évacuatrice, la pression tombe à 8 cm.

Opérant avec un petit manomètre à mercure, Pitres arrive à des résultats analogues et constate également la diminution de la pression après la ponction, résultat heureux ayant pour conséquence d'améliorer la circulation sanguine.

Conséquences des troubles de la circulation porte. — Les troubles de la circulation porte qui expliquent la formation ou, du moins, la localisation de l'hydropisie péritonéale, ont pour conséquence le développement d'une *circulation collatérale* qui tend à rétablir l'équilibre. Les anastomoses entre le système de la veine porte et le système des veines caves supérieure et inférieure sont très nombreuses. Elles sont établies par des vaisseaux d'un faible calibre qui se dilatent progressivement, pouvant par places devenir variqueux. On voit ainsi se développer une active circulation collatérale qu'on apprécie déjà en examinant la peau de l'abdomen, sous laquelle se dessine un réseau veineux souvent fort apparent.

Dans la région ombilicale, les anastomoses, particulièrement nombreuses et importantes, sont disposées sur deux plans, l'un superficiel et l'autre profond. Leur ensemble constitue un groupement de nombreuses veines qu'on désigne sous le nom expressif de tête de méduse ; la circulation en est parfois assez active pour qu'on puisse y percevoir un souffle à l'auscultation. Le centre ombilical est d'autant plus important qu'il établit des communications avec les deux systèmes caves.

On peut encore apprécier l'intensité de la circulation collatérale par le développement des hémorroïdes. Duret pense qu'on en a exagéré la fréquence. Elles constitueraient, d'après Murchison, de véritables soupapes de sûreté et on a rapporté des cas où leur extirpation a provoqué des troubles graves, une augmentation rapide de l'ascite et même des hématémèses. Celles-ci sont dues à la rupture de *varices œsophagiennes* qui se développent au point où la veine coronaire stomachique gauche s'anastomose avec les veines de l'œsophage.

Les anatomoses de Retzius, en se dilatant outre mesure, peuvent aussi se rompre et donner naissance à des hémorragies intestinales. Les veines capsulaires, surtout quand existe de la périhépatite, atteignent parfois le volume d'une plume de corbeau.

Tandis que les veines, en se développant, empêchent la stase dans le système porte, l'artère hépatique sert à rétablir la circulation. Elle peut se dilater au point d'atteindre 14 et 15 mm. de diamètre.

Malgré toutes ces compensations, des troubles nombreux persistent qui constituent le syndrome de l'*hypertension portale* de Gilbert. Ce sont les diverses manifestations morbides attribuées à la compression des organes et des vaisseaux par le liquide ascitique, l'abaissement de la pression artérielle, les troubles de la sécrétion urinaire parmi lesquels l'opsiurie (Gilbert), c'est-à-dire le retard de l'élimination de l'urine après ingestion d'eau.

La ponction abdominale, en diminuant les phénomènes de compression, diminue certains troubles morbides. La pression artérielle se relève; la sécrétion urinaire augmente et entraîne au dehors une grande quantité de substances toxiques, comme on peut le reconnaître, en déterminant chez les animaux la toxicité de l'urine ou, plus simplement, en recherchant l'élimination de l'acide glycuronique.

Circulations collatérales. — Les troubles de la circulation hépatique retentissent facilement sur la rate qui sert de réservoir au sang passant par la veine porte. Aussi la rate se développe-t-elle au cours de la cirrhose atrophique; la circulation y devient souvent assez intense pour que l'auscultation y fasse percevoir un souffle.

On peut se demander cependant si la splénomégalie des cirrhotiques relève nécessairement d'un trouble circulatoire. Dans l'asystolie, alors même que le foie est gorgé de sang, le volume de la rate reste normal. Réciproquement la rate est souvent augmentée de volume au cours des cirrhoses qui ne provoquent pas d'épanchement péritonéal. Il suffit de pratiquer la ligature du canal cholédoque chez un animal pour voir la rate s'hypertrophier. Il y aurait donc un retentissement fonctionnel du foie sur la rate et, réciproquement, il semble que certaines altérations spléniques puissent causer des lésions du foie. On peut l'admettre pour le paludisme et rattacher à la splénomégalie les cirrhoses qui se développent ultérieurement. Un exemple nous est fourni par la maladie de Banti : la première période est caractérisée par une hypertrophie de la rate dont le poids

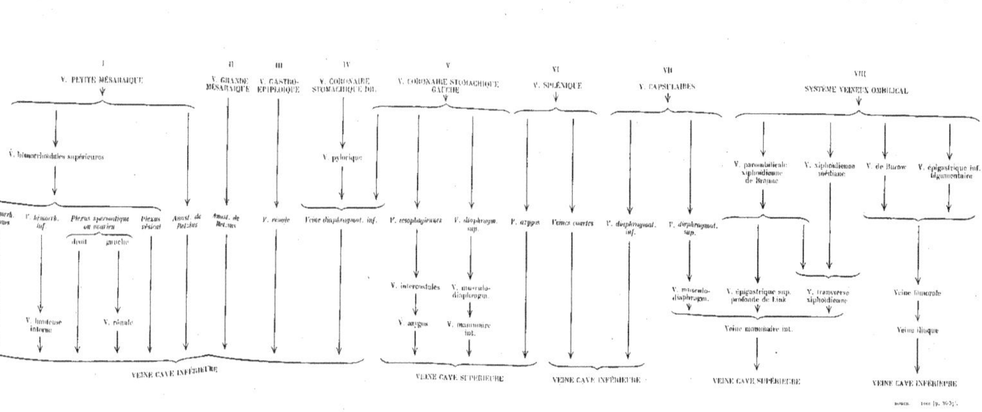

I
V. PETITE MÉSARAÏQUE
II
V. GRANDE MÉSARAÏQUE
III
V. GASTRO-EPIPLOIQUE
IV
V. CORONAIRE STOMACHIQUE DR.
V
V. CORONAIRE STOMACHIQUE GAUCHE
VI
V. SPLÉNIQUE
VII
V. CAPSULAIRES
VIII
SYSTÈME VEINEUX OMBILICAL
V. hémorrhoïdales supérieures
V. pylorique
V. hémorrh. supérieures
V. hémorrh. inf.
Plexus spermatique ou ovarien
droit
gauche
Plexus vésical
Anast. de Retzius
Anast. de Retzius
V. rénale
Veine diaphragmat. inf.
V. œsophagiennes
V. diaphragm. sup.
V. azygos
Veines courtes
V. diaphragmat. inf.
V. diaphragmat. sup.
V. paraombilicale xiphoïdienne de Braune
V. xiphoïdienne médiane
V. de Burow
V. épigastrique inf. tégumentaire
V. honteuse interne
V. rénale
V. intercostales
V. musculo-diaphragm.
V. musculo-diaphragm.
V. azygos
V. mammaire int.
V. musculo-diaphragm.
V. épigastrique sup. profonde de Link
V. transverse xiphoïdienne
Veine fémorale
Veine mammaire int.
Veine iliaque
VEINE CAVE INFÉRIEURE
VEINE CAVE SUPÉRIEURE
VEINE CAVE INFÉRIEURE
VEINE CAVE SUPÉRIEURE
VEINE CAVE INFÉRIEURE

peut atteindre ou dépasser 1 kg. et c'est beaucoup plus tard que se développe la cirrhose hépatique.

Généralisant ces résultats, Popoff émit l'hypothèse, en 1894, que nombre de cirrhoses hépatiques étaient consécutives à une altération primitive de la rate. Cette conception doit certainement contenir une part de vérité et mériterait d'être étudiée expérimentalement.

Quelques recherches de Le Play et Ameuille mettent déjà en évidence le retentissement des lésions spléniques sur le foie.

Dans une première série d'expériences, on lie le pédicule de la rate. L'organe, nécrosé au bout de 45 heures, est transformé, au bout d'une vingtaine de jours, en une masse grisâtre, diffluente ; l'épiploon est gorgé de sang ; le foie, déjà altéré vers le huitième jour, est atteint vers le vingtième des lésions suivantes : congestion, périhépatite, suffusions hémorragiques ; accumulation de lymphocytes qui se réunissent en nodules dans les espaces portes.

Si l'on resèque l'épiploon, après avoir lié le pédicule de la rate, les animaux maigrissent et succombent du vingt-cinquième au trente-cinquième jour. L'autopsie révèle une cirrhose du foie.

Les résultats de ces recherches sont complétés par des expériences consistant à injecter des extraits de rate : on observe à la longue de la congestion et de l'hypertrophie de cet organe et une cirrhose secondaire du foie.

On peut conclure de ces faits que les produits autolytiques de la rate suscitent des proliférations hépatiques aboutissant à des cirrhoses et que le grand épiploon joue un rôle protecteur qui semble fort important.

ANASTOMOSES DU SYSTÈME PORTE. — Pour qu'on puisse se rendre compte de l'importance et de la multiplicité des anastomoses qui relient le système porte aux deux veines caves, nous avons dressé un tableau qui donnera une idée des principales voies de dérivation. On a souvent attribué à ces connections vasculaires la genèse des accidents observés au cours des cirrhoses, non seulement l'ascite, les hémorroïdes et les varices œsophagiennes dont nous avons déjà parlé, mais aussi les troubles pleuro-pulmonaires, congestion de la base droite et épanchement pleural, les troubles urinaires comme l'opsiurie et les hématuries.

Extirpation du foie et ligature de la veine porte. — Pour bien étudier le rôle du foie et mettre en évidence son intervention dans les diverses manifestations chimiques de l'organisme, il aurait été intéressant d'étudier les troubles consécutifs à son extirpation. Malheureusement la mort survient si rapidement qu'il est impossible de faire des observations utiles. Le résultat s'explique par les troubles consécutifs à la ligature préalable de la veine porte. A elle seule, cette opération préliminaire suffit à entraîner la mort des chiens en une heure ou une heure et demie. Si, au lieu de lier le vaisseau, on l'abouche dans la veine cave inférieure, les troubles circulatoires sont éliminés, mais la survie ne dépasse pas en général 2 ou 3 heures ; dans quelques cas elle a atteint 6 heures (Pawlow et Nencki).

Chez les Oiseaux, une anastomose, dite anastomose de Jacobson, établit une large communication entre la veine porte et la veine cave inférieure. Elle est essentiellement constituée par deux veines qui partent des branches d'origine de la veine porte, s'enfoncent dans les reins et vont se jeter dans les veines rénales. Grâce à cette disposition anatomique, la circulation est peu troublée et l'extirpation du foie permet une survie de 9 à 12 heures, parfois même de 20 heures. On a pu ainsi faire des observations extrêmement importantes sur les fonctions du foie.

L'extirpation du foie est assez bien supportée par les Batraciens dont le système porte hépatique est largement anastomosé avec le système porte rénal et avec la veine abdominale (5). Les veines des membres postérieurs (fig. 1,1), parvenues dans l'abdomen, se divisent chacune en deux troncs : l'un (3) va s'anastomoser avec son congénère pour former la veine abdominale (4) ; l'autre (2,2) se rend au rein qu'il aborde par sa face externe : là il rencontre des branches venant des oviductes et d'une grande veine dorso-lombaire. Après s'être ramifiées dans cet organe, les veines de ce système porte émergent par la face interne du rein et vont en s'unissant constituer la veine cave ventrale (6). Cette dernière passe au-dessus du foie et se termine dans l'oreillette droite. Quant à la veine abdominale (4), elle monte sur la ligne médiane (dans le schéma, elle est rejetée de côté) et, après s'être unie à la veine porte (5), se partage en trois branches : deux (7,7) se rendant à la glande ; une troisième, très grêle, gagne directement l'oreillette droite. Les veines efférentes du foie (8) se réunissent vers le milieu du bord postérieur de la glande et débouchent dans la veine cave ventrale.

Cette disposition nous montre que les veines afférentes du

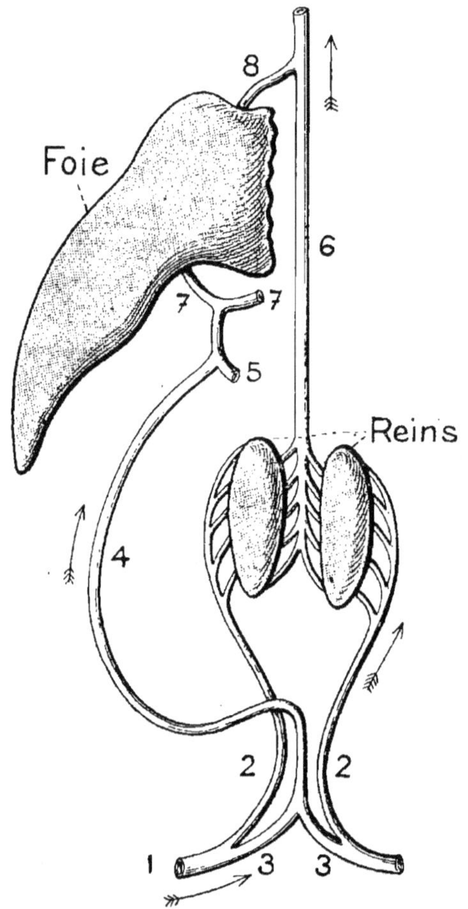

Fig. 1. — Circulation veineuse abdominale chez la Grenouille (fig. schématique). 1. Veine des membres postérieurs se divisant en une branche anastomotique (3,3) et une branche (2,2) se rendant au rein. 4. Veine abdominale. 5. V. porte. 7,7. Divisions de la veine porte. 6. V. cave ventrale. 8. V. sus-hépatique.

rein et du foie proviennent d'une même source : que, si une des veines est oblitérée, le sang peut passer en quantité anormale par le débouché resté libre. L'extirpation du foie n'entraîne pas de troubles circulatoires. Aussi les animaux ne succombent-ils pas immédiatement. Mais la survie a été diversement appréciée : tandis que Moleschott l'évalue à deux ou trois semaines, la plupart des physiologistes, avec J. Müller et Kunde, soutiennent qu'elle ne dépasse pas trois ou quatre jours.

Les nombreuses expériences que j'ai faites (15) ont établi que, si les animaux opérés sont placés dans de l'eau stagnante, ils succombent rapidement, en 3 ou 4 jours environ ; dans l'eau courante, ils survivent de 15 à 16 jours et parfois même 20. L'eau courante agit en favorisant la respiration cutanée et en entravant l'auto-intoxication : le foie étant supprimé, les poisons doivent être rejetés en excès par l'urine et par les glandes cutanées. Chez l'animal qui est placé dans de l'eau stagnante, la résorption de ces produits se fait constamment et vient hâter la terminaison fatale.

Si les Batraciens survivent beaucoup plus longtemps que les Oiseaux, c'est que leurs échanges nutritifs sont beaucoup moins intenses et moins énergiques. Aussi a-t-on pu utiliser les grenouilles privées de foie pour des recherches sur la sécrétion biliaire, la glycogénie, la production de l'urée, la transformation des substances toxiques.

Les phénomènes sont beaucoup plus complexes chez les Mammifères, car, avons-nous dit, la ligatuee de la veine porte suffit à provoquer des accidents rapidement mortels ; à la suite de cette opération, les chiens succombent en 1 ou 2 heures, les lapins en 25 ou 30 minutes. Quelle que soit l'espèce animale, les symptômes sont analogues : affaiblissement progressif, parésie des membres postérieurs, abaissement de la pression sanguine, diminution de la respiration, assoupissement et mort. Presque jamais on n'observe de convulsions chez le chien ; le lapin en a quelquefois, peu d'instants avant la terminaison fatale.

A quoi devons-nous attribuer cette symptomatologie assez spéciale, et cette mort si rapide ? Cl. Bernard supposa d'abord qu'il faut faire intervenir d'autres causes que la congestion sanguine de l'intestin ; ce fut pourtant cette interprétation qu'il accepta plus tard ; il admit que le cerveau et les autres organes deviennent exsangues et que l'animal meurt d'anémie.

Castaigne et Binder acceptent la même explication. D'après ces savants, quand la ligature de la veine porte a été complète, c'est-à-dire quand on ne laisse pas persister quelque canal de dérivation, la survie ne dépasse pas 1 heure. Si on injecte à l'animal du sérum artificiel ou du sang défibriné, elle atteint 2 heures ou 2 h. 20.

Cependant quelques objections peuvent être faites. Picard essaya de vérifier la valeur de la conception mécanique en étudiant les variations de la pression artérielle ; mais il n'osa rien conclure de ses expériences et fit très justement remarquer que les symptômes qu'on observe après la ligature brusque de la veine porte, diffèrent de ceux qu'amènent les hémorragies. Dès 1873, Ludwig et Thiry avaient constaté qu'après ligature de la veine porte la pression artérielle s'abaissait ; mais Tappeiner a démontré que dans ces conditions 16,2 o/o de la masse sanguine, représentant 2,38 o/o du poids de corps, s'emmagasinent dans l'intestin, alors que par des saignées on peut enlever une quantité de sang représentant 3 o/o du poids du corps, sans que la tension artérielle descende à un niveau incompatible avec la vie.

La congestion intestinale ne semble donc pas suffisante à expliquer la mort ; ce qui le prouve, c'est que la ligature des artères mésentériques ne permet qu'une survie de quelques heures.

Schiff avait invoqué une intoxication de l'organisme par les poisons que le foie aurait dû retenir ; mais puisque le sang stagne dans le système porte, l'intoxication n'a guère chance de se produire.

Peut-être une influence nerveuse intervient-elle au début de l'expérience. Burdenk, pendant une opération faite sur l'homme anesthésié, comprima la veine porte et constata presque aussitôt des troubles nerveux, qu'il attribua à une action réflexe partant des organes congestionnés.

Il semble, en dernière analyse, que le mécanisme de la mort soit fort complexe et relève de plusieurs facteurs différents. Il faut certainement faire intervenir l'accumulation du sang dans le système porte ; l'influence des réflexes partant des viscères congestionnés ; la suppression fonctionnelle d'organes dont l'impor tance est capitale, le foie, la rate, le tube gastro-intestinal, suppression fonctionnelle retentissant à son tour sur le rein. C'est, en somme, le fonctionnement de tous les viscères abdominaux qui se trouve brusquement suspendu.

Ligature lente de la veine porte. — Si la ligature de la veine porte entraîne rapidement la mort, l'oblitération lente, en permettant le développement des circulations collatérales, est fort bien supportée.

Suivant le procédé d'Oré et de Cl. Bernard, on passe autour de la veine porte d'un chien un fil qu'on noue de manière à former un anneau qui comprime légèrement le vaisseau ; on laisse pendre au dehors les deux bouts du fil et, tous les jours, on exerce sur eux une légère traction. On arrive ainsi, à provoquer une phlébite adhésive. Peu à peu le vaisseau s'oblitère, le fil pénètre dans son intérieur et finit par le sectionner. Un jour en tirant sur les bouts qui pendent au dehors, on a la sensation de vaincre une petite résistance et on amène l'anneau qui enserrait la veine. Celle-ci est sectionnée, mais pendant que se faisait l'oblitération, des circulations collatérales se sont établies et une suppléance partielle de la veine porte s'est faite par l'artère hépatique.

Ces expériences, que nous avons répétées à plusieurs reprises et dont nous avons constaté la parfaite exactitude (**57**), peuvent être invoquées contre les théories mécaniques trop exclusives de l'hypertension portale. On répond que les circulations collatérales s'établissent plus facilement chez le chien que chez l'homme. Cependant, malgré la facilité des dérivations, le chien est atteint d'ascite au cours des affections hépatiques, ce qui prouve bien que la théorie mécanique ne saurait tout expliquer.

On possède d'ailleurs deux observations qui démontrent que chez l'homme l'évolution ne diffère pas de ce qui se passe chez le chien. Dans deux faits rapportés, l'un par Brewer, l'autre par Burdenk, on fut conduit, au cours d'une opération abdominale, à lier la veine porte : des tumeurs avaient comprimé depuis longtemps le vaisseau ; les anastomoses porto-caves s'étaient développées et les deux malades supportèrent cette grave opération.

Les recherches entreprises par A. Perroncito plaident dans le même sens. On pratique chez des chiens l'abouchement de la veine porte dans la veine cave. Quand les animaux sont remis, on lie l'artère hépatique et le canal cholédoque : la survie est de 44 à 72 heures. A l'autopsie on trouve un épanchement péritonéal qui atteignait dans un cas 1.200 cmc. La veine porte était restée perméable et la pression devait y être inférieure à la normale. La production de l'ascite ne peut être attribuée qu'à la dégénérescence massive des cellules hépatiques. Ce résultat cadre parfaitement avec les recherches que nous avons faites sur les propriétés des produits autolytiques du foie. Ceux-ci exercent sur diverses glandes une action très marquée. Ils stimulent les sécrétions salivaire et intestinale ; par contre ils diminuent la sécrétion du rein. Il se fait une rétention de liquide dont l'excès se dépose dans le tissu conjonctif sous-cutané et dans la séreuse abdominale. On comprend ainsi la fréquence des œdèmes et de l'ascite. L'obstacle à la circulation dans la veine porte explique simplement la localisation prédominante dans le péritoine.

Fistule porto-cave. — Au lieu de pratiquer la ligature lente de la veine porte, on peut détourner le sang qui se rend au foie, en établissant une anastomose porto-cave. L'opération fut conçue par Eck, chirurgien russe, qui espérait arriver par ce procédé à guérir l'ascite des cirrhotiques. Il pratiqua quelques opérations sur des chiens, mais ceux-ci succombèrent rapidement, du deuxième au sixième jour. Un seul chien survécut 2 mois et demi ; mais à cette époque, il s'enfuit du laboratoire, de sorte qu'on ne put vérifier par l'autopsie les résultats de l'expérience. Après quelques tentatives de Stolnikow, la question a été reprise par Hahn, Nencki, Massen et Pawlow. C'est à la suite de l'admirable travail de ces savants que la fistule d'Eck est devenue une opération classique dans les laboratoires de physiologie.

Faite dans de bonnes conditions, avec une asepsie minutieuse, l'opération permet une longue survie. Elle entraîne certains troubles fonctionnels que nous décrirons en traitant de l'action du foie sur les poisons. Ce sont des troubles d'insuffisance hépatique, qui diminuent et disparaissent, quand se produit une circulation collatérale assez active pour que le foie recouvre un fonctionnement normal. C'est ce qui a lieu surtout quand la fistule est étroite et ne permet pas au sang de passer facilement du système porte dans le système cave.

Le sang porte et le sang sus-hépatique. — Le sang qui sort du foie diffère par plusieurs caractères de celui qui y entre. Comme l'a montré Cl. Bernard, le sang des veines sus-hépatiques est de 0°2 à 0°4 plus chaud que le sang de la veine porte ; ce qui est en rapport avec l'activité fonctionnelle de la glande qu'il vient de traverser. Dans le même ordre d'idées, on doit remarquer que le sang sus-hépatique ne renferme presque pas d'oxygène (Kempner), alors que le sang veineux général en contient encore d'assez grandes quantités.

On avait pensé aussi que l'analyse chimique pourrait montrer, entre les deux espèces de sang, des différences de nature à éclairer la physiologie du foie. Les résultats obtenus sont assez discordants ; nous croyons néanmoins qu'il est intéressant de présenter, sous forme de tableau, les chiffres consignés dans les principales analyses.

ÉLÉMENTS DU SANG	MOYENNES pour 1.000 parties de sang des veines		DIFFÉRENCE en faveur des veines sus-hépatiques	AUTORITÉS
	porte	sus-hépatiques		
Eau.	792	718	— 74	Lehmann
	764	766	+ 2	Flügge
	759	771	+ 12	Drosdoff
Albumine.	32,8	29,55	— 3,25	Lehmann
Fibrine	5,2	0	— 5,2	»
	3,25	7	+ 3,75	David
Urée	0,85	1,4	+ 0,55	De Cyon
Matières grasses.	5,04	0,84	— 4,2	Drosdoff
Lécithine.	1,1	2,82	+ 1,72	»
Cholestérine	1,46	3,4	+ 1,94	»
	1,26	0,92	— 0,34	Flint
Glycose	variable	1,5	±	Poggiale
	1,19	2,3	+ 1,11	Seegen
Fer.	0,615	0,623	+ 0,008	Flügge
Chlorure de potassium.	0,648	0,559	— 0,089	»
Chlorure de sodium.	5,4	5,3	— 0,1	»
Température.	40°5	40°8	+ 0°3	C. Bernard

Il est facile de se convaincre que les chiffres que nous avons relevés ne permettent pas de conclusions précises ; il ne pouvait en être autrement, car, suivant la judicieuse remarque de Flügge, la circulation hépatique est trop active, et par conséquent les modifications du sang sont trop minimes, pour qu'on puisse, dans une analyse, trouver des différences appréciables. Aussi, ne peut-on accepter, sans critiques, les résultats donnés par Lehmann ou par Drosdoff. C'est ainsi que Lehmann trouve constamment une plus grande quantité de matières solides dans le sang sus-hépatique, que dans le sang porte : le fait peut s'expliquer par la soustraction, dans le foie, d'une certaine quantité d'eau devant servir à former la bile ; mais, si l'on accepte les chiffres trouvés par ce chimiste, on voit que la quantité d'eau qui disparaît en 24 heures est 50 fois supérieure à la quantité de bile sécrétée. Même remarque pour les matières grasses : Drosdoff dit que la perte dans le foie est de 4,2 pour 1.000 ; en 24 heures, le foie n'arrêterait pas moins de 612 grammes de graisse.

Nous pourrions faire des observations analogues pour la fibrine, la cholestérine, etc. Mais, nous reviendrons sur ces substances, à propos des diverses fonctions de foie.

ELÉMENTS FIGURÉS. — L'étude des éléments figurés, qui se trouvent dans le sang porte et dans le sang sus-hépatique, a conduit à des résultats non moins contradictoires.

Lehmann avait pensé que le foie devait être un lieu de production de *globules rouges* : il avait trouvé, en effet, que ces éléments étaient plus abondants dans le sang des veines hépatiques que dans le sang de la veine porte, qu'ils étaient plus petits et moins déprimés à leur partie centrale ; c'étaient, d'après lui, des éléments jeunes. Cl. Bernard objecta que la forme spéciale des globules pouvait tenir à la présence d'une grande quantité de sucre dans le sang qui sort du foie ; cette substance a, comme on sait, la propriété de ratatiner ces éléments. Quant à l'augmentation du nombre, elle s'explique par la concentration du sang qui, en passant à travers le foie, abandonne l'eau nécessaire à la sécrétion de la bile. D'ailleurs, le fait même sur lequel s'appuyait Lehmann ne semble pas exact : Pflüger n'observa pas de différence dans la richesse en hémoglobine du sang qui entre dans le foie et du sang qui en sort ; Flügge et Lesser arrivèrent aux mêmes conclusions négatives, tandis que Malassez, Hirt, Nicolaïdes constatèrent que le sang des veines hépatiques est moins riche en globules que le sang de la veine porte ; Nicolaïdes, par exemple, trouva des différences qui oscillaient entre 800.000 et 2.000.000.

Le foie ne sert donc pas à la rénovation des globules, au moins chez l'adulte ; car chez le fœtus, son rôle hématopoétique est incontestable.

Entrevue par Reichert (1840) et par Weber, la fonction hématopoétique du foie fœtal fut étudiée par Fahrrer et surtout par Kölliker : d'après ce savant, le foie favoriserait la multiplication des globules rouges et transformerait en cellules rouges les cellules incolores que déverse la veine ombilicale.

Neumann trouva dans le foie et dans les veines sus-hépatiques, une plus grande quantité de globules rouges nucléés que dans la veine porte. Foa et Salvioli décrivirent dans le foie fœtal les éléments suivants : cellules rouges uni ou multinucléées ; cellules nucléées sans hémoglobine ; noyaux libres ; corps protoplasmiques, ayant de 30 à 45 μ, présentant des noyaux bourgeonnants, et rappelant les cellules géantes de la moelle osseuse.

A la suite des travaux de Ranvier sur les îlots vasculaires du grand épiploon, Van der Stricht et Renaut ont décrit dans le foie des cellules spéciales de grande taille, comparables aux cellules vaso-formatives. Nées sur place ou amenées par les vaisseaux, ces cellules se fixent dans les travées hépatiques et donnent naissance à des îlots vasculo-sanguins. Elles produisent des globules rouges nucléés de tailles diverses, puis des globules rouges définitifs. En même temps, sur la marge des grands îlots, apparaissent des lames granuleuses multinucléées, vaisseaux embryonnaires qui vont se mettre en relation avec les vaisseaux préexistants. Quand la communication est établie, les leucocytes apparaissent dans ces îlots.

Les cellules à noyaux bourgeonnants analogues aux mégacaryocytes de la moelle osseuse, pourraient être, d'après Malassez et Kerborn, l'origine des îlots vaso-formatifs ; Van der Stricht, Kostanecki, Renaut les considèrent comme des macrophages qui détruiraient un grand nombre d'érythroblastes et d'hématies.

D'après Nattan-Larrier, il n'y aurait pas de globules rouges nucléés en dehors des capillaires du foie. Les apparences de cellules globulo-formatrices seraient dues simplement à l'obliquité de la coupe qui rend les capillaires méconnaissables.

Nattan-Larrier a encore démontré qu'une infection survenant dans les premiers jours de la vie peut déterminer une réaction embryonnaire du foie. On retrouve, dans les pointes capillaires, des figures caryocinétiques, des globules rouges nucléés et des cellules basophiles; même chez l'adulte, dans certains cas d'infection atténuée, et notamment dans certaines formes de tuberculose, le foie peut reprendre un aspect fœtal ou renfermer un nombre considérable d'hématies nucléées. Il en est de même dans les leucémies myélogènes.

Si le foie peut servir à la formation des globules rouges, il est surtout capable chez l'adulte d'amener la destruction de ces éléments.

D'après Kupffer, les cellules étoilées qui appartiennent à la paroi endothéliale des capillaires, incorporent les globules rouges et leurs débris.

Il est probable que l'action destructive du foie s'exerce surtout sur les globules vieux ou malades. En tout cas, elle semble démontrée par un certain nombre de faits et nous explique le mécanisme d'une des fonctions les plus importantes du foie, la sécrétion biliaire. Le pigment de la bile provient en effet, du pigment sanguin. Il en diffère par l'absence de fer : le métal est retenu par le foie, tandis que la molécule d'hématine, privée de fer, formera très facilement la bilirubine. Nous sommes ainsi amené à étudier le mécanisme de la sécrétion biliaire.

CHAPITRE IV

SÉCRÉTION BILIAIRE

Caractères de la bile. — La sécrétion biliaire débute vers le troisième mois de la vie intra-utérine ; elle est bien marquée vers le sixième mois. D'abord liquide et claire, la bile a chez le nouveau-né le même aspect que chez l'adulte. Sa couleur varie d'une espèce à l'autre. Incolore chez le cobaye, elle est verte chez le bœuf et chez les oiseaux ; jaune d'or ou jaune orange chez l'homme et chez le chien ; jaune verdâtre chez le lapin. Elle est claire et limpide, si on la prend à sa sortie du foie ; filante, si on la recueille dans la vésicule. Sa réaction serait neutre ou légèrement alcaline d'après la plupart des auteurs, légèrement acide d'après Dastre. Son odeur est fade et amère chez l'homme, aromatique chez le bœuf, musquée chez les autres animaux ; sa saveur est amère et douceâtre.

La bile ne se trouble pas par l'ébullition ; elle est miscible en toutes proportions à l'eau et à l'alcool ; cette dernière substance en précipite la mucine, et une nucléo-albumine désignée sous le nom de pseudo-mucine.

La *quantité* de bile sécrétée en 24 heures est extrêmement variable ; aussi les moyennes sont-elles fort difficiles à établir. Chez l'homme, V. Wittich a recueilli 532 cmc. par jour ; Westphalen, 453 à 566 ; Robson, 940. Bonanni a eu l'occasion d'observer deux malades atteints de fistule biliaire. Chez l'un d'eux le cholédoque était partiellement oblitéré et la quantité de bile rejetée par jour variait de 300 à 500 cmc. ; chez l'autre, l'oblitération était complète et la sécrétion de la bile s'élevait à 800 et même 1.000 cmc. Ces derniers chiffres semblent répondre à la réalité. Ils cadrent avec les résultats obtenus chez les animaux. Bidder et Schmidt trouvent par jour et par kilogramme, 13 à 29 cmc. chez le chien, 14,5 chez le chat, 25,4 chez le mouton, 136,8 chez le lapin. Dastre donne pour le chien 10,5 par kilogramme et par jour, le résidu sec étant de 0,44.

La densité de la bile varie de 1.008 (Copeman et Winston) à 1.040 (Frerichs) ; la moyenne est de 1.010 à 1.020. La bile prise dans la vésicule est plus dense, 1.020 à 1.032 ; tandis que celle qu'on recueille par une fistule marque 1.010 à 1.011 (Jacobson).

Examinée au spectroscope, la bile montre une bande d'absorption entre D et E, mais plus près de D. Plus tard, elle s'altère, devient dichroïque et donne quatre bandes : une entre B et C, une avant D, une après D, une dans E.

Composition chimique. — La composition de la bile a été déterminée plusieurs fois chez l'homme ; les résultats ont varié suivant que le liquide provenait d'une fistule ou avait été puisé dans la vésicule. Dans ce dernier cas, la bile était plus concentrée, par suite de la résorption d'une partie de l'eau, et contenait une grande quantité de mucine et de pseudo-mucine, provenant des cellules épithéliales de la vésicule et des canaux biliaires.

Nous avons réuni dans les tableaux ci-après, plusieurs analyses de bile ; on verra dans quelles proportions oscille la composition de ce liquide d'une espèce à l'autre et, chez une même espèce, suivant qu'on étudie la bile hépatique obtenue par une fistule ou la bile vésiculaire. Les analyses de Bonanni sont particulièrement intéressantes ; la bile a été recueillie sur deux malades ; chez l'un, le canal cholédoque était encore perméable ; chez l'autre, il était oblitéré. Chez ce dernier malade, la quantité de bile émise en 24 heures a varié de 806 à 1.007 cmc. ; la densité de 1.008 à 1.007 et le point cryoscopique de — 0,582 à — 0,557. L'analyse a porté sur un mélange recueilli pendant cinq jours. Si ce cas renseigne sur la quantité émise, il fournit des données inexactes sur la constitution chimique. Car, à l'état normal, une certaine quantité des éléments biliaires est résorbée et repasse dans la sécrétion qu'elle enrichit en substances solides. C'est la circulation entéro-hépatique que nous étudions plus loin.

Aux substances indiquées dans nos tableaux, on doit ajouter des traces d'urée dont la quantité augmente après ligature des uretères, de l'acide glycuronique que nous étudierons plus longuement quand nous parlerons des substances étrangères que ce liquide élimine, des gaz. D'après Pflüger, 100 parties de bile contiennent 0,2 d'oxygène, 0,4 d'azote et 56,1 d'acide carbonique ; par le vide, on extrait 14,4 de gaz carbonique ; le reste, soit 41,7, est combiné et peut être mis en liberté par l'acide phosphorique. Mais, les variations individuelles sont très considérables, ainsi que l'ont reconnu Pflüger et Charles. Ce dernier auteur trouve que la bile du lapin contient plus de son volume d'acide carbonique, dont la majeure partie est combinée à l'état de carbonates alcalins. Chez le chien, la quantité de CO^2 est bien moindre ; l'oxygène et l'azote sont peu abondants et n'atteignent même pas 2 o/o.

Une petite quantité de graisse passe dans la bile (Virchow) et forme une sorte de vernis protecteur sur les parois de la vésicule (Rosenberg). On a parfois invoqué ce résultat pour expliquer l'action attribuée à l'ingestion de l'huile d'olive dans le traitement de la lithiase biliaire.

Composition de la bile des animaux

	CHIEN (Hoppe-Seyle)		BOEUF (Berzelius)	PORC (Gundbach et Strecker)	KANGOUROU (Schlossberger)	OIE (Marsson)	PYTHON (Vogtenberger et Schlossberger)
	Vésicule	*Fistule*					
Eau	97,728	99,4	90,44	88,80	85,87	80,02	90,42
Mat. solides .	2,272	0,542	9,56	11,20	14,13	19,98	9,58
Sels biliaires.	1,195	0,346		8,38	7,59	14,96	8,46
Ps. mucine et pigments .	0,142	0,049		0,59	4,34	2,56	0,89
Cholestérine .	0,045	0,007	8,30				0,03
Lécithine . .	0,269	0,012		2,23	1,09	0,36	
Graisses et savons . . .	0,599	0,045					
Sels minéraux	0,019	0,041	1,26			2,10	0,20

Composition de la bile humaine

	VÉSICULE BILIAIRE				FISTULE BILIAIRE							
	Frerichs	Gorup-Besanez	Trifa-nowsky	Ham-marsten	Jacob-son	Robson	Copeman et Winston	Yeo et Hersoun	Ham-marsten	Bonanni I	Bonanni II	Menzies
Eau . . .	859,20	822,7	908,8	839,80	977,4	982	985,77	987,16	979,4	963,95	971,36	977,47
Mat. solides .	140,80	177,3	91,2	160,20	22,6	18	14,23	12,84	20,6	36,05	28,64	22,53
Glycocholate de soude.	91,40	107,9	21	67,89	10,1	7,52	6,28	1,65	7,41	18,92	0,82	4,16
Taurocholate de soude.			7,5	19,34				0,55	1,06			
Cholestérine .			2,5	8,7	0,35	0,45	»	»	0,78	1,65	0,89	0,94
Lécithine . .	11,80	47,3	5,2	1,41	0,05	»	0,99	0,38	0,28	0,58	0,47	2,98
Graisses . .				1,50	1,5	0,12	»	»		0,97	0,82	
Savons. . .	»	»	8,2	10,58	»	0,99	»	»	»	1,36	0,25	
Mucine et pseudo-muc.			24,8				1,72					
Mat. colorantes	9,80	22,1		44,38	2,3	1,25	»	1,48	2,76	5,03	8,5	9,29
Mat. org. insolubles dans			4,6									
l'alcool . .	»	»		»			0,72		»	»	»	
Sels minéraux (solubles	7,80	10,8	»	3,02	8,3	7,58	4,51	8,78	8,02	6,84	8,54	5,16
Sels minéraux (insolub.				2,36					0,20	0,49	0,51	

Analyse de la bile vésiculaire des bovidés

(D. Brunet et Rolland)

Densité	1.024-1.027
Extrait dans le vide	90,3-90,5
Cendres	12,5-14,3
NaCl	2,38-2,68
Phosphates (P^2O^5)	1,31-1,58
Fer	0,016-0,018
Azote total	2,5-2,5
Résidu gras	27,8-28,8
Sels biliaires	15,30-15,80
Nucléoprotéides	1,15-2,25
Lipoïdes	1,1-2,13
Cholestérine	0,41-0,81
Autres lipoïdes	0,69-1,32

Sels minéraux de la bile

	BILE HUMAINE		BILE DU CHIEN	
	Vésicule (Frerichs)	*Fistule* (Jacobson)	*Vésicule* (Hoppe-Seyler)	*Fistule* (Hoppe-Seyler)
KCl	»	0,28	»	»
NaCl	2,5	5,4	0,015	0,185
SO^4K^2	»	»	0,004	0,022
SO^4Na^2	»	»	0,050	0,046
PO^4Na^3	2	1,3	»	»
$(PO^4)^2Ca^3$		0,37		
	1,8		0,080	0,039
$(P^2O^7)Mg^2$		Traces		
PO^4Fe	»	»	0,017	0,021
SO^4Ca	0,2	»	»	»
CO^3Na^2	»	0,95	0,005	0,056
CO^3Ca	»	»	0,019	0,030
MgO	»	»	0,009	0,009
Fer, cuivre, silice . .	Traces	Traces	»	»
Total, p. 1.000 . . .	7,8	8,50	0,199	0,408

Propriétés et origine des principes de la bile. — L'eau et les sels minéraux de la bile proviennent du sang. Mais une certaine quantité d'eau doit prendre naissance dans le foie lui-même, car la pression de la bile dans les canaux biliaires peut dépasser la pression du sang dans la veine porte.

MATIÈRES COLORANTES. — La principale matière colorante de la bile, la *bilirubine*, peut être obtenue à l'état amorphe, ou sous formé de cristaux ; dans ce dernier cas, elle se présente sous l'aspect de prismes orthorhombiques d'une coloration orangée. L'analyse élémentaire démontre que la bilirubine, contrairement à l'opinion de Harley, ne contient pas de fer : la formule généralement admise est $C^{32}H^{36}N^4O^6$. Des travaux récents tendent à faire adopter $C^{34}H^{38}N^4O^6$.

Insoluble dans l'eau, peu soluble dans l'alcool et l'éther, la bilirubine se dissout facilement dans le chloroforme, la benzine, la glycérine et dans les alcalis. Toutes ces solutions sont jaunes ou jaune-brun.

La bilirubine se comporte comme un acide faible, monobasique. Elle se trouve dans la bile à l'état de bilirubinate de sodium. Combinée avec le calcium, elle forme une masse vert foncé, à reflets métalliques, insoluble dans tous les véhicules ; le bilirubinate de calcium entre dans la constitution d'une variété importante de calculs biliaires.

La présence de la bilirubine peut être décelée dans un liquide au moyen du *réactif d'Ehrlich*, qui contient : acide sulfanilique 1 gr. ; acide chlorhydrique 15 cmc. ; nitrite de sodium 10 gr. ; eau q. s. pour 1.000 cmc. On ajoute au liquide à examiner un ou deux volumes du réactif, puis on verse de l'alcool pour clarifier. On obtient ainsi une belle coloration rouge, qui passe au violet sous l'influence de l'acide acétique glacial.

Le plus souvent, on se contente de la *réaction de Gmelin* : on ajoute à la solution de bilirubine, quelques gouttes d'acide nitrique moyennement concentré et contenant des vapeurs nitreuses ; le liquide passe par les colorations verte, violette, rouge et jaune. Ces différents aspects tiennent à la formation successive de produits d'oxydation, qui prennent également naissance dans l'intestin.

La solution alcoolique d'iode constitue un agent d'oxydation gradué et faible qui transforme la·bilirubine exclusivement en biliverdine. On obtient une coloration verte persistante. L'emploi d'une solution chloroformique d'iode donne des résultats encore plus nets.

Le premier des produits d'oxydation, la *biliverdine* $C^{34}H^{38}N^4O^8$, se trouve en faible proportion dans la bile des omnivores ; pourtant dans le cas de Copeman et Winston, qui se rapporte à un homme, c'était elle qui prédominait. Elle existe presque seule dans la bile des herbivores et des animaux à sang froid. Cette bile verte brunit sous l'influence de la putréfaction et même quand on la conserve à l'abri des germes extérieurs ; la biliverdine se transforme alors en bilirubine et la même modification peut s'opérer dans l'organisme, ce qui explique pourquoi les calculs des herbivores contiennent du pigment rouge.

La biliverdine est une substance vert noirâtre, amorphe ou cristallisant en tables rhomboïdales, insoluble dans l'eau, l'éther, le chloroforme, très soluble dans l'alcool, dans les acides et les alcalis.

Les autres matières colorantes, dérivées de la bilirubine, ne se trouvent généralement que dans les calculs biliaires : ce sont la *bilicyanine*, qui donne sa coloration spéciale à la bile bleue ; la *bilipurpurine*, la *bilifuscine*, la *bilihumine*, la *cholétéline*, terme le plus avancé de l'oxydation de la bilirubine.

La *biliprasine* est un pigment vert, intermédiaire entre la bilirubine et la biliverdine, qui forme un biliprasinate de sodium de coloration jaune. La bile verte du veau, du bœuf et du lapin contient de la biliprasine. La bile du veau renferme du biliprasinate de sodium.

ORIGINE DES PIGMENTS BILIAIRES. — La matière colorante de la bile provient de la matière colorante du sang. On admet que l'*hémoglobine* se transforme d'abord en *hématine,* celle-ci donnerait ensuite de la *bilirubine,* suivant une réaction assez simple établie d'après les formules proposées par Küster.

$$C^{34}H^{34}N^4O^5Fe + 2H^2O = C^{34}H^{38}N^4O^6 + FeO$$
Hématine   Bilirubine

La bilirubine ne se trouve que dans la bile des animaux possédant des globules rouges. Elle fait défaut chez les invertébrés et chez l'amphioxus.

On peut arriver facilement à démontrer la transformation de l'hémoglobine en bilirubine chez les Mammifères. Il suffit d'opérer sur un chien porteur d'une fistule biliaire. Si l'on injecte dans les veines de l'hémoglobine ou si on soumet l'animal à l'action des poisons provoquant, directement ou indirectement, une dissolution des globules rouges (hydrogène arsenié, paratoluylènediaminc), ou si on introduit dans le sang un simple dissolvant comme l'eau distillée, on voit augmenter la proportion des matières colorantes contenues dans la bile. L'effet est surtout manifeste quand l'hémoglobine est introduite par petites doses fractionnées ; mais il n'est pas immédiat : il se produit trois ou quatre heures après une injection intra-veineuse ou intra-péritonéale ; douze ou quatorze heures après une injection sous-cutanée (exp. de Tarchanoff, Stadelmann, Gorodecki).

La production exagérée de pigment biliaire due à un excès d'hémolyse aboutit fréquemment au développement d'un ictère. Si le pigment sanguin, mis en liberté, est trop abondant, le foie ne peut le transformer en totalité ; il passera en nature d'abord dans la bile, puis dans l'urine. C'est ainsi que dans les empoisonnements par la toluylènediamine, le pyrogallol, l'aniline, le chlorate de potasse, l'hydrogène arsénié, le phosphore, la polycholie est souvent suivie d'une hémoglobinocholie, du moins chez le lapin (Filhene), car, chez le chien, les cellules hépatiques ont une bien plus grande aptitude à transformer le pigment sanguin en pigment biliaire.

L'hémoglobinocholie a été observée dans un grand nombre d'états pathologiques. Stern l'a signalée chez le lapin dans le charbon, chez l'homme dans la fièvre typhoïde, la pleurésie purulente, la tuberculose aiguë, l'asystolie. Wertheimer et Meyer l'ont vu survenir chez des chiens soumis à des refroidissements intenses et prolongés.

Quand on fait l'étude expérimentale de la question, il est quelques causes d'erreur dont il faut tenir grand compte : si l'on se sert d'animaux porteurs de fistule biliaire, il faut prendre garde à l'action de la canule qui peut déterminer de petites hémorragies ; les globules, dissous par la bile, laissent échapper leur pigment et l'on pourrait admettre à tort l'existence d'une hémoglobinocholie. Les recherches poursuivies sur l'homme sont toujours sujettes à caution, car, après la mort, l'hémoglobine diffuse avec la plus grande facilité et passe dans la bile ; c'est un phénomène d'imbibition. Rappelons aussi que, dans la bile du chien, on trouve souvent un pigment ayant les mêmes propriétés optiques que la méthémoglobine (Wertheimer et Meyer).

On n'est pas parvenu jusqu'ici à reproduire, en dehors de l'organisme de la bilirubine au moyen de l'hémoglobine. Mais, en faisant agir de l'acide bromhydrique sur un dérivé chloré de l'hématine, l'hémine, on a obtenu un isomère de la bilirubine, l'hématoporphyrine :

$$C^{34}H^{33}N^4O^4FeCl + 2HBr + 2H^2O = C^{34}H^{38}N^4O^6 + FeBr^2 + HCl$$

HémineHématoporphyrine

Dans les vieux foyers sanguins, la matière colorante du sang se dédouble ; elle donne un pigment ferrugineux, l'hémosidérine de Neumann et un pigment dépourvu de fer, décrit par Virchow sous le nom d'hématoïdine. Ce dernier corps, souvent assimilé à la bilirubine, en diffère par quelques caractères : il ne se combine pas aux alcalis ; il ne donne pas de bandes d'absorption, mais assombrit le violet. On est ainsi conduit à se demander si le pigment biliaire peut naître en dehors du foie ; plusieurs faits semblent le démontrer.

Latschenberger, en injectant du sang de cheval dans le tissu cellulaire sous-cutané de cet animal, a retrouvé le sang encore liquide au bout de six jours ; mais, autour du foyer, les tissus étaient imbibés de bilirubine. D'ailleurs, on a plusieurs fois constaté la présence de la bilirubine dans de vieux foyers hémorragiques, dans diverses lésions du placenta, dans les infarctus et les thromboses veineuses.

Les observations publiées par Guillain, Troisier, par Widal et ses élèves, Abrami, Brulé, Joltrain, par Castaigne et André Weill, par Jean Troisier, mettent bien en évidence la fréquence de ce processus. Elles tendent à établir la formation extra-hépatique de bilirubine et d'urobiline dans les affections les plus diverses, hémorragie méningée ou pleurale, érythème noueux, pneumonie et même dans certains ictères hémolytiques liés à une fragilité des hématies circulantes.

Froin examinant 178 échantillons de liquide pleural, péritonéal ou céphalo-rachidien contenant du sang, trouva 73 fois de la bilirubine. En injectant dans la plèvre d'un lapin, du sang laqué ou une solution d'hémoglobine, il constata une transformation locale du pigment sanguin en pigment biliaire ou du moins en un pigment analogue au pigment biliaire.

Tous ces faits, qui mettaient en évidence les modifications que peut subir la matière colorante dans les épanchements sanguins, ne semblaient pas comporter d'importantes déductions pratiques. Le pigment produit était trop peu abondant pour provoquer une coloration appréciable des téguments.

Mais, dans ces derniers temps, la question a été complètement reprise et peu à peu l'opinion s'est développée que le foie ne fait que rejeter la bilirubine comme le rein rejette l'urée.

Nous devons donc envisager de près le problème et résumer les faits qui plaident pour ou contre la théorie hépatogène de la bilirubine.

Le meilleur moyen d'étudier le rôle du foie dans la formation du pigment biliaire consiste, semble-t-il, à extirper la glande; si celle-ci ne fait que rejeter le pigment, préformé dans une autre partie de l'organisme, l'ictère sera la conséquence forcée de l'opération. Pour les raisons que nous avons déjà exposées, l'expérience ne pouvait être tentée sur les Mammifères; il fallait opérer sur les Batraciens ou les Oiseaux.

Chez les grenouilles, les résultats ne sont pas très nets. L'extirpation du foie n'est pas suivie d'une accumulation de pigment dans l'organisme; mais, cela peut tenir à la faible quantité de matière colorante qui se produit chez ces animaux; à la suite de la ligature du canal cholédoque on ne réussit pas, le plus souvent, à déceler du pigment dans le sang ou dans les tissus.

Les expériences poursuivies sur les Oiseaux sont plus intéressantes, car, après la ligature du cholédoque, l'ictère se produit très rapidement.

Chez le pigeon, on trouve du pigment dans l'urine au bout d'une heure et demie et, dans le sang, au bout de cinq heures. En extirpant le foie chez cet animal, la survie peut atteindre 24 heures, et pourtant on ne décèle pas de pigment dans l'organisme (Stern); il n'y a pas à le chercher dans l'urine, car l'extirpation du foie détermine une anurie absolue qui persiste jusqu'à la mort.

Chez les autres Oiseaux, poules, canards, oies, l'urine continue à être sécrétée et contient une petite quantité de pigment biliaire; ce résultat s'explique, d'après Minkowski et Naunyn, de la façon suivante : la bile qui se trouve dans l'intestin est résorbée et, n'étant plus arrêtée par le foie, elle s'élimine par le rein. En empoisonnant les oiseaux avec de l'hydrogène arsénié, les mêmes savants obtiennent un ictère hémolytique intense. S'ils extirpent le foie, l'ictère cesse d'augmenter et le sang ne contient plus de pigment.

Mac Lee arrive au même résultat. Il opère sur 5 oies, dont il extirpe le foie et constate que l'inhalation de l'hydrogène arsénié ne provoque plus l'apparition de l'ictère.

Ces expériences, qui semblent concluantes, ont soulevé plusieurs objections.

On a fait remarquer que le foie des oiseaux peut être considéré comme un organe double. La rate est fort petite et c'est dans le foie que se fait l'hémolyse, dont témoigne la présence d'une grande quantité de fer dans son parenchyme.

On invoque encore les expériences de Whipple et Hooper, qui ont vu l'injection de sang laqué faire apparaître du pigment biliaire dans l'urine, même après la suppression fonctionnelle du foie, celle-ci étant réalisée soit par la fistule d'Eck, simple ou complétée par la ligature de l'artère hépatique et par l'extirpation de la rate, soit par la compression de l'aorte ou de la veine cave inférieure.

Ces expériences ont le défaut d'être complexes et de ne pas supprimer totalement l'intervention du foie. On leur oppose celles dans lesquelles le foie a été complètement extirpé, ce qui aurait dû entraîner une accumulation de pigment si l'organe servait simplement de filtre ; or le résultat a été négatif. A quoi on répond que la survie est fort courte et que la gravité de l'opération entraîne des troubles qui bouleversent complètement le fonctionnement de l'organisme.

Il serait donc fort intéressant de chercher à établir le rôle du foie en opérant en dehors de l'organisme, soit qu'on utilise la méthode des circulations artificielles, soit qu'on mette en contact du pigment sanguin avec des pulpes d'organes.

Quelques tentatives ont été faites dans cette voie.

On a reconnu, tout d'abord, que les cellules de la rate et des ganglions ainsi que les leucocytes s'attaquent à l'hémoglobine et la transforment en une autre substance, puis, au bout de vingt-quatre heures, la ramènent à son état primitif. Avec les cellules du foie, la destruction de l'hémoglobine est bien plus complète et la régénération de cette substance devient impossible (Anthen). Il se produit ainsi un pigment, difficilement soluble dans l'alcool, insoluble dans l'eau, soluble dans le chloroforme et la lessive de soude. C'est le *pigment hépatique*, différent du pigment biliaire en ce qu'il ne donne pas la réaction de Gmélin. Mais, cette transformation ne s'opère qu'en présence des hydrates de carbone (Klein, Hoffmann), c'est-à-dire du glycogène ou du glycose ; les matières grasses sont absolument indifférentes. Pendant la transformation de l'hémoglobine en pigment hépatique, on voit disparaître du sérum où sont plongées les cellules, le glycogène, le sucre, l'albumine. On pourrait donc supposer qu'il s'agit d'une sorte de digestion cellulaire, d'un pouvoir inhérent à l'élément figuré ; il n'en est rien, car le tissu hépatique, broyé et transformé en une bouillie dans laquelle le microscope ne révèle plus aucun élément figuré, continue à exercer son action et semble même agir plus énergiquement.

Ces expériences, malgré leur importance, ne font pas saisir encore toutes les transformations que subit l'hémoglobine, puisque le pigment hépatique ainsi produit diffère du pigment biliaire. Elles n'en démontrent pas moins l'importance des hydrates de carbone dans la formation des pigments. D'après Arthus, un rapport étroit existe entre la dissolution des hématies dans les vaisseaux sanguins du foie, l'arrêt de l'hémoglobine par les cellules hépatiques, sa transformation en bilirubine et la fonction glycogénique.

Quoiqu'il soit difficile de conclure définitivement, plusieurs cliniciens pensent qu'on peut d'ores et déjà admettre deux grandes variétés d'ictères ; l'une, ictère hépatogène, liée à la rétention du pigment dans l'organisme par suite d'une obstruction du canal cholédoque ; l'autre, ictère anhépatogène, due à la transformation de l'hémoglobine en dehors du foie. La glande serait incapable d'éliminer le pigment produit sans son intervention. Or de pareilles conceptions reposent sur des bases trop fragiles pour pouvoir être acceptées sans réserve.

TRANSFORMATION DES PIGMENTS BILIAIRES. — Les pigments biliaires se transforment dans l'intestin, sous l'influence des putréfactions microbiennes, en un nouveau pigment, la *stercobiline* qu'on identifie aujourd'hui à l'*urobiline*. Elle s'y trouve à l'état de chromogène incolore, *l'urobilinogène*. Ce dernier corps se rencontre également dans la bile et dans l'urine. Il est identique avec l'hémibilirubine que Fischer a obtenue par réduction ménagée de la bilirubine en présence de l'amalgame de sodium. C'est un corps cristallin bien défini, qui aurait pour formule $C^{16}H^{20}N^2O^3$.

L'urobiline est une poudre d'un brun-rouge, peu soluble dans l'eau, soluble dans l'alcool, le chloroforme, les acides acétique et sulfurique. Elle se comporte comme un acide faible et donne des composés alcalins que précipitent les sels de zinc, de plomb et de cuivre.

Le spectre de l'urobiline est caractéristique. En solution acide, dans l'urine par exemple, elle donne une bande d'absorption très nette dans la partie droite du vert entre les lignes *b* et F ; la bande s'affaiblit quand on ajoute de l'ammoniaque ; elle se rétablit et recule vers la gauche par l'addition d'un sel de zinc.

On admet que, dans les conditions normales, l'urobiline a pour origine exclusive la bilirubine ou la biliverdine déversée dans l'intestin, le travail réducteur des bactéries transformant le pigment biliaire en urobiline puis en urobilinogène. Chez le nouveau-né, le méconium, quoique riche en pigment biliaire, ne renferme pas d'urobiline, ce qui semble démontrer le rôle des putréfactions dans le développement de cette substance.

L'urobiline intestinale, passant dans la circulation, arrive au foie qui en retient une certaine quantité et la ramène probablement à l'état de bilirubine.

Si l'on opère sur un chien, dont la bile s'écoule entièrement au dehors, on ne trouve pas d'urobiline dans le liquide. Si l'animal lèche sa plaie, ou s'il ingère de la bile, l'urobiline reparaît.

Les expériences faites sur la grenouille ne sont pas moins démonstratives. L'urobiline introduite dans l'intestin est retenue par le foie : si on extirpe la glande, elle passe dans l'urine.

Le pouvoir d'arrêt du foie diminue dans de nombreuses conditions pathologiques. Chez les chiens qui ont ingéré pendant un certain temps de fortes doses d'alcool éthylique ou d'alcool amylique, chez ceux qui sont intoxiqués par le phosphore ou la toluylènediamine, le foie devient incapable d'arrêter l'urobiline qui prend naissance dans l'intestin, et qui est absorbée par la veine porte ; aussi passe-t-elle en abondance dans la bile et dans les urines.

L'altération hépatique a une autre conséquence, non moins importante : le foie malade produit de l'urobiline. Sur les animaux porteurs de fistule et intoxiqués par les différentes substances que nous avons indiquées, la bile, alors même qu'elle s'écoule au dehors en totalité, renferme de l'urobiline et cette substance est assez abondante pour passer dans l'urine. Ces expériences dues à Fischler semblent démontrer, conformément à l'opinion soutenue depuis longtemps par Hayem, que l'urobiline est un pigment du foie malade.

Essayons d'appliquer ces divers résultats à la clinique.

On sait que l'urobilinurie est fréquente au cours des affections hépatiques. les plus diverses, dans les cirrhoses, les ictères ; qu'elle s'observe dans les maladies fébriles, dans les infections et les intoxications qui provoquent l'hémolyse. L'ictère hémaphéique décrit par Gubler, est en réalité un ictère bilirubinique, dans lequel le pigment biliaire est peu abondant, tandis que l'urobiline est produite et excrétée en grande quantité.

Pour expliquer l'urobilinurie pathologique, les hypothèses sont nombreuses. Cinq méritent d'être discutées :

1º L'urobilinurie pathologique s'expliquerait par une inaptitude du foie à retenir l'urobiline d'origine intestinale ;

2º Elle serait due à un trouble fonctionnel du foie, qui fabriquerait de l'urobiline : aussi a-t-on pu dire que l'urobiline est le pigment du foie malade ;

3º L'urobiline prendrait naissance dans tous les tissus de l'organisme qui transformeraient la bilirubine où même l'hémoglobine; le foie ne ferait qu'éliminer cette substance. C'est étendre à l'urobiline la théorie qu'on veut faire prévaloir pour la bilirubine ;

4º La transformation s'opérerait dans le sang. Au cours des ictères hémolytiques, l'urine contient rarement de la bilirubine, mais renferme souvent de l'urobiline. Celle-ci serait d'origine hémolytique et se produirait sans l'intervention du foie (Widal, Abrami, Brulé) ;

5º L'urobiline prendrait naissance dans le rein aux dépens de la bilirubine contenue dans le sang : elle serait la conséquence de la cholémie.

Les faits sont tellement contradictoires qu'il est difficile de conclure. La théorie hématogène a rallié dans ces dernières années de nombreux partisans. Elle s'appuie sur les constatations faites dans les vieux foyers hémorragiques. On y trouve souvent de l'urobiline en même temps qu'un pigment analogue à la bilirubine. Le fait est intéressant, mais on objecte la fréquence de l'urobiline dans les épanchements pleuraux et dans le liquide céphalo-rachidien, même quand il ne contient pas de sang (Carré). C'est que tous ces épanchements surviennent chez des malades atteints d'affections hépatiques, des alcooliques le plus souvent. L'urobiline produite en excès diffuse facilement et se retrouve dans les épanchements les plus divers, qu'ils soient ou non hémorragiques.

Nous avons résumé aussi exactement que possible l'état de la question. Son importance est assez grande pour qu'on en reprenne et qu'on en poursuive l'étude. Actuellement il suffit d'enregistrer les faits, car il est impossible de prendre parti en faveur de l'une ou de l'autre des théories proposées.

Puisque le pigment biliaire provient de l'hémoglobine et que, contrairement à cette substance, il ne contient pas de fer, on est conduit à se demander ce que devient ce métal.

En parlant de la constitution chimique du foie, nous avons déjà dit que son parenchyme, complètement débarrassé de sang, contient du fer, combiné à diverses substances organiques.

La bile renferme aussi du fer; mais la quantité en est très variable; chez l'homme, elle oscille de 0,04 à 0,1 pour 1.000 (Young); chez le bœuf, de 0,03 à 0,06; chez le chien, de 0,06 (Hoppe-Seyler) à 0,16 (Young). D'après Dastre, on observerait, d'un jour à l'autre, de grandes irrégularités pouvant aller du simple au double, alors même que l'alimentation reste identique. Chez le chien, Hamburger et Dastre ont trouvé que la quantité éliminée chaque jour, varie de 0 mg.09 à 0,14 par kilogramme.

Rappelons encore que le fer introduit en excès dans l'organisme s'élimine en grande partie par la bile.

Acides biliaires. — On trouve dans la bile deux acides organiques, les acides *glycocholique* et *taurocholique*. Ces deux corps, chauffés en présence des acides ou des alcalis, se dédoublent, donnant de l'acide cholalique et du glycocolle ou de la taurine. Les réactions sont identiques dans les deux cas :

$$C^{26}H^{43}NO^{6} + H^{2}O = C^{24}H^{40}O^{5} + C^{2}H^{5}NO^{2}$$
acide glycocholique   acide cholalique   glycocolle

$$C^{26}H^{45}NSO^{7} + H^{2}O = C^{24}H^{40}O^{5} + C^{2}H^{7}NSO^{3}$$
acide taurocholique   acide cholalique   taurine

Les acides tauro et glycocholiques se trouvent à l'état de sels de soude et, chez les poissons de mer, à l'état de sels de potasse ; chez les tortues, qu'elles vivent dans l'eau salée ou l'eau douce, ce sont aussi des sels de potasse.

L'*acide cholalique* qui forme le noyau des acides biliaires, n'a pas la même composition chez tous les animaux : la formule que nous avons donnée est celle de l'acide cholalique de l'homme, acide anthropocholalique (Bayer). Chez le bœuf, la formule est $C^{25}H^{42}O^{4}$ (acide choléique) ; chez le porc (acide hyocholalique) $C^{25}H^{40}O^{4}$; chez l'oie (acide chénocholalique) $C^{27}H^{44}O^{4}$. Tous ces acides se combinent de la même façon avec le glycocolle et la taurine.

L'acide cholalique est un acide monobasique, ayant une fonction alcool secondaire (CHOH) et deux fonctions alcool primaire (CH²OH). Par sa constitution, il se rapproche de la cholestérine, comme on le voit par les formules développées :

$$(CH^{3})^{2}.CH.CH^{2}.CH^{2}.C^{17}H^{26}.CH.CH^{2}$$
CH²   CH²
CHOH
Cholestérine

$$(CH^{2}OH)^{2}.C^{18}H^{27}.COOH$$
CH²   CH²
CHOH
Acide cholalique

Par oxydation l'acide cholalique donne toute une série de corps : acide dihydrocholique $C^{24}H^{34}O^{3}$, acides bilianique et isobilianique $C^{24}H^{34}O^{8}$, acide cilianique $C^{20}H^{28}O^{8}$. Par déshydratation, il donne la *dyslysine* $C^{24}H^{36}O^{3}$, sorte de résine insoluble dans l'eau et dans l'alcool, peu soluble dans l'éther, qui se retrouve dans les excréments.

L'*acide glycocholique*, le plus abondant chez l'homme et chez les herbivores, se présente sous l'aspect d'aiguilles soyeuses, solubles dans 330 parties d'eau à 20°, très solubles dans l'alcool, insolubles dans l'éther. Son pouvoir rotatoire est :

$$[\alpha]_{D} = + 27^{\circ}6.$$

L'*acide taurocholique* représente, d'après Hammarsten, 13,1 o/o des acides biliaires, chez l'homme ; mais, les variations individuelles sont nombreuses, et, dans quelques cas, cet acide peut faire défaut (Jacobson). C'est, au contraire, le plus important chez les carnassiers ; c'est le seul qu'on rencontre dans la bile du chien. Sa formation est en rapport avec l'alimentation carnée, qui fournit le soufre entrant dans la molécule.

Il se présente sous forme de fines aiguilles déliquescentes, solubles dans l'alcool et dans l'eau. Son pouvoir rotatoire semble varier suivant l'animal dont il provient. C'est ainsi qu'il est dextrogyre chez le bœuf $[\alpha]_v = + 24,5$ et lévogyre chez le chien $[\alpha]j = - 25$. Il y a là un cas d'isomérie semblable à celui qu'on observe avec les acides tartriques.

Dans le dédoublement des acides biliaires, outre l'acide cholalique, on voit se produire des acides dont quelques-uns peuvent avoir un certain intérêt.

Signalons l'*acide choléique* ($C^{25}H^{12}O^{4}$), l'*acide fellique* ($C^{23}H^{10}O^{4}$) et l'*acide lithofellique* ($C^{20}H^{36}O^{4}$). Ce dernier forme souvent, chez les ruminants, des calculs que l'on trouve dans la panse ou dans les intestins ; c'est lui qui constitue avec l'*acide litholitique* $C^{39}H^{72}O^{6}$ la plus grande partie des bezoards orientaux.

Il est facile d'extraire les sels biliaires. Dans ce but la bile est mélangée à du charbon animal et évaporée au bain-marie jusqu'à siccité. On pulvérise la masse solide ainsi obtenue ; on l'épuise par l'alcool bouillant, puis on précipite les sels biliaires par de l'éther. On obtient ainsi de beaux cristaux blancs : c'est la préparation connue sous le nom de « bile cristallisée de Platner ».

Quand les liquides utilisés ne sont pas anhydres, la masse qui précipite est jaune. On la purifie en la redissolvant dans l'alcool absolu et en la précipitant par l'éther anhydre.

Ainsi préparés les sels biliaires donnent une réaction souvent considérée comme caractéristique. C'est la réaction de Pettenkoffer.

A 10 ou 20 cmc. de liquide, on ajoute 5 gouttes d'une solution de sucre de canne à 10 o/o, puis on verse lentement sur la paroi du verre un demi-volume (5 ou 10 cmc.) d'acide sulfurique concentré. Cet acide tombe au fond du vase et, à la limite de séparation des deux liquides, on voit se développer une coloration rouge-violet. En mélangeant les deux couches lentement pour éviter une élévation de température, ou mieux après avoir plongé le verre d'expérience dans de l'eau froide, on obtient une couleur poupre, dichroïque.

On peut remplacer le sucre par une solution de furfurol au 1/1.000 (Mylius). La réaction est semblable à la condition d'introduire un peu plus d'acide sulfurique.

La réaction de Pettenkoffer appartient à tous les sels et acides biliaires et à leurs dérivés, sauf à ceux obtenus par oxydation.

Il faut ajouter que d'autres substances, notamment les matières protéiques, donnent une réaction, sinon identique, du moins analogue.

Quand les sels biliaires se trouvent dans un liquide contenant diverses substances organiques, la réaction de Pettenkoffer n'est plus utilisable. Si on veut les caractériser dans l'urine, on observe, sous l'influence de l'acide sulfurique, une coloration brune, presque noirâtre, qui rend l'appréciation impossible. Il faut alors pratiquer une extraction suivant le procédé indiqué par Platner, opération facile, mais longue. Aussi a-t-on cherché d'autres méthodes. On s'est appuyé sur la propriété que possèdent les sels biliaires d'abaisser la tension superficielle de l'eau et, par conséquent, de l'urine. Cet abaissement se poursuit en fonction du taux de ce sel suivant une courbe régulière qui tend vers une limite. Il faut remarquer seulement que l'action abaissante du taurocholate est plus faible que celle du glycocholate. Voici quelques chiffres empruntés au travail de Doumer :

| TAUROCHOLATE | TENSION | ABAISSEMENT | |
de soude	superf.	trouvé	calculé
1 décigr. p. 1.000 . . .	970	30	27
3 — — . . .	927	73	70
6 — — . . .	884	116	116
12 — — . . .	836	164	164
15 — — . . .	820	180	181

Pour apprécier la tension superficielle on a recours, en clinique, à la réaction de Hay. De la fleur de soufre projetée sur de l'urine ne contenant pas de sels biliaires, surnage en formant un voile à la surface. Si le liquide contient des sels biliaires, elle tombe plus ou moins vite et plus ou moins abondamment au fond du récipient.

Cette réaction étant d'une appréciation assez délicate, on a proposé de la remplacer par la stalagmométrie. Il suffit de se servir du compte-gouttes de Duclaux qui donne 100 gouttes par 5 cmc. avec l'eau distillée. On déterminera la tension superficielle de l'urine d'après l'équation :

$$T_n = 1.000 \times \frac{A}{N} \times D$$

où 1.000 représente conventionnellement la tension superficielle de l'eau distillée ; A le nombre de gouttes que donne l'eau distillée ; N le nombre de gouttes que fournit l'urine de densité D. En pratique, cette densité peut être fixée une fois pour toutes à 1.015.

Avec cette méthode, Gilbert, Chabrol et Bénard ont pratiqué des déterminations chez une centaine de malades. Ils ont trouvé que, pour les tensions très abaissées, entre 700 et 850, il y avait 31 hépatiques avérés, soit 90 o/o. La proportion était de 60 o/o avec les tensions moyennes de 850 à 900 et 32 o/o avec les tensions de 900 à 1.000.

Ainsi l'abaissement de la tension superficielle constitue un signe de présomption en faveur d'une élimination des sels biliaires par l'urine, mais rien de plus. Car il est beaucoup d'autres substances qui sont capables de produire des modifications analogues. H. de Waele a trouvé la réaction positive chez des malades qui n'avaient aucun trouble hépatique probable. La proportion atteindrait de 50 à 100 o/o chez les tuberculeux. Aussi propose-t-il de revenir aux méthodes chimiques. Il aurait obtenu de bons résultats en portant à l'ébullition un mélange à partie égale d'urine et d'acide phosphorique sirupeux : les sels biliaires donneraient une coloration améthyste, virant vers le rouge vineux, puis le brun acajou.

ORIGINE DES ACIDES BILIAIRES. — Nous avons dit que l'*acide cholalique*, noyau de tous les acides biliaires, semble provenir de la *cholestérine*. La parenté chimique est indéniable, mais les expériences ont donné des résultats contradictoires. Cylharz,

Fuchs et von Furth ont vu l'ingestion de cholestérine augmenter la teneur des sels biliaires dans la bile. Mais Foster, Hoople et Whipple n'ont obtenu que des résultats négatifs.

Le *glycocolle* est abondamment répandu dans l'organisme où il prend naissance avec la plus grande facilité ; mais il ne se trouve jamais à l'état libre. C'est un acide aminé ayant pour formule $CH^2.NH^2.COOH$, dérivant de l'acide acétique $CH^3.COOH$. Il est, comme le montre la formule, à la fois acide et base et c'est à ce dernier titre qu'il se combine à l'acide cholalique. La *taurine* dérive de la *cystéine* qui provient elle-même de la *cystine* ou acide diaminodithiodilactique, le seul acide aminé de l'économie qui contienne du soufre. Friedmann a réussi à transformer la cystéine en taurine. A un chien, porteur d'une fistule biliaire, Bergmann fait avaler de la cystine, la quantité de taurine n'augmente pas, mais elle s'élève s'il donne en même temps du cholate de soude. En opérant sur le lapin, Wohlgemuth a reconnu que l'introduction de la cystine amène l'accumulation du soufre dans le foie et une élimination plus abondante de cette substance par la bile.

C'est dans l'alimentation que l'organisme trouve les éléments nécessaires à la formation des sels biliaires. Un repas riche en viande augmente, chez le chien, la teneur de la bile en taurocholate. Le jeûne diminue l'élimination de l'acide cholalique, en même temps qu'il abaisse l'élimination de l'azote par l'urine. La reprise de l'alimentation azotée n'amène pas aussitôt le retour à la normale. Il faut que l'organisme comble au préalable ses déficits.

Lieu de production des acides biliaires. — Pour déterminer le lieu de production des acides biliaires, on a fait des expériences analogues à celles que nous avons rapportées en traitant des matières colorantes.

On s'est adressé à l'histologie. Baum a montré que les cellules hépatiques du cheval donnent la réation de Pettenkoffer. Mais, outre que cette réaction n'est pas caractéristique, on peut toujours objecter que la bile a pénétré dans les cellules par un simple phénomène de diffusion.

Sans être absolument convaincantes, les expériences de Schmulewitsch et Asp ne sont pas dépourvues d'intérêt. Elles sont d'ailleurs confirmées par celles de Carracido, qui a utilisé, comme les auteurs précédents, la méthode des circulations artificielles, et a constaté une production d'acides biliaires.

On doit attacher une certaine importance aux recherches poursuivies sur des animaux dont on a enlevé le foie. Chez la grenouille, la ligature du canal cholédoque est rapidement suivie du passage des sels biliaires dans le sang ; or, le résultat est toujours négatif quand on recherche ces sels, après extirpation du foie, même quand la survie a été fort longue et a atteint quatorze ou vingt jours.

En opérant sur des Oiseaux, Minkowski et Naunyn ont trouvé des acides biliaires dans le sang et les tissus, si l'extirpation du foie était partielle ; ils n'en ont pas décelé, si elle était totale.

Chez les Mammifères on ne peut extirper le foie, mais on peut en restreindre le fonctionnement en pratiquant une fistule d'Eck. L'expérience faite sur des chiens démontre que la sécrétion du taurocholate diminue de moitié, en même temps d'ailleurs que la formation du pigment biliaire. Foster, Hooper et Whipple, à qui nous devons ces recherches, ont constaté encore que l'injection d'hémoglobine provoque moins facilement l'ictère que chez les chiens normaux. Le résultat serait tout autre si le foie ne faisait qu'éliminer les matières formées en d'autres points de l'économie ; il établit une fois de plus le rôle du foie dans l'élaboration de la bile.

Une dernière méthode consiste à étudier les modifications qui se passent en dehors de l'organisme. Les expériences de Anthen, Kallmeyer, Klein, Hoffmann ont démontré qu'au contact des cellules hépatiques, ou de leur protoplasma, il se produit, aux dépens de l'hémoglobine et des albumines du sérum, non seulements des pigments hépatiques, mais aussi des sels biliaires. Tous ces phénomènes n'ont lieu qu'en présence d'hydrates de carbone, glycogène ou glycose.

Cholestérine. — Découverte dans la bile par Conradi, en 1775, dénommée par Chevreul, en 1825, la *cholestérine* est considérée aujourd'hui comme un lipoïde aphosphoré, ayant pour formule $C^{27}H^{46}O$, ou :

$$(CH^3)^2 . CH . CH^2 . CH^2 . C^{17}H^{26} . CH . CH^2$$

CH²   CH²
CHOH
Cholestérine

La cholestérine renferme un groupe alcool secondaire CHOH, ce qui lui permet de former des éthers avec des acides, le plus souvent des acides gras élevés (palmitique, stéarique, oléique). Le foie renferme un ferment ayant la propriété de dédoubler les éthers cholestériques.

La cholestérine se présente sous l'aspect de cristaux blancs, brillants, légers et soyeux, doux au toucher. Elle est insoluble dans l'eau et l'alcool froid, soluble dans 5 à 9 parties d'alcool bouillant, dans l'éther, le chloroforme, les huiles grasses, les solutions de sels biliaires. Elle cristallise avec une molécule d'eau en lamelles rhomboïdales.

Considérée longtemps comme un simple produit de désassimilation, provenant du cerveau et capable de déterminer par sa rétention des accidents graves, la cholestérine semble jouer un rôle physiologique important. Elle est abondamment répandue dans les tissus animaux, tissu nerveux, rate, foie, ovaire, globules rouges et blancs, ainsi que dans les tissus végétaux (phytostérine).

Le sérum sanguin de l'homme en contient de 1,2 à 1,8 o/oo, soit en moyenne 1,5. De cette quantité le quart est libre : le reste forme des éthers avec l'acide oléique et l'acide palmitique. Dans les globules la proportion est plus élevée, mais la cholestérine est libre en totalité. Voici les moyennes obtenues chez quelques animaux :

	SÉRUM	GLOBULES ROUGES
Bœuf.	1,24	3,38
Chien	0,68	1,70
Lapin	0,55	0,72

Les globules blancs contiennent de 4 à 5 fois plus de cholestérine que les globules rouges. La plus grande partie provient de l'alimentation. Il est donc important, pour l'établissement du régime, de connaître la richesse des diverses substances alimentaires. D'après Grigaut, on trouve pour 1.000 parties de substances fraîches, 0,6 à 0,8 dans la viande ; 2,5 dans le foie de veau ; 28 dans le ris ; 35 dans le rognon ; 20 dans la cervelle ; 20 dans le jaune d'œuf. Suivant le régime prescrit, on observera des variations de la cholestérinémie ; mais ces variations sont assez restreintes ; la teneur en cholestérine ne s'élève guère au-dessus de 2 o/oo et ne tombe pas au-dessous de 1,2.

Les variations consécutives aux modifications fonctionnelles et aux troubles pathologiques de l'organisme sont plus importantes et plus marquées.

La vie génitale exerce sur la cholestérinémie une influence considérable et les résultats fournis par les observations faites en ces derniers temps éclairent certains points, restés jusqu'ici obscurs, dans l'étiologie de la lithiase biliaire. On savait depuis longtemps que la grossesse joue un rôle important dans le développement des calculs cholestériniques. Or la cholestérine augmente dans le sang sous l'influence de la menstruation et plus encore sous l'influence de la gestation. Durant les 7 premiers mois, le taux de la cholestérine ne dépasse guère 2 o/oo ; dans les deux derniers mois, elle peut atteindre 2,45, pour revenir progressivement à la normale au bout de deux mois et demi.

L'influence des maladies n'est pas moins importante. Les infections légères ne semblent pas avoir une grande influence. Dans la tuberculose apyrétique, on ne note aucun changement appréciable. Au contraire la phtisie fébrile amène une diminution du taux de la cholestérine.

Au cours des infections graves, la proportion baisse pendant la période d'état, pour augmenter plus ou moins rapidement après la chute de la température. Cette évolution est très nette dans la pneumonie ; à la période d'état le taux de la cholestérine peut tomber à 0,5.

Chauffard et Grigaut ont montré que, dans la fièvre typhoïde, la cholestérine diminue pendant le premier septenaire pour s'élever à 3 o/oo après la défervescence. En règle générale, la courbe de la cholestérinémie suit une marche inverse de la courbe thermique.

Chez les sujets soumis à la vaccination antityphique, on observe des modifications analogues, c'est-à-dire un abaissement suivi d'une élévation. D'après Marañon et Varillas, la variole agit comme la fièvre typhoïde.

Les affections chroniques exercent une influence non moins intéressante. Si les néphrites aiguës ne modifient pas le taux de la cholestérine, les néphrites chroniques le font monter : il peut s'élever à 15 o/oo, sans qu'il y ait de rapport entre la cholestérinémie et l'hypertension.

Le diabète amène une lipémie quelquefois énorme : on a trouvé jusqu'à 270 o/oo de graisses dans le sang. Mais la cholestérinémie varie peu d'après Chauffard : sur 16 malades examinés à ce point de vue, 1 seul avait de l'hypercholestérinémie, le taux de la cholestérine atteignant 3,20 o/oo. Au contraire, Rouzaud examinant 36 diabétiques, trouva chez 14 d'entre eux une proportion supérieure à 2,50 ; chez 12 autres malades, la proportion était de 2 à 2,5 et, chez les 10 derniers, 1,50 à 2.

Les affections hépatiques ne provoquent de l'hypercholestérinémie que lorsqu'elles déterminent un obstacle à l'écoulement de la bile. C'est ce qui se produit dans les ictères par rétention ; l'excès de cholestérine peut expliquer l'augmentation de la résistance globulaire aux agents hémolytiques. Au cours des cirrhoses, la cholestérine n'augmente pas ; elle diminue même à la fin de la vie. Dans le xanthélasma, on trouve constamment une augmentation de la cholestérine jusqu'à 5 et 6 o/oo, en même temps d'ailleurs qu'une augmentation des autres lipoïdes. Mais c'est dans certaines formes de lithiase biliaire qu'on a obtenu les chiffres les plus élevés, jusqu'à 8 o/oo.

En se basant surtout sur des observations cliniques et sur des examens anatomiques, on admet que la cholestérine se forme dans les capsules surrénales, dans l'ovaire et spécialement dans les corps jaunes. Le foie pourrait jouer aussi un rôle dans la production de cette substance.

Les recherches d'Abelous conduisent à des conclusions bien différentes. En injectant dans le duodénum une solution d'acide chlorhydrique à 4 o/oo, on observe une augmentation de la cholestérine du sang. L'injection intra-veineuse de sécrétine produit le même effet. C'est la rate qui, dans ce cas, intervient.

Après l'ablation de cet organe, la sécrétine ne produit plus rien. Le rôle de la rate est mis en évidence par d'autres recherches : l'analyse chimique démontre que le sang de la veine splénique contient plus de cholestérine que le sang artériel.

Dans la pulpe splénique, placée à l'étuve après adjonction de 2 o/o de fluorure de sodium pour empêcher les putréfactions, le taux de la cholestérine s'élève.

La rate joue, on le voit, un rôle important dans la production de la cholestérine, qu'elle formerait en unissant de l'acide cholalique avec des savons, grâce à un ferment qui passe dans l'extrait aqueux de la rate.

Le foie, le système nerveux fabriqueraient aussi de la cholestérine, mais en petite quantité, tandis que les surrénales, la thyroïde, le rein, les ovaires, les glandes génitales et les muscles, ainsi que le sang, serviraient à la détruire.

C'est surtout au poumon que revient un rôle important dans la destruction de la cholestérine, comme on le démontre en dosant comparativement cette substance dans le sang du cœur droit et dans le sang du cœur gauche.

D'après Abelous et Soula la différence est en moyenne de 0,259. Le poumon arrête donc une très grande quantité de cholestérine. Mayer et Schœffer ont reconnu que son parenchyme en contient une forte proportion, mais il n'y a pas seulement accumulation, il y a destruction. Abelous et Soula le démontrent en mettant de la cholestérine en contact avec du tissu pulmonaire. Si à 100 gr. de poumon (comptés d'après l'extrait sec) on ajoute 1,990 de cholestérine, on trouve, au bout de 24 heures, 0,625 et, au bout de 48 heures, 0,315.

La cholestérine s'élimine par la bile. On n'en trouve que des traces dans l'urine. La proportion est de 0,29 dans la bile recueillie sur le chien, au moyen d'une fistule ; dans la vésicule biliaire elle s'élève à 1,25 (Doyon et Dufourt). Chez l'homme, on a trouvé dans la bile qui s'écoulait par une fistule, 0,45 (Robson), 0,78 (Hammarsten), 0,85 et 1,65 (Bonanni). Dans la vésicule, la quantité est plus forte, 2,5 (Trifanowsky), 8,7 (Hammarsten). Ce résultat a fait admettre qu'une certaine quantité de cholestérine est sécrétée par la vésicule.

En 24 heures, la bile déverse dans l'intestin de 6 à 7 gr.

de cholestérine. Une partie est attaquée par les microbes et éliminée par les matières fécales à l'état de *dihydrocholestérine* ou *coprostérine*. Une certaine quantité est absorbée et semble jouer un rôle protecteur important. Il est démontré, en effet, que la cholestérine possède le pouvoir d'empêcher l'action hémolytique d'un grand nombre de substances, notamment des savons. Ceux qui s'absorbent pendant la digestion seraient, grâce à la cholestérine, mis dans l'impossibilité de dissoudre les globules rouges.

Le *pouvoir antihémolytique* de la cholestérine dépend du groupement alcoolique OH. Voilà pourquoi les éthers de la cholestérine, dans lesquels ce groupement est uni à un radical d'acide, sont dépourvus d'action protectrice. Celle-ci s'explique facilement quand il s'agit de savons, par la formation d'un éther inoffensif : l'oxydrile alcoolique se combinant à l'acide gras. Pour les venins, les extraits de vers intestinaux, les hémolysines bactériennes, le mécanisme est moins bien connu, mais l'effet protecteur est incontestable. La cholestérine ne modifie pas le pouvoir hémolytique des sels biliaires.

Le foie ne sert pas seulement à éliminer la cholestérine. Nous avons déjà dit qu'il est capable d'en fabriquer. Cette substance augmente, en effet, dans les ictères, alors même qu'il n'y a pas obstacle au cours de la bile, par exemple dans les ictères qu'on provoque expérimentalement au moyen de la toluylènediamine. C'est à cette surproduction de cholestérine qu'on rattache l'augmentation de la résistance globulaire, constatée dans les ictères par rétention.

CALCULS BILIAIRES. — Quand le sang est surchargé de cholestérine, après un régime mal compris ; après des fatigues excessives qui semblent mobiliser les réserves contenues soit dans les surrénales, soit dans la rate ; à la suite des grossesses ou à la convalescence de la fièvre typhoïde, son excrétion par la bile augmente. L'excès de cholestérine pourrait se déposer dans la vésicule et se conglomérer sous forme de calcul. Cette conception, fort ancienne, sembla définitivement abandonnée à la suite des recherches de Naunyn sur l'origine microbienne de la lithiase et sur le rôle du catarrhe lithogène. Les expériences de Gilbert et Fournier, de Mignot, de Klinker, de Flandin établissaient que les calculs renferment souvent des microbes et qu'on en peut provoquer le développement chez les animaux, en traumatisant et infectant la vésicule. Mais on obtient ainsi de petites concrétions pigmentaires friables ; on ne reproduit pas les gros calculs de cholestérine.

Les recherches de Aschoff, de Chauffard et de ses élèves ont établi qu'il faut diviser les calculs biliaires en deux grands groupes : les uns, d'origine infectieuse, sont multiples, petits, friables, pigmentaires ; les autres d'origine humorale, sont peu nombreux, souvent même on n'en trouve qu'un dans la vésicule ; ils sont volumineux, durs, essentiellement formés par un dépôt de cholestérine.

Les premiers sont, disons-nous, petits et friables. Ils renferment souvent des microbes et sont constitués par un dépôt de pigment auquel s'ajoute une petite quantité de cholestérine et une quantité variable de sels de chaux. Ces substances se déposent sur un squelette protéique, au milieu duquel on trouve de nombreuses cellules desquamées.

Le gros calcul, dur, solide, dont la coupe montre une cristallisation radiée caractéristique, contient jusqu'à 98 o/o de cholestérine Il est constitué par le dépôt d'une substance produite et rejetée en excès. Il a pour facteur pathogénique l'hypercholestérinémie, diathèse cholestérinique d'Aschoff. Très fréquent chez les femmes, il se développe surtout chez celles qui ont eu des grossesses multiples. La statistique de Grube et Graff nous apprend que, sur 760 femmes lithiasiques, 613 avaient eu des enfants. Les dosages de Chauffard et Grigaut montrent que, dans la grossesse, le taux de la cholestérine contenue dans la bile peut monter de 1,5 à 7,5. La fièvre typhoïde est capable de provoquer les deux variétés de calculs ; quand elle entraîne l'infection des voies biliaires, elle suscite le développement de petits calculs pigmentaires ; quand elle amène l'hypercholestérinémie, elle cause le développement d'un gros calcul solitaire.

Nous revenons ainsi à une appréciation plus exacte du mécanisme de la lithiase et nous pouvons conclure qu'on avait eu tort d'exagérer les résultats obtenus par les bactériologistes et de rejeter le rôle étiologique de l'alimentation, de la grossesse, des manifestations nerveuses et des troubles nutritifs, consécutifs aux influences pathogènes les plus diverses, y compris les maladies infectieuses. L'enthousiasme provoqué par les conceptions microbiennes avait trop fait négliger les enseignements fournis par l'observation attentive de certains faits cliniques.

La première idée qui vient à l'esprit est d'admettre que l'excès de cholestérine s'élimine par une sécrétion de la vésicule, mais cette conception simpliste semble contredite par les analyses chimiques qui montrent que, dans les canaux hépatiques, la bile est chargée de cholestérine. Dans la vésicule, se fait au contraire une résorption de la cholestérine. Cette substance peut alors se déposer dans les parois du réservoir, constituant de petites concrétions, « calculs intra-muraux » d'Aschoff. Plus fréquemment on voit, sous l'épithélium et dans le fond de la vésicule, en particulier au voisinage des canaux de Lushka, de petites masses enclavées, ayant les caractères des éthers de cholestérine.

Les concrétions formées dans les voies biliaires pourraient se redissoudre, quand le catarrhe qui les a provoquées a disparu. C'est du moins ce qui semble résulter des expériences de Frerichs, Naunyn, Hansemann.

Il existe encore d'autres variétés de calculs, parmi lesquels il faut faire une place aux calculs résultant d'un excès de pigment d'origine hémolytique. Minkowski, Chauffard les ont décrits chez les malades atteints d'ictère congénital avec splénomégalie. La destruction intense des globules a pour conséquence une élimination exagérée du pigment et la formation de calculs contenant 60 o/o de bilirubinate de calcium.

Mucine et pseudo-mucine. — La bile, particulièrement celle de la vésicule, est plus ou moins épaisse et visqueuse et mousse par l'agitation.

Landwehr montra que l'aspect visqueux dépend non d'une mucine véritable, mais d'une pseudo-mucine, qu'il considéra comme une gomme animale. Contrairement à la mucine, la pseudo-mucine biliaire se redissout partiellement dans un excès d'acide acétique ; digérée par une solution chlorhydro-peptique, elle laisse un résidu qui ne contient pas d'hydrate de carbone réducteur, mais renferme une pseudo-nucléine. L'analyse y démontre la présence du phosphore. C'est donc une nucléo-albumine.

La muqueuse des voies biliaires produit cependant une certaine quantité de mucine véritable ; la proportion des deux substances varie suivant les espèces et suivant le point où la bile est recueillie. C'est chez l'homme que la proportion de mucine est le plus élevée. On en trouve déjà dans le canal hépatique, comme l'a reconnu Hammarsten en cathétérisant le conduit. Mais la proportion en est très faible.

Rôle de la circulation sanguine dans la sécrétion biliaire. — Deux vaisseaux principaux venant se distribuer au foie, on est conduit à se demander lequel des deux est chargé d'apporter les matériaux de la bile. On a tenté de résoudre le problème en liant l'un ou l'autre : les résultats ont été quelque peu contradictoires.

La ligature de l'artère hépatique est une opération difficile ; elle fut pourtant réussie par Malpighi, qui constata que la sécrétion biliaire persistait encore après l'oblitération de ce vaisseau. Simon, de Metz, en 1828, obtint un résultat semblable sur le pigeon, mais il ignorait que, chez cet animal, l'artère hépatique n'est pas la seule artère qui se rende au foie.

En 1856, Oré réussit à maintenir vivants des chiens auxquels il avait pratiqué la ligature lente de la veine porte : dans ces conditions, la sécrétion biliaire continuait, et l'auteur en conclut que les éléments de la bile sont fournis par l'artère hépatique.

Les recherches ultérieures de Kottmeier, de Kuthe, semblèrent confirmer l'opinion de Simon ; celles de Chassagne vinrent, au contraire, appuyer la théorie d'Oré.

En 1862, Schiff reprit la question et reconnut que la ligature de toutes les artères qui se rendent au foie n'arrête pas la sécrétion biliaire ; la ligature lente de toutes les veines la supprime infailliblement. Ce serait donc la veine porte qui aurait le rôle principal dans la production de la bile, et cette conception a été appuyée par les expériences ultérieures, et notamment par celles de Asp, de Schmulewitsch et de Röhrig. En pratiquant la ligature d'une des branches de division de la veine porte, on voit la sécrétion biliaire cesser ou diminuer dans le territoire irrigué par cette branche. Réciproquement, dans quelques cas où la ligature de l'artère hépatique n'a pas entraîné une mort trop rapide, la sécrétion biliaire a persisté (de Dominicis). Pourtant l'artère hépatique peut, jusqu'à un certain point, suppléer la veine porte : la sécrétion biliaire diminue quand on comprime la veine ; elle ne subit pas de changement quand on comprime l'artère ; elle s'arrête quand on comprime simultanément la veine et l'artère.

En augmentant légèrement la pression dans le foie, par exemple, en liant l'aorte abdominale au-dessous du tronc cœliaque, on stimule un peu la sécrétion biliaire. Mais, il ne faudrait pas exagérer le rôle de la pression dans la formation de la bile ; la ligature de la veine cave ascendante, au-dessus de l'embouchure des veines hépatiques, détermine une congestion énorme du foie, et pourtant la sécrétion diminue et finit même par s'arrêter.

Transformation de la bile dans l'intestin. — La bile, ainsi formée aux dépens des éléments qu'amène la veine porte, se déverse et se décompose dans l'intestin. La bilirubine est transformée, au moins partiellement, en urobiline ou en un chromogène de cette substance. Une partie passe dans les matières fécales ; une autre est absorbée et amenée au foie, qui l'arrête.

Nous avons déjà dit que la cholestérine se retrouve en grande partie dans les matières à l'état de stercostérine. Quant aux acides biliaires, ils se transforment dans la dernière portion de l'intestin grêle et dans le gros intestin. Ils se dédoublent en taurine ou glycocolle et en acide cholalique. Ce dernier se transforme, au moins partiellement, en dyslysine. Les matières fécales du chien renferment de l'acide cholalique, de l'acide choloïdique et de la dyslysine ; mais on n'y trouve ni acide taurocholique, ni taurine. Au contraire, dans les excréments du bœuf, il y a encore de l'acide glycocholique, plus difficile à dédoubler que l'acide taurocholique.

Ces diverses substances sont loin de représenter la totalité des sels biliaires ; les analyses de H. Seyler sur le chien, de Bischoff sur l'homme, établissent qu'on ne retrouve que le quart ou la dixième partie de la quantité sécrétée. On est donc conduit à se demander ce que devient le reste des éléments de la bile. Or, de nombreuses expériences établissent que la bile, ou plutôt ses produits de dédoublement sont résorbés par la veine porte et arrêtés de nouveau par le foie : il y a donc un va et vient incessant de la bile entre le foie et l'intestin ; c'est ce qu'on a appelé la circulation entéro-hépatique.

CIRCULATION ENTÉRO-HÉPATIQUE. — Schiff, à qui l'on doit cette conception, introduit de la bile de bœuf dans l'intestin d'un cobaye et constate que le pigment et les acides qu'elle renferme sont arrêtés par le foie et éliminés par la bile.

Ces faits ont été confirmés par un grand nombre d'expérimentateurs, notamment par Rosenkranz, Paschkis, Baldi, Prévost et Binet, Weiss. Si Röhrig n'a pas vu la bile injectée dans la veine porte être arrêtée par le foie, c'est, comme le fait justement remarquer Huppert, parce que l'injection était poussée trop vite. En opérant lentement, nous avons également réussi à mettre en évidence cette action d'arrêt du foie. Foster, Whipple et Hooper faisant ingérer de la bile à un chien porteur d'une fistule biliaire, constatent qu'en l'espace de 4 heures, 90 o/o du taurocholate ainsi introduit en excès se retrouvent dans la bile.

Nous pouvons citer encore les très intéressantes expériences de Stadelmann, qui l'ont conduit aux conclusions suivantes : l'ingestion de la bile ou des sels biliaires augmente la quantité d'eau et d'acides biliaires excrétés, mais n'agit pas sur l'élimination des pigments. Le maximum dans l'excrétion des sels se produit de 12 à 24 heures après l'ingestion ; le maximum dans l'excrétion de l'eau de 24 à 36 heures. L'augmentation de l'eau excrétée est due à une excitation des cellules hépatiques par les acides biliaires.

Nous avons déjà dit que le foie est capable d'arrêter les pigments biliaires circulant dans le sang ; les recherches de Tarchanoff le démontrent. Une ingénieuse expérience de Wertheimer met bien cette propriété en évidence : ce physiologiste a reconnu que de la bile de mouton injectée à un chien, est rejetée en nature par le foie de l'animal en expérience ; il suffit, en effet, d'examiner la bile du chien au spectroscope pour y trouver, au bout de dix minutes déjà, le spectre caractéristique de la bile étrangère.

Nous conclurons donc qu'il existe une circulation de la bile, du foie vers l'intestin et de l'intestin vers le foie ; seulement, il y a un déficit dans le tube digestif et ce déficit est comblé par les produits de l'organisme, dont dérivent les éléments de la bile. Il faut bien remarquer, d'ailleurs, que le foie n'opère pas une simple filtration de la bile résorbée. Ce qui rentre dans la circulation, ce sont les produits de dédoublement des éléments biliaires. La cellule hépatique devra les recombiner par une nouvelle synthèse. Quelques physiologistes se refusent à admettre un tel processus et pensent que les substances résorbées sont vouées à une destruction ou à une élimination rapide. L'acide cholalique se dédoublerait en acide carbonique et eau ; le glycocolle formerait de l'acide hippurique et de l'urée ; la taurine se transformerait en sulfate. A quoi on peut répondre que si on fait ingérer à un chien du glycocolle et de l'acide cholalique, le foie réunit ces éléments pour former du glycocholate de soude qui passe dans la bile. Or, dans les conditions normales, la bile de chien ne contient pas de glycocholate. Il faut donc admettre que l'acide biliaire a été formé par une véritable synthèse.

En résumé, la cellule hépatique produit la bile avec les matériaux que lui amène la veine porte et dont certains ont été résorbés dans l'intestin. Mais elle devra toujours faire subir à ces matériaux une élaboration ultime.

La sécrétion de la bile est un phénomène exothermique, s'accompagnant d'un notable dégagement de chaleur. C'est essentiellement un phénomène d'oxydation : on comprend donc que la bile ne renferme que des traces d'oxygène et contienne une quantité plus ou moins considérable d'acide carbonique. Le même mécanisme explique la production d'eau par la cellule hépatique.

Influence du système nerveux. — Le système nerveux ne paraît agir sur la sécrétion biliaire que par les modifications vasomotrices qu'il est capable de déterminer.

Bochefontaine avait vu diminuer la sécrétion biliaire à la suite de l'excitation faradique du gyrus sigmoïde. Il ne s'agit pas là d'une véritable localisation cérébrale ; on a décrit un grand nombre de centres sécrétoires dans l'écorce, mais, comme l'a fait remarquer François Franck, leur excitation détermine des effets analogues à ceux qui suivent l'excitation de toute surface sensible. En effet, la bile devient moins abondante quand on excite la moelle cervicale ou un nerf mixte, le crural ou le sciatique, par exemple ; on obtient un effet inverse, quand on sectionne la moelle cervicale (Röhrig).

L'excitation du pneumogastrique, soit dans la région cervicale, soit au niveau du cardia, a pour effet de déterminer une augmentation momentanée de la sécrétion biliaire. Artaud et Butte ont démontré que le résultat était le même quand on opérait sur le tronc du nerf vague ou sur son bout central; mais, l'effet ainsi produit est passager et ne s'observe qu'au début de l'excitation (Rodriguez) ; en faradisant le bout périphérique, on obtient, au contraire, une diminution de la sécrétion.

C'est aussi une diminution de la sécrétion qu'on observe en excitant les nerfs splanchniques ; mais, si on opère sur les nerfs qui entourent l'artère hépatique, comme l'a fait Affanassiew, on obtient d'abord une augmentation, puis secondairement une diminution de la sécrétion.

Variations dans les quantités de bile sécrétée. — La sécrétion biliaire apparaît de bonne heure chez le fœtus ; elle s'établit avant la fonction glycogénique. Chez l'homme, elle commence vers le troisième mois ; à ce moment, Zweifel a trouvé, dans l'intestin, des acides biliaires et des matières colorantes de la bile, mais cette sécrétion n'est pas très abondante et, jusqu'au cinquième ou au sixième mois, la vésicule ne contient guère que du mucus ; à partir de cette époque, le foie sécrète une bile plus abondante qui se déverse dans l'intestin et contribue à la formation du méconium. Chez le nouveau-né, la bile est riche en urée (Schutzenberger).

La sécrétion biliaire présente chez l'adulte des variations très considérables ; d'une période de deux heures à une autre période semblable, elle peut, sans cause appréciable, varier du simple au double et au triple. Il est donc très difficile de déterminer l'influence des divers facteurs qui peuvent modifier la sécrétion ; on est pourtant arrivé, dans cette voie, à quelques résultats intéressants.

Il est établi que le *jeûne* diminue la production biliaire. Lukjanow, par des expériences sur des cobayes, privés d'aliments, constata que la quantité de bile sécrétée augmente légèrement tout d'abord ; puis, elle s'abaisse rapidement, et, quand l'amaigrissement atteint 34,46 o/o du poids du corps, elle est 2,7 fois moins considérable qu'auparavant. Mais, les matières solides, tout en tombant au-dessous du taux normal, diminuent moins rapidement que l'eau, il en résulte que la quantité relative s'accroît et que la bile devient plus épaisse. Les sels biliaires, les graisses, la lécithine, la cholestérine se trouvent en excès ; c'est surtout sur les pigments que porte l'augmentation ; aussi la bile des animaux qui ont subi un long jeûne, est-elle analogue à la bile des animaux empoisonnés par des substances qui détruisent les hématies : elle est plus foncée et plus épaisse. Kunkel prétend même qu'elle peut obstruer les canaux et devenir une cause d'ictère, mais c'est là une éventualité tout à fait exceptionnelle.

L'*alimentation* produit évidemment l'effet inverse du jeûne, elle augmente la sécrétion biliaire. Mais, si l'on ne veut pas s'en tenir à cette formule générale et si l'on veut pénétrer dans l'étude des détails, on trouve les résultats les plus contradictoires.

Bidder et Schmidt prétendent que la sécrétion atteint son maximum de 13 à 15 heures après le repas ; Kölliker et Müller disent que c'est tantôt de 3 à 5 heures, tantôt et le plus souvent de 6 à 8 ; Cl. Bernard vers la septième heure ; Arnold la quatrième ; Wolff admet une première augmentation au bout de 2 ou 4 heures, une deuxième au bout de 8 ou 10 ; Heidenhain soutient également qu'il y a deux périodes d'accroissement, mais il les fixe, la première entre 3 et 5 heures, la deuxième entre 13 et 15 ; Stadelmann trouve que le maximum de la sécrétion survient de 5 à 8 heures après le repas, le minimum 1 ou 2 heures plus tard, enfin il existe un deuxième minimum au bout de 11 ou 12 heures. D'un autre côté, Rosenberg prétend qu'en mettant les animaux à jeun, on observe une augmentation de la bile aux mêmes heures que lorsqu'on les nourrit. Dastre n'admet pas non plus l'influence des repas, ou plutôt il pense qu'elle ne se fait sentir qu'au bout de 10 ou 14 heures ; elle est en rapport avec l'élaboration que subissent dans le foie les produits de la digestion. D'après ce physiologiste, il existerait un premier maximum de sécrétion biliaire le matin vers 9 heures, et un deuxième le soir entre 9 et 11 ; il y aurait deux minima, l'un à 11 heures et demie, l'autre à 6 heures et demie, correspondant aux heures des repas. Chez une femme atteinte de fistule biliaire, Salle constata que l'écoulement de la bile était surtout abondant de 1 à 3 heures après les repas et diminuait considérablement pendant la nuit.

On voit, par ces quelques exemples, quelle incertitude règne encore sur l'influence exacte qu'exerce l'alimentation. On trouve pourtant quelques résultats plus précis, quand on étudie le rôle des différentes substances alimentaires.

Ce sont les *matières protéiques* qui augmentent le plus énergiquement la sécrétion biliaire ; en même temps, on voit s'accroître la quantité de taurocholate contenue dans la bile (Spiro). Mais, d'après Kunkel, l'influence de l'alimentation ne se fait pas sentir immédiatement ; elle ne se manifeste que deux ou trois jours après le début du régime azoté et persiste deux ou trois jours après sa cessation.

Les animaux nourris avec de la *graisse* ne sécrètent pas plus de bile que les animaux à jeun. Ce résultat, annoncé par Bidder et Schmidt, a été confirmé par Prévost et Binet ; Wolff trouve que l'alimentation par les matières grasses fournit le minimum de bile ; la quantité augmente si on donne du pain ou du riz ; elle atteint son maximum si l'on a recours à un régime mixte. Dans ces derniers temps, on a voulu soutenir que les graisses stimulent notablement la sécrétion biliaire ; Rosenberg a tenté de donner à cette opinion un appui expérimental et il a prétendu que l'huile d'olive est un puissant cholagogue ; le résultat pouvait être invoqué en faveur du traitement de la lithiase biliaire par cette substance, mais il a été controuvé par ceux qui ont repris la question, notamment par Mandelstamm, Thomas, Pawlow.

Ainsi les graisses sont, semble-t-il, sans action sur la sécrétion biliaire ; les hydrates de carbone l'augmentent légèrement ; les matières azotées exercent une plus grande influence.

La plupart des auteurs admettent que l'*eau* exagère la production de la bile, qu'on l'injecte dans les veines ou qu'on la fasse

ingérer (Röhrig, Prévost et Binet). Mais Stadelmann n'est pas de
cet avis ; l'eau tiède ne modifie pas la sécrétion biliaire ; l'eau
froide l'augmente, soit par suite d'une action réflexe, soit en
activant la circulation sanguine dans le système porte.

Röhrig a vu s'accroître la sécrétion biliaire, en exposant
la muqueuse intestinale au contact de l'air, ou en injectant dans
l'intestin du chyle ou du suc entérique. D'après Pawlow, il n'y
a que deux excitants qui, déposés sur la muqueuse duodénale,
soient capables de faire sécréter la bile : les albumoses et les
graisses. Contrairement à ce qui a lieu pour le suc pancréatique,
les acides seraient sans effet. Il s'agirait, d'après l'auteur, d'une
action réflexe et non pas de l'intervention d'un hormone.

INFLUENCE DES CHOLAGOGUES. — L'intérêt qui s'attache, pour la
pratique, à l'étude des cholagogues explique le grand nombre
de travaux que cette question a suscités. Nous citerons surtout
les recherches de Röhrig, Rutterford et Vignal, Lewaschew,
Rosenberg, Ehrenberger et Bonne, Baldi et Paschkis, Prévost et
Binet.

L'étude des cholagogues est entourée de grandes difficultés. La
seule méthode qui permette d'en apprécier l'influence consiste à
pratiquer une fistule biliaire, temporaire ou permanente, et à
déterminer l'influence des diverses substances toxiques et médi-
camenteuses sur la sécrétion de la bile. Mais les recherches de
Stadelmann ont montré combien est variable la quantité de bile
sécrétée dans les conditions en apparence les plus semblables.
Il faut multiplier les expériences pour arriver à des résultats
définitifs.

Il est cependant une substance dont le pouvoir cholagogue
est reconnu par tous les savants, c'est la bile elle-même. Qu'on
injecte de la bile totale, des extraits ou des sels biliaires, on
obtient toujours une augmentation de la sécrétion ; de même
que l'urée est le diurétique physiologique par excellence, les sels
biliaires constituent le plus puissant des cholagogues. En seconde
ligne on doit placer le salicylate de soude qui, à la dose de 4 gr.
chez le chien, augmente la sécrétion et la fluidité de la bile. Puis
viennent le salicylate de lithine, le salol, l'essence de térében-
thine, le terpène, le terpinol, les benzoates de soude et de

lithine, le podophyllin, l'évonymine et, d'après Tschelzow, le poivre et la moutarde. On doit encore citer l'urée, le glycose et, d'après Cosentini, le saccharose. Petrowen signale le rôle cholagogue des substances qui peuvent se sulfo-conjuguer dans le foie, comme le phénol et le gaïacol. Le thiocol qui est du sulfogaïacol est sans influence.

Le calomel, considéré comme un puissant cholagogue par la plupart des thérapeutes, serait sans influence et diminuerait même la sécrétion, d'après Binet et Prévost, Ehrenberger et Bonne. Les expériences plus récentes de Pitini et Fernandez tendent, au contraire, à lui faire attribuer une influence excitosécrétoire.

Les alcaloïdes qui font sécréter la plupart des glandes, comme la muscarine et la pilocarpine, augmentent la production de la bile, mais c'est un phénomène assez banal.

Comme faiblement cholagogues on peut admettre le bicarbonate, le sulfate et le chlorure de sodium, le séné, la rhubarbe, la scammonée, le cascara, l'aloès, le boldo, l'ipéca, l'*hydrastis canadensis*, l'antipyrine, la kairine.

De nombreuses substances, réputées cholagogues, semblent sans action : sulfate de magnésie, bromure de potassium, arséniate de soude, alcool, éther, glycérine, quinine, caféine, cytise, colombo, huile de ricin. A cette liste il faut ajouter, d'après Pitini et Fernandez, la rhubarbe et le podophyllin.

Parmi les médicaments qui diminuent la sécrétion biliaire, on cite l'acétate de plomb, l'iodure de potassium, le sulfate de cuivre, l'atropine.

D'après Prévost et Binet, les lavements froids ne possèdent aucune action sur la sécrétion biliaire.

La sécrétion biliaire dans les maladies. — La quantité de bile subit d'importantes variations au cours des *maladies fébriles ;* pour les apprécier, il faut évidemment s'adresser à l'expérimentation.

Si on fait varier la température des animaux, en faisant varier la température ambiante, on constate que la bile cesse d'être sécrétée quand la température organique tombe à 28° ou 29°. A partir de ce point, la quantité s'élève pour s'arrêter entre

41°4 et 44°. En cas de température élevée, la quantité produite représente le tiers ou la moitié de la quantité normale, mais il ne survient pas de modifications qualitatives (Dockmann, Pisenti).

Au contraire, quand l'hyperthermie est due à une infection, la quantité est diminuée et, en même temps, le liquide est plus riche en mucus (Pisenti), plus coloré et plus chargé de sels (Libermeister, Puccianti).

Dans un grand nombre de maladies, la bile peut contenir des *éléments anormaux* : on y a trouvé de la leucine et de la tyrosine, dans l'ictère grave ; de l'urée, dans l'urémie et le choléra ; du glycose, dans le diabète ; de l'albumine, dans les cardiopathies retentissant sur le foie. Nous avons déjà dit que l'hémoglobine passe dans la bile quand elle se trouve en excès dans le sang (transfusion, intoxications).

Au cours de diverses infections, les microorganismes peuvent s'éliminer par les voies biliaires et susciter le développement d'angiocholites et de cholécystites, surtout fréquentes à la suite des fièvres typhoïdes et paratyphoïdes. L'infection de la vésicule par une ascension des microbes intestinaux semble moins fréquente.

On connaît peu les modifications de la bile au cours des *affections du foie*. Dans la cirrhose hypertrophique biliaire, ce liquide est sécrété en excès : c'est un véritable diabète biliaire. Dans les autres cirrhoses et dans les dégénérescences, la sécrétion biliaire semble peu modifiée. Rappelons enfin qu'on a publié un certain nombre de cas d'acholie pigmentaire (Hanot) : la bile est incolore, tantôt parce que le pigment n'a pu se former, tantôt parce qu'il est devenu insoluble et s'est précipité (Ritter). Dans quelques cas, la bile était colorée en bleu.

Physiologie des voies biliaires. — La bile progresse dans les voies biliaires sous l'influence d'une pression qui varie de 184 à 212 mm. d'eau chez le cobaye, de 158 à 264 chez le chat et atteint 275 chez le chien. Cette pression augmente pendant la digestion. Il se produit alors une contraction des fibres lisses qui chasse la bile et qu'on peut provoquer artificiellement en mettant de l'eau acidulée sur l'embouchure du cholédoque.

Entre les périodes digestives, la bile s'accumule dans la vésicule et le reflux est favorisé par le sphincter qui se trouve à l'embouchure du canal cystique dans le cholédoque (Oddi).

Il y aurait grand intérêt à déterminer les diverses conditions qui interviennent pour régler la marche du liquide. Peu d'expériences ont été faites. Il est seulement démontré que l'arrivée de l'acide chlorhydrique dans le duodénum augmente la quantité de bile contenue dans la vésicule. L'introduction de lait ou d'huile dans l'estomac provoque l'écoulement de la bile dans l'intestin en même temps que la vésicule se vide.

Les résultats obtenus avec l'extrait de Liebig ont été fort variables. Volborth a expliqué les contradictions en montrant que la présence de l'extrait dans l'estomac provoque tout d'abord un écoulement intestinal de bile, mais elle suscite en même temps une abondante sécrétion acide et, quand celle-ci passe dans l'intestin, la bile reflue dans la vésicule. Les effets opposés s'observent donc à deux périodes successives.

Pendant son séjour dans la vésicule, la bile se modifie : elle se mélange au liquide sécrété par ce réservoir. Birch et Sprong ont eu l'occasion d'observer une femme atteinte de fistule de la vésicule et dont le canal cystique était obstrué ; en 24 heures, ils ont recueilli 30 cmc. d'un liquide alcalin contenant 97 o/o d'eau, 1,1 à 1,4 de matières organiques, 0,7 à 0,8 de matières anorganiques ; le liquide renfermait de la mucine, des traces d'albumine, des chlorures, carbonates et phosphates de sodium et de potassium. Il avait une action diastasique très nette sur l'amidon.

On admet généralement que la bile, en même temps qu'elle se mélange au liquide sécrété par la vésicule, se concentre par résorption d'eau ; cette résorption serait entravée, d'après Rosenberg, par le dépôt de gouttelettes graisseuses sur la muqueuse de la vésicule, c'est du moins ce qu'on observe à la suite de repas riches en corps gras ; la graisse passe dans la bile ; une partie s'élimine avec ce liquide, une autre partie reste adhérente aux cellules épithéliales. Chez le nouveau-né, la bile ne contient pas de graisse, ce qui expliquerait la possibilité d'un ictère par résorption, à cette époque de la vie.

L'excrétion de la bile est due à l'influence de la vis à tergo et à la tension de l'eau formée dans les cellules hépatiques ; elle est favorisée par les mouvements du diaphragme qui compriment les voies biliaires contre la masse intestinale et la paroi de l'abdomen. Dans les canaux moyens et volumineux interviennent les fibres musculaires, qui sont animées de contractions rythmiques, surtout visibles chez les Oiseaux. Deux nerfs agissent sur ces fibres : le sympathique et le pneumogastrique. Le sympathique serait, d'après Braindbridge et Dole, un nerf inhibiteur, renfermant quelques fibres constrictives. D'après Morat et Doyon, l'excitation du splanchnique fait contracter l'appareil biliaire, tandis que l'excitation du bout central amène le relâchement des fibres.

L'excitation du pneumogastrique, surtout du pneumogastrique gauche, augmente les mouvements de la vésicule ; l'atropine supprime cet effet.

Le sphincter du canal cystique est sous la dépendance d'un centre spinal correspondant à la première paire lombaire. L'excitation de la racine antérieure de cette paire détermine la contraction spasmodique de ce sphincter.

L'excitation des nerfs sensitifs, du pneumogastrique, du splanchnique, de la surface interne de l'intestin, près de l'ampoule de Vater, provoque des contractions réflexes.

Pendant les périodes interdigestives, la bile s'accumule dans la vésicule. Elle en est rejetée quand les aliments viennent en contact avec le duodénum. D'après Pawlow, les graisses et les albumoses sont les seules substances qui produisent cet effet. Les acides sont sans action.

La progression de la bile est grandement favorisée par les fibres musculaires dont sont pourvus les canaux excréteurs. Ces fibres, très abondantes chez l'enfant et chez l'adulte, s'atrophient chez le vieillard, ce qui entraîne une stagnation de la bile particulièrement favorable à la formation des calculs, mais ce qui explique aussi le peu de douleurs que détermine la lithiase, à cette époque de la vie. Les expériences de Muron, de Laborde ont démontré, en effet, que les excitations des voies biliaires produisent des spasmes : c'est une *réaction locale*, mais en même temps des *réactions générales* peuvent survenir. Dans la colique hépatique, on observe des troubles de la circulation pulmonaire et du cœur ; ce sont des phénomènes réflexes (Potain), suivant le grand sympathique qui leur sert de voie centripète et de voie centrifuge (Arloing et Morel, F. Franck), et déterminant une contraction des capillaires pulmonaires. Les recherches de Simanowsky ont montré qu'on peut reproduire chez le chien, par excitation de la vésicule, la plupart des accidents réflexes qui surviennent chez l'homme, au cours ou à la suite de la colique hépatique : diminution d'intensité et arythmie des battements cardiaques ; accélération ou arrêt momentané de la respiration ; élévation de la température rectale (analogue à la fièvre hépatalgique) ; vomissements ; augmentation de la pression sanguine, sauf si on a coupé les pneumogastriques au cou ; paralysies consécutives ayant pu durer plusieurs mois.

Les excitations des voies biliaires semblent, d'après ces résultats, mettre en jeu les deux systèmes de la vie organique : le sympathique expliquerait certains troubles cardiaques, le pneumogastrique interviendrait pour déterminer la bradycardie, l'hyperchlorhydrie gastrique, la constipation spasmodique. Il se ferait ainsi une véritable vagotonie locale.

CHAPITRE V

ROLE DE LA BILE. — LES ICTÈRES

Rôle de la bile dans la digestion. — Après avoir quitté
l'estomac, le chyme pénètre dans le duodénum où il est tout
d'abord soumis à l'action de la bile. On a pu soutenir que ce
liquide arrête la digestion gastrique, neutralise le chyme,
annihile la pepsine, précipite la peptone, reproduisant ainsi une
albumine coagulable par la chaleur (Scherer, Frerichs). Cette
action serait indispensable, car, dit-on, le suc pancréatique ne
saurait agir dans un milieu acide, et ses propriétés digestives se
trouveraient détruites par la pepsine. De telle sorte « qu'on peut
dire qu'il y a deux digestions ; l'une, la digestion stomacale, qui
n'est que préparatoire ; l'autre, la digestion intestinale, qui est
définitive. L'action de la bile s'interpose entre ces deux digestions, arrête la digestion stomacale pour permettre à la digestion
intestinale de commencer » (Cl. Bernard).

Une telle conception ne peut être admise sans réserve ; il
suffit, en effet, d'ouvrir le duodénum d'un animal en digestion,
jamais on ne trouve de précipité albumineux adhérent à la
muqueuse. Du reste, on peut démontrer directement que la bile
n'entrave nullement la digestion gastrique. Dastre introduit dans
l'estomac d'un chien, au moyen d'une sonde, une certaine
quantité de bile, avant ou après le repas ; l'animal n'est nullement incommodé, il ne vomit pas, ne manifeste aucun malaise,
il se lèche même les lèvres avec une satisfaction difficile à comprendre ; son appétit est accru ; il augmente de poids. Les doses
ont varié de 5o à 3oo gr. ; au delà, elles déterminent de la
diarrhée. Sur un chien porteur d'une fistule gastrique, Dastre
introduit de la bile pendant la période digestive ; le liquide

stomacal, examiné dix minutes après, est très riche en suc gastrique et en peptones.

R. Oddi a repris la question et est arrivé à des résultats analogues; il donna jusqu'à 272 gr. de bile, plusieurs jours de suite, sans observer de troubles digestifs; il fit plus : il pratiqua la fistule cholécysto-gastrique ; c'est-à-dire qu'il réussit à aboucher la vésicule biliaire dans l'estomac; de cette façon, toute la bile sécrétée s'écoulait dans cet organe : l'animal ne présenta aucun trouble, l'appétit augmenta même et le liquide stomacal, retiré par la pompe pendant la digestion, se montra très riche en peptones. La digestion gastrique peut donc se continuer en présence de la bile et cette conclusion est encore appuyée par des expériences et des observations qui démontrent que la bile et, soit dit en passant, le suc pancréatique, refluent à chaque instant dans l'estomac.

Il faut cependant reconnaître que l'observation de Cl. Bernard est exacte. Les matières protéiques, peptones, aussi bien qu'albumines, forment avec la bile en milieu acide, des composés insolubles. Qu'on emploie de la bile totale, de la bile débarrassée au préalable des substances que l'acide acétique peut précipiter, qu'on utilise une solution de sels biliaires, le résultat est le même : toujours on obtient un précipité. En recueillant le précipité et en le pesant après lavage et dessiccation, on trouve que le poids est supérieur à celui des matières protéiques contenues dans le liquide utilisé. Ce n'est pas une simple précipitation ; il se fait un produit complexe dont le poids varie avec la quantité de bile ou de sels biliaires renfermés dans le mélange.

Les précipités ainsi formés, se redissolvent dans un excès de bile et cette redissolution se produit facilement quand les deux liquides arrivent par petites quantités à la fois. Voilà pourquoi la précipitation des albumines et des peptones ne se produit pas dans le duodénum (**57**).

Le rôle de la bile dans la *digestion intestinale* a été très diversement apprécié. Galien, et avec lui toute l'antiquité, considéraient la bile comme un produit inutile rejeté par le foie; Haller en soupçonna l'importance, mais ne s'appuya que sur des raisons d'ordre anatomique. Brodie essaya d'en étudier le rôle, en pratiquant la ligature du canal cholédoque ; les résultats furent peu nets, la mort survenant rapidement par suite d'une infection favorisée par la rétention biliaire. En établissant une fistule de la vésicule, Bidder et Schmidt virent les animaux succomber dans le marasme. Cette observation a été confirmée depuis, et, si quelques sujets survivent à l'opération, c'est que le canal cholédoque peut se reconstituer. Plusieurs fois on a pu conserver les animaux, en leur donnant une nourriture surabondante et particulièrement des féculents qui, dans la nutrition de l'organisme, peuvent suppléer les graisses (Schellbach). Ce qui montre encore mieux l'utilité de la bile, c'est que les animaux porteurs de fistule restent en bonne santé, lorsqu'on leur en fait ingérer une certaine quantité avec les aliments (Dastre).

Que la bile soit sinon indispensable, au moins très utile à la digestion, c'est ce qui ressort des faits que nous venons d'exposer. On est d'autant plus porté à accepter cette conclusion que ceux-là même qui attaquent le plus violemment les conceptions finalistes, cherchent toujours à superposer une explication physiologique aux dispositions que l'anatomie fait connaître. Notre esprit se refuse à admettre que la bile s'écoule en pure perte à l'origine de l'intestin grêle ; si elle représente simplement un liquide excrémentitiel, pourquoi parcourt-elle, dans toute sa longueur, le tube intestinal? Si elle ne contribue pas à la transformation des aliments, pourquoi est-elle déversée au même point que le suc pancréatique, le liquide digestif par excellence?

Ce raisonnement téléologique a conduit à rechercher si la bile renferme des ferments. Le résultat fut négatif. Tout au plus la bile recueillie dans la vésicule possède-t-elle la propriété de saccharifier légèrement l'amidon, propriété quelque peu banale dont sont doués presque tous les liquides organiques, surtout quand ils ont été en contact avec une muqueuse.

Cependant les travaux modernes ont établi que, si la bile n'exerce pas d'action zymotique, elle possède une *influence zymosthénique*, c'est-à-dire qu'elle est capable d'augmenter l'action des autres ferments. C'est ainsi qu'elle renforce le pouvoir amylolytique du suc pancréatique (Bruno) et qu'elle permet à la lactase intestinale d'agir sur le lactose (Frouin et Porcher). Par contre, elle empêche l'activation du suc pancréatique par les sels de calcium (Frouin).

Elle est encore capable d'exercer une *attraction* sur certains ferments renfermés dans les cellules intestinales. Bierry et Frouin ont montré que le suc intestinal, tel qu'on peut le recueillir par une fistule de Thiry, n'agit pas sur le saccharose. Le ferment inversif reste enfermé dans les cellules ; il en sort si un liquide saccharosé est mis en contact avec la muqueuse. La matière fermentescible exerce une action attractive sur le ferment. La bile joue un rôle analogue. C'est ce qu'on peut reconnaître facilement en opérant sur un chien porteur d'une fistule de Thiry-Vella. En faisant circuler de l'eau salée, on n'entraîne que des traces d'invertine ou d'amylase ; on obtient, au contraire, des quantités notables de ces ferments en faisant passer de l'eau chargée de bile (**59**).

On peut encore donner une démonstration semblable en faisant macérer comparativement la muqueuse de l'intestin grêle dans de l'eau salée et dans de l'eau additionnée de bile. L'amylase diffuse dans les deux cas, mais en plus grande quantité dans le liquide contenant de la bile. Les résultats sont bien plus curieux pour l'invertine. Le ferment passe à peine dans l'eau salée ; il se trouve, au contraire, en abondance dans le liquide de macération additionné de bile : sous son influence, la production du sucre peut être quintuplée.

Nous pouvons donc conclure que la bile vient en aide aux substances fermentescibles et contribue, avec elles, à faire sortir des cellules intestinales les ferments digestifs qui y sont contenus et notamment l'invertine.

RÔLE DE LA BILE DANS LA DIGESTION ET L'ABSORPTION DES GRAISSES. — Le rôle de la bile dans la digestion et l'absorption des *graisses* est connu depuis longtemps. Il est mis en évidence par une expérience classique de Dastre. Après avoir lié le cholédoque d'un chien, on ouvre la vésicule biliaire dans l'intestin à un mètre environ au-dessous du canal de Wirsung. En sacrifiant le chien après un repas riche en matières grasses, on constate que les chylifères sont transparents dans la portion qui ne reçoit que du suc pancréatique ; l'injection laiteuse ne commence qu'à quelques centimètres au-dessous du point d'abouchement de la vésicule. Cette expérience fait pendant à celle de Cl. Bernard, qui opère sur le lapin, dont le canal de Wirsung s'ouvre à 35 cm. environ en avant du canal cholédoque. En sacrifiant un lapin qui avait ingéré des matières grasses, on constate que l'injection des chylifères ne commence qu'à partir du point où se déverse le suc pancréatique. On peut conclure que les deux sucs se prêtent un mutuel secours. La bile agit en activant la lipase pancréatique et, accessoirement, la lipase intestinale.

Elle a encore la propriété de favoriser l'absorption des matières grasses, c'est-à-dire leur pénétration dans les chylifères. Quelques expériences, faites en dehors de l'organisme, semblent déjà le démontrer. Williams a reconnu que les corps gras traversent plus facilement une membrane animale ou une couche de plâtre, quand celles-ci ont été enduites de bile. Wistinghausen a modifié l'expérience de la façon suivante : il prend deux tubes capillaires et fait circuler dans l'un une solution diluée de soude, dans l'autre de la bile ; puis, il fait plonger les deux tubes par une de leurs extrémités dans une couche d'huile ; ce liquide monte par capillarité, mais le niveau est plus élevé dans le tube qui a contenu la bile.

Dans l'organisme, la bile agit en stimulant les *contractions intestinales*, ce qui facilite le cheminement du chyle et, par conséquent, la pénétration de nouvelles quantités de liquide ; Brücke a pu comparer ce mouvement au jeu d'une pompe réglé par des valvules. Cette action de la bile n'est pas admise par tous les physiologistes : « Très souvent, dit Schiff, il m'est arrivé de vider le contenu de la vésicule biliaire dans le duodénum, et cet intestin n'a été nullement excité par ce contact, il est resté aussi immobile qu'auparavant ». Schiff admet seulement que la bile excite les fibres musculaires des villosités, et facilite ainsi la circulation du chyle et l'absorption des graisses. Les recherches les plus récentes, celles entre autres de Schüpbach, Errico, Berti, Boulet, montrent que la bile exerce sur les mouvements de l'intestin une action légèrement inhibitrice. Elle diminue l'amplitude des mouvements rythmiques en même temps que le tonus des parois. L'action inhibitrice est également manifeste quand la bile est déposée, même diluée, sur la face péritonéale de l'intestin ou quand elle est ajoutée à un liquide de perfusion. Elle aurait cependant une action excito-motrice sur deux parties de l'intestin, le duodénum et le rectum. C'est ce que Hallion et Nepper ont reconnu en introduisant directement de la bile dans ces parties du tube digestif ou en l'injectant dans les veines.

Les travaux tendant à mettre en évidence le rôle de la bile dans l'absorption des graisses sont intéressants, mais ils se heurtent à une objection préalable. La graisse peut-elle passer dans les chylifères à l'état de simple émulsion ? Ne faut-il pas qu'elle soit au préalable dédoublée en ses composants par la lipase pancréatique ? C'est la conception généralement admise : les graisses neutres se dédoublent en glycérine et acides gras qui pénètrent dans les parois intestinales et s'unissent de nouveau pour former des graisses neutres qui remplissent les chylifères. On peut facilement suivre le processus en introduisant dans une anse intestinale isolée, un mélange d'acides gras et de glycérine ou même des acides gras sans glycérine. Les chylifères deviennent lactescents.

La bile ne possède pas le pouvoir lipasique ; mais, comme l'ont montré les recherches de Pawlow, Donath, Rachford, elle est capable d'augmenter l'action de la lipase pancréatique. Si l'on représente par 1 la quantité de graisse neutre que dédouble le suc du pancréas, on devra représenter par 2 et même 2 1/2 l'intensité de la fermentation quand on ajoute un peu de bile au mélange. Si, en même temps, on fait intervenir une trace d'acide chlorhydrique, de façon à réaliser ce qui se passe dans la première portion du duodénum, le dédoublement sera plus marqué et deviendra égal à 3.

Les expériences que nous avons faites avec L. Binet (**78**) mettent en évidence l'action zymosthénique de la bile sur le suc pancréatique et le suc intestinal. Nous avons utilisé la méthode proposée par Carnot et Mauban. Sur des plaques de gélose additionnée de 2 o/o de graisse, nous distribuons des gouttes de suc pancréatique plus ou moins dilué. Après un séjour de 24 heures à l'étuve, on traite la plaque par une solution d'acétate de cuivre, qui forme avec les acides gras mis en liberté des savons cupriques de couleur foncée. Nous avons constaté ainsi un dédoublement très net avec des liquides contenant de 10 à 3 o/o de suc pancréatique. Après adjonction de la bile le dédoublement est encore appréciable à 0,5 o/o.

Le suc intestinal recueilli par une fistule de Thiry-Vella dédouble les graisses à une dilution de 50 o/o, quand l'animal est en digestion. Il est inactif quand l'animal est à jeun. L'adjonction de la bile active le suc intestinal recueilli pendant la période de jeûne et lui confère un pouvoir analogue à celui du suc entérique de l'animal en digestion. Le suc intestinal recueilli pendant la période digestive se montre actif, après addition de bile, même quand il ne se. trouve que dans la proportion de 3 o/o. Il agit donc aussi bien que le suc pancréatique et peut ainsi, grâce à la bile, permettre le dédoublement et l'absorption des graisses quand le canal de Wirsung est obstrué.

La bile peut encore favoriser la formation et la dissolution des savons. 100 cmc. de bile de bœuf sont capables de dissoudre 19 gr. d'acides gras, à la condition qu'une partie de ces acides soit constituée par de l'acide oléique.

La suppression de la fonction biliaire ayant pour résultat d'entraver considérablement l'absorption des graisses, celles-ci traversent le tube digestif et contribuent à donner aux matières fécales une coloration grise, qu'on considère trop facilement comme un signe d'acholie pigmentaire. Bunge a montré que, si l'on agite ces fèces avec de l'éther, on les débarrasse de la graisse qu'elles contiennent et on voit réapparaître une coloration brunâtre. L'expérience est d'autant plus intéressante que l'absorption des graisses est liée à la présence, non des pigments, mais des sels biliaires. Dans certaines affections du foie, une dissociation fonctionnelle se produit : le pigment est excrété, mais les acides biliaires ne passent plus dans la bile ; dès lors les graisses ne sont plus ou sont mal absorbées.

Les analyses coprologiques conduisent à des conclusions analogues ; elles précisent les constatations faites depuis longtemps par les cliniciens sur l'abondance des graisses dans les matières des malades atteints de rétention biliaire. Où le désaccord commence, c'est quand il s'agit de déterminer la part respective du suc pancréatique et de la bile.

La plupart des classiques admettent que le rôle principal est dévolu au suc pancréatique ; lorsque celui-ci fait défaut, les matières fécales contiennent de 70 à 80 o/o de la graisse ingérée, tandis qu'après la suppression de la bile la proportion n'est que de 34 à 44. Une autre différence, pas moins importante, est fournie par la nature du résidu graisseux qui contient 63 o/o de graisse neutre en cas d'insuffisance biliaire et 82 o/o en cas d'insuffisance pancréatique. Mais ces résultats ont été contredits. Déjà Dastre avait remarqué que la suppression du suc pancréatique n'entravait pas l'absorption des matières grasses émulsionnées qui se trouvent dans le lait, tandis que le déchet est de 38 o/o si on détourne la bile.

Les expériences les plus récentes tendent à démontrer que la suppression du suc pancréatique a peu d'influence ; car très rapidement la lipase gastrique et la lipase intestinale viennent remplacer le suc défaillant.

Mieux que l'analyse coprologique, l'examen du chyle, de la lymphe et du sang permet d'apprécier le rôle de la bile dans l'absorption des graisses.

Il y a déjà longtemps, Brodie, H. Mayo avaient constaté que le chyle était incolore chez les animaux porteurs de fistule biliaire ; la lymphe, prise dans le canal thoracique, ne renfermait que 1,9 de matières grasses, au lieu de 32,4 pour 1.000 (Bidder et Schmidt). Réciproquement, chez des animaux dépancréatés, dont quelques-uns étaient en même temps pourvus d'une fistule biliaire, Hédon a reconnu qu'en l'absence de toute sécrétion pancréatique, une résorption importante de graisses peut encore se produire ; mais cette résorption est à peu près nulle quand la bile ne s'écoule plus dans l'intestin.

On peut sur l'homme apprécier l'absorption des graisses par l'examen du sang à l'ultra-microscope. Amenées par le canal thoracique dans le système veineux, les gouttelettes graisseuses constituent de petits grains réfringents, bien connus sous le nom d'*hémoconies*. Lemierre et Brulé constatent que les troubles de la fonction pancréatique, et même la suppression complète de cette sécrétion, n'entravent pas le passage des graisses. Les hémoconies sont aussi nombreuses que normalement. Seule la bile interviendrait et l'absence d'hémoconies après un repas de matières grasses permettrait d'affirmer que la bile ou plutôt les sels biliaires ne s'écoulent plus dans l'intestin.

La méthode ultra-microscopique pouvant prêter à critique, Lemierre et Brulé ont poursuivi de nouvelles recherches en dosant les graisses du sang 3 heures après l'ingestion de 3o grammes de beurre, ou d'une certaine quantité de lait. Si la bile cesse de s'écouler dans l'intestin, la quantité de graisse reste sensiblement la même que pendant la période de jeûne. Les résultats sont semblables quand on opère sur un chien dont on a lié le cholédoque : on trouve par litre 7 gr. 2 à 7,9 de graisses après le repas, contre 7,1 et 7,6 avant. Si au contraire on a lié et réséqué les canaux pancréatiques, la teneur en graisse monte dans les mêmes conditions de 6,3 à 9,8 et de 6,6 à 1c.

On peut donc conclure que la bile joue le rôle primordial dans l'absorption des graisses, et qu'elle ne peut être remplacée par aucune autre sécrétion. Au contraire le suc pancréatique est extrêmement utile, mais non indispensable : d'autres sécrétions se montrent capables de dédoubler les graisses neutres. C'est le cas du suc intestinal qui, sous l'influence zymosthénique de la bile, agit presque aussi énergiquement que le suc pancréatique lui-même (**78**).

Il est possible que la bile intervienne encore en favorisant la reconstitution des graisses neutres dans les parois intestinales, comme tendent à le démontrer quelques expériences de Hamsik.

Action de la bile sur le mucus. — La bile possède une propriété dont l'étude est pleine d'enseignements pour la pathologie : c'est son action sur la *mucine* (**42**, **61**).

Les parois de l'intestin contiennent un ferment, la *mucinase* ou *mucino-coagulase*, qui coagule la mucine et de l'état liquide la fait passer à l'état de masses concrètes. La bile s'oppose à l'action de ce ferment ; une expérience bien simple met cette propriété en évidence. Dans deux tubes, on verse une certaine quantité de mucine en suspension dans l'eau ; l'un est gardé comme témoin ; l'autre est additionné de bile, de bile fraîche ou de bile conservée après chauffage à l'autoclave. On verse dans chaque tube quelques gouttes d'un extrait glycériné de muqueuse intestinale : suivant la concentration et l'activité des liquides mis en présence, on voit, dans le tube témoin, le mélange perdre plus ou moins rapidement sa transparence et se troubler ; parfois, c'est presque aussitôt ; dans quelques cas, c'est après un séjour d'une ou de plusieurs heures à l'étuve que, la coagulation continuant, un amas de grumeaux se dépose au fond du tube, tandis que le liquide surnageant redevient clair. Reprenons ce liquide clair et ajoutons-y une trace d'acide acétique : avant l'action du ferment, on obtenait un abondant précipité ; après son intervention, le liquide se trouble à peine ou même ne se trouble pas du tout ; la mucine a été précipitée en partie ou en totalité. Dans le tube qui contient de la bile, le résultat est bien différent ; quand on a mis beaucoup de bile et peu de ferment, aucun précipité ne se produit ; si la bile est en proportion insuffisante, au bout de 24 ou de 48 heures on constate un trouble ou un léger dépôt.

On comprend maintenant pourquoi le mucus reste liquide dans la partie supérieure de l'intestin et pourquoi il se coagule, quand il se coagule, dans la partie terminale du tube digestif. On conçoit aussi comment se constitue la pseudo-membrane des colites muco-membraneuses. C'est un produit de coagulation qui peut tenir, soit à une insuffisance biliaire, soit à une sécrétion surabondante du mucus, soit à une exagération du ferment coagulant. Il résulte, en effet, des recherches de Riva, qu'à l'état normal, les matières ne contiennent pas de mucinase. Il n'en est plus de même chez les malades atteints d'entérite muco-membraneuse ; on y trouve le ferment dont la quantité varie parallèlement à la teneur en mucus. Des constatations analogues ont été faites par Trémolières ; chez l'homme comme chez les animaux, les matières ne contiennent de mucinase que dans les cas pathologiques. Le ferment est alors sécrété en si grande abondance qu'il passe dans le sang. Le sérum normal ne coagule pas la mucine. Mais le sérum des malades atteints d'entérite muco-membraneuse précipite cette substance. C'est ce que démontrent les recherches de Trémolières et Riva. Le résultat qu'ils ont découvert est susceptible d'une généralisation. Josué et Paillard ont reconnu qu'il en est exactement de même dans la bronchite muco-membraneuse. La coagulation du mucus bronchique est due à une mucinase qui se retrouve dans le sang.

Sans insister sur tous ces faits, dont l'étude mériterait d'être poursuivie et, pour nous borner à l'action de la bile, nous pouvons tirer des résultats expérimentaux que nous avons rapportés quelques déductions pratiques.

S'il est vrai que la bile empêche la coagulation du mucus, il est indiqué d'en prescrire, sous forme d'extrait de bile de bœuf, aux malades atteints d'entérite muco-membraneuse. Par ce traitement, on ne guérit pas l'affection ; mais on voit souvent les fausses membranes disparaître et les douleurs qui accompagnent leur expulsion s'apaiser.

L'emploi de la bile de bœuf a aussi l'avantage d'activer les fonctions du foie et de combattre la constipation si fréquente chez ces malades. De nombreuses recherches, dont celles très précises de Hallion et Nepper, établissent que la bile stimule les contractions musculaires, au moins dans certaines régions de l'intestin, et contribue ainsi à favoriser l'expulsion des matières.

L'acholie intestinale. — Lorsque la bile ne se déverse plus dans l'intestin, on observe une série de troubles, qui ont été également bien décrits par les cliniciens et les physiologistes.

On constate tout d'abord que les matières fécales sont décolorées, ce qu'on explique par l'absence du pigment biliaire. Cependant en traitant les matières fécales par l'éther, de façon à enlever la totalité des graisses, on obtient un résidu assez foncé. On est ainsi conduit à se demander si la coloration blanchâtre des excréments n'est pas due à l'excès de graisses non résorbées et si une petite quantité de pigment n'est pas excrétée par les glandes intestinales.

Les expériences que nous avons faites avec L. Binet confirment cette hypothèse.

A un chien, auquel nous avions pratiqué 15 jours auparavant une fistule de Thiry-Vella, nous injectons dans les veines 20 cmc. de bile de bœuf diluée dans 80 cmc. d'eau isotonique. Même après une injection de 1 centigr. de nitrate de pilocarpine, qui provoque un écoulement de liquide par l'anse isolée, on ne décèle pas de pigment. Mais si on répète l'expérience en ayant le soin d'introduire dans l'anse isolée une petite quantité d'huile d'olive, le résultat est bien différent : une excrétion de pigment se produit. Il y a donc une attraction exercée par la matière grasse sur le liquide organique qui lui est physiologiquement adapté.

Si on pratique une ligature du canal cholédoque sur un chien porteur d'une fistule de Thiry-Vella, on trouve au bout de 24 heures, du pigment dans l'urine ; il n'y en a pas dans la sécrétion intestinale. Mais comme dans le cas précédent, l'huile d'olive en provoque l'apparition.

Ce résultat peut être rapproché de toute une série de faits analogues établissant l'attraction exercée par nombre de substances organiques sur les ferments qui leur sont adaptés : attraction de l'invertine par le saccharose, de l'émulsine par l'amygdaline, etc.

Une quinzaine de jours après la ligature du cholédoque, un changement s'est produit. Le liquide rejeté par l'anse isolée a pris une coloration jaunâtre et les réactifs y décèlent la présence du pigment biliaire.

Ainsi pendant une première période, la bile n'est excrétée par l'intestin que lorsque son passage est sollicité par les matières grasses. Plus tard, quand l'organisme est sursaturé, une fonction vicariante s'établit. Mais l'écoulement est insuffisant. Voilà pourquoi une série de troubles éclatent.

Les matières fécales ne sont pas seulement décolorées ; elles ne contiennent pas seulement des quantités considérables de graisses ; elles exhalent une odeur forte et nauséabonde, témoignant d'une augmentation des putréfactions intestinales que traduisent également une production exagérée de gaz fétides et une odeur désagréable de l'haleine.

Ces constatations ont conduit à supposer que la bile est un liquide antiseptique s'opposant à la pullulation des bactéries intestinales. L'expérience ne confirme pas cette déduction. Des recherches, déjà anciennes (2), nous ont montré que la bile ajoutée à des bouillons de culture n'entrave nullement la pullulation des bactéries. Il y a entre ces deux ordres de constatations une antinomie que des recherches récentes semblent avoir expliquée.

Si la bile n'est pas antiseptique, si elle n'entrave pas la végétation des microbes intestinaux, aérobies et anaérobies, quand on les fait développer séparément en culture pure, il n'en est plus de même quand on utilise une culture impure polybactérienne. Les expériences réalisées dans mon laboratoire par Lagane, démontrent que la bile favorise le développement de certains microbes, le colibacille, par exemple, au détriment des anaérobies. Ceux-ci, qui sont les principaux agents des putréfactions, se trouvent en quelque sorte étouffés par leurs concurrents. Voilà donc un procédé indirect qui explique, en partie, l'influence favorable de la bile. Ce n'est là, cependant, qu'une action accessoire. Envisageons, en effet, les transformations que les bactéries font subir aux matières organiques et recherchons comparativement ce qui se passe suivant que les milieux utilisés pour les cultures sont additionnés ou dépourvus de bile.

Si nous recherchons d'abord ce que deviennent les hydrates de carbone (**54**, **56**, **59**), nous obtenons des résultats quelque peu différents, suivant que nous employons une culture poly-ou mono-microbienne. Dans le premier cas, les fortes doses de bile, 40 à 60 o/o, favorisent la fermentation, les doses moyennes, comprises entre 2 et 15 o/o, l'entravent et la retardent. Quand on se sert d'une culture pure, l'attaque des hydrates de carbone est constamment amoindrie par l'adjonction de la bile ; cependant, les fortes doses sont moins efficaces que les doses moyennes. Cette action antizymotique peut être facilement mise en évidence en faisant agir *B. mesentericus vulgatus* (**64**) sur l'amidon ou le colibacille sur le glycose.

· *B. mesentericus vulgatus*, microbe anaérobie abondamment répandu dans le tube digestif de l'homme et des animaux, attaque vigoureusement l'amidon. Si on le cultive dans de l'eau peptonée à 3 o/o, contenant 0,75 à 1 o/o d'amidon soluble, on constate qu'au bout de quatre ou cinq jours tout l'amidon a disparu ; le réactif iodo-ioduré ne confère plus au liquide aucune coloration. En additionnant les milieux de culture d'une quantité variable de bile, on entrave considérablement le processus fermentatif. C'est ce qui ressort des résultats consignés dans le tableau suivant, qui résume une de mes expériences.

MILIEU DE CULTURE				DURÉE ET MARCHE DE LA FERMENTATION				
Eau peptonée à 5 p.100	*Amidon à* 5 p.100	*Bile de bœuf*	*Eau*	*3 jours*	*4 jours*	*5 jours*	*7 jours*	*15 jours*
8 cc.	2 cc.	0 cc.	4 cc.	Lilas clair	Acajou	Jaune	»	»
8	2	4	0	Violet	Violet	Lilas violet	Lilas	Lilas clair
8	2	2	2	Bleu violet	Violet	Violet	Lilas violet	Lilas violet
8	2	1	3	Bleu violet	Violet	Violet	Lilas violet	Lilas violet
8	2	0,5	3,5	Bleu violet	Violet	Violet	Violet	Lilas violet
8	4	0	4	Violet	Violet	Lilas	Jaune	»
8	4	4	0	Bleu violet	Bleu violet	Bleu violet	Bleu violet	Bleu violet
8	4	2	2	Bleu	Bleu	Bleu violet	Bleu violet	Bleu violet
8	4	1	3	Bleu	Bleu	Bleu	Bleu	Bleu
8	4	0,5	3,5	Bleu	Bleu	Bleu	Bleu	Bleu

La marche de la fermentation est indiquée par la coloration que donne le réactif iodo-ioduré ; d'abord bleue, par la présence de l'amidon, la coloration vire au violet, au lilas et finalement reste jaune.

Les résultats sont semblables quand on remplace la bile par des sels biliaires. Une dose de 12 o/oo est celle qui m'a semblé posséder l'action antizymotique la plus marquée.

B. mesentericus agit par un ferment soluble. Il suffit, en effet, de prendre une culture de ce microbe et de la stériliser par un mélange de chloroforme et d'essence de cannelle. En ajoutant 2 cmc. de la culture stérilisée à 10 cmc. d'une solution d'amidon soluble à 0,6 o/o, on n'a plus de coloration par le réactif iodo-ioduré au bout de 24 heures. J'ai profité de cette propriété pour continuer l'étude du problème, et je suis arrivé à reconnaître que la bile entrave l'action de l'amylase microbienne. Avec des doses oscillant entre 30 et 60 o/oo, la transformation de l'amidon n'est pas encore achevée au bout de 15 jours, alors que dans les tubes témoins elle est terminée en 48 heures.

Contrairement à la bile, les sels biliaires ne nuisent pas à l'action du ferment produit par *B. mesentericus*. Cette constatation porte à supposer qu'ils en entravent la production. C'est ce qui a lieu en effet. En évaluant l'activité du ferment par l'intensité et la rapidité de son action sur l'amidon, on constate que la bile, comme les sels biliaires, en diminuent la formation. Mais les sels biliaires sont bien plus actifs que la bile totale.

Il est inutile d'insister sur les expériences qui mettent en évidence l'action de la bile sur la fermentation du glycose. Les résultats sont analogues à ceux obtenus avec l'amidon. L'adjonction de la bile et des sels biliaires empêche la consommation du sucre. Celle-ci peut être évaluée par un dosage, ce qui donne une grande précision aux expériences.

Les résultats sont les mêmes qu'on utilise une culture polymicrobienne contenant un mélange des bactéries aérobies et anaérobies de l'intestin ou qu'on emploie une culture pure de colibacille. Ce dernier microbe est d'autant plus intéressant que sa végétation est plutôt favorisée que troublée par la présence de la bile. Cependant son fonctionnement est entravé. Voici, par exemple, les chiffres trouvés dans des dosages faits sous ma direction par Mlle Boudeille.

On avait préparé des tubes contenant 5 cmc. d'eau peptonée à 6 o/o et 3 cmc. d'une solution de glycose à 5 o/o. Puis on avait ajouté des quantités variables de bile et on avait complété avec de l'eau de façon que chaque tube contînt exactement 12 cmc. Après avoir ajouté du carbonate de chaux pour saturer les acides de fermentation, on avait ensemencé avec du coli-bacille. Les dosages ont été faits, les uns au bout de 24 heures, les autres au bout de 48 heures. Les chiffres que nous reproduisons montrent que la bile entrave considérablement la disparition du sucre et que les doses moyennes agissent mieux que les doses élevées.

QUANTITÉ DE BILE	QUANTITÉ DE GLYCOSE RESTANT APRÈS	
—	*24 heures*	*48 heures*
	—	—
0 cc.	0 gr. 036	0 gr. 028
4 cc.	0 gr. 047	0 gr. 035
2 cc.	0 gr. 130	0 gr. 104
1 cc.	0 gr. 075	0 gr. 060
0,5 cc.	0 gr. 072	0 gr. 057

Si on remplace la bile par une solution de sels biliaires, les résultats sont semblables.

L'étude des hydrates de carbone doit servir d'introduction à toute recherche sur les fermentations bactériennes. Elle est relativement simple et fournit des résultats facilement appréciables. Mais elle est moins importante que l'étude des matières protéiques, puisque c'est aux dépens de celles-ci que se développent les véritables produits de la putréfaction.

J'ai donc repris mes expériences en semant des cultures polymicrobiennes d'origine intestinale dans plusieurs séries de tubes contenant de l'eau peptonée, dont les uns ont servi de témoins, dont les autres ont été additionnés de bile ou de sels biliaires (**58, 60, 61, 62**). Dans les premiers la quantité de peptones a considérablement diminué au bout de 48 heures ; mais il faut 15 ou 20 jours pour que toute la peptone ait été transformée. Dans les tubes contenant 10 à 20 o/o de bile, on retrouve encore des quantités notables de peptones au bout d'un mois et demi, quantités supérieures à celles que renferment les tubes témoins après 4 jours.

Ainsi la bile entrave la putréfaction des peptones. Elle agit également, mais moins énergiquement, sur les albumines. C'est ce que nous avons constaté en utilisant comparativement des ballons contenant de l'eau peptonée à 6 o/o, pure ou additionnée de blanc d'œuf ou de jaune d'œuf et en les ensemençant avec les cultures polymicrobiennes d'origine intestinale. L'intensité de la fermentation peut être mesurée par la perte de poids que subissent les matières mises à fermenter. En dosant le résidu sec après 12 jours d'étuve, nous avons trouvé les chiffres suivants :

	PERTE DE POIDS		
	Sans bile	Avec bile (20 o/o)	Différence
Eau peptonée à 6 o/o	58,7	27,6	31,1
— + blanc d'œuf, 20 o/o. .	47,3	39.4	7,9
— + jaune d'œuf 15 o/o. .	37,8	28,4	9,4

L'action de la bile est, comme on le voit, surtout manifeste sur les peptones et c'est justement sous cette forme que les matières protéiques se trouvent dans l'intestin.

L'étude des putréfactions que subissent les matières azotées conduit à quelques déductions applicables à la pathologie. C'est, comme on sait, aux dépens des matières protéiques et surtout des peptones que les bactéries intestinales élaborent des substances toxiques. Or l'expérience démontre que la bile est l'antidote des poisons intestinaux (**52, 61**). Il suffit de semer comparativement une culture polymicrobienne d'origine intestinale dans deux ballons contenant l'un du bouillon pur, l'autre du bouillon additionné de bile. Après trois ou quatre jours d'étuve, on reprend les liquides, on les centrifuge et on les injecte à des lapins par la voie intraveineuse. Les accidents sont analogues et consistent en de violentes secousses suivies de convulsions, mais les doses mortelles sont bien différentes. Les cultures additionnées de bile, alors même que les injections sont poussées plus rapidement, sont de 3 à 7 fois moins toxiques. Que la culture ait été faite au contact ou à l'abri de l'air, les résultats sont semblables. C'est ce que démon-

trent les chiffres suivants fournis par quelques-unes de mes
expériences.

CULTURE	VITESSE MOYENNE *de l'injection par minute et par kg.*	DOSE mortelle *par kg.*	RAPPORT *des doses mortelles*
I. Anaérobie sans bile.	1	4	1
I. Anaérobie avec bile.	1,1	12,22	3,05
II. Anaérobie sans bile.	1,1	6,55	1
II. Anaérobie avec bile.	2,1	33,6	5,13
III. Aérobie sans bile.	1,55	4,65	1
III. Aérobie avec bile	2,48	32,3	6,94

En opérant différemment, Vincent arrive à des résultats analogues. Il se sert de matières diarrhéiques fétides, de matières
fécales, de macération de viande putréfiée ; il filtre sur bougie de
porcelaine et constate que la toxicité de ces divers liquides, quand
on les a laissés pendant deux heures en contact avec de la bile,
diminue dans des proportions considérables.

Ce n'est là, semble-t-il, que le cas particulier d'un fait général.
Les intéressantes recherches de Vincent ont établi, en effet, que
la bile est capable de neutraliser certaines toxines microbiennes,
la toxine tétanique par exemple ; elles nous ont encore appris
que les différentes substances contenues dans la bile : glycocholate, taurocholate, palmitate de sodium, cholestérine, lécithine,
participent à ce résultat.

Les faits que nous avons rapportés permettent d'expliquer ce
qu'on peut appeler le *paradoxe de l'acholie intestinale* (**60**).

Si les putréfactions intestinale s'exagèrent, quand la bile ne se
déverse plus dans l'intestin, ce n'est pas parce qu'un liquide
antiseptique fait défaut, c'est parce que des substances empêchant
l'action des ferments microbiens ne peuvent plus intervenir.
Autrement dit, l'action antiputride de la bile est due à une double influence sur le fonctionnement des bactéries : diminution de
la production des ferments, affaiblissement de leur action sur
les matières fermentescibles.

La suppression de la sécrétion biliaire entraîne un certain
nombre de troubles généraux et retentit sur les différentes parties de l'organisme. Pawlow a constaté, au cours de ses expé-

riences, des altérations très curieuses du squelette. Les chiens, dont la bile s'écoulait à l'extérieur, étaient atteints, au bout d'un certain temps, d'une gène dans les mouvements. La station debout devenait difficile, puis impossible ; seule la tête conservait intacte sa motilité. A l'autopsie on trouvait un ramollissement de certains os : les côtes, le rachis, les os du scapulum et du crâne étaient les plus atteints; les os des membres étaient respectés. En réimplantant le cholédoque dans le duodénum, on voyait peu à peu les troubles diminuer et disparaître.

Ces faits ont été confirmés par Looser, qui constata chez les animaux des fractures multiples ; celles-ci pouvaient d'ailleurs se consolider. L'examen histologique des os malades montrait une atrophie simple.

Deux observations publiées par Seidel permettent d'étendre à la pathologie humaine les faits découverts par les physiologistes. Dans un des cas, une femme de 55 ans succomba trois ans après l'établissement d'une fistule biliaire. Les côtes étaient flexibles et certains os étaient tellement minces qu'ils se laissaient couper au couteau. Dans le deuxième cas, les manifestations osseuses rétrocédèrent à la suite d'une amélioration de l'état local.

Ces faits montrent la nécessité de faire ingérer des extraits de bile à tout malade porteur d'une fistule biliaire. Ils conduisent à se demander si certaines altérations osseuses développées dans l'enfance ne reconnaissent pas pour cause un trouble dans la formation ou la sécrétion de la bile.

Résumé. — Nos connaissances sur le rôle physiologique de la bile, établies sur les travaux de ces dernières années, peuvent être facilement résumées dans les propositions suivantes :

1° La bile est dépourvue de ferments digestifs, mais elle exerce une influence zymosthénique, c'est-à-dire augmente l'action de certains ferments : amylase pancréatique, lactase intestinale, lipase intestinale ;

2° Elle possède la propriété d'attirer hors des cellules intestinales les ferments qui y ont été élaborés, notamment l'invertine; elle joue ainsi un rôle important dans la digestion de certains sucres ;

3° Elle collabore à la digestion et à l'absorption des graisses ;

4° Elle exerce une action spéciale sur les albumoses et les peptones qu'elle précipite de leurs solutions acides pour les redissoudre ensuite ;

5° Elle empêche la coagulation du mucus par la mucinase intestinale ; les troubles de la sécrétion biliaire expliquant certaines formes d'entérite muco-membraneuse ;

6° Bien que dépourvue de propriétés bactéricides, elle entrave les putréfactions intestinales, par trois procédés :

a) En favorisant le développement de certains microbes, comme le colibacille, au détriment des microbes anaérobies, éléments principaux des putréfactions ;

b) En diminuant la sécrétion des ferments élaborés par les bactéries ;

c) En entravant l'action des ferments bactériens sur les matières fermentescibles ;

7° Elle diminue l'action des produits toxiques auxquels les bactéries intestinales donnent naissance ;

8° Elle contribue à la nutrition de certains tissus ; sa suppression entraîne des altérations osseuses extrèmement marquées.

Toxicité et rôle pathogène de la bile. — La bile exerce sur les éléments cellulaires une action nécrotique, qu'on peut facilement mettre en évidence en en injectant une petite quantité sous la peau de l'oreille d'un lapin. La région infiltrée de bile se parchemine. se nécrose et finit par se détacher. Il s'est fait une véritable eschare aseptique.

Mis en contact avec les muscles, les sels biliaires les excitent, puis déterminent leur coagulation. Ils paralysent les centres nerveux et diminuent la conductibilité des nerfs.

La bile possède la propriété de dissoudre les globules rouges et les globules blancs. Elle amène la nécrose de coagulation des cellules hépatiques. C'est ce qu'on observe chez les animaux dont on a lié le canal cholédoque ; en plusieurs points les canalicules distendus éclatent et la bile, se répandant entre les cellules, en provoque la nécrose.

La résorption du pigment se fait par le système porte, car la lymphe n'en contient pas après la ligature du canal cholédoque. Transportée par le sang, la bile s'élimine par le rein. A l'état normal, le sérum contient environ o gr. 027 o/oo de bilirubine. Quand la proportion monte à o,3 o/oo, le seuil rénal est franchi et le pigment passe dans l'urine. Dans les ictères acholuriques la teneur en bile est inférieure à o,3 o/oo.

Le passage des éléments biliaires à travers le rein semble capable de déterminer des altérations cellulaires, qui entravent la dépuration organique et peuvent aggraver le pronostic des ictères. Frerichs, puis Lebert, Budd, Virchow ont observé de la dégénérescence graisseuse et de la pigmentation des épithéliums dans les tubes contournés et les tubes droits des pyramides. En injectant de petites quantités de sels biliaires, Werner a vu les cellules des tubes contournés devenir claires et vésiculeuses dans leur moitié interne ; puis, elles se détachent et tombent dans la cavité du tube ; les cellules des conduits collecteurs sont vésiculeuses et leurs noyaux sont refoulés à la périphérie.

En injectant des doses plus considérables, on obtient des effets différents : les globules sanguins sont dissous et il se produit de l'hémoglobinurie et de l'hématurie (Hoppe-Seyler, Huppert).

La bile semble jouer un rôle important dans le développement des pancréatites hémorragiques. Brocq et Morel injectent de la bile dans le canal de Wirsung d'un chien en digestion. L'animal succombe au bout de 24 à 48 heures et l'autopsie montre un épanchement de sang dans la cavité abdominale, un hématome du pancréas et des taches de stéato-nécrose sur le pancréas et l'épiploon. Ces résultats ont conduit certains chirurgiens à pratiquer le drainage des voies biliaires, dans les cas de pancréatite hémorragique.

Le reflux du suc intestinal provoque les mêmes lésions que le reflux de la bile (Binet et Brocq) : l'entérokinase, activant le suc pancréatique, permet au ferment d'exercer une action digestive sur le tissu. La ligature du duodénum, entraînant le reflux dans le canal pancréatique des sucs qui se déversent dans cette première partie de l'intestin, est également une cause de pancréatite.

En injectant de la bile diluée dans les veines, Magendie avait conclu à sa haute toxicité. Leyden, V. Dusch émirent une opinion analogue, tandis que Bouisson, Vulpian déniaient à cette sécrétion toute propriété toxique.

Bouchard injecta à des lapins, par la voie intra-veineuse, de la bile de bœuf diluée au 1/3 ; il constata qu'il suffit d'introduire par kilogramme de 4 à 6 cmc. pour amener la mort. Opérant dans les mêmes conditions, nous sommes arrivé au même résultat. Mais si on utilise des liquides plus dilués ou si l'on pousse les injections plus lentement, on fait supporter à l'animal des doses deux et trois fois plus élevées (**55**).

La bile est donc assez peu toxique. Nous avons même constaté que la bile du lapin, recueillie par une canule introduite dans le canal cholédoque, peut être injectée à la dose de 38 cmc. par kilogramme sans produire le moindre trouble appréciable.

Cette dernière expérience est de beaucoup la plus importante, d'abord parce qu'on a opéré sur des animaux de même espèce, ensuite parce qu'on a utilisé la bile qui s'écoule par le cholédoque et qui est dépourvue de mucus. La bile de bœuf au contraire est recueillie dans la vésicule et contient une forte proportion de mucine et de pseudo-mucine, dont la toxicité n'est pas négligeable.

Poussant plus loin l'analyse, il fallait déterminer le pouvoir toxique des différentes substances entrant dans la constitution de la bile.

D'après Bouchard et Tapret, le glycocholate de soude injecté dans les veines, tue le lapin à la dose de 0 gr. 54 par kilogramme ; le taurocholate, à la dose de 0 gr. 46 ; la biluribine, à la dose de 0 gr. 05. Les recherches de de Bruin, tout en confirmant celles des auteurs précédents, ont donné des chiffres un peu différents : la biluribine tuerait à dose de 0 gr. 026 à 0 gr. 103 par kilogramme, les sels biliaires seraient de trois à cinq fois moins actifs.

ACTION SUR LA CIRCULATION. — La clinique a montré, depuis longtemps, que la *circulation* est troublée dans les cas d'ictère ; le pouls est, comme on sait, notablement ralenti. Röhrig, Feltz et Ritter invoquent l'action des sels biliaires, qui, d'après Spallitta, agiraient sur les nerfs intra-cardiaques modérateurs. De Bruin a repris la question, en opérant au moyen de circulations artificielles faites dans le cœur de la grenouille. Il a reconnu que la bilirubine ralentit les battements cardiaques, puis les accélère et, en même temps, diminue la pression sanguine. Le taurocholate ralentit le pouls ; le glycocholate l'accélère et diminue la pression ; mais les sels biliaires sont moins actifs que la bilirubine ; leur action porte sur tout l'appareil cardiaque, aussi bien sur le muscle que sur les divers ganglions. De Bruin fait remarquer encore que si le pouls est ample et fort chez les ictériques, c'est à cause de l'excitation que la bilirubine produit sur la dixième paire.

Malgré l'intérêt de ces expériences, il semble démontré que les troubles circulatoires sont sous la dépendance des sels biliaires. Ceux-ci sont accusés, depuis les travaux de Traube, d'abaisser la pression. Les recherches plus récentes de Edmunds tendent à établir que l'effet dépresseur est peu marqué : l'injection de o gr. o5 de glycocholate ne produit presque rien ; une même dose de taurocholate amène un abaissement de 15 à 20 mm. de mercure. En opérant sur des lapins anesthésiés, Meltzer et Salart ont reconnu que tout dépend de la vitesse et de la concentration. Si l'on injecte rapidement 2 ou 3 centigr. de sels biliaires, on obtient un abaissement de 60 à 70 mm. ; si l'on opère lentement, une dose de 10 centigr. donne une chute de 15 à 20 mm.

L'abaissement de la pression semble donc négligeable. Le phénomène le plus important, signalé depuis longtemps par les cliniciens, est le ralentissement du pouls. Les recherches de Berti et Malesani établissent que les sels biliaires ralentissent le pouls en augmentant le tonus du cœur et en diminuant son expansion diastolique. Les phénomènes n'étant pas modifiés par la vagotomie double, on peut conclure à une action sur le myocarde.

Parisot arrive à des conclusions analogues. Chez les lapins, dont le canal cholédoque est lié, on observe un ralentissement des contractions cardiaques que ne modifient ni l'injection d'atropine, ni la section des pneumogastriques. L'injection du sérum sanguin des malades atteints d'ictère, produit les mêmes effets. Les études sur le cœur isolé font constater aussi le ralentissement des mouvements sous l'influence des sels biliaires.

Toutes ces expériences sont concordantes. Cadrent-elles avec les observations cliniques ?

Un travail fort intéressant de Bard tend à faire admettre que le ralentissement du cœur n'est qu'apparent. Il s'agirait d'un rythme couplé, la deuxième pulsation, fort rapprochée de la première, ne serait pas perceptible au doigt et serait simplement dévoilée par la méthode graphique. Ce serait, en un mot, une fausse bradycardie.

Lian et Lyon-Caen arrivent à une conclusion opposée. D'après les tracés qu'ils ont recueillis, il semble bien qu'il faille considérer le ralentissement du pouls comme dû à une bradycardie totale : le rythme ne serait pas modifié, mais les contractions se feraient plus lentement. Jusqu'ici les conclusions de la clinique concordent avec les conclusions de l'expérimentation. Il y a cependant un désaccord. L'injection de 1 milligr. d'atropine accélère légèrement les mouvements. Ce résultat, confirmé par Danielopolu, démontre que l'intoxication par les sels biliaires n'est pas assez profonde pour soustraire complètement le cœur à l'influence des pneumogastriques.

Les ictères par rétention. — La ligature expérimentale du canal cholédoque pratiquée pour la première fois par Saunders, en 1795, agit comme l'obstruction pathologique par un calcul ou l'oblitération par une tumeur et provoque un ictère par rétention. Le mécanisme est fort simple : la bile, ne pouvant plus s'écouler au dehors, s'accumule dans l'organisme. Cependant on a pu proposer une autre explication. Jagie pense que la ligature du cholédoque agit en amenant un shock cellulaire ; il se ferait une sorte d'inhibition fonctionnelle. Cette théorie s'appliquerait, d'après Pick, aux ictères consécutifs à la migration ou à l'arrêt d'un calcul.

Quand la bile ne s'écoule plus par les voies normales, une partie passe encore dans l'intestin, excrétée par les glandes de Lieberkuhn. Ce résultat explique pourquoi, même dans les cas d'ictère par rétention, les matières ne sont pas complètement décolorées ; le pigment est masqué par un excès de graisse, comme on le constate après action de l'éther. Il rend compte aussi d'un fait signalé par Wilbur et Addis et vérifié par Brulé : quand la bile s'écoule au dehors, les matières ne contiennent pas de stercobiline ; si une rétention se produit, la stercobiline apparaît. Brulé pense que le pigment biliaire retenu dans l'organisme se transforme en urobiline dans les tissus et s'élimine à la fois par le rein et l'intestin. On peut se demander si la bilirubine, qui passe directement dans l'intestin, ne s'y transforme pas, comme normalement, en stercobiline sous l'influence des bactéries.

Tandis que chez l'homme la jaunisse persiste jusqu'à la mort, chez le lapin elle diminue peu à peu et, au bout de deux mois, a complètement disparu. Le trouble de la cellule hépatique finit par aboutir à une suppression complète de la fonction.

La stase biliaire, provoquée par la ligature du cholédoque, entraîne toute une série d'altérations anatomiques, que nous ont fait connaître les travaux successifs de Wickham Legg, Charcot et Gombault, Steinhaus, Beloussow, Lahousse, Ribadeau-Dumas et Lecène, Géraudel, Carnot et Harvier, Fiessinger et Roudowska.

On observe d'abord une dilatation irrégulière des canalicules biliaires, qui souvent se rompent par places ; ainsi se produisent des infarctus biliaires, bientôt suivis d'une dégénérescence des cellules et d'une caryocinèse compensatrice. Au bout de 5 ou 6 jours, la stase biliaire est complète ; la bile, d'abord verte, s'éclaircit ; le pigment se dépose sous forme de grumeaux ; parfois de petits calculs se développent, constitués par un mélange de bilirubinate et de carbonate de chaux et de cholestérine. Au bout d'un mois et demi ou deux mois, la sécrétion biliaire est complètement suspendue.

Vers le dixième jour après la ligature on observe, autour des espaces biliaires, des proliférations conjonctives, de forme étoilée, qui peu à peu encerclent les lobules, tout en envoyant des prolongements dans leur intérieur. Le processus conjonctif finit par séparer le système biliaire, par l'isoler et par en amener l'enkystement.

En même temps que se produisent ces lésions, les canalicules biliaires deviennent plus apparents ; ils sont distendus et sinueux. A côté d'eux se développent des néo-canalicules par bourgeonnement des canaux biliaires. Ainsi se constitue une cirrhose, qui affecte parfois le caractère granuleux des cirrhoses humaines et reconnaît pour point de départ une cicatrice péribiliaire.

Les diverses variétés d'ictères sans rétention biliaire. — Il est assez difficile d'expliquer le mécanisme des ictères qui se produisent quand les voies biliaires sont ou paraissent perméables.

Ces ictères peuvent être divisés en trois groupes, suivant qu'ils sont dus à une infection, à une intoxication ou à une destruction anormale des globules rouges.

Les ictères infectieux s'observent au cours des maladies les plus diverses, constituant un phénomène surajouté plus ou moins important, ou représentant l'élément primordial du processus morbide comme cela a lieu dans l'ictère catarrhal et l'ictère grave. Les variétés bien isolées et bien définies sont provoquées par des protozoaires. Telles sont les piroplasmoses des animaux et, chez l'homme, la spirochétose ictéro-hémorragique, due à *Spirochæta ictero-hæmorrhagiæ* (Inada et Ido). D'après Noguschi, la fièvre jaune, longtemps attribuée à un virus filtrant, devrait être mise sous la dépendance d'un spirochète, très voisin du précédent, *Leptospira icteroïdes*.

Les ictères d'origine toxique relèvent de deux mécanismes différents. Les uns sont dus à des poisons agissant sur le foie, phosphore, arsenic, chloroforme ; les autres à des substances qui provoquent l'hémolyse, et dont la principale est la toluylène-diamine. Ces derniers, bien étudiés expérimentalement, peuvent servir à expliquer le mécanisme des ictères attribués à la fragilité globulaire.

Minkowski a établi l'existence d'un *ictère congénital*, qui semble sous la dépendance d'une mauvaise fabrication des héma-ties. C'est une maladie dystrophique dans laquelle on observe parfois des malformations corporelles. A ce type clinique, bien étudié par Chauffard, font pendant les *ictères hémolytiques acquis*, décrits par Widal, Chauffard, Abrami, Brulé qui s'ob-servent surtout chez les anciens infectés de paludisme, de syphilis ou de tuberculose. Dans l'une et l'autre maladie, les glo-bules résistent moins qu'à l'état normal aux agents hémolysants. Mais, dans la forme acquise, le plasma protège les globules ; pour reconnaître leur fragilité, il faut avoir soin de les laver à l'eau salée isotonique ou, comme on dit, de les déplasmatiser. Ainsi s'opposent les ictères hémolytiques aux ictères par réten-tion, dans lesquels la résistance globulaire est augmentée.

Pour éclairer le mécanisme des ictères hémolytiques, on a fait bien des expériences et émis bien des hypothèses.

Widal, Abrami et Brulé soutiennent que les deux processus

fondamentaux qui aboutissent à l'ictère, l'hyperhémolyse et la transformation de l'hémoglobine en bilirubine, se passent dans le sang.

C'est au contraire le foie qui interviendrait et interviendrait seul, d'après Jannovicks et Pick. Étudiant l'ictère consécutif aux injections de toluylènediamine, les auteurs prétendent que ce poison amène une stéatose hépatique; il y aurait formation d'acides gras qui, comme on sait, exercent une puissante action hémolytique. On constate, en effet, que le foie des animaux qui ont reçu le poison renferme une hémolysine soluble dans les alcools éthylique et méthylique, dans l'éther et l'acétone. Réciproquement, la toluylènediamine ne dissout pas les globules rouges, même lorsqu'on ajoute des extraits organiques au mélange. Nous revenons ainsi à l'origine exclusivement hépatique des ictères hémolytiques.

Le rôle du foie ressort également des expériences de Austin et Pepper. Si l'on injecte comparativement du sang laqué dans une veine périphérique et dans un rameau de la veine porte, l'ictère est beaucoup plus marqué dans le second cas.

Cependant d'autres organes interviennent, en tête desquels il faut citer la rate.

Gilbert et Chabrol ont montré qu'à l'état normal, les extraits d'organes ne sont pas capables de dissoudre les globules rouges, même si on ajoute au mélange la toluylènediamine. Chez les animaux auxquels on a injecté cette substance, la rate acquiert une action hémolytique manifeste ; elle produit une substance qui se fixe sur les globules et les sensibilise. Ils sont alors facilement dissous dans le foie et abandonnent les matières nécessaires à la production de la bilirubine. Roque, Chalier et Nové Josserand ont constaté qu'après injection de toluylènediamine, c'est dans le sang de la veine splénique qu'on trouve le maximum d'hémolyse. Si on introduit une petite dose du poison, l'hémolyse se produit exclusivement dans la rate. Nolf est arrivé à des résultats analogues en injectant à des chiens du venin de cobra : l'hémolyse relève également de l'apparition d'une sensibilisatrice d'origine splénique.

Dans certains cas, ces sensibilisatrices passent dans le sang. Ludke, Chauffard et Troisier ont constaté, chez des malades atteints d'ictère avec anémie grave, l'existence d'isolysines et d'autolysines dans le sérum. Mais ces substances, qui expliquent la dissolution des globules et leur fragilité, ne se trouvent que dans les cas graves. Le plus souvent le processus se localise dans l'appareil spléno-hépatique.

L'expérimentation et la clinique confirment le rôle de la rate. L'extirpation de cette glande retarde l'apparition des ictères hémolytiques expérimentaux et peut, chez les malades, amener la guérison ou tout ou moins une amélioration notable : l'ictère diminue et finit par disparaître, tandis que le nombre des globules rouges va en augmentant. C'est ce qui résulte de nombreuses observations rapportées à l'étranger et des trois opérations faites en France par Hartmann sur des malades examinés par Gilbert.

Dans le groupe des ictères hémolytiques on a tendance aujourd'hui à ranger l'ictère des nouveau-nés, appelé parfois, mais assez improprement, ictère physiologique. Il apparaît deux ou trois jours après la naissance et disparaît du dixième au quinzième jour. Surtout fréquent chez les prématurés et les hérédo-syphilitiques, il ne trouble guère la santé de l'enfant ; le passage des pigments dans l'urine n'est pas constant et les matières ne sont pas décolorées.

Moussous et Levret ont fait remarquer qu'avant l'apparition de l'ictère, les enfants sont rouges ; on constate à ce moment que le sang est laqué et que les hématies sont moins résistantes que chez le nouveau-né normal. Sous l'influence du refroidissement consécutif à la naissance, il y aurait chez les prédisposés, une abondante destruction de globules, ayant pour conséquence le passage de phosphates, d'urates et de pigments dans l'urine.

L'interprétation des ictères toujours difficile devient encore plus délicate quand l'examen ne décèle ni obstruction des voies biliaires ni processus hémolytique.

Trois théories sont en présence :

La première invoque une production exagérée de bile : ce liquide continue à s'écouler dans l'intestin, mais il est tellement abondant qu'une certaine quantité reste dans l'organisme et s'élimine par l'urine. C'est ce qui se produit dans la cirrhose hypertrophique, véritable diabète biliaire, suivant l'expression de Hanot.

La deuxième théorie s'applique aux faits, fort nombreux, où les voies biliaires restent perméables. L'ictère se produit et, contrairement à ce qui a lieu dans le cas précédent, la sécrétion biliaire est inférieure à la normale, les matières étant peu colorées ou même n'étant pas colorées du tout. Pour expliquer les faits de ce genre on a invoqué une obstruction des canaux biliaires qui seraient engorgés par une bile épaisse et visqueuse. Cette conception, bien qu'elle puisse s'appuyer sur quelques expériences de Stadelmann, n'est guère admise et ne semble pas vérifiée par la majorité des faits. On a été ainsi conduit à invoquer un trouble fonctionnel des cellules hépatiques. Celles-ci devraient être considérées comme pourvues de deux voies d'excrétion ; l'une destinée à la sortie des éléments constitutifs de la bile ; l'autre au passage des substances qui sont déversées dans le sang et sont portées vers les organes et les tissus qui les utilisent. L'ictère serait dû à un trouble de l'excrétion cellulaire. Les substances qui doivent prendre la voie de sortie biliaire passent dans le sang. Ce n'est là qu'une façon imagée d'exprimer le phénomène, mais ce n'est pas une explication scientifique ; c'est à peine une hypothèse.

On s'est demandé, et c'est la troisième théorie, si les cellules hépatiques n'ont pas simplement pour fonction d'assurer l'excrétion des pigments et sels biliaires formés en dehors d'elles ; leur rôle serait comparable à celui des cellules rénales qui rejettent des produits qu'elles n'ont pas formés. Continuant la comparaison entre le foie et le rein, on fait remarquer que l'une et l'autre glande peut éprouver une défaillance partielle ; certains éléments passent, alors que d'autres sont retenus. Ainsi se produit pour le rein l'insuffisance excrétoire du chlorure de sodium ou de l'urée et, pour le foie, l'insuffisance excrétoire du pigment ou des sels biliaires.

De nombreux faits établissent, en effet, qu'il excite des *ictères dissociés*. Pour certains d'entre eux, l'explication est simple. Tous les ictères par hyperhémolyse sont exclusivement pigmentaires. La destruction exagérée des globules met en liberté un excès d'hémoglobine et, que la transformation se fasse dans le foie ou en dehors du foie, l'abondance du pigment sanguin explique la pléochromie biliaire.

Dans les cas de rétention isolée des pigments, les téguments sont jaunes ; les urines fortement colorées, donnent les réactions caractéristiques : mais il n'y a ni bradycardie, ni prurit et l'absorption des graisses se fait d'une façon normale. Au contraire, dans les cas de rétention des sels biliaires, la pigmentation peut être normale, mais les malades se plaignent de démangeaisons pénibles, le pouls est ralenti et l'absorption des graisses, évaluée par l'examen ultra-microscopique du sang, est considérablement entravée.

La rétention isolée des sels est beaucoup plus rare que celle des pigments, comme le montrent les chiffres suivants empruntés à un travail de Sarrailhé et Clunet sur les soldats faisant partie de l'expédition des Dardanelles. On a fait 188 analyses d'urines et on a trouvé :

> 53 fois, pigments et sels biliaires ;
> 7 fois, urobiline et sels biliaires ;
> 25 fois, pigments sans sels biliaires ;
> 54 fois, pigments et urobiline, sans sels biliaires ;
> 42 fois, urobiline seule ;
> 7 fois, sels biliaires seuls.

La rétention isolée des sels biliaires, sur laquelle ont insisté Cassaet et Mongour, Chauffard et Gouraud, Lemierre, Abrami, Brulé et Garban, se produit assez souvent dans les affections du foie les plus diverses, dans les cirrhoses sans ictère, dans les infections et les intoxications ; dans la grossesse ; après l'administration de chloroforme ou d'éther. Réciproquement dans l'ictère catarrhal, on observe parfois une rétention isolée des pigments, les sels biliaires étant rejetés au cours de la maladie par intermittences, quelquefois au début et, très souvent, à la fin.

Pour affirmer qu'il y a rétention exclusive des sels biliaires, il faut qu'il n'y ait ni cholurie, ni cholémie, ni même d'urobilinurie, l'urobiline devant être considérée comme un dérivé et, par conséquent, pouvant être un succédané des pigments biliaires.

La rétention isolée des sels biliaires ne modifie pas, avons-nous dit, la coloration des téguments ni de l'urine ; elle provoque du prurit et amène souvent de la bradycardie. On la caractérise en clinique par la réaction de Hay à la fleur de soufre qui doit être positive et par l'examen ultra-microscopique du sang qui montre la diminution ou l'absence des hémoconies, la suppression des sels biliaires empêchant l'absorption intestinale des graisses.

Divers expérimentateurs ont essayé de reproduire chez les animaux les dissociations biliaires. Les recherches sont encore peu nombreuses, mais elles sont intéressantes.

Fiessinger et Lyon-Caen, en injectant à des chiens 15 milligrammes de phosphore par kilogramme, ont obtenu le passage de sels biliaires dans l'urine sans pigment. Lemierre et Abrami ont opéré avec des sérums cytotoxiques et ont provoqué une rétention exclusive des pigments. Si l'intoxication était plus profonde, les sels biliaires étaient retenus simultanément.

Nous avons résumé brièvement l'état actuel de nos connaissances sur les ictères. La conception pathologique ne sera bien établie que lorsqu'elle s'appuiera sur une base physiologique solide. Malgré l'intérêt et l'importance des travaux publiés, on ne peut admettre sans réserve, que le foie soit un filtre électif. C'est cependant de cette conception que dépend l'avenir de certaines théories modernes.

Nous devons aussi faire des réserves sur la conception des ictères dissociés, quand elle prend pour base le résultat de la réaction de Hay. Bien des substances semblent capables d'abaisser la tension superficielle des urines. Tout, à notre avis, est à refaire avec des méthodes chimiques précises. Il faut remarquer que le seuil d'élimination des sels biliaires est très bas, aussi passent-ils dans les urines beaucoup plus facilement que les pigments et n'ont-ils guère de tendance à s'accumuler dans l'organisme ; quelques dosages démontrent, en effet, que dans les ictères le sérum n'en contient guère plus qu'à l'état normal. Un autre élément intervient, dont on n'a pas suffisamment tenu compte : c'est l'alimentation des malades. Les sels biliaires provenant de l'alimentation et ayant pour origine principale les matières azotées, on conçoit leur diminution chez les malades qui sont soumis au régime lacté. Voilà pourquoi on n'en trouve que des traces dans certains ictères par rétention. Peut-être le résultat tient-il aussi à ce que les sels biliaires cessent d'être produits quand les ictères se prolongent.

Malgré les réserves qui s'imposent et malgré les nombreuses difficultés auxquelles se heurte leur étude, on peut admettre provisoirement trois variétés d'ictères ; ceux qui sont dus à un obstacle des voies d'excrétion de la bile ; ceux qui sont attribuables à une hyperhémolyse ; ceux qui dépendent d'un trouble fonctionnel du foie.

Dans le groupe des ictères par obstruction, dont le mécanisme est assez simple, on peut faire rentrer les ictères émotifs qui semblent dus à un spasme des voies biliaires d'origine nerveuse. Cette variété d'ictère, décrite parfois sous le nom d'ictère nerveux spasmodique (Chvosteck), ne se développe que chez des sujets prédisposés, rentrant dans le groupe des individus dénommés, depuis les travaux d'Eppinger et Hess, des vagotoniques. Il y aurait chez eux une excitabilité anormale de tout le système autonome.

Les ictères hémolytiques peuvent être divisés en deux groupes, suivant qu'ils sont liés à une fragilité spéciale des globules ou à une altération de certains organes. Dans ce dernier cas, l'hémolyse peut se faire dans le foie lui-même, qui assume les deux stades de destruction des globules et de transformation de l'hémoglobine, ou dans certains organes dits hématopoétiques, parmi lesquels la rate semble remplir le rôle le plus important.

La troisième variété dépend d'un trouble de la cellule hépatique. On peut parfois invoquer une suractivité fonctionnelle, dans la maladie de Hanot par exemple. Peut-être la même conception s'applique-t-elle à la spirochétose ictéro-hémorragique, Garnier et Reilly y ayant constaté une hyperplasie considérable du tissu hépatique ; dans les autres cas, il faut invoquer un trouble de l'excrétion cellulaire. Ainsi, deux conceptions sont en présence : l'une admet un défaut d'excrétion et, parfois, une dissociation sécrétoire de la cellule ; l'autre, maintenant au foie la propriété de former sels et pigments, incrimine un trouble fonctionnel qui ferait déverser dans le sang les produits qui normalement vont dans la bile : c'est un changement d'orientation. En tout cas, la tendance actuelle est d'expliquer les ictères toxiques et infectieux bien plutôt par un trouble des cellules hépatiques que par un mauvais fonctionnement des voies biliaires.

Les faits que nous avons exposés et les conceptions qui en découlent conduisent à diviser les ictères en trois groupes, suivant le mécanisme mis en œuvre. On aboutit ainsi à une classification physio-pathologique, que résume le tableau suivant :

TROUBLES DE L'EXCRÉTION	{ *Oblitération du canal cholédoque.* *Spasme des voies biliaires.*
EXAGÉRATION DE L'HÉMOLYSE . . .	{ *Fragilité globulaire.* *Intoxication ou cytolyse globulaire.* *Altérations de la rate et des organes* *hématopoétiques.* *Altérations du foie.*
TROUBLES DE LA CELLULE HÉPATIQUE.	{ *Suractivité de la cellule.* *Déviation de l'excrétion cellulaire.*

Les infections biliaires. — Il est démontré, depuis longtemps, que les voies biliaires sont fréquemment envahies par des microbes. Gilbert et Lippmann pensent même qu'on peut en trouver à l'état normal.

Au cours des infections les plus diverses, les microbes peuvent envahir les voies biliaires et y séjourner pendant des mois et des années. Aussi, quand on intervient chirurgicalement, trouve-t-on fréquemment la bile infectée. Blumenthal, examinant la bile recueillie au cours de 14 opérations sur les voies biliaires, obtient les résultats suivants : bile sans microbes, 4 cas ; colibacille, 4 cas ; bacille typhique, 4 cas ; bacille paratyphique, 1 cas ; bacille indéterminé, 1 cas.

Ce sont les bacilles du groupe coli-typhique que l'on décèle le plus souvent. Mais on a signalé beaucoup d'autres microbes, staphylocoque, streptocoque, tétragène, bacille du choléra, bacilles anaérobies.

Pour expliquer l'infection des voies biliaires, deux théories sont en présence : l'une suppose l'ascension des microbes qui profitent du trouble apporté par la maladie dans la sécrétion biliaire, pour remonter du duodénum dans le canal cholédoque ; l'autre affirme que les microbes, après avoir envahi le sang, s'échappent par les voies biliaires.

La première théorie fut tout d'abord acceptée sans conteste et sembla établie solidement par l'expérimentation (**10, 11**). En injectant divers microbes, parmi lesquels le colibacille, dans le canal cholédoque même sans lier celui-ci, on a vu se développer des angiocholites (Charrin et Roger, Gilbert, Girode, Dominici).

L'idée de l'infection descendante fut émise en 1888 par

Furterer. En examinant la bile des malades on y trouve fréquemment le bacille typhique, mais on le trouve à l'état de pureté ; s'il n'est pas accompagné par les autres bactéries intestinales, c'est que loin de remonter par les voies biliaires, il y est apporté par le sang.

L'expérimentation devait donner un très fort appui à cette conception, en montrant que nombre de bacilles injectés dans les veines ou même introduits par le tube digestif ou sous la peau se retrouvent dans la bile.

Forster et Kayser eurent le mérite de s'appuyer sur les faits publiés et sur leurs recherches personnelles pour émettre une conception nouvelle de l'infection éberthienne, conception qui semble aujourd'hui acceptée sans conteste. Il est démontré, en effet, que la fièvre typhoïde est avant tout une septicémie : les bacilles envahissent le sang et l'hémoculture permet dès le début de la maladie de les trouver dans ce liquide. Ils sont éliminés par la bile et c'est par la bile qu'ils arrivent dans l'intestin. On les y décèle vers le septième ou le huitième jour ; ils sont nombreux dans le duodénum, là où se fait l'embouchure du cholédoque et vont en diminuant de nombre jusqu'au côlon. Quand la maladie est terminée, les bacilles survivent dans la vésicule biliaire et sont, par moment, rejetés dans l'intestin ; l'exode est discontinu et se poursuit par poussées successives.

Ces faits ont une grande importance. Les porteurs de germes recèlent le bacille dans les voies biliaires, et non dans l'intestin.

Aussi a-t-on vu plusieurs fois les bacilles typhiques disparaître des matières, après ablation de la vésicule, soit qu'elle fut atteinte de cholécystite (Lorey, Blumenthal), soit qu'elle fut restée indemne (Dehler). L'intervention chirurgicale constitue ainsi la plus démonstrative des expériences.

De nombreuses recherches établissent que les bacilles du groupe coli-typhique, bacille typhique, bacilles paratyphiques, colibacille, injectés dans les veines passent facilement dans la bile. La proportion des résultats positifs est assez variable, ce qui tient probablement aux différences expérimentales, les résultats dépendant de la virulence des cultures et de la dose introduite. Dörr obtient toujours des ensemencements positifs. Chiarolange en obtient seulement dans 75 o/o des cas. Lemierre et Abrami injectent des bacilles typhiques à 24 lapins ; examinant la bile après un temps qui varie de 6 heures à 6 jours, ils ont 16 résultats positifs ; opérant de même avec les bacilles paratyphiques, ils retrouvent le microbe dans 18 cas sur 27. La proportion est de 66 o/o identique dans les deux séries.

Les bacilles apparaissent vers la deuxième heure, et commencent à diminuer de nombre vers le 4e ou le 5e jour. Puis peu à peu ils finissent par disparaître ; mais, en certains cas, ils persistent fort longtemps, jusqu'à 3 mois (Blachstein, Cushing) et 4 mois (Welch, Dörr).

Cette longue persistance s'explique, d'après Vincent, par ce fait que les anticorps du sang, bien qu'il passent dans la bile, n'y restent pas. Aussi ce liquide est-il dénué de propriétés bactéricides chez les animaux infectés ou immunisés.

Lemierre et Abrami ont encore constaté la présence du pneumobacille dans la bile, de 20 heures à 12 jours après l'inoculation.

Le bacille tuberculeux passe facilement dans cette sécrétion. Calmette et Guérin injectent des bacilles d'origine bovine à des lapins par la voie intraveineuse. On sacrifie les animaux au bout d'un temps variable, de 24 heures à 7 jours, et on recherche la présence des bacilles en inoculant la bile à des cobayes Les deux premiers jours les résultats sont négatifs. Au troisième jour, un cobaye sur quatre succombe ; au 7e jour, la mortalité s'élève à 3 sur 4. En opérant sur une génisse à laquelle on avait pratiqué une fistule biliaire, Calmette et Guérin ont retrouvé le bacille tuberculeux, à partir du 19e jour après l'inoculation virulente.

Joest et Emshoff examinant la bile de bœufs et de porcs devenus spontanément tuberculeux, y trouvent des bacilles dans 24 o/o des cas. Les recherches faites sur l'homme conduisent à des résultats analogues. Toujours dans les tuberculoses pulmonaires ouvertes et souvent dans les tuberculoses fermées, les matières renferment des bacilles acido-résistants qui sont, le plus souvent, de véritables bacilles tuberculeux.

Ces faits sont intéressants, car ils mettent en évidence une importante voie de dissémination des bacilles.

Les microbes anaérobies, qui envahissent le sang beaucoup plus souvent qu'on ne le croit, passent également dans les voies biliaires. C'est ce que Rist et Ribadeau-Dumas ont constaté avec

B. thetoides, B. serpens, B. perfringens, qui sont, comme on sait, les principaux agents de l'appendicite.

Les injections sous-cutanées sont suivies d'une élimination par les voies biliaires à la condition qu'une septicémie se développe ; sur 11 cobayes injectés sous la peau, il y en eut 5, dans les expériences de Pawlowski, dont la vésicule contenait des microbes.

Breton, Bruyant et Mezic ont étudié les effets des ingestions bacillaires. Ils ont introduit des cultures d'un bacille, *Bacillus prodigiosus*, qu'il est facile de reconnaître à la couleur rouge de ses colonies. La bile, examinée de 3 à 4 heures après le repas, contenait le microbe dans 60 o/o des cas, quand la culture était ingérée, mélangée à de la pulpe de betterave ou à du lait. La proportion des résultats positifs n'était que de 8 o/o quand les bacilles étaient en suspension dans l'eau salée. Dans tous les cas, l'infection des voies biliaires ne se produisait pas par ascension des germes, mais par infection préalable du sang.

Pour expliquer le passage des microbes du sang dans les voies biliaires, on invoque un arrêt dans les capillaires du foie et une émigration du sang vers les canalicules biliaires. Les éléments figurés suivraient le même chemin que les matières dissoutes. D'après Chiaroluza les microbes pénétreraient directement dans la vésicule, dont les capillaires seraient bourrés de bacilles formant parfois de véritables embolies. Cette conception est étayée par l'expérience suivante : la ligature ou même la résection du canal cystique n'empêche pas la pénétration des bacilles dans la vésicule, preuve évidente de leur arrivée directe sans infection des voies biliaires.

Si les microbes sont amenés par la bile dans l'intestin, il ne faut pas conclure qu'ils ne puissent pénétrer directement dans le tube digestif : on les y trouve même après ligature du canal cystique et du canal cholédoque.

Il semble donc que les bacilles introduits dans le sang peuvent s'échapper par des voies multiples : par les canaux biliaires, par la vésicule, par l'intestin.

La présence de bacilles dans les voies biliaires et dans la vésicule ne suscite parfois aucune réaction appréciable ; ou bien elle provoque le développement de lésions catarrhales, sécrétion exagérée de mucus et chute épithéliale, lésions passagères qui ne tardent pas à rétrocéder et finissent par guérir. A un degré de plus, la vésicule se remplit de pus. Chez un lapin ayant reçu dans les veines une culture du bacille de l'entérite dysentériforme, nous avons trouvé, au bout de six jours, une cholécystite suppurée. En relatant ce cas, dans un travail déjà vieux de 22 ans, nous faisions remarquer que la lésion « était attribuable à un envahissement par élimination, comme nous avions pu nous en rendre compte en suivant une série d'animaux qui avaient été inoculés par la veine porte ».

Les *cholécystites expérimentales* sont surtout fréquentes après injection du bacille typhique et des bacilles paratyphiques. Comme chez l'homme, elles peuvent persister fort longtemps ; chez un lapin, infecté trois mois auparavant, Cushing trouva une cholécystite éberthienne et constata la présence de trois calculs dans la vésicule.

C'est avec le paratyphique B qu'on obtient les plus nombreux résultats positifs. Voici le relevé de quelques expériences que nous avons faites avec Demanche (**48**), à l'occasion d'une observation de cholécystite due à un paratyphique B du type Drigalsky. Les inoculations ont été pratiquées sur des lapins.

MICROBE INJECTÉ	VOIE d'introduction	QUANTITÉ injectée	SURVIE	ÉTAT DU FOIE
B. parat. B. (Personnel)	Veine périph.	5 cc.	30 h.	Pas d'altération.
—	—	1	3 j.	Foyers de nécrose hépatique.
—	—	1	5	Angiocholite suppurée.
—	—	1/2	3	Cholécystite suppurée.
—	—	1/4	3	Id.
—	V. intestinale	1	46 h.	Hépatite diffuse.
—	—	1/2	4 j.	Cholécystite suppurée.
—	—	1/4	4	Foyer de nécrose hépatique.
—	—	1/8	15	Abcès périnéphrétique.
Même microbe atténué	V. périph.	1/2	tué : 2 mois	Lithiase biliaire.
B. parat. B. (Drigalsky)	—	2	tué : 5 jours	Cholécystite supp.
— (Schottmuller)	—	2	5 j.	Id.
B. carné (Aertryck)	—	1	4 j.	Id.

Ainsi, suivant la dose introduite, suivant la virulence du germe et aussi, il faut le reconnaître, suivant une série de circonstances contingentes, qu'il est impossible de déterminer, on observe soit de l'hépatite diffuse, soit des foyers de nécrose hépatique, soit de l'angiocholite, s'accompagnant de périangiocholite, soit des cholécystites. Dans bien des cas on trouve seulement des amas leucocytaires autour des vaisseaux sanguins et des canalicules biliaires. Les cellules voisines dégénèrent et la séparation des lésions aboutit à la formation de tissu scléreux. On assiste ainsi au développement de cirrhoses post-infectieuses.

Ces faits expérimentaux comportent un certain nombre de déductions pratiques ; ils expliquent à la fois la persistance des germes constamment déversés dans l'intestin et le développement des angiocholites et cholécystites : la théorie de l'infection descendante rendant compte aussi bien des infections biliaires à bacilles d'Eberth que des infections par les anaérobies, comme dans les observations de Zuber et Lereboullet, Brard, Rist et Ribadeau-Dumas.

Au cours et même au début de l'infection typhique, les bacilles, avons-nous dit, sont déversés dans l'intestin par le canal cholédoque ; ils se trouvent donc en grand nombre dans le duodénum. C'est là qu'il faut aller les chercher pour faire un diagnostic précoce. Carnot et Weill-Hallé proposent deux procédés : l'un consiste à faire prendre au sujet 150 gr. d'huile d'olive, qui provoque un reflux de bile dans l'estomac ; une heure plus tard, on pratique un tubage qui ramène une partie de ce reflux biliaire riche en bacilles. Le deuxième procédé consiste à introduire dans l'estomac une sonde longue et mince qui chemine lentement et, au bout de 3 ou 4 heures, a franchi le pylore. Par une douce aspiration on recueille le liquide duodénal. Que l'on emploie l'une ou l'autre méthode, on obtient un liquide qu'on sème dans les milieux appropriés et qui, bien souvent, donne d'emblée des cultures pures du bacille typhique.

Ce procédé permet de diagnostiquer une fièvre typhoïde dès les premiers jours de l'invasion ; il permet aussi, bien plus sûrement que l'examen des matières fécales, de dépister les porteurs de germes.

Ce sont surtout les bacilles typhiques et paratyphiques qui produisent des inflammations vésiculaires. Celles-ci peuvent se développer au cours de la maladie ou après la guérison. Dans quelques cas, elles sont apparues tardivement, au bout de 5 et 6 ans et même 17 (Drobe) et 18 ans (Hamm).

Souvent secondaire, la cholécystite est parfois primitive, pouvant constituer la première et même la seule manifestation chronique d'une infection éberthienne. Notre conception actuelle de la fièvre typhoïde permet d'expliquer ces faits. La localisation vésiculaire est la déterminaton locale d'une infection sanguine au même titre que les localisations sur les plaques de Peyer.

Dans l'observation qui a servi de point de départ aux recherches que nous avons faites avec Demanche, le diagnostic de cholécystite n'a été porté que d'après les symptômes, car le malade a guéri. Mais l'hémoculture a permis de trouver dans le sang un bacille que nous avons identifié au B. paratyphique B, type Drigalsky. C'est la première fois qu'on faisait une constatation de ce genre. Ce qui semble confirmer le rôle de ce bacille, c'est que le sérum du malade possédait le pouvoir agglutinant, même dilué à 1/1.000.

L'infection de la vésicule peut servir de point de départ à une nouvelle septicémie, comme l'établissent les observations de Lévy et Kayser et de Grimme. Les expériences de Gilbert et Dominici montrent d'ailleurs qu'une injection virulente, poussée dans le canal cholédoque, peut être suivie d'une infection générale.

Les ictères infectieux. — Nous avons vu que, suivant une série de conditions plus ou moins bien déterminées, l'infection des voies biliaires reste latente ; ou bien elle suscite des réactions inflammatoires, nodules hépatiques, angiocholites, cholécystites ; ou bien elle se traduit par de l'ictère.

Les ictères infectieux se divisent en deux groupes : les ictères primitifs, formant des entités morbides plus ou moins bien définies ; les ictères secondaires, survenant au cours des maladies infectieuses les plus diverses. On les observe surtout dans la pneumonie ; dans la fièvre typhoïde, où ils sont assez rares sauf au cours de certaines épidémies (Leudet) ; dans la scarlatine et le choléra

Quand il est primitif, l'ictère infectieux peut revêtir l'aspect de l'ictère catarrhal, ou s'accompagner de manifestations sérieuses et inquiétantes qui lui ont valu le nom d'ictère grave. Différents microbes ont été et sont encore accusés d'engendrer ces divers types cliniques.

La question a été transformée par la découverte de deux savants japonais, Inada et Ido, qui reconnurent tout d'abord que le sang des malades atteints d'ictère infectieux est virulent pour le cobaye. Cette intervention de la pathologie expérimentale devait conduire à une constatation capitale ; chez l'animal inoculé, beaucoup plus facilement qu'on n'aurait pu le faire chez l'homme malade, on décela un organisme nouveau, un protozoaire du groupe des spirochètes. Dénommé par Inada et Ido *Spirochæta ictero hemorragiæ*, ce parasite a pu être cultivé par les savants japonais, qui ont encore réussi à immuniser les animaux contre son action et à préparer un sérum thérapeutique.

La découverte de ces faits si importants fut relatée en février 1915 dans un travail écrit en japonais, et résumé en anglais, le 1ᵉʳ mars 1916.

Quelques mois après la publication du mémoire fondamental de Inada et Ido, deux médecins allemands, Hubener et Ruter, sans mentionner les recherches de leurs prédécesseurs, décrivirent le même parasite, sous le nom de *Spirochæta nodosa*.

Dès lors, dans tous les pays, on se mit à l'œuvre. Le spirochète de l'ictère infectieux fut retrouvé sur le front français, chez les soldats de l'armée anglaise, par Stokes et Ryle, et complètement étudié par Martin et Pettit, Garnier et Reilly, Costa et Troisier. Il fut décelé dans l'armée belge par Renaux, et dans l'armée italienne par Monti, Moreschi et Carpi, Ascoli et Perrier.

L'évolution de la spirochétose ictéro-hémorragique est assez variable pour qu'on ait pu décrire à la maladie six types cliniques ; la forme à rechute, la plus caractéristique, dont l'évolution était bien connue et qui était souvent désignée sous le nom de maladie de Mathieu ou de maladie de Weil ; — la forme d'ictère grave ; — la forme urémique avec complications rénales, albuminurie massive et anémie, se terminant par la mort dans l'hypothermie ; — la forme fruste, sans ictère, à évolution bénigne, caractérisée simplement par un léger mouvement fébrile et des myalgies ; — la forme exclusivement hémorragique. La mortalité est variable : de 3o à 48 o/o au Japon ; de 10 à 11 o/o en Egypte où l'infection est décrite depuis longtemps sous le nom de typhus bilieux ; de 6 o/o environ en France et en Italie.

Le spirochète ictéro-hémorragique envahit d'abord le sang ; vers le cinquième jour de l'évolution, des anticorps se produisent ; un certain nombre de spirochètes dégénèrent et, finalement, vers le deuxième septénaire, le sang est débarrassé de parasites ; ceux-ci périssent peu à peu dans les organes, mais restent long-temps vivants dans les reins ; ils s'en éliminent par les urines, où on les retrouve à partir du 15e jour et où ils peuvent persister pendant 5 et 6 semaines et parfois plus.

On met facilement en évidence la présence des spirochètes en pratiquant des inoculations aux animaux sensibles. Le cobaye, qui est le sujet de choix, est atteint d'une affection fébrile, avec ictère, qui entraîne la mort du 4e au 12e jour après l'inoculation. Dans quelques cas, la survie se prolonge vingt et trente jours.

En poursuivant l'étude de la question, on a reconnu que les rats constituent de véritables réservoirs à spirochètes. C'est ce qu'on a pu constater chez différents rats du Japon et, en France, chez le surmulot. Ce sont ces animaux qui conservent le mal, le propagent et le disséminent.

La spirochétose ictéro-hémorragique englobe un grand nombre d'ictères infectieux. Peut-être d'autres spirochètes un peu diffé-rents interviennent-ils dans certains cas, comme tend à le prou-ver l'étude de l'épidémie développée à Lorient.

La découverte de la spirochétose ictéro-hémorragique a modifié les idées qui étaient devenues classiques sur la nature des ictères infectieux et commande une revision de toute la question.

En 1897, Grünbaum avait annoncé que le sérum des malades atteints d'ictère catarrhal agglutinait fréquemment le bacille d'Eberth. Les recherches ultérieures, parmi lesquelles on peut citer celles de Gilbert et Lippmann, confirmèrent le résultat. Sacquépée et Fras, étudiant 16 cas d'ictère catarrhal, constatèrent que le sérum des malades agglutine fréquemment les microbes du groupe coli-typhique : coli-bacille, paratyphique A et, beaucoup plus rare-ment, paratyphique B et bacille typhique. Netter et Ribadeau-Dumas, Carnot et Weill-Hallé ont rapporté des épidémies d'ictère et ont reconnu que le sang agglutinait plus ou moins énergique ment le paratyphique A. Tandis que le paratyphique B est le type le plus souvent décelé dans les cholécystites, c'est le paratyphique A qu'on trouve généralement dans l'ictère. Ainsi, en réunissant 28 observations dans lesquelles l'agglutinement était obtenu après dilution à 1/100 ou à 1/200, on trouve 2 fois le paratyphique B, 2 fois le bacille de Gärtner et 24 fois le paratyphique A.

Cependant une objection grave a été formulée. En opérant avec le sérum d'individus atteints d'ictère non infectieux, on obtient souvent l'agglutinement du bacille typhique et du paratyphique A. C'est ce qui a été observé dans le cancer de l'estomac (Zari), la cirrhose (Zari, Ludke), le cancer du foie (3 obs. de Steinberg), le cancer de la vésicule et la lithiase (Ludke, Steinberg). Le sang des chlorotiques donne parfois le même résultat (Ludke). Dans tous ces cas l'agglutination a été obtenue avec des dilutions à 1/40 et même à 1/100, dilutions considérées comme caractéristiques d'un résultat positif.

L'adjonction de la bile ne conférant pas au sérum le pouvoir agglutinant, il faut admettre une réaction spéciale de l'organisme. Quelle qu'en soit l'interprétation, les faits sont importants et méritent qu'on s'y arrête.

Garnier a repris l'étude de la question. De 1915 à 1918 il a eu l'occasion d'observer 1.300 ictériques ; sur ce nombre, il y en avait quatre qui pouvaient être considérés comme atteints d'un ictère à bacille d'Eberth. La proportion est peu élevée et l'on est en droit de conclure que les agents de la typhoïde et des paratyphoïdes n'interviennent que fort rarement.

Les ictères qui semblent relever de ces bacilles se développent au cours d'accidents infectieux dont les caractères cliniques rappellent ceux de la fièvre typhoïde ou des infections paratyphoïdes. La réaction agglutinante ne suffit pas à affirmer la nature du processus. Il faut avoir recours à l'hémoculture. Si le résultat est positif on aura des arguments en faveur de l'origine typhoïdique ou paratyphoïdique de l'ictère ; encore est-il qu'une réserve s'impose. La maladie peut être due à une infection mixte, comme dans une observation d'Abrami et Gautier. Cette remarque est d'autant plus importante que le bacille typhique peut se trouver dans le sang et provoquer des réactions cellulaires aboutissant au développement d'agglutinines, sans intervenir d'une façon bien nette dans le processus morbide ; il se comporte comme un simple parasite. C'est ce qui semble survenir parfois au cours de la spirochétose et ce qui se produit presque constamment dans la fièvre jaune, où l'on trouve dans le sang des malades un bacille que Sanarelli a décrit sous le nom de *Bacillus icteroides*. Longtemps considéré comme l'agent causal de la maladie, ce bacille n'est qu'un parasite surajouté, qu'on a identifié au bacille paratyphique B.

Dans la plupart des cas où l'on a rattaché l'ictère à l'action du bacille typhique, on s'est basé, avons-nous dit, sur la propriété agglutinante du sérum. Une distinction importante doit être faite. Si l'agglutinement est obtenu avec une dilution au 1/100 ou au 1/200, et si les smptômes sont ceux d'une fièvre à type presque continu, oscillant pendant quelques jours autour de 39°, il est permis de penser à un ictère éberthien ; mais si le malade est à peu près apyrétique et si, comme cela a lieu dans la plupart des cas, le taux d'agglutinement ne dépasse pas 1/75, le doute est plus que légitime.

En appliquant ces remarques aux observations publiées, on est porté à en conserver quelques-unes, et à en rejeter un grand nombre. Certaines ont tous les caractères de la spirochétose ; d'autres rentrent dans le groupe des ictères catarrhaux, dont la place nosologique n'est pas encore déterminée d'une façon précise.

En comparant les différents microbes qui interviennent le plus souvent pour provoquer de l'ictère, Garnier remarque que la plupart d'entre eux résistent mal à l'action nocive de la bile et des sels biliaires. La pneumonie, par exemple, s'accompagne fréquemment d'ictère ; or le pneumocoque est rapidement dissous par la bile. Le spirochète ictéro-hémorragique est fort sensible à l'action de la bile qui gêne ou empêche son développement. Sans avoir le pouvoir de le détruire, la bile entrave la végétation de *B. perfringens*, dont l'action ictérogène est bien mise en évidence par une observation de Widal, Lemierre et Abrami. Au contraire, le bacille typhique, les paratyphiques, le coli-bacille se développent avec la plus grande facilité dans les milieux contenant de la bile. D'un autre côté tous les microbes ictérogènes possèdent une action hémolytique. En libérant le pigment sanguin ils préparent le développement de l'ictère.

On voit par ce rapide exposé que les travaux sur la spirochétose ont complètement transformé nos opinions sur les ictères infectieux et ont ébranlé, sinon renversé, bien des théories qui semblaient solidement assises. Il en est toujours ainsi quand se produit une importante découverte. La connaissance de faits nouveaux suscite une série de nouveaux problèmes. L'histoire des ictères catarrhaux doit être complètement remise à l'étude.

CHAPITRE VI

GLYCOGÉNIE HÉPATIQUE

Le glycogène. — Si l'on épuise par l'eau bouillante le foie d'un animal qui vient d'être sacrifié, on constate, après s'être débarrassé des matières protéiques, que le liquide obtenu renferme divers hydrates de carbone : l'un est identique au glycose et réduit la liqueur cupro-potassique ; un autre est analogue à l'amidon et peut se transformer en glycose, ce qui lui a valu le nom de matière glycogène.

La *matière glycogène* a été découverte en 1857 par Cl. Bernard, qui admit tout d'abord que le foie a le monopole de la glycogénie. Rouget, Colin montrèrent que le glycogène se rencontre dans un grand nombre d'organes et de tissus, ce qui est exact ; mais ils tombèrent dans l'erreur en soutenant que la glycogénie est un phénomène banal, n'ayant aucune importance physiologique.

La distribution du glycogène varie suivant qu'on l'étudie chez l'adulte ou chez le fœtus. Pendant la première moitié de la vie intra-utérine, le foie ne contient pas de sucre. La glycogénie est disséminée dans les diverses portions de l'embryon et dans ses annexes. Chez les ruminants, on voit sur la face interne de l'amnios des plaques atteignant 3 et 4 mm. et renfermant du glycogène ; chez les carnivores, cette matière est localisée à la périphérie du placenta ; chez les rongeurs, elle est représentée par une couche blanchâtre de cellules épithéliales glycogènes, situées entre le placenta maternel et le placenta fœtal ; chez les oiseaux enfin, les cellules du glycogène se trouvent dans la vésicule ombilicale.

Le glycogène apparaît d'abord dans le cœur de l'embryon,

puis dans les tissus épithéliaux de recouvrement : épithélium cutané, surface des muqueuses digestive, respiratoire, génitale, urinaire ; les cellules des conduits excréteurs des glandes en renferment également, alors que les culs-de-sac en sont dépourvus ; à la même époque, on en rencontre dans les fibres musculaires, tandis que les glandes, y compris le foie, n'en contiennent pas.

Vers le milieu de la vie intra-utérine la glycogénie cesse d'être diffuse pour se localiser dans le foie. En même temps, l'eau de l'amnios et l'urine, qui jusque-là étaient sucrées, cessent de l'être. Ces remarquables transformations suivent de très près le développement des îlots de Langerhans. Il y a là une relation embryogénique, mise en évidence par Aron, qui souligne la synergie fonctionnelle du foie et du pancréas, et fait pressentir le rôle des îlots de Langerhans dans la régulation de la glycogénie hépatique.

Au moment de la naissance, le foie est riche en glycogène : chez un nouveau-né de 4 kgr., dont le foie pesait 238 gr., G. Salomon trouva 11 gr. de cette substance. Butte en a décelé dans le foie des chiens nouveau-nés 2 à 3 fois plus que dans le foie des adultes. Chez l'adulte, ce sont, en dehors du foie, les muscles qui en contiennent le plus : la quantité en est variable, mais il semble que la totalité du système musculaire en renferme moitié moins que le foie.

Le glycogène se rencontre encore dans les tissus en voie de formation ou de prolifération. Il est très abondant dans les tumeurs cancéreuses. On en trouve dans les cartilages, les épithéliums ; on peut en déceler dans le rein des diabétiques, comme l'a montré Ehrlich. Rouget en a constaté la présence dans le vagin, l'utérus, la peau où il aurait la même signification que la chitine chez les tuniciers. On l'a encore signalé dans la rate, le pancréas, le cerveau (Pavy) et même dans le sang ; mais, il n'est pas probable qu'il soit dissous dans ce liquide : il se trouve dans les globules blancs.

Ziegler fait remarquer qu'on a souvent considéré, comme de nature amyloïde, des foyers d'infiltration glycogénique.

Il semble donc que le glycogène soit beaucoup plus répandu qu'on ne l'avait cru tout d'abord. Mais, ce résultat n'infirme en rien les idées de Cl. Bernard, et le foie n'en reste pas moins le principal réservoir du glycogène. C'est ce que démontrent les résultats suivants empruntés à Schöndorff. Cet auteur a dosé le glycogène dans les principaux organes de 7 chiens. Voici les chiffres les plus élevés et les plus faibles, ainsi que les moyennes. Les résultats sont rapportés à 100 gr. :

	MAXIMUM	MINIMUM	MOYENNE
Foie.	18,69	4,35	11,615
Muscles. . . .	3,721	0,719	2,054
Intestin. . . .	1,716	0,025	0,858
Os	1,763	0,183	0,842
Peau	1,597	0,085	0,676
Cœur	1,207	0,099	0,492
Cerveau . . .	0,266	0,043	0,201
Sang	0,006	0,001	0,004

Bierry et Mme Gruzewska, dosant le glycogène et les autres hydrates de carbone contenus dans le foie de diverses espèces animales, trouvent les résultats suivants, qui sont rapportés à 100 gr. de tissu frais et sont exprimés en glycose :

	GLYCOGÈNE	AUTRES HYDRATES DE CARBONE
	gr.	gr.
Chien I	5,20	2
Chien II	3,70	1,40
Lapin	12,12	1,32
Poulet	0,78	0,90
Marmotte ($+ 12^0$) . .	3,95	0,29
— ($+ 10^0$) . .	4,20	0

Par comparaison on a pratiqué les mêmes dosages dans les muscles du chien II et on a trouvé 1 gr. 44 de glycogène et seulement 0 gr. 06 d'hydrates de carbone.

Ces résultats sont intéressants. Ils montrent que le foie contient toujours une assez forte proportion de sucre, sauf chez les animaux hibernants. Chez la marmotte dont la température était à 12° il y avait 0,20 de sucre, mais chez celle dont la température était tombée à 10° toute la réserve hydrocarbonée était constituée par du glycogène.

Dans le muscle, le sucre utilisé pendant la contraction provient du sang ; aussi la teneur en glycose est-elle assez faible.

En injectant à des lapins du glycose par la voie sous-cutanée, Lucien et Parisot ont vu augmenter le rapport du poids du foie au poids du corps. Chez les animaux témoins, il oscillait entre $\frac{1}{35}$ et $\frac{1}{30}$. Chez ceux qui recevaient du sucre, il monta à $\frac{1}{29}$ et même à $\frac{1}{11}$. La surchage glycogénique entraîne ainsi une hypertrophie du foie et peut aboutir à des altérations cellulaires analogues à celles qu'on observe dans les intoxications.

PRÉPARATION DU GLYCOGÈNE HÉPATIQUE. — Pour préparer le glycogène, on doit s'efforcer d'arrêter, le plus promptement possible, toute activité cellulaire. Aussitôt l'animal sacrifié, on enlève le foie et on le plonge dans une grande quantité d'eau bouillante, environ 20 fois le volume de l'organe. On le sectionne en lanières dans l'eau bouillante et, après une dizaine de minutes, on prend les morceaux de foie et on les écrase dans un mortier. Le magma obtenu est épuisé par l'eau bouillante, jusqu'à ce que les liquides de lavage restent clairs ; on les réunit, on les concentre et on les filtre. Généralement on se contente de décolorer la liqueur au moyen du noir animal, puis, de précipiter le glycogène par l'alcool et de le laver à l'alcool et à l'éther.

Pflüger a fait avec juste raison la critique de cette méthode. Il a montré que l'extraction du glycogène n'est possible que si l'on a détruit le tissu hépatique par des alcalis caustiques. Il faut pour 20 gr. de tissu employer 90 cmc. d'eau et 10 cmc. d'une lessive de soude à 15 o/o. Le tissu hépatique est complètement dissous sans que le glycogène soit attaqué. Après avoir précipité les alcali-albumines ainsi formé, on transforme le glycogène en glycose et on fait le dosage par les procédés habituels. On constate ainsi que la réserve glycogénique évaluée autrefois à 10 ou 11 gr. pour 1.000 atteint 40 et souvent dépasse ce chiffre.

Lorsqu'on opère sur des fragments d'organe ou lorsqu'on poursuit des recherches sur de petits animaux comme les souris, on peut, suivant le conseil de Policard et Noël, recourir à un procédé néphélométrique, d'après la méthode classique de Frænkel-Garnier. Le foie rapidement pesé, est broyé avec du sable de Fontainebleau, au contact de 50 cmc. d'une solution d'acide trichloracétique à 4 o/o. Après une demi-heure de contact, on centrifuge et la solution claire ainsi obtenue est additionnée de 3 fois son volume d'alcool à 96°. Le liquide devient opalescent. On le compare aussitôt au néphélomètre, avec un liquide témoin préparé en ajoutant 3 fois son volume d'alcool à 96° à une solution à 0,1 o/o de glycogène pur dans l'eau.

On peut encore apprécier la teneur en glycogène par l'examen microscopique, en opérant sur des morceaux de foie, qui ont été plongés dans l'alcool aussitôt après leur prélèvement. Autrefois on se contentait de traiter les coupes par de la gomme contenant du réactif iodo-ioduré. Les masses de glycogène étaient colorées en brun-acajou. Aujourd'hui on colore le glycogène par la créoso-fuchsine à chaud, suivant le procédé de Vastarini-Cresi. Il y a un parallélisme remarquable entre la réaction histologique et le dosage chimique.

Propriétés du glycogène. — Le glycogène, appelé encore amidon animal, zoamyline (Rouget), bernardine (Pavy), hépatine (Pavy), se présente, quand il est bien préparé, sous l'aspect d'une poudre amorphe, blanche, légère, inodore.

C'est une matière colloïde, formant dans l'eau une pseudo-solution opalescente. L'examen à l'ultra-microscope permet de la déceler sous l'aspect de points brillants.

Le glycogène ne traverse pas la membrane du dialyseur et subit le transport électrique : il est entraîné vers le pôle positif.

La solution est fortement dextrogyre : $[\alpha]_v = + 196,57$.

Le glycogène est un isomère de l'amidon ; il a pour formule : $(C^6H^{10}O^5)^n$. Mais on n'a pas encore déterminé exactement sa grosseur moléculaire. Elle est certainement de beaucoup inférieure à celle de l'amidon, mais supérieure à la valeur de 20 attribuée quelquefois à l'exposant n.

Les solutions de glycogène prennent, sous l'influence du réactif iodo-ioduré, une coloration rouge vineux, qui rappelle celle des érythro-dextrines et une teinte brune quand la substance n'est pas pure ; cette coloration disparaît quand on chauffe le liquide, pour reparaître quand on le laisse refroidir.

Le glycogène est précipité par le tanin, la chaux, la baryte, l'acétate basique de plomb ; cette dernière réaction permet de le distinguer de la dextrine. Il précipite par l'alcool. Mais il faut d'autant plus d'alcool pour amener sa précipitation que la préparation est plus pure. Il suffit d'ajouter un peu de chlorure de sodium pour voir un dépôt se produire aussitôt.

Le glycogène ne réduit pas les liqueurs cupro-potassiques. Chauffé avec la potasse caustique, il n'est pas attaqué, mais sa solution perd son opalescence et s'éclaircit, il se rapproche ainsi du glycogène musculaire dont les solutions ne sont pas opalines.

Traité par l'acide azotique concentré, le glycogène donne de la xyloïdine, détonant à 180°.

Ce qui est le plus important au point de vue physiologique, c'est qu'il se transforme facilement en sucre et que, réciproquement, Erwin Voit a réussi à transformer le glycose en glycogène.

Quand on fait bouillir le glycogène pur en présence d'acide sulfurique dilué, ou mieux dans une solution contenant 2 o/o d'acide chlorhydrique, on obtient du glycose. On admet que 97 o/o de glycogène sont transformés en sucre. Il faut multiplier par 0,927 la quantité de sucre fournie par le dosage pour connaître la teneur du liquide en glycogène.

Mme Gatin-Gruzenska met du glycogène en contact avec de l'eau oxygénée à la température de 38°. Il se fait un dégagement de CO^2, en même temps qu'il se forme de la dextrine, du maltose et de l'acide gluconique. Il y a donc à la fois hydratation et oxydation. On sait d'ailleurs que l'eau oxygénée, dans maintes circonstances, donne naissance à des processus d'hydrolyse.

Sous l'influence des ferments amylolytiques, le glycogène se transforme en dextrine, maltose, isomaltose et finalement glycose. Ces transformations successives se font très rapidement. Aussi, les stades intermédiaires passent-ils facilement inaperçus.

Distribution du glycogène dans le foie. — Le glycogène, dont la quantité varie suivant une foule de circonstances que nous indiquerons plus tard, semble également réparti dans les diverses portions du foie ; mais, si l'on étudie chaque lobule, on constate que ce sont les cellules centrales qui en sont le plus chargées ; et, pour chaque cellule, c'est dans la partie qui regarde le centre du lobule que cette matière s'accumule ; il en résulte que, dans un lobule, le glycogène va en diminuant de la périphérie au centre; autrement dit, il semble que le glycogène tende constamment à s'accumuler dans les portions avoisinant les origines des veines sus-hépatiques, d'où il sera, après saccharification, entraîné dans la circulation sanguine.

Cl Bernard, Robin, Schiff pensaient que le glycogène se dépose dans les cellules sous forme de granulations. D'après Arnold, les productions colorables par la safranine et la fuchsine acide, qu'on désigne sous le nom de plasmosomes, sont des granulations de glycogène. Cette substance s'accumulerait ainsi autour des noyaux et contribuerait également aux formations réticulées et fasciculées qui constituent l'appareil mitochondrial.

L'opinion d'Arnold semble contredite par les faits les plus récemment observés. Les expériences de Rathery démontrent que les plasmosomes sont extrèmement abondants chez les lapins dont le foie est totalement ou presque totalement dépourvu de glycogène, à la suite d'une inanition prolongée, complétée parfois par des injections d'adrénaline ou de sulfate de strychnine. D'un autre côté, Launoy a établi que les formations réticulées du prétendu appareil mitochondrial ne s'observent pas sur les morceaux de foie prélevés aussitôt après la mort et convenablement fixés. Ce sont simplement des altérations d'origine autolytique.

On peut donc conclure, comme l'avaient déjà fait Bock, Hoffmann, Ranvier, que le glycogène s'accumule dans le foie à l'état de masses amorphes, en suspension colloïdale. Les plasmosomes semblent en rapport, non avec la formation glycogénique, mais avec la sécrétion biliaire.

Influence du jeûne et de l'alimentation sur la richesse glycogénique du foie. — Sous l'influence du jeûne, le glycogène hépatique diminue et finit même par disparaître. Ce dernier résultat précède de peu la terminaison fatale, et s'observe au bout d'un temps qui varie notablement, suivant l'espèce sur laquelle on opère, et l'état antérieur du sujet.

Chez le lapin, on a constaté parfois que le foie ne contient plus de glycogène, après deux jours d'inanition (Luchsinger); mais généralement cette substance n'a disparu qu'au bout de six ou huit jours. Les résultats sont à peu près semblables chez le cobaye et chez la poule ; chez le pigeon, il suffit de deux à trois jours. Le chien conserve plus longtemps sa réserve glycogénique ; elle n'est épuisée qu'au bout de trois semaines environ.

Les phénomènes varient chez la grenouille, suivant la saison pendant laquelle on l'observe. L'été, sous l'influence de l'inanition, le glycogène disparaît au bout d'un temps qui oscille de deux à trois ou six semaines. L'hiver, le glycogène diminue lentement et fait défaut dans le foie, du troisième au quatrième mois de l'hibernation (Dewevre).

Ces données sur l'influence du jeûne étaient indispensables à connaître, avant d'étudier le rôle des différents aliments, envisagés comme producteurs du glycogène hépatique.

Il est évident que le glycogène se produit aux dépens des aliments. Quelles sont les substances qui lui donnent naissance ?

On a invoqué tour à tour les hydrates de carbone, les protéiques, les graisses. Au premier abord, la solution du problème ne semble pas difficile. Il suffit de faire jeûner un animal ; puis, quand son glycogène est épuisé, de l'alimenter avec la substance dont on veut étudier l'action ; l'examen ultérieur du foie démontrera s'il s'est formé du glycogène.

On a fait bien des objections à cette manière d'opérer. Pflüger fait remarquer que le jeûne ne fait jamais disparaître la totalité du glycogène hépatique et que cette substance diminue dans des proportions très variables, alors que les animaux semblent placés dans des conditions identiques. Il cite l'exemple d'un chien dont le foie, après 20 jours de jeûne, renfermait encore 4,8 o/o de glycogène. Réciproquement, Külz ayant donné à 16 pigeons des rations alimentaires identiques pendant huit jours, les sacrifie et obtient des résultats nullement comparables : chez deux animaux le foie avait perdu son glycogène ; chez les 14 autres la proportion variait de 0,46 à 6,95 o/o.

Cependant Machaïlesco, en opérant sur le chien et en utilisant la méthode de Pfluger, a constaté que parfois le glycogène a disparu au bout de 15 à 20 jours de jeûne. Le plus souvent on en trouve encore après 21 jours, mais seulement à l'état de traces. En règle générale on peut dire que le foie ne contient plus ou presque plus de glycogène quand la perte de poids atteint ou dépasse 40 o/o.

Pour favoriser la disparition du glycogène, on peut provoquer chez l'animal de violentes contractions musculaires, par exemple en le contraignant à un travail fatigant dans un appareil rotatoire ou en le soumettant pendant cinq heures à l'influence de la strychnine. Le glycogène, ou plutôt le sucre qui en dérive, étant utilisé pour les dépenses énergétiques des muscles en fonctionnement, le foie et les muscles perdent leur réserve hydrocarbonée. Cette expérience est délicate ; trop souvent les convulsions strychniques, malgré la respiration artificielle, entraînent la mort de l'animal. Les résultats ne sont pas non plus parfaitement constants : du glycogène peut se reformer aux dépens des réserves contenues dans les divers organes et du glycose que renferme le sang. C'est ce que démontrent les expériences de Frentzel.

Mme Gatin-Gruzewska propose une autre méthode. Aux animaux soumis depuis quelques jours au jeûne, elle injecte dans le péritoine, 1 mgr. d'adrénaline par kilogramme. Le glycogène disparaît à peu près complètement dans ces conditions.

On a pu encore soutenir que certains aliments n'agissent que d'une façon indirecte ; les substances ingérées ne se transformeraient pas en glycogène : elles subviendraient aux besoins de l'organisme en lui permettant de ménager ses réserves. C'est la théorie de l'épargne.

Quelles que soient les objections qu'on puisse faire, il est un résultat qui semble bien démontré : c'est que le glycose reforme du glycogène. Il suffit de faire jeûner un animal et, quand la réserve glycogénique est épuisée ou du moins fort réduite, de lui faire ingérer du sucre ; si on le sacrifie quelques heures plus tard, on trouve dans le foie une forte proportion de glycogène. L'expérience directe démontre que le foie emmagasine réellement le sucre : car l'injection de glycose par une veine périphérique est suivie d'une élimination proportionnelle par l'urine ; la même dose introduite par une branche de la veine porte, reste dans l'économie, ce qui prouve son arrêt par le foie. Mais le résultat ne s'observe que si la solution employée est suffisamment diluée et si elle est injectée avec une certaine lenteur (Cl. Bernard). Les substances que le foie arrête traversent librement la glande, quand elles arrivent en trop forte proportion au contact des cellules. C'est une règle générale, dont nous trouvons ici un premier exemple.

Une démonstration encore plus rigoureuse nous est fournie par Luchsinger et par Grübe, qui ont eu recours à la méthode des circulations artificielles et ont démontré ainsi l'arrêt du glycose et sa transformation en glycogène.

Les expériences de Paulesco sont aussi concluantes. Sur des animaux inanitiés, on prélève un lobe du foie et on y dose le glycogène par la méthode de Pflüger. Puis l'animal est soumis à un régime déterminé. Au bout de quelques jours, on le sacrifie et on dose le glycogène hépatique. En appliquant cette méthode aux différents hydrates de carbone, Paulesco a trouvé les chiffres suivants. Nous reproduisons les moyennes de ses expériences :

GLYCOGÈNE après le jeûne	SUBSTANCE ingérée	GLYCOGÈNE après l'ingestion
0,17	Glycose	3,9
0,02	Saccharose	4,93
0,82	Lactose	4,94
0,26	Maltose	2,69
0,36	Dextrine	3,51
0,48	Amidon	3,99

Par la méthode des circulations artificielles ou par l'introduction des solutions sucrées dans une veine mésaraïque, on a constaté que la plupart des hexoses donnent du glycogène. Le résultat est établi non seulement pour le glucose, mais aussi pour le galactose, le mannose et même le lévulose.

Quel que soit le sucre employé, le glycogène hépatique est semblable et donne toujours du glycose par hydrolyse. Ainsi le lévulose perd son caractère lévogyre, transformation qui paraissait autrefois fort mystérieuse, mais qu'on reproduit assez facilement en dehors de l'organisme. D'ailleurs en faisant des circulations artificielles qu'il prolongeait pendant une heure et demie, Isaac a vu le lévulose disparaître progressivement pour être remplacé par du glycose.

Les disaccharides ne forment du glycogène qu'après avoir été dédoublés dans l'intestin. Le maltose donne, comme on sait, deux molécules de glycose ; le lactose une molécule de glycose et une de galactose ; le saccharose, une molécule de glycose et une de lévulose. Tous ces sucres aboutissent donc à des monosaccharides producteurs de glycogène. En opérant sur des chiens auxquels on avait pratiqué un abouchement de la veine porte dans la veine cave, Drandt a vu que l'utilisation du lactose diminue de 42 o/o et l'utilisation du ga'actose de 79 o/o. La galactosurie peut donc être considérée comme une manifestation de l'insuffisance hépatique.

Les trisaccharides se comportent comme les disaccharides : pour donner du glycogène ils doivent être décomposés et ramenés aux monosaccharides correspondants. Ainsi le raffinose donne dans l'intestin du lévulose et du mélibiose et ce dernier se dédouble à son tour en galactose et glycose.

Parmi les hexosanes, l'amidon est, comme on sait, le plus important. Après avoir été transformé en une série de dextrines, il donne du maltose et finalement deux molécules de glycose. L'inuline donne du lévulose se transformant, comme nous l'avons vu, en glycogène dextrogyre. Le tableau suivant rend compte de ces transformations successives :

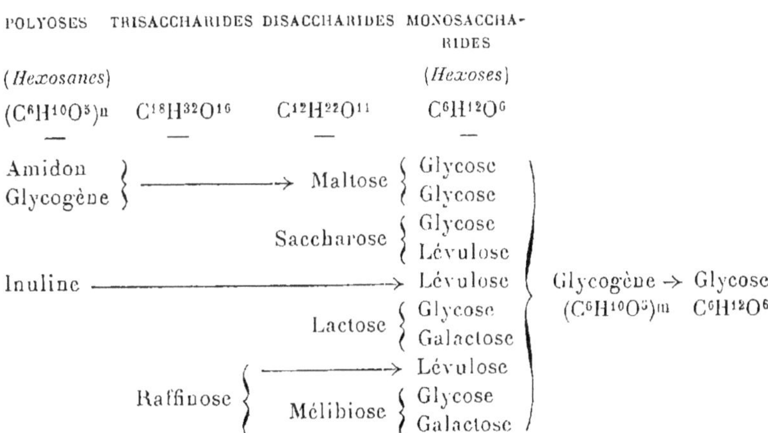

L'organisme semble encore capable d'utiliser certains hexites, comme la mannite $C^6H^{14}O^6$, et même des alcools tétravalents, comme l'érythrite $C^4H^{10}O^4$ et des alcools hexaméthyléniques comme la quercite $C^6H^{10}O^6$ et l'inosite $C^6H^{12}O^6$.

La formation du glycogène aux dépens des pentoses est plus

discutée. Il semble cependant que l'arabinose et le rhamnose donnent du glycogène. Les résultats obtenus avec le l-xylose sont plus douteux.

Il n'y a pas que les hydrates de carbone qui puissent assurer la glycogénie. Cl. Bernard avait constaté que le foie des chiens nourris avec de la viande ou de la gélatine contenait du glycogène. On lui a objecté que la viande renferme une certaine quantité d'hydrates de carbone. Cette critique s'applique à une expérience qui aurait pu sembler démonstrative : des œufs de mouches sont placés sur de la viande ; les larves qui en naissent se nourrissent de ce milieu azoté, et pourtant leur corps renferme une assez grande quantité de glycogène, 10 gr. 42 pour 239 gr. de larves, d'après Kulz.

Wolffberg, Naunyn ont donné à des chiens de la viande dont les hydrates de carbone étaient chassés par une ébullition prolongée : le foie contenait du glycogène. Kulz fit mieux : il employa de la viande ayant macéré 48 heures entre 30° et 38° ; il se servit de fibrine, de caséine, d'albumine du sang ou de l'œuf ; toujours il vit se former du glycogène dans le foie, ce qui vient confirmer l'opinion de Cl. Bernard. Tous ces résultats ont été vivement attaqués par Pflüger. D'après ce savant, les aliments employés contenaient des hydrates de carbone ou bien les albumines qu'ils renfermaient pouvaient abandonner une glycosamine. C'est ce qui est démontré pour le blanc d'œuf, utilisé dans un grand nombre d'expériences. En comparant des grenouilles dont les unes étaient laissées à l'inanition, dont les autres recevaient comme nourriture une caséine chimiquement pure, Schöndorff a constaté que ces dernières augmentaient de poids, mais leur corps ne renfermait pas plus de glycogène que celui des animaux inanitiés. Blumenthal et Wohlgemuth, en utilisant la caséine et la gélatine, arrivent aux mêmes résultats négatifs.

En s'appuyant sur tous ces faits, Pflüger avait conclu que les protéiques ne produisaient du glycogène que s'ils renfermaient un groupement hydrocarboné. Mais à la suite de nouvelles expériences faites sur le chien avec P. Junkersdorf, il est revenu sur son opinion première et a fini par reconnaître que les protéiques sont capables de donner naissance à du glycogène.

C'est la conclusion généralement admise aujourd'hui, qui ressort nettement des expériences de Paulesco. Suivant la méthode que nous avons indiquée à propos des hydrates de carbone, Paulesco prélève un morceau de foie sur un chien inanitié, y dose le glycogène et, plus tard, après avoir donné un régime bien déterminé, sacrifie l'animal et fait un deuxième dosage. Voici quelques-uns des chiffres qu'il a trouvés.

QUANTITÉ DE GLYCOGÈNE *après le jeûne*	SUBSTANCE *ingérée*	QUANTITÉ DE GLYCOGÈNE *après l'alimentation*
0,71	viande	5,15
0,51	gélatine	2,36
0,07	fibrine	1,64
0,35	peptones	0,26
0,58	caséine	0,34
0,37	blanc d'œuf	0,52
0,63	jaune d'œuf	0,57

Il semble, d'après ces résultats, que des aliments complexes sont nécessaires à la reconstitution de la réserve glycogénique. Cependant Lumbroso et Artom ont obtenu du glycogène en faisant passer des amino-acides à travers un foie préparé pour la circulation artificielle. Il n'en résulte pas moins, conformément à une opinion soutenue par Pavy, que la teneur en glycogène est d'autant plus grande que la substance ingérée est plus complexe et que les régimes mixtes valent mieux que les régimes simples.

D'après Paulesco, les matières grasses ne se transforment pas en glycogène. Qu'on emploie des acides gras, oléique ou palmitique, de l'huile d'olive, de cotonnier ou de lin, du suif de bœuf, de la graisse de porc, du beurre frais, les résultats sont toujours négatifs. Au contraire, suivant l'opinion déjà classique, la glycérine donne du glycogène. La quantité s'élève en moyenne de 0,57 à 2,54. L'alcool éthylique est sans influence.

Pour faire admettre la transformation des matières grasses en glycogène, on invoque certains résultats obtenus chez les végétaux et chez les animaux inférieurs. Dès 1859, Sachs a établi que les plantes transforment les matières grasses en amidon et en sucre. En étudiant les chrysalides des papillons, on a vu du glycogène prendre naissance aux dépens des graisses. Chez les animaux hibernants, malgré la persistance des mouvements du cœur et de la respiration, le glycogène diminue à peine, car il s'en produit constamment aux dépens des matières grasses. Cette transformation des graisses en glycogène a été démontrée directement par Seegen, Hildeshein et Leathes, Pflüger. L'adjonction de graisses neutres, de savons, d'acides gras ou de glycérine à de la bouillie hépatique augmente la quantité de glycogène.

Ces divers résultats ne peuvent être acceptés sans réserve. Bouchard et Desgrez soumettent des chiens à un jeûne de 2 à 6 jours; puis, pendant les 2 ou 3 jours suivants, ils leur font ingérer des matières grasses. Ils constatent qu'après le repas, le poids des animaux augmente, ce qui démontre une fixation d'oxygène, qui est en effet indispensable pour la transformation des matières grasses en sucre. Mais, en sacrifiant les animaux, on constate que le glycogène du foie a été en diminuant, comme si l'on avait continué le jeûne, tandis que le glycogène musculaire a augmenté. Il y a là une opposition très curieuse entre les aptitudes glycopexiques des deux grands réservoirs d'hydrates de carbone.

On a pu aussi émettre des doutes sur le rôle de la glycérine. D'après Luchsinger et Heidenhain, cette substance ne serait transformée par l'animal vivant que si elle est introduite par la voie stomacale. Injectée dans le sang, elle serait sans influence sur la glycogène. D'après Ransom, elle agirait simplement en arrêtant la transformation du glycogène en sucre; ce qui le démontrerait, c'est que, dans ces conditions, la piqûre du quatrième ventricule ne produirait plus de glycosurie; cet arrêt des mutations nutritives expliquerait l'accumulation du glycogène dans le foie.

Cependant les travaux les plus récents, ceux de Luthje, Grube, Rorbitschk, G. Bertrand, Bierry et Portier tendent à établir que la glycérine se transforme en dioxyacétone, sucre triose qui est anticétonique et peut, par polymérisation, donner un hexose.

Sucre du foie. — A côté du glycogène, le foie normal renferme une certaine quantité de glycose dont la proportion augmente très rapidement après la mort : au bout de 9 minutes, on en trouve quatre fois plus que normalement ; au bout de 25 minutes, on en trouve douze fois plus. Aussi, pour connaître la richesse en sucre pendant la vie, faut-il opérer le plus vite possible. Dans ces conditions, Cl. Bernard trouve que le foie contient 2 à 3 o/oo de sucre; Dalton, 0,8 à 4,3 ; Seegen, 5 à 6. Mais Pavy donne des chiffres bien plus faibles : 0,2 à 0,6 o/oo et, plus récemment, Girard arrive à un résultat presque semblable, 0,5 o/oo.

Etant donnée la minime quantité de sucre trouvée par les auteurs, étant donnée son augmentation si rapide après la mort, on a pu se demander si sa présence ne constituait pas déjà un phénomène cadavérique ; aussi a-t-on multiplié les expériences et s'est-on efforcé de diminuer le temps nécessaire pour extraire la glande, et la plonger dans l'eau bouillante. Harley inventa même un appareil qui permettait de broyer le foie sur l'animal vivant.

Mais on arrive plus facilement à résoudre le problème, en comparant le sang qui entre dans le foie avec celui qui en sort.

Cl. Bernard, ayant constaté que le sang veineux contient moins de sucre que le sang artériel, fut conduit à rechercher dans quelle partie de l'organisme prend naissance le sucre qui disparaît ainsi dans les capillaires. Il reconnut que le glycose augmente notablement dans la veine cave inférieure, juste après l'embouchure des veines sus-hépatiques. La quantité de sucre ainsi déversée varie peu, tandis que dans la veine porte, la teneur en glycose subit d'incessantes modifications, en rapport avec l'alimentation. Mais, sauf pendant la période digestive, les veines sus-hépatiques contiennent un sang plus sucré que la veine porte; elles continuent même à déverser du sucre, alors que l'animal est en inanition. Ainsi donc, sucre en quantités variables dans la veine porte, en quantité constante et généralement supérieure dans les veines sus-hépatiques, telle est la conclusion à laquelle on est conduit, et qui a pour corollaire un arrêt du sucre dans le foie, un emmagasinement sous une autre forme, une reproduction ultérieure.

Les résultats de Cl. Bernard ont été confirmés par Bleile et par Seegen. Ce dernier trouve dans la veine porte 0,119 o/o de sucre ; dans les veines sus-hépatiques 0,23, c'est-à-dire une quantité presque double. Du reste, le rapport varie suivant le régime : si l'on donne du sucre ou de la dextrine, le sang hépatique ne renferme que 20 o/o de sucre en plus du sang porte ; si l'on administre de la viande et des graisses, il en renferme en plus 90 o/o. Enfin, l'excès de sucre dans les veines hépatiques diminue notablement sous l'influence des anesthésiques et des narcotiques.

Ces conclusions ont été attaquées : Von Mering trouve plus de sucre dans la veine porte que dans les veines hépatiques ; Pavy, Abeles constatent la même quantité dans les deux vaisseaux.

Il est certain qu'une bonne expérience comparative est difficile à réaliser. Deux méthodes principales permettent de recueillir le sang des veines sus-hépatiques : l'une consiste à faire la laparotomie, à attirer le foie et à ponctionner directement une des veines efférentes ; l'autre consiste à introduire une sonde par la veine jugulaire et, à travers l'oreillette, à la faire passer dans la veine cave inférieure, puis, si c'est possible, dans les veines sus-hépatiques ; mais, cette méthode est infidèle, à moins d'ouvrir le ventre et de s'assurer directement du point où a pénétré la sonde.

Dans tous les cas, l'animal n'est plus dans des conditions physiologiques ; le cours du sang est modifié ; le foie est profondément irrité ; les prises de sang altèrent rapidement la constitution de ce liquide, et l'on sait, d'autre part, que les hémorragies retentissent sur la fonction glycogénique ; aussi, conseille-t-on d'opérer simultanément sur les deux veines, ce qui constitue certainement une bonne méthode, mais ne met pas encore l'expérience à l'abri de toute critique.

Les recherches de Abeles font saisir, mieux que tout raisonnement, ces diverses causes d'erreur. Abeles recueille du sang dans la veine sus-hépatique et constate que la première prise de liquide renferme 1,12 à 1,14 o/oo de sucre ; dans les échantillons prélevés ultérieurement, le sucre monte à 1,5 et même à 1,86, ce qui tient à l'irritation du foie. Abeles conclut de ses dosages que normalement le sang qui sort du foie n'est pas plus sucré que celui des autres veines, la jugulaire par exemple. Devant ces critiques, Seegen a repris ses expériences et s'est cru en droit d'en maintenir les conclusions ; il reconnaît toutefois l'exactitude du fait signalé par Abeles et admet que l'introduction d'une sonde dans la veine sus-hépatique entrave la circulation et permet l'accumulation du sucre dans le foie, et même, si on prolonge l'expérience, son reflux dans la veine porte.

En résumé, malgré les objections qui ont été faites, il semble vraiment que le sang qui sort du foie est plus riche en sucre que celui qui y arrive ; le sang se charge donc de glycose en traversant cette glande. Ce qui le prouve encore, c'est le résultat de l'extirpation du foie ; tandis que la quantité de sucre contenue dans le sang veineux général ne varie pas quand on lie la veine porte, elle diminue notablement quand on isole le foie de la circulation : Bock et Hoffmann opèrent sur des lapins et ils trouvent qu'au bout de 3o minutes, le sang, qui renfermait primitivement 0,7 o/oo de sucre, n'en contient que 0,2 ; après 4o minutes il n'en contient plus.

Toutes ces expériences ont permis de conclure que le foie déverse incessamment dans la circulation le sucre qui est détruit dans les tissus. Mais le parenchyme hépatique ne renfermant que des traces de glycose, on a été conduit à supposer que constamment il se produit du sucre dans le foie et que constamment ce sucre est entraîné par la circulation. Voilà comment on fut amené à rechercher aux dépens de quelle substance se forme le sucre.

Origines du sucre hépatique. — Cl. Bernard posa la question et, continuant à comparer la cellule hépatique à la cellule végétale, il admit qu'elle devait transformer en sucre, l'amidon animal ou glycogène qu'elle avait accumulé. Si on prend le foie d'un animal qu'on vient de sacrifier et si on l'abandonne à soi-même, on constate que le sucre augmente en même temps que le glycogène diminue. On peut faire mieux : on fait passer un courant d'eau à travers le réseau capillaire du foie, pour le débarrasser du sang qu'il contient ; l'analyse démontre que ce *foie lavé* ne renferme plus de sucre ; mais, au bout de quelque temps, il en contient de nouveau.

Ces expériences ont été répétées par un grand nombre de physiologistes, qui en ont reconnu la parfaite exactitude. Mais, si les faits sont indiscutables, il n'en est pas de même de leur interprétation : on a pu soutenir que cette production de sucre représente un simple phénomène cadavérique. Pavy se fit le défenseur de cette opinion et il prétendit que le sucre se forme sous l'influence d'un ferment provenant de la dissolution des hématies ; Tiegl pensa que le sang acquiert la propriété de transformer le glycogène quand les globules se détruisent.

A ces objections, on a répondu que la formation du sucre constitue un véritable phénomène physiologique ; on l'arrête, quand on arrête la vie des cellules en plongeant le foie dans l'alcool, dans l'eau bouillante, ou en le plaçant à une température de o°.

Seegen fait remarquer que l'augmentation du sucre se produit surtout dans la première heure qui suit la mort ; ensuite, le sucre augmente lentement, parfois même il diminue ; au bout de 24 heures, l'accroissement est à peine sensible, ou même nul. Quand on plonge les morceaux de foie dans du sang et qu'on fait passer un courant d'air pour en stimuler l'activité, la quantité de sucre s'accroît plus rapidement. En prenant la moyenne de 13 expériences, Seegen trouve chez le chien 2,5 au lieu de 1,9 et chez le lapin 4,5 au lieu de 3, quand le foie a été placé dans les conditions que nous venons d'indiquer.

Si l'on rapproche ces résultats de ceux qu'on a obtenus en étudiant le sang des veines sus-hépatiques, on arrive à conclure que la production du sucre dans le foie représente véritablement un phénomène physiologique, une manifestation de l'activité vitale de la cellule hépatique. Reste à savoir aux dépens de quelle substance ce sucre se produit.

Cl. Bernard admit une transformation du glycogène en glycose ; Lehmann (1848), frappé de voir la fibrine disparaître ou se modifier dans le foie, pensa qu'elle sert à former le sucre ; Seegen, dans une série de travaux, d'ailleurs fort intéressants, soutint que l'origine du sucre doit être cherchée dans les peptones et même dans les matières grasses.

Ces théories n'ont plus qu'un intérêt historique. La conception de Cl. Bernard a triomphé de toutes les critiques : c'est le glycogène qui forme le sucre. S'il en est ainsi, il faut que le premier diminue quand le second augmente. C'est ce qu'avaient cru établir Cl. Bernard, Bœhm et Hoffmann, mais Seegen arrive à des résultats bien différents. D'après cet auteur, le sucre augmente après la mort, mais la quantité de glycogène ne varie pas ; c'est du moins ce qu'on observe chez le chien ; chez le lapin, Seegen reconnaît que le glycogène diminue rapidement, trop rapidement même, car la quantité disparue est supérieure à celle qui aurait été nécessaire à la formation du sucre. Les différences sont encore plus sensibles quand le foie est maintenu dans du sang frais, car le sucre se forme en plus grande quantité et le glycogène résiste encore mieux.

A ces faits on a répondu par d'autres faits ; Boehm et Hoffmann, Chittenden, Girard, Abeles et Panornow, Dastre ont fait de nouvelles analyses et sont arrivés à des résultats bien différents ; ils ont montré que Seegen avait employé des méthodes insuffisantes. Par des procédés très précis, on constate que le glycogène diminue quand le sucre augmente, et les chiffres suivants, empruntés à Girard, suffisent à le démontrer :

PÉRIODES	CHIEN		LAPIN	
	Glycogène	*Sucre*	*Glycogène*	*Sucre*
10 minutes apès la mort	4,05	0,74	10,25	0,65
24 heures »	1,5	3	6,24	4,12
48 heures »	1,38	3,12	5,05	4,20

Cependant une assez forte proportion de glycogène persiste dans le foie des cadavres. Biery et Mme Gruzewska trouvent chez un cheval mort depuis 3 jours : dans les muscles 0,67 de glycogène et 0,8 de divers hydrates de carbone ; dans le foie 2,20 et 2,6.

Girard a fait encore d'autres expériences fort intéressantes ; il a montré qu'un foie dépourvu de glycogène ne donne plus de sucre après la mort ; mais il en fabrique de nouveau si on le met dans une solution de glycogène.

Quant à l'argument tiré de la nature chimique du sucre formé, il nous semble sans valeur. On a dit que le sucre du sang est du glycose, tandis que le glycogène donne surtout du maltose ; mais nous avons montré plus haut que le glycogène, en dehors de l'organisme, se transforme successivement en dextrine, en isomaltose, en maltose et finalement en glycose. Ce sucre est le terme final de la série.

On a longtemps discuté sur le mécanisme mis en œuvre par la cellule hépatique pour transformer le glycogène en glycose. Il est actuellement démontré que le phénomène est sous la dépendance d'un ferment et que celui-ci se trouve, non dans le sang, mais dans la cellule. L'expérience de Cl. Bernard le prouvait, puisque après lavage de l'organe, la saccharification continue. Von Wittich a reconnu que le foie lavé cède à la glycérine un ferment glycogénolytique. Arthus et Huber arrivent à la même conclusion en utilisant un foie lavé par une solution de fluorure de sodium à 1 o/o qui met fin à toute vie cellulaire. Salkowski opère sur un lapin qu'il sacrifie quelques heures après un repas de sucre. Il réduit le foie en pulpe et en fait deux portions. L'une est additionnée d'eau chloroformée, qui arrête toute manifestation vitale ; l'autre est mise à bouillir, puis additionnée de la même quantité d'eau chloroformée. Après un séjour de 68 heures à l'étuve, on trouve que dans le premier échantillon le glycogène a considérablement diminué et que la teneur en sucre atteint 48 gr. ; dans le second le glycogène est fort abondant et la teneur en sucre n'est que de 3 gr. 6.

Le foie saccharifie l'amidon comme le glycogène, mais il transforme plus facilement le glycogène que l'amidon. Les différences sont d'ailleurs assez légères. Borchardt met 5 gr. de foie en contact avec 50 cmc. d'une solution d'amidon ou de glycogène. Il obtient les proportions suivantes de glycose : |

	AMIDON	GLYCOGÈNE
24 heures	54 o/o	66 o/o
48 —	73 —	83 —

La cellule hépatique transformant le glycogène ou l'amidon successivement en dextrine, maltose et glycose, doit renfermer au moins deux ferments, une amylase et une maltase. Les décompositions se font suivant les formules bien connues :

$$(C^6H^{10}O^5)n + xH^2O = xC^{12}H^{22}O^{11} + (C^6H^{10}O^5)n - x$$
$$\text{glycogène} \qquad \text{maltose} \qquad \text{dextrine}$$

$$(C^6H^{10}O^5)n - x + yH^2O = yC^{12}H^{22}O^{11} + (C^6H^{10}O^5)n - (x + y)$$
$$\text{dextrine} \qquad \text{maltose} \qquad \text{dextrine}$$

et ainsi de suite, la grosse molécule colloïdale de glycogène abandonnant successivement des molécules de maltose et laissant des molécules de plus en plus petites de dextrines ayant, comme on sait, des caractères chimiques et physiques différents ; en même temps le maltose est transformé en glycose suivant la réaction chimique extrêmement simple :

$$C^{12}H^{22}O^{11} + H^2O = 2C^6H^{12}O^6$$
$$\text{maltose} \qquad \text{glycose}$$

Mais ces transformations sont reversibles. Les ferments qui par hydratation scindent les molécules colloïdales pour donner du maltose ou pour dédoubler ce sucre, peuvent agir en sens inverse, déshydrater et polymériser glycose et maltose pour aboutir au glycogène. C'est ce qu'on peut représenter schématiquement par l'équation réversible :

$$(C^6H^{10}O^5)n \underset{\longleftarrow}{\rightarrow} + \frac{n}{2} H^2O \underset{\longleftarrow}{\longrightarrow} (C^{12}H^{22}O^{11})^{\frac{n}{2}} \underset{\prec}{\rightarrow} + \frac{n}{2} H^2O \underset{\longleftarrow}{\rightarrow} \frac{n}{}(C^6H^{12}O^6)$$

glycogène   maltose   glycose

La réversibilité des actions fermentatives semble être une loi générale. Les ferments tendent à établir un état d'équilibre entre les différents termes de l'équation. Dans le cas particulier qui nous occupe, quand il y a un excès d'eau ou de glycogène par rapport au glycose, le glycogène subit une dislocation moléculaire et donne du glycose. Réciproquement, quand la proportion de glycose augmente, il se fait du glycogène par déshydratation et condensation moléculaire. Ainsi se trouvent assurées par un mécanisme automatique, la glycogénie et la glycémie.

Si le sucre n'était pas transformé en glycogène, il ne pourrait pas s'accumuler dans le foie. Les molécules relativement petites ne feraient que traverser les cellules. Par suite de la condensation moléculaire qu'il leur fait subir, le foie transforme le glycose, substance cristallisable, en glycogène, substance colloïde. Celle-ci est formée de grosses molécules incapables de diffuser, qui restent enfermées dans les cellules, pour en sortir sous forme de glycose, au fur et à mesure que l'organisme a besoin de sucre, notamment pour ses dépenses énergétiques.

Il est possible qu'à côté du glycogène il y ait des substances protéidiques qui abandonnent du sucre dans le foie. Bierry et Rathery ont développé cette conception et ont rapporté en sa faveur certains faits intéressants. Le rapport $\dfrac{N.\ prot\acute{e}idique}{sucre\ prot\acute{e}idique}$ est beaucoup moins élevé dans le plasma de la veine porte que dans le plasma des veines sus hépatiques. On est ainsi conduit à admettre une élévation du sucre protéidique pendant la traversée du foie.

Variations de la glycogénie hépatique. — Nous avons déjà montré l'influence de l'*alimentation* sur la formation du glycogène dans le foie. Un grand nombre de substances peuvent, quand on les ingère, augmenter la richesse glycogénique : c'est ce que Rœhmann a obtenu avec l'asparagine, le glycocolle, le carbonate d'ammonium ; le lactate d'ammonium a été sans influence.

Le rôle des *alcalins* a donné lieu à des travaux intéressants. Pavy avait prétendu que le bicarbonate de soude faisait disparaître le sucre et le glycogène, ce qui n'a pas été confirmé par Külz ; Rœhmann ne lui attribue que peu d'influence ; Morat et Dufour ont vu que cette substance fait augmenter le glycogène. Du reste Ehrlich avait constaté que le foie de grenouilles plongées dans des solutions sucrées, ne contenait du glycogène que si l'on ajoutait au liquide du bicarbonate de soude.

Le glycogène hépatique diminue ou disparaît dans un grand nombre de conditions. Nous avons déjà étudié l'influence du jeûne ; celle des modifications thermiques n'est pas moins importante.

L'*échauffement* exagère d'abord, pour diminuer ensuite très rapidement, la réserve glycogénique. C'est ce qu'on observe très facilement sur les grenouilles placées dans un aquarium dont l'eau est maintenue à 30°.

Le *refroidissement* fait disparaître le glycogène. Cl. Bernard expose deux cobayes à l'action du froid pendant une heure et demie ; au bout de ce temps, l'un est sacrifié et son foie ne contient pas de glycogène ; l'autre est réchauffé progressivement et le sucre se reproduit.

Le glycogène disparaît encore sous l'influence du *vernissage*, de la *fatigue* ; à la suite d'un *exercice violent*, on n'en trouve ni dans le foie ni dans les muscles (Külz).

Pendant l'*hibernation*, le glycogène persiste longtemps et semble même plus stable que d'habitude. En opérant sur des grenouilles, Dewèvre a reconnu que, dans ces conditions, la piqûre du quatrième ventricule ne produit plus la glycosurie, c'est-à-dire la transformation exagérée du glycogène en sucre. D'après le même auteur, chez les grenouilles en état d'hibernation, le glycogène augmente dans les muscles pendant les premières semaines ; l'animal ne se nourrissant plus, il faut bien admettre que cette substance provient du foie. Plus tard, malgré le repos, le glycogène disparaît du foie, puis des muscles ; dans l'inanition, c'est au contraire le muscle qui tout d'abord cesse d'en contenir.

Parmi les *diverses conditions expérimentales* qui font disparaître le glycogène du foie, nous citerons la ligature de l'artère hépatique (Arthaud et Butte), du canal cholédoque (V. Wittich, Dastre), la section des pneumogastriques au cou (Cl. Bernard), les empoisonnements par l'arsenic, le phosphore, le curare, la strychnine, même quand il ne se produit pas de convulsions (B. Demant).

On s'est demandé aussi ce que devenait la glycogénie hépatique au cours des *maladies*. Cl. Bernard, Bouley avaient constaté que le glycogène diminuait chez les animaux fébricitants, alors même qu'on continuait à les alimenter. Butte examinant le foie d'individus morts de diverses maladies ; a constaté qu'après les hémorragies traumatiques ou puerpérales le foie contient beaucoup de sucre et même de glycogène; chez les tuberculeux, il n'en renferme pas surtout quand les lésions sont anciennes; il n'en contient pas non plus dans l'éclampsie puerpérale.

En étudiant ce qui se passe chez les lapins inoculés avec une culture charbonneuse (**19, 20, 39**), nous avons reconnu que pendant la première période, quand l'animal paraît peu atteint et que sa température est supérieure à la normale, le foie renferme la quantité habituelle de glycogène et le sang la quantité habituelle de sucre. Puis quand les phénomènes graves apparaissent, que la température tombe au-dessous de 37°, le glycogène disparaît rapidement du foie, tandis que le sucre du sang s'élève et que sa proportion peut atteindre 2,2 et même 2,97 o/oo.

PÉRIODE de la maladie	TEMPS ÉCOULÉ depuis l'inoculation	GLYCOGÈNE du foie	GLYCOSE du sang
	48 heures	41,4 o/oo	0,714 o/oo
1re période	24 —	40,8 —	1,07 —
	70 —	21,6 —	0,82 —
	44 —	17,8 —	1,136 —
Transition	33 —	4,9 —	1,56 —
	73 —	traces	1,66 —
2e période	44 —	0	2,245 —
	71 —	0	2,976 —

L'examen histologique ne fait que confirmer les résultats fournis par l'analyse chimique.

Des morceaux de foie fort petits ont été placés dans de l'alcool absolu ; les coupes maintenues dans ce même liquide, ont été montées dans du réactif iòdo-ioduré, rendu sirupeux par de la gomme arabique. Dans ces conditions, les cellules chargées de glycogène sont bourrées de granulations brunes, accumulées pour la plupart autour du noyau. Dans le foie dépourvu de glycogène les cellules sont uniformément jaunes, très granuleuses et le noyau est beaucoup plus nettement visible.

Comme on pouvait le prévoir, c'est aux toxines qu'il faut attribuer les modifications de la glycogénie, Marmier a montré que les poisons solubles produits par la bactéridie provoquent des troubles et des lésions identiques.

Tous les microbes sont loin d'agir de même. En inoculant des cultures de streptocoque à des lapins (**22, 39**), nous avons vu le glycogène diminuer et disparaître quand apparaissent les symptômes graves, après un temps qui varie considérablement suivant la virulence du microbe et la dose injectée. Le résultat est analogue à celui que nous avions obtenu avec le charbon. Mais l'analyse du sang fait constater que le glycose, loin d'augmenter, diminue et peut même disparaître. Voici quelques-uns des chiffres que nous avons trouvés :

TEMPS ÉCOULÉ depuis l'inoculation	TEMPÉRATURE de l'animal	GLYCOGÈNE hépatique	GLYCOSE du sang
48 heures	39°1	Quantité normale	1,604
3 jours	40°	—	1,56
11 jours	39°8	—	1,428
48 heures	40°5	—	1,25
24 —	38°5	Traces	0,931
48 —	38°2	—	0,75
7 jours	37°8	—	0,405
48 heures	38°4	—	traces
31 —	34°9	—	—
8 jours	33°9	0	0

L'examen de ce tableau démontre que les variations de la glycogénie sont en rapport non avec la durée du processus, mais avec son intensité. Quand le microbe est virulent, au bout de 31 heures, le sucre a presque complètement disparu. Comme dans l'infection charbonneuse, l'insuffisance glycogénique est surtout manifeste quand la température organique tombe au-dessous du chiffre normal qui est, chez le lapin, de 39° à 39°5.

On pourrait supposer que la disparition du glycogène et du sucre est liée au développement des microbes qui utiliseraient ces hydrates de carbone. Nous avons constaté, en effet, que la bactéridie charbonneuse attaque le glycogène et consomme le glycose. Mais il ne faut pas généraliser ce résultat. Etienne a montré que le streptocoque, les staphylocoques blanc et doré, le pneumobacille n'attaquent pas le glycogène. Sur quatre échantillons de colibacille, trois transformèrent le glycogène et firent disparaître le sucre qui en provenait en donnant deux fois un dégagement gazeux : le quatrième laissa le glycogène intact. Le bacille typhique se comporte comme la bactéridie charbonneuse : il hydrolyse le glycogène et consomme le sucre ainsi formé.

Les résultats fournis par l'étude du streptocoque démontrent qu'il ne faut pas rattacher les troubles de la glycogénie hépatique et de la glycémie à une fermentation microbienne. Les phénomènes sont plus complexes et relèvent de l'intoxication générale par les produits microbiens ; mais, au moins dans les infections expérimentales, la glycogénie hépatique n'est atteinte qu'à un stade du processus fort avancé, presque terminal ; pendant la période d'état, le foie continue à remplir son rôle protecteur.

Influence du système nerveux sur la glycogénie hépatique. — Tout le monde connaît la célèbre expérience de Cl. Bernard qui, en piquant le plancher du quatrième ventricule, vit se produire une abondante glycosurie. Pour que cet effet ait lieu, il faut que la piqûre porte dans un espace limité : en haut, par une ligne transversale qui suit les deux tubercules de Wenzel ; en bas, par une ligne parallèle à la précédente et passant par les noyaux d'origine des deux vagues.

L'expérience se pratique généralement sur le lapin. Un aide maintenant solidement l'animal, on saisit la tête de la main gauche ; de la main droite on introduit, juste derrière la bosse occipitale supérieure, un petit instrument composé d'une tige aplatie, terminée par une pointe très aiguë ; quand l'os est traversé, on dirige l'instrument obliquement de haut en bas et d'arrière en avant, de façon à lui faire croiser une ligne qui s'étendrait d'un conduit auriculaire à l'autre.

Aussitôt après l'opération, le foie déverse de grandes quantités de sucre et, au bout d'une demi-heure, la glycosurie se produit. Elle persiste pendant quelques heures, un jour ou deux, puis rétrocède et disparaît. Dans bien des cas, elle ne peut plus être reproduite par une nouvelle piqûre. Laffont a donné l'explication de ce dernier fait ; il a montré que le foyer glycogénique est double ; il en existe un de chaque côté de la ligne médiane ; la piqûre détermine d'abord une excitation, puis, du sang s'épanche et peut détruire le centre glycogénique ; dès lors une nouvelle piqûre n'est plus suivie d'une nouvelle excitation et ne produit plus la glycosurie.

Le mécanisme de la glycosurie, consécutive à la piqûre du quatrième ventricule, a été étudié par un grand nombre d'expérimentateurs. Un premier fait est bien établi, c'est que cette glycosurie est due à une modification de la fonction du foie, ou plus exactement à une transformation exagérée du glycogène en sucre. Ce qui le démontre, c'est que la glycosurie ne peut être produite chez la grenouille quand on lui a extirpé le foie ; elle ne s'observe pas non plus chez les animaux dont le foie ne contient plus de glycogène, par exemple à la suite du jeûne, de l'intoxication par l'arsenic ou le phosphore.

D'après von Wittich, la piqûre du quatrième ventricule ne provoque plus de glycosurie chez les animaux auxquels on a pratiqué plusieurs jours auparavant, la ligature du canal cholédoque ; au contraire le glycose passe facilement dans l'urine, après ingestion d'aliments sucrés.

Il n'y a pas que les lésions du bulbe qui puissent produire la glycosurie. On observe le même trouble en excitant diverses parties du système nerveux central, ou divers nerfs centripètes. C'est ainsi qu'on a obtenu la glycosurie en piquant la protubérance, les pédoncules cérébraux, les faisceaux antérieurs de la moelle dans toute leur étendue et même les faisceaux postérieurs (Schiff), le vermis du cervelet (Eckhard), les lobes occipitaux du cerveau (Thiernesse). Il en est de même quand on excite les racines postérieures de la moelle, ou le nerf sciatique (Schiff), le bout central des pneumogastriques (Cl. Bernard, Vulpian), ou du nerf dépresseur de Cyon (Filehne, Laffont). En somme, un grand nombre d'excitations centripètes peuvent aller stimuler le centre bulbaire et déterminer de la glycosurie. A ce point de vue, le rôle des pneumogastriques mérite de nous arrêter.

Si l'on coupe les deux pneumogastriques à la région cervicale, on constate que le sucre diminue dans le foie et finit par disparaître. On pourrait donc supposer que l'excitation bulbaire se transmet au foie par les pneumogastriques; il n'en est rien, car la piqûre du bulbe, après vagotomie double, produit encore la glycosurie. De plus, si on excite le bout périphérique des vagues, on n'empêche pas la disparition du glycogène et on ne le fait pas reparaître s'il a disparu. Au contraire, si on excite leur bout central, on stimule la fonction glycogénique et le sucre apparaît dans l'urine. Cl. Bernard, à qui nous devons tous ces résultats, étudia ensuite les effets de la section des vagues, dans le thorax, au-dessous de l'origine des filets destinés aux poumons : dans ces conditions, la glycogénie n'est pas influencée; ce sont donc les rameaux d'origine pulmonaire qui doivent être incriminés. Ce qui le prouve encore, c'est que l'inhalation de vapeurs irritantes peut déterminer la glycosurie, mais elle ne produit plus cet effet quand les vagues ont été coupés dans la région du cou.

Les pneumogastriques représentent donc, au moins par leurs rameaux pulmonaires, la principale voie centripète dont l'intégrité semble indispensable pour le maintien et la régularisation de la fonction glycogénique du foie.

Les voies centrifuges sont beaucoup plus difficiles à déterminer.

Vulpian a montré que la piqûre du quatrième ventricule amène, en même temps que la glycosurie, une suractivité de la sécrétion biliaire et une congestion du foie. C'est à cette congestion du foie qu'on a attribué tout d'abord la formation exagérée du sucre. L'organe étant plus abondamment irrigué, une plus grande quantité de sucre passe dans le sang. Autrement dit, c'est parce que le foie est lavé que la glycosurie se produit.

La ligature de l'artère mésentérique arrête presque complètement la circulation porte : dès lors la piqûre du quatrième ventricule reste sans effet. Si, au contraire, on oblitère l'artère hépatique, la circulation n'est que peu modifiée et la glycosurie

peut se produire. Enfin l'injection d'une certaine quantité de sang
artériel par les veines intestinales réalise un trouble analogue à
celui que détermine la vaso-dilatation et entraîne également la
glycosurie.

Réciproquement la glycosurie se produit quand la circulation
est accélérée, ce qui a lieu dans les trois conditions suivantes :
a) lorsque les vaso-constricteurs sont paralysés ; *b*) lorsque les
vaso-dilatateurs sont excités ; *c*) lorsque les vaisseaux intestinaux sont dilatés, comme par exemple à la suite de l'excitation
du bout central du nerf de Cyon.

Si l'on tient compte de ce mécanisme multiple on aura l'expli-
tion de bien des faits, en apparence contradictoires, relatés par
les physiologistes.

Un premier point est établi : pour se rendre du bulbe au
foie, les excitations ne cheminent pas suivant les pneumogastriques ; nous avons dit que la section de ces nerfs n'empêche pas
les effets de la piqûre du bulbe et l'excitation de leur bout périphérique n'influence pas la glycogénie hépatique.

Les impressions se propagent tout d'abord par la *moelle*. Les
expériences de Cl. Bernard ont démontré qu'il existe dans la
moelle cervicale un centre favorisant l'accumulation du glycogène.
Si, en effet, on pratique la section de la moelle au-dessus du renflement cervico-brachial, en ayant soin de ménager les phré-
niques, le sucre disparaît du foie, ce qui tient à l'abaissement de
la température organique, mais le glycogène s'y accumule ; si,
au contraire, on coupe la moelle au-dessous du renflement, le
sucre et le glycogène disparaissent en 24 ou 36 heures.

On est ainsi conduit à supposer que les voies centrifuges
doivent quitter la moelle au-dessous du renflement cervico-brachial : c'est ce qui a lieu en effet. Laffont a montré que les impressions cheminent par les *trois premières paires dorsales* ; leur
section empêche la glycosurie que produit l'excitation centripète
des pneumogastriques, tandis que l'excitation de leur bout périphérique congestionne le foie. Les vaso-dilatateurs suivent donc
les racines rachidiennes et, par les *rami communicantes*, se rendent au sympathique.

Mais, le *sympathique* contient surtout des filets vaso-constricteurs ; aussi la paralysie de ce nerf, au-dessus des premières

paires dorsales, produit-elle également la glycosurie, mais par un mécanisme tout différent. C'est de cette façon, croyons-nous, qu'il faut interpréter les expériences des physiologistes qui ont obtenu la glycosurie, en sectionnant le nerf vertébral (F. Franck), en arrachant les ganglions cervicaux ou seulement le dernier ganglion cervical (Cyon et Aladoff), en extirpant le premier ganglion thoracique (Eckhard).

A partir de sa portion thoracique, le sympathique pouvant être considéré comme renfermant à la fois des fibres vaso-constrictives et vaso-dilatatrices, on conçoit la variabilité des résultats obtenus en sectionnant ou en électrisant soit ce nerf, soit le splanchnique.

De Græfe et Schiff ont prétendu que la section du *splanchnique* produit la glycosurie; mais, ce résultat n'a pas été confirmé; le plus souvent, la section du splanchnique ou son électrisation n'influence pas la glycogénie et, d'après Vulpian, ne modifie pas la circulation hépatique. D'un autre côté, Cl. Bernard a constaté que la section de ce nerf empêche la piqûre du quatrième ventricule de produire le diabète, mais ne modifie pas la glycosurie consécutive à une piqûre antérieure. L'extirpation partielle du plexus solaire (Munk et Klebs) ou la section des ganglions semi-lunaires (F. Franck) amène une congestion générale des viscères, qui a pour conséquence l'hyperglycémie et la glycosurie. D'après Rétif, l'extirpation des deux ganglions semi-lunaires entraîne la mort au bout d'un temps qui varie de 24 heures à 7 jours. Les animaux maigrissent, se refroidissent; le sucre du sang tombe à 0,3 et 0,2 o/oo et le glycogène hépatique disparaît.

En énervant les artères mésentériques, on produit une paralysie vaso-motrice, qui aboutit à un lavage plus complet du foie et secondairement au passage du sucre dans l'urine.

Aux expériences qui viennent d'être brièvement rapportées, on en a opposé d'autres qui semblent établir que la cause de la glycosurie réside dans une excitation des cellules hépatiques ou dans une suractivité du ferment glycolytique.

Quand on excite le bout périphérique d'un splanchnique sectionné, on produit de la vaso-constriction et cependant la quantité de sucre contenue dans le sang augmente. Morat et Doyon pratiquent la ligature de l'aorte au-dessus du diaphragme et la ligature de la veine porte. Ils séparent ensuite un lobe hépatique, le privant de toute connexion nerveuse avec la masse du foie. Après avoir excité le bout périphérique du splanchnique ou avoir déterminé une hyperglycémie par asphyxie, c'est-à-dire par un procédé qui agit en excitant le centre bulbaire, ils sacrifient l'animal. Un dosage chimique démontre que, dans la partie isolée, le foie contient plus de glycogène : l'excitation nerveuse, alors que toute circulation était supprimée, a donc favorisé la transformation du glycogène en sucre. Il semble résulter de ces expériences que les excitations nerveuses agissent directement sur les cellules.

Les faits observés restent acquis. Mais leur interprétation subit de fréquentes modifications. Les découvertes successives sur le rôle des diverses glandes dans la production de l'hyperglycémie et de la glycosurie ont eu pour résultat de faire émettre des conceptions nouvelles.

A la suite des travaux démontrant que l'extirpation du pancréas entraîne le passage du sucre dans l'urine, Chauveau et Kaufmann soutinrent que cette glande intervient dans le mécanisme des glycosuries nerveuses. Elle produirait une substance qui agirait sur le foie pour modérer la formation du glycose ; les excitations nerveuses auraient la propriété d'inhiber cette sécrétion interne.

Dans ces dernières années l'attention s'est fixée sur le rôle des capsules surrénales. L'expérimentation sur les animaux et même sur l'homme a établi que leurs produits de secrétion, injectés sous la peau provoquent le passage du sucre dans l'urine. Les excitations nerveuses retentissant facilement sur les capsules surrénales, feraient passer dans le sang un excès d'adrénaline qui expliquerait la glycosurie.

C'est aussi par une action sur les surrénales que certains physiologistes expliquent le développement des glycosuries émotives. Celles-ci se produisent souvent avec une rapidité remarquable. Pour s'en convaincre, il suffit de prendre du sang sur un chien non anesthésié ; la teneur en sucre pourra monter de 5o à 100 0/0. Si l'animal a été endormi les variations ne dépassent pas 0,11 à 0,15. Si on opère sur un animal aux réactions vives comme le chat, on constate souvent que la simple fixation sur une planche suffit à provoquer la glycosurie.

Quelle que soit l'explication qui finisse par triompher, un point est bien démontré : c'est que le système nerveux joue un rôle capital dans l'histoire des glycosuries hépatiques. Tous les nerfs sensitifs constituent des voies centripètes : l'excitation de leur bout central peut produire la glycosurie par action réflexe ; c'est ce qu'on obtient surtout en opérant sur le pneumogastrique ou sur le nerf de Cyon. Le centre est représenté par le bulbe. Les voies centrifuges semblent multiples : les unes sont constituées par la moelle cervicale, les trois premières paires dorsales, le sympathique et le splanchnique; les autres, probablement formées par des fibres vaso-motrices, sont représentées par le nerf vertébral, les ganglions cervicaux, l'anneau de Vieussens, le premier ganglion thoracique et aboutissent, par un chemin plus difficile à déterminer, au plexus solaire.

On voit que, malgré quelques lacunes, les expériences physiologiques ont éclairé d'une façon remarquable le rôle si complexe du système nerveux dans la production des glycosuries d'origine hépatique.

QUANTITÉ DE SUCRE FOURNIE PAR LE FOIE. — Il est assez difficile de déterminer quelle est la quantité de sucre que le foie déverse journellement dans les veines hépatiques.

Seegen et Basch ont calculé que, chez un chien de 10 kgr., il passe par la veine porte 118 centimètres cubes de sang à la minute, soit 144 litres en 24 heures. Admettons ce chiffre, qui est beaucoup trop faible, comme le reconnaissent les auteurs eux-mêmes. Les analyses de Seegen lui ayant montré que le sang se charge de 0,05 à 0,1 o/o de sucre en traversant le foie, l'auteur arrive à conclure que cette glande fournit en 24 heures de 70 à 144 gr. de glycose. Si l'on admet ces résultats et si on les transporte à l'homme, dont le poids est de six à sept fois plus considérable, on voit que la quantité de sucre doit varier de 400 à 1.000 gr.

Elle est en moyenne, semble-t-il, de 350 à 400 gr. Le sucre ainsi produit servira aux divers besoins de l'organisme et notamment sera utilisé par la contraction musculaire.

Glycogénie musculaire. — On a assigné au glycogène musculaire, deux origines : il peut en effet provenir soit du sucre alimentaire, soit du sucre hépatique.

Pour démontrer que le sucre alimentaire peut former du glycogène dans le muscle, on a entrepris un certain nombre d'expériences qui ont donné des résultats fort contradictoires. Külz a injecté du sucre sous la peau de grenouilles dont le foie avait été extirpé et il a vu augmenter le glycogène musculaire. Mais les différences sont légères et semblent dans la limite des erreurs possibles. En effet, Laves, opérant sur des poules et des oies dont il avait extirpé le foie, a constaté que le glycogène diminue rapidement dans les muscles pectoraux, même quand on fait prendre aux animaux 20 à 30 grammes de glycose.

D'autres faits semblent établir que c'est bien le foie qui fournit le sucre nécessaire aux muscles. Si on diminue l'activité des muscles, au moyen des anesthésiques, ou par la section de la moelle, on voit augmenter la quantité du glycogène contenu dans le foie (Nebelthau). Réciproquement, si on augmente l'activité du muscle, on voit diminuer le glycogène hépatique ; c'est ce qu'on observe chez les animaux surmenés ou simplement fatigués. Comme l'a montré Külz, un exercice violent fait disparaître le glycogène des muscles et du foie et, comme l'ont reconnu Chauveau et Kaufmann, quand le muscle se contracte, le foie verse plus abondamment le sucre dans le sang. De même le froid, en activant les combustions, fait diminuer le glycogène hépatique.

Nous arrivons donc à cette conclusion que le foie, en fournissant aux muscles le sucre nécessaire à leur activité, constitue la principale source de la chaleur animale. On sait, en effet, que l'ancienne théorie de Liebig ne peut plus être admise ; les recherches de Pettenkoffer et Voit, de Fick et Wislicenus, de Seegen, de Chauveau et Kaufmann ont démontré que ce n'est pas la combustion des matières azotées qui entretient la chaleur animale ; c'est la combustion du sucre. Dans leurs expériences bien connues, Chauveau et Kaufmann ont constaté que le muscle masséter, quand il se contracte, consomme trois fois plus de sucre que pendant le repos ; les mêmes auteurs ont établi que le glycogène musculaire diminue en même temps : sa quantité tombe de 0,177 à 0,139. Il ne faudrait pas croire cependant que le glycogène musculaire serve à la combustion; il constitue, semble-t-il, une réserve; dans les conditions normales, le muscle use surtout le sucre qui circule; lorsque celui-ci est insuffisant, il s'adresse à sa réserve hydrocarbonée; le déficit est bien vite réparé, car le muscle fatigué fixe une grande quantité de sucre destiné à reformer du glycogène.

Parmi les autres faits relatifs à la glycogénie musculaire et se rapportant à notre sujet, nous signalerons les suivants : pendant le jeûne le glycogène disparaît du foie, avant de disparaître des muscles; l'alimentation rend le glycogène d'abord au foie, puis aux muscles. La ligature des artères diminue la richesse glycogénique des muscles; la section des nerfs l'augmente. Remarquons enfin que, dans l'économie, le glycogène musculaire ne se transforme jamais en sucre, sa destruction est plus rapide et plus complète.

En résumé, le foie étant « le collaborateur indirect des muscles dans l'exécution des mouvements (Chauveau et Kaufmann), joue un rôle capital, non seulement dans les fonctions de relation, mais aussi dans le maintien et la régulation de la chaleur animale. Comme l'a montré Chauveau, chez les animaux inanitiés, la température s'abaisse brusquement quand le glycose a disparu du sang.

Transformations du sucre. — Ce n'est pas seulement dans les muscles, que le glycose est consommé. Il existe dans le sang un ferment glycolytique qui fait disparaître le sucre. Il en existe également dans les sucs obtenus en soumettant des tissus à l'action d'une presse hydraulique : c'est le suc du foie qui agit le plus énergiquement. Les muscles, sauf le myocarde, ont peu d'influence. Le pancréas consomme aussi fort peu de sucre, mais il renferme une substance, rentrant dans le groupe des hormones, qu'on peut retirer de la glande par l'ébullition et qui, ajoutée au suc musculaire, en augmente, dans des proportions notables, le pouvoir glycolytique.

Les transformations que subit le sucre sont assez mal connues. Avant d'arriver aux termes ultimes d'acide carbonique et d'eau, il doit donner une série de corps parmi lesquels on signale parfois l'alcool, et surtout l'acide glycuronique, l'acide oxalique, l'acide lactique. Ce dernier se produit en abondance pendant la contraction musculaire. Le foie possède également la propriété de transformer le glycogène ou le glycose en acide lactique ; mais cette fermentation est réversible et, dans le parenchyme hépatique, l'acide lactique peut reproduire du glycose et du glycogène. C'est ce que démontrent nettement les expériences de Embden et Kraus. Minkowski avait déjà constaté que lorsqu'on extirpait le foie, sur des oies, le sucre du sang disparaissait et de l'acide lactique passait dans l'urine.

Une réaction simple pourrait rendre compte de cette fermentation réversible :

$$C^6H^{12}O^6 \underset{\longleftarrow}{\longrightarrow} 2C^3H^6O^3$$
$$\text{Glycose} \qquad \text{Ac. lactique}$$

Mais les phénomènes semblent plus complexes. On tend à admettre aujourd'hui, comme premier terme de dédoublement, la formation de glycérose, c'est-à-dire d'aldéhyde glycérique, réaction très importante, car elle établit une relation entre les hydrates de carbone et les graisses et doit intervenir à chaque instant dans la synthèse des matières grasses. Le glycérose peut se transformer en acide lactique. Mais en même temps prend naissance une certaine quantité d'aldéhyde pyrotartrique. Ces réactions peuvent être facilement reproduites. Nef en a démontré la réalité en traitant du glycose par les alcalis.

$$CH^2OH.(CHOH)^4.COH = CH^2OH.(CHOH).COH + CH^3.CO.COH + H^2O$$
$$\text{Glycose} \qquad\qquad \text{Glycérose} \qquad\qquad \text{Ald. pyrotartique}$$

et :

$$CH^2OH.(CHOH).COH = CH^3.CHOH.COOH$$
$$\text{Glycérose} \qquad\qquad \text{Acide lactique}$$

Production du sucre en dehors du foie. — Si le foie représente le principal foyer de la glycogénie, quelques expériences tendent à prouver que du sucre peut se former en dehors de cette glande, ou tout au moins alors que cette glande ne contient plus de glycogène. Quinquaud a constaté que des chiens, soumis à une inanition suffisamment prolongée pour que le glycogène ait disparu du foie, continuent, après les hémorragies, à fabriquer de grandes quantités de glycose.

Une remarquable expérience de V. Mering plaide dans le

même sens : cet auteur donne 1 gr. de phloridzine à un chien, l'animal devient glycosurique pendant deux ou trois jours ; au bout de ce temps, le glycogène hépatique est épuisé ; l'animal, qui est laissé à l'inanition, reçoit de nouveau de la phloridzine et de nouveau ses urines contiennent du glycose ; il faut donc admettre que ce sucre s'est formé non plus aux dépens du glycogène, mais probablement aux dépens des matières azotées.

Les Glycosuries d'origine hépatique. — Par sa fonction glycogénique le foie joue un rôle capital dans le métabolisme des hydrates de carbone et dans le développement des glycosuries. Nous avons déjà dit que les glycosuries d'origine nerveuse reconnaissent pour mécanisme un trouble de la circulation hépatique et nous avons montré que beaucoup de glycosuries toxiques sont liées à des modifications de la glycogénie.

A la suite des premiers travaux publiés sur la question, on voulut expliquer toutes les glycosuries par un trouble fonctionnel du foie et on fut conduit à en admettre deux variétés : suivant que la cellule hépatique laissait passer le sucre alimentaire qu'elle aurait dû arrêter ou que, par suite d'une suractivité morbide, elle transformait une trop grande quantité de glycogène en glycose.

Les travaux qui se sont succédé ont singulièrement compliqué le problème. Nous savons aujourd'hui que beaucoup de glandes interviennent pour faire varier la teneur du sang en sucre, pour entraver ou favoriser le passage du sucre dans l'urine.

En l'état actuel de la question, on peut provisoirement admettre sept variétés de glycosuries.

1. Glycosuries alimentaires, survenant à la suite d'une trop forte ingestion d'hydrates de carbone ;

2. Glycosuries digestives, liées aux dyspepsies gastro-intestinales ;

3. Glycosuries hépatiques ;

4. Glycosuries nerveuses ;

5. Glycosuries bradytrophiques, par défaut de consommation du sucre, et devant un jour rentrer dans le groupe des :

6. Glycosuries endocriniennes ;

7. Glycosuries d'origine rénale.

Cette classification est commode, mais elle est loin d'être parfaite, car chaque variété est fort complexe ; presque toujours plusieurs éléments interviennent qu'il n'est pas facile de préciser.

La *glycosurie alimentaire* est trop intimement liée au fonctionnement du foie pour que nous puissions la passer sous silence.

Il faut remarquer tout d'abord que, même à l'état normal, le rein ne s'oppose pas complètement au passage du sucre. L'urine en contient souvent de 0,1 à 0,2 o/oo. Il suffit de modifier le régime, d'augmenter l'ingestion des féculents, pour que la teneur en glycose s'élève, atteigne et dépasse 1 o/oo.

Schœndorff a examiné l'urine de 334 soldats : chez 316 il a trouvé du sucre et, chez 29 d'entre eux, dans une proportion assez forte. Cette fréquence de la glycosurie dans l'armée allemande tient simplement à l'abus des féculents. Chez les civils qui consomment plus de graisse et de viande, la glycosurie est plus rare ; elle n'est décelée que dans 15 o/o des cas et encore est-elle peu marquée.

En opérant sur l'homme normal, Baudouin a reconnu que l'hyperglycémie alimentaire, pour être réelle, est assez légère. Le rapport entre la richesse en sucre avant et après le repas, ne dépasse pas 1,35. Chez les individus atteints d'insuffisance hépatique, il peut s'élever à 2 et même monter au-dessus de 2. La détermination de ce coefficient fournit ainsi des renseignements intéressants sur le fonctionnement du foie.

Pour que la glycosurie alimentaire se produise, il faut, avons-nous dit, ingérer de fortes doses d'hydrates de carbone. Mais il est à peu près impossible de donner des chiffres précis. Bouchard a fait prendre pendant cinq jours à un jeune homme de 17 ans, une dose quotidienne de 600 grammes de sucre : il n'y eut pas de glycosurie. Mais il s'en faut que tous les organismes, même les plus normaux d'apparence, aient un pareil pouvoir d'assimilation. Avec des doses bien plus faibles qui n'atteignent même pas 100 gr., on peut déjà trouver du sucre dans l'urine. En opérant sur des sujets semblant normaux, on constate que la limite d'assimilation oscille entre 50 et 350 gr., c'est-à-dire entre 1 et 5 gr. par kilo.

Le mécanisme de la glycosurie alimentaire est assez complexe : quatre conditions interviennent qui favorisent ou entravent le passage du sucre ; l'absorption intestinale, qui est plus ou moins facile ; — l'action d'arrêt du foie, qui est plus ou moins marquée ; — la consommation par les tissus, qui est plus ou moins intense ; — l'élimination par le rein qui se fait plus ou moins facilement.

Si, par exemple, les boissons fermentées et surtout les vins mousseux favorisent la glycosurie alimentaire, c'est parce que ces boissons agissent sur l'épithélium rénal et y déterminent un trouble passager qui le rend plus perméable au glycose.

L'influence du foie est encore plus importante : dans bien des cas, la glycosurie alimentaire est en rapport avec une incapacité du foie à retenir l'excès de sucre que contient la veine porte.

On se contente le plus souvent de caractériser le sucre par la réduction de la liqueur de Fehling. Il serait intéressant d'en rechercher la nature. Cl. Bernard, opérant sur des chiens auxquels il avait pratiqué la ligature lente de la veine porte, a constaté que l'introduction de saccharose dans une anse intestinale est suivie d'une élimination de sucre interverti. Le lévulose est absorbé en même temps que le glycose et, n'étant plus arrêté et transformé par le foie, passe dans l'urine. Son action sur le plan de polarisation étant plus marquée que celle du glycose, la déviation se produit à gauche. Il faudrait reprendre cette expérience et en vérifier la valeur sur des hommes atteints de cirrhose.

C'est encore à un trouble hépatique qu'on rapporte les *glycosuries dyspeptiques*. Le foie est souvent congestionné, volumineux ; il peut même devenir cirrhotique, comme l'ont établi les recherches de Budd, Hanot et Boix. Il y aurait insuffisance du foie et le sucre alimentaire, pour peu qu'il se trouve en excès, traverserait la glande et s'éliminerait par l'urine.

Ce mécanisme, qui paraît assez probable, n'est pas le seul qu'on puisse invoquer. A côté des glycosuries par insuffisance, on peut admettre des glycosuries par excitation du foie. L'acide sécrété en excès chez les hyperchlorhydriques, les acides de fermentation qui prennent naissance dans le tube digestif des dyspeptiques, peuvent être partiellement absorbés et, passant dans la veine porte, vont activer la transformation du glycogène hépatique en sucre. L'expérience démontre en effet que l'injection d'acides dilués dans une veine de l'intestin est suivie de glycosurie. L'excitation hépatique peut reconnaître une autre cause. D'après

Jardet et Nivière, l'injection de sang artériel dans la veine porte provoque également le passage du sucre dans l'urine. On peut admettre que, chez les dyspeptiques, le travail de la digestion entraîne une congestion anormale de l'intestin ; la circulation devenant plus active, le sang gardera partiellement, après la traversée des capillaires, les caractères du sang artériel.

Les diverses glycosuries dont nous venons de parler relevant en partie d'un trouble hépatique, nous sommes conduit à étudier de plus près le rôle du foie.

Il est classique de diviser les *glycosuries hépatiques* en deux groupes : les *glycosuries par suractivité* du foie, c'est-à-dire par exagération de la sécrétion sucrée ; les *glycosuries par insuffisance*, c'est-à-dire par défaut d'arrêt du sucre. Dans le premier cas, la glycosurie est permanente, en ce sens qu'elle dure tant que dure l'excitation du foie. Dans le second cas elle est intermittente ; elle se produit quand la veine porte est surchargée de sucre, c'est-à-dire qu'elle coïncide avec la période digestive, en un mot elle est alimentaire.

Les glycosuries par suractivité fonctionnelle du foie se divisent elles-mêmes en deux groupes, suivant qu'elles relèvent d'une excitation directe des cellules ou d'une influence nerveuse.

Pour produire des glycosuries par excitation cellulaire, il suffit d'injecter dans un rameau de la veine porte, du ferment amylolytique. On peut utiliser des diastases végétales ou animales ou du suc pancréatique, on peut même pousser l'injection par une veine périphérique, une quantité suffisante de ferment parviendra au foie. Ces résultats sont intéressants, car, en maintes circonstances, du ferment amylolytique est résorbé dans l'intestin et arrive ainsi au contact des cellules hépatiques.

Nombre de substances irritantes, introduites par un rameau de la veine porte, sont également capables d'activer la glycogénolyse et de produire la glycosurie. C'est ce qu'on obtient en utilisant des solutions diluées d'acide ou d'alcool ou en se servant d'éther. Il suffit même de faire ingérer cette dernière substance par l'estomac pour faire apparaître le sucre dans l'urine.

C'est aussi à une excitation des cellules hépatiques qu'il faut rapporter les glycosuries d'origine asphyxique. Les recherches de Reynoso et de Dastre ont établi que, dans l'asphyxie rapide, le sang surchargé d'acide carbonique stimule le foie et produit l'hyperglycémie. L'asphyxie lente amène au contraire une hypoglycémie par épuisement des réserves sucrées.

Les glycosuries, qui se montrent au cours ou à la suite des diverses intoxications, rentrent en partie dans le groupe que nous étudions ; mais, le mécanisme est le plus souvent fort complexe ; il semble que plusieurs facteurs agissent synergiquement pour augmenter la production du sucre ; il est même probable que certains poisons doivent produire la glycosurie par un tout autre procédé, c'est-à-dire en diminuant la consommation du glycose par les tissus. Quand l'inhalation du chloroforme, de l'éther, de l'oxyde de carbone fait apparaître le sucre dans l'urine, quatre procédés peuvent être invoqués : action de ces substances sur les terminaisons intra-pulmonaires des pneumogastriques, diminution de l'activité nutritive des tissus, suractivité du foie, modification des glandes endocrines. Dans l'empoisonnement par la strychnine, le foie joue un rôle capital, puisque la glycosurie ne se produit jamais quand cette glande a été extirpée ou quand elle ne contient plus de glycogène (Langendorff). Le mécanisme semble plus complexe dans le diabète curarique : Schiff, Dastre l'expliquent par l'asphyxie ; mais il peut se produire, paraît-il, après l'extirpation du foie, ce qui rend sa pathogénie très obscure.

Les glycosuries par insuffisance hépatique sont, avons-nous dit, d'origine alimentaire. Elles peuvent aussi se diviser en deux groupes : les unes sont attribuées à une oblitération de la veine porte ou tout au moins à une gêne de la circulation porte, les autres sont dues à une insuffisance des cellules hépatiques.

Quand le sang intestinal est détourné de son cours habituel, quand il arrive dans la circulation générale sans traverser le foie, le sucre se trouve en excès, après les repas, dans le sang artériel et s'élimine par le rein. C'est ce que Cl. Bernard a réalisé en pratiquant la ligature lente de la veine porte et Pavy en abouchant cette veine dans la veine rénale ; dans l'un et l'autre cas, on peut observer une glycosurie alimentaire. Colrat a fait de cette donnée expérimentale une application clinique. Il a montré que chez des malades atteints de cirrhose atrophique on observe fréquemment la glycosurie alimentaire, résultat que l'auteur attribua au trouble de la circulation portale.

Les recherches, déjà anciennes (**3**, **4**, **7**, **14**), que nous avons poursuivies sur la question, tendent à démontrer que la glycosurie n'est pas liée à des modifications circulatoires, mais qu'elle dépend de l'inaptitude des cellules à fixer le glycose. On conçoit ainsi que la glycosurie se produise en dehors de toute entrave circulatoire, dans les cirrhoses sans ascite, dans l'ictère grave, les dégénérescences graisseuse et amyloïde.

Il faut remarquer seulement que la glycosurie peut faire défaut, malgré l'insuffisance hépatique, quand la consommation du sucre par les tissus est augmentée ou que l'excrétion rénale est entravée. Il serait donc intéressant de reprendre la question en étudiant les variations de la teneur du sang en glycose. Nous possédons aujourd'hui des méthodes qui permettent des dosages suffisamment précis avec des quantités de sang tout à fait minimes. On compléterait ainsi les résultats indiqués par Baudouin, d'après qui le taux du sucre contenu dans le sang s'élève de 1 à 1,35 o/oo chez les gens normaux qui ont fait un repas riche en hydrates de carbone, tandis que chez les individus atteints d'affections hépatiques, la proportion atteint et dépasse 2.

En face des glycosuries hépatiques passagères, il faut placer les glycosuries permanentes, c'est-à-dire les diabètes hépatiques. Nous sommes tout naturellement conduits à en admettre deux variétés : l'une est liée à l'insuffisance du foie, c'est le diabète par anhépatie de Gilbert ; l'autre relève d'une suractivité de la glande, c'est le diabète par hyperhépatie. Dans la première variété, la glycosurie est légère ; elle augmente après le repas, diminue ou disparaît dans le jeûne ; elle coïncide avec une diminution de l'urée et, assez souvent, avec une augmentation de l'indican et de l'urobiline dans les urines ; l'opothérapie hépatique amène une notable amélioration ou même une guérison complète. Dans la seconde variété, on observe souvent de la polydypsie et de la polyphagie. L'azotémie est fréquente. La glycosurie est assez élevée ; elle s'exagère après les repas, mais tardivement, au bout de 4 et 5 heures et cette glycosurie alimentaire est non seulement tardive, mais prolongée ; elle peut durer 24 heures. L'opothérapie hépatique, au lieu de diminuer les accidents, accroît souvent l'excrétion du sucre. Si on examine le foie de ces malades, on le trouve assez fréquemment augmenté de volume ; on constate parfois une véritable cirrhose, c'est-à-dire une cirrhose hypertrophique alcoolique et même une cirrhose hypertrophique biliaire.

On rattache souvent à un trouble hépatique les glycosuries dites arthritiques. Ce sont des glycosuries légères ; l'urine renferme de 1 à 20 gr. de sucre ; elle est souvent fort chargée d'urates et d'oxalates, contient un excès d'urée et donne une réaction fortement acide. La glycosurie est intermittente, survenant souvent à l'occasion d'une affection intercurrente, accès d'asthme ou de bronchite sibilante, poussée de furoncles, convalescence d'une infection. Elle alterne quelquefois avec de l'asthme ou de l'eczéma, avec une albuminurie transitoire et surtout avec des accès de goutte. Parmi les diverses manifestations que nous indiquons, plusieurs traduisent un trouble des fonctions hépatiques, mais il faut tenir compte, en même temps, de l'insuffisance glycolytique des tissus, depuis longtemps invoquée par Bouchard et bien mise en évidence par les travaux d'Achard et de Weil.

En exposant le mécanisme mis en œuvre par les excitations du 4e ventricule pour provoquer la glycosurie, nous avons montré la participation du foie à la surproduction du sucre. Les résultats expérimentaux expliquent la fréquence des glycosuries au cours des affections nerveuses les plus diverses.

Les hémorragies cérébrales, les tumeurs du cerveau, celles surtout qui siègent sur le pont de Varole, le cervelet ou le bulbe, s'accompagnent assez souvent de glycosurie. Le même trouble a été signalé dans la paralysie générale, la sclérose en plaques, dans diverses névroses, dans les tumeurs comprimant le pneumogastrique, dans les névralgies faciales. Le mécanisme est toujours le même : excitation nerveuse retentissant sur le foie. Une explication analogue convient aux glycosuries d'origine psychique.

Les injections de solutions concentrées de chlorure de sodium déterminent le passage du sucre dans l'urine. C'est ce qu'on observe en introduisant dans les veines d'un lapin 10 cmc. par kilo d'une solution de NaCl à 10 0/00. Le chlorure de calcium est l'antagoniste du sel sodique. L'action est due à un retentissement sur les centres nerveux, car l'introduction par l'artère vertébrale provoque une glycosurie, que le sel de calcium n'est plus capable d'arrêter. Ces expériences, fort intéressantes, montrent une fois de plus l'antagonisme des sels de sodium et de calcium et font comprendre le mécanisme d'une influence d'apparence humorale.

Le rôle du système nerveux et son action sur le foie sont mis en évidence par les expériences qui ont consisté à faire des injections après section des splanchniques. Dans ces conditions la glycosurie fait défaut.

Les *glycosuries traumatiques* reconnaissent le plus souvent pour point de départ un ébranlement des centres nerveux ou une excitation du foie. Sur 145 cas de glycosurie traumatique, relevés par Jodry, 72 fois la contusion portait sur la tête, 29 fois sur le rachis et dans 12 cas sur le foie.

Par leur retentissement sur le foie, les ébranlements nerveux sont souvent suivis de glycosuries alimentaires, dans plus du tiers des cas, d'après von Jacksch, Strumpell, Strauss.

Le rôle capital attribué au foie dans le développement des glycosuries sembla considérablement diminué, quand les expériences de Minkowski eurent démontré que l'extirpation du pancréas provoque le développement d'un véritable diabète. Les recherches ultérieures firent voir que bien d'autres glandes peuvent intervenir et que les injections d'adrénaline déclenchent également le passage du sucre dans les urines. Or les excitations des centres nerveux retentissent facilement sur les surrénales et amènent une hyperadrénalinémie. De nombreuses expériences ont montré un antagonisme entre l'hormone pancréatique et l'hormone surrénal, représenté par l'adrénaline, de telle sorte que le diabète pancréatique serait un véritable diabète négatif, l'hormone pancréatique ne contrebalançant plus l'action de l'adrénaline. Quel qu'en soit le mécanisme, quel que soit le rôle des capsules surrénales dans la production des glycosuries consécutives à la piqûre du 4ᵉ ventricule, l'intervention du foie n'est pas moins manifeste. L'analyse chimique démontre, dans tous ces cas de glycosurie ou de diabète, la diminution ou la disparition du glycogène.

Si la simple ligature du canal pancréatique n'est pas suivie de glycosurie, elle n'en retentit pas moins sur le fonctionnement du foie ; la glycogénolyse est activée et le taux du glycose dans le sang augmente ; mais la glycosurie ne se produit pas, car le seuil rénal s'élève. Il s'abaisse au contraire après l'extirpation du pancréas. Ainsi l'intervention du rein contribue à expliquer les différences observées dans les deux expériences.

La thyroïde et l'hypophyse interviennent également dans le mécanisme des glycosuries et retentissent aussi sur le foie. Chez les sujets atteints de maladie de Basedow, la glycosurie n'est pas rare ; l'ingestion du sucre est suivie, dans 25 o/o des cas, de glycosurie, et dans 60 o/o d'hyperglycémie.

Réciproquement l'extirpation expérimentale des thyroïdes empêche la glycosurie consécutive à la piqûre du 4ᵉ ventricule. Elle empêche également la glycosurie adrénalinique.

Les glandes parathyroïdes semblent avoir une action inverse de celle de la thyroïde.

On peut admettre, à l'heure actuelle, que les diverses glandes à sécrétion interne qui jouent un rôle dans la glycosurie, influencent la glycolyse dans le sang et les tissus, la glycogénolyse hépatique et la perméabilité rénale. C'est ce que résume le tableau suivant :

	INFLUENCE SUR		
	la glycolyse	*la glycogénolyse hépatique*	*la perméabilité rénale*
Pancréas (1). . .	augmentée	diminuée	augmentée
Surrénales . . .	diminuée	augmentée	diminuée
Thyroïde. . . .	diminuée	augmentée	diminuée
Parathyroïde . .	augmentée		

On a encore rattaché à une intervention du foie la glycosurie des femmes gravides. Cette théorie semble exacte pour les cas où le trouble se développe dans les derniers mois de la grossesse. Le sucre rejeté semble bien être du glycose. Au moment de la lactation, on trouve au contraire du lactose, c'est-à-dire du sucre formé par la glande mammaire elle-même. La lactosurie traduit une abondante formation d'un produit utile.

Le tableau suivant donnera une idée des diverses variétés de glycosuries, de leurs causes et de leur mécanisme. Nous y avons maintenu les glycosuries bradytrophiques, mais il semble d'ores et déjà démontré que les troubles de la nutrition et spécialement la diminution de la glycolyse par le sang et les tissus, est sous la

---

(1) L'effet indiqué est celui qu'on peut attribuer à l'hormone pancréatique. Dans les cas de glycosurie par extirpation du pancréas, les résultats sont inverses, superposables à ceux que produit l'hormone surrénale.

dépendance des sécrétions internes. Les résultats obtenus avec les extraits du pancréas ne laissent aucun doute à cet égard : ajoutés au muscle, ils favorisent la consommation du sucre. D'autres extraits ont une action inverse et les effets antagonistes des diverses sécrétions amènent, suivant qu'ils sont bien ou mal contrebalancés, une utilisation des différentes substances organiques, qui se rapproche ou s'éloigne des limites normales.

Classification des glycosuries

VARIÉTÉS	CAUSES	MÉCANISME
I. *G. alimentaires*	Abus des sucres, des féculents.	Exagération de la glycémie et de la glycosurie normales.
II. *G. digestives* .	Hyperchlorhydrie . . . . Fermentations acides . . .	Troubles hépatiques
III. *G. hépatiques*	G. alimentaire et diabète par anhépatie	Insuffisance hépat.
	G. toxiques avec hyperglycémie. Diabète par hyperhépatie.	Excitat. hépatique.
IV. *G. nerveuses* .	Traumatismes des centres nerveux : aff. cérébro-médullaires ; névroses. Aff. psychiques. Excit. des nerfs périph. (V^e, X^e paires, sciatique).	Excitat. directe ou indirecte des centres bulbo-médullaires.
V. *G. bradytrophiques* . . .	Diabète gras	Hypoglycolyse.
	Diabète maigre	Insuffisance pancréatique.
	G. d'origine duodénale. . .	Id.
	G. des tumeurs pituitaires .	Insuf. de la pituitaire.
VI. *G. endocriniennes* . .	G. thyroïdienne	Excitat. de la thyroïde.
	G. surrénale	Hyperadrénalinémie et hyperglycogénolyse.
	G. gravidique	Insuf. hépatique.
	Lactosurie puerpérale . . .	Activité mammaire.
VII. *G. rénales* .	G. sans hyperglycémie. . .	Abaissement du seuil rénal.

Les diverses glycuries. — Le glycose n'est pas le seul sucre qu'on trouver dans l'urine. On a signalé, à plusieurs reprises, la *lévulosurie*. On répète que le lévulose est plus facilement assimilé que le glycose. Ce n'est pas tout à fait exact. Le chien, s'il en ingère, en rejette la plus grande partie par l'urine. L'homme le tolère mieux, car il est habitué à l'utiliser, l'ingérant avec les fruits ou les légumes contenant du lévulose ou de l'inuline.

Le foie semble jouer un rôle important dans l'élaboration et la transformation du lévulose. Strauss et Sachs ont constaté que les grenouilles privées de foie rejettent le lévulose qu'on introduit dans un de leurs sacs lymphatiques, alors qu'elles supportent et conservent encore une certaine dose de glycose. Strauss propose d'employer le lévulose en ingestion pour déterminer le fonctionnement du foie. Lépine rapporte une observation démonstrative. Une femme qui succomba à un ictère par rétention, n'eut jamais de glycosurie après ingestion de 100 à 150 gr. de glycose, tandis que le lévulose pris à la dose de 80 gr. passait facilement dans l'urine. Ce qui ôte de la valeur à l'épreuve, c'est qu'on a observé plusieurs fois de la lévulosurie alimentaire chez des sujets dont la glande hépatique ne semblait pas touchée.

Chez les diabétiques ordinaires, Rosin et Labaud, Sion, ont fréquemment trouvé du lévulose. Schlesinger donne la proportion de 2 sur 17 et Schwartz de 6 sur 19. Ces résultats ont été critiqués et rejetés par Borchardt. La question mérite d'autant plus d'être reprise que l'usage s'est établi en thérapeutique, de donner aux diabétiques du lévulose pour édulcorer leurs aliments. Le lévulose servirait même à reformer de la matière glycogène.

On a trouvé dans l'urine diverses substances réductrices, plus ou moins voisines du glycose. Ce sont, outre le lévulose, *l'acide glycuronique*, sur lequel nous reviendrons, des *pentoses*, de *l'inosite*, qui est non un sucre, mais un hexa-oxy-héxaméthylène, de *l'acide homogentésique*. Nous ne savons pas encore d'une façon exacte quel est le rôle du foie dans l'élaboration de ces différents corps.

Bien que le *saccharose* ne réduise pas la liqueur de Fehling, il est utile de rappeler que ce sucre passe beaucoup plus fréquemment qu'on ne le croit dans les urines. Mais il ne semble pas que le foie intervienne pour le retenir ou le modifier.

Rôle du foie dans le développement de l'acétonémie. — Tout le monde connaît la fréquence de l'*acétonémie*, dont le type clinique le plus important est représenté par le *coma diabétique*. Trois substances principales interviennent, l'acide acétylacétique, l'acide β-oxybutyrique et l'acétone. Elles dérivent toutes trois de l'acide butyrique et sont unies par des relations assez simples, dont le tableau suivant donnera une idée :

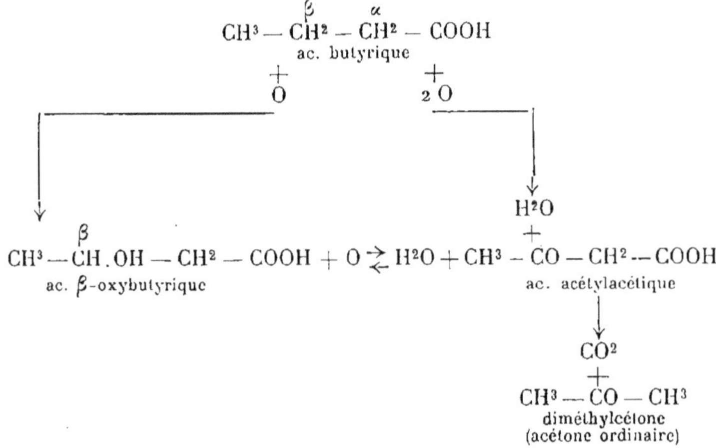

Ces trois corps sont souvent désignés sous le nom de corps cétoniques, expression inexacte en ce qui concerne l'acide β-oxybutyrique, qui renferme une fonction alcoolique (CHOH) et non pas une fonction cétonique (CO).

Wakemann et Dakin, en précipitant des extraits aqueux de foie par le sulfate d'ammoniaque, ont obtenu une β-oxybutyrase, c'est-à-dire un ferment transformant le β-oxybutyrate d'ammonium en acétylacétate. L'acétylacétate ajouté à de la bouillie de foie disparaît facilement, donnant de l'acétone et finalement de l'acide carbonique et de l'eau. Une simple oxydation rend compte de ce dernier processus.

$$CH_3.CO.CH_3 + 8O = 3CO_2 + 3H_2O$$

En faisant des circulations artificielles à travers le foie, on a reconnu que les acides appartenant à la série grasse saturée et ayant pour formule générale $C^nH^{2n}O_2$ sont cétogènes, quand ils possèdent un nombre pair d'atomes de carbone, égal ou supérieur à C^4. Le type du genre est l'acide butyrique $C^4H^8O^2$. Les acides dont les atomes de carbone sont en nombre impair, ne donnent jamais naissance aux corps cétoniques et quelques-uns d'entre eux en entravent la formation.

Les acides non saturés, l'acide oléique par exemple, et les acides à chaîne ramifiée obéissent à la même loi.

Les circulations artificielles à travers le foie ont permis d'étudier les modifications subies par les constituants fondamentaux de la molécule protéique, les acides aminés. Trois seulement sont cétogènes : la leucine, la tyrosine et la phénylalanine. Le glycocolle est indifférent : l'alanine, les acides glutamique et aspartique sont anticétogènes. Ces faits sont intéressants, car ils comportent des indications pour la diététique. Ils sont confirmés par les recherches faites sur l'homme diabétique. Les mêmes substances se sont montrées cétogènes. La leucine, par exemple, a donné la moitié de ce que prévoyait la théorie.

En face des corps cétogènes se placent tout naturellement les corps anticétogènes, dont les plus actifs sont les hydrates de carbone. La clinique a démontré qu'en donnant des féculents, on empêche ou on arrête l'acidose.

Les expériences de circulation artificielle à travers le foie sont absolument concordantes ; la quantité des corps cétoniques prenant naissance dans le foie est en raison inverse de la richesse glycogénique. Autrement dit, les corps cétoniques ne sont amenés à l'état d'acide carbonique et d'eau que si la fonction glycogénique est normale. Comme toujours, la fonction protectrice du foie est liée à sa fonction glycogénique.

Prenons comparativement le foie d'un chien normal et le foie d'un chien rendu diabétique par l'extirpation du pancréas ou par l'injection de phloridzine. Etablissons une circulation artificielle : avec le foie normal, nous obtiendrons au bout d'une heure 12 à 27 milligr. d'acétone ; avec le foie de l'animal glycosurique, nous aurons de 68 à 139 (Embden et Almagia).

En opérant sur des chiens normaux et en leur faisant ingérer 11 gr. d'acide β-oxybutyrique, Magnus-Lévy ne trouve pas dans l'urine de corps cétoniques; en répétant l'expérience sur des **chiens dépancréatés**, il obtient 7 gr. d'acide β-oxybutyrique, o,4 d'acétone et des traces d'acide acétylacétique. Cette expérience qui met bien en évidence l'insuffisance hépatique des animaux dépancréatés, est confirmée par les observations faites sur l'homme. Chez un sujet sain, l'ingestion de 12 à 15 gr. d'acide β-oxybutyrique n'amène l'apparition d'aucun corps nouveau dans l'urine. Si le sujet est à la diète, on trouve de l'acétone et une petite quantité d'acide acétylacétique, mais pas d'acide oxybutyrique. Chez les diabétiques légèrement atteints, les résultats sont analogues, tandis que, dans les formes graves, l'urine élimine des quantités variables des trois corps. De ceux-ci le plus toxique est l'acide β-oxybutyrique et le moins dangereux est l'acétone, substance volatile, qui s'élimine facilement par le rein et par le poumon.

L'acide acétylacétique disparaît rapidement quand on le met en contact avec le sang et les extraits d'organes, donnant de l'acétone et de l'anhydridre carbonique. Le foie remplit ici le principal rôle. Nous avons déjà dit qu'il transforme l'acide β-oxybutyrique en acide acétylacétique. Mais cette action est réversible et, dans quelques cas, le phénomène inverse se produit, ce qui a fait admettre l'existence d'une cétoréductase (Friedmann et Masse).

Tels sont les faits nouveaux, qui ont mis en évidence le rôle du foie dans la formation et la destruction des différents corps qui apparaissent dans l'urine, au cours de l'état morbide bien connu aujourd'hui sous le nom d'acidose. Si ce syndrome s'observe le plus souvent dans le diabète sucré, il n'est pas rare dans les affections du tube digestif. Il existe, comme on sait, un coma dyspeptique comparable au coma diabétique et surtout fréquent dans le cancer de l'estomac. L'urine des dyspeptiques contient souvent de l'acide acétylacétique. Les troubles de l'intestin peuvent avoir une influence analogue ; l'acidose s'observe dans les affections graves, comme l'occlusion intestinale, aussi bien que dans de simples diarrhées. Elle est particulièrement fréquente chez les enfants et complète le syndrome bien connu des vomissements cycliques. Ce qui montre l'intervention du foie, c'est que l'acidose apparaît quand diminue la glycogénie hépatique, sous l'influence du jeûne par exemple. On l'observe également dans les affections profondes du foie, dans l'ictère grave par exemple où son apparition coïncide avec l'augmentation des troubles morbides et la diminution de l'urée (Colombe et Denisot).

Les troubles hépatiques dont sont atteintes les femmes gravides expliquent la fréquence de l'acidose dans la grossesse, surtout quand celle-ci se complique de vomissements répétés ou d'éclampsie.

L'acétonémie s'observe encore dans les affections nerveuses et mentales, dans les infections et les intoxications à retentissement hépatique. Elle se développe assez souvent après l'anesthésie chirurgicale ; ayant examiné les urines de 251 individus qui avaient été endormis au chloroforme, Becker obtint 167 résultats positifs. La narcose à l'éther ou au bromure d'éthyle peut produire le même trouble, mais bien moins souvent.

Le *jeûne* suffit à provoquer l'apparition de corps cétoniques dans l'urine. Les recherches de Marcel Labbé ont montré qu'il s'agit dans ce cas de *cétose* et non d'acidose. Dans le diabète, il y a un rapport étroit entre l'élimination des corps cétoniques, des acides organiques, des amino-acides et de l'ammoniaque. Dans le jeûne, les corps cétoniques évoluent indépendamment des autres facteurs.

CHAPITRE VII

ACTION DU FOIE SUR LES MATIÈRES GRASSES

Les graisses neutres introduites par l'alimentation sont dédoublées par le suc pancréatique en acides gras et glycérine. La séparation n'est que momentanée; elle a pour effet de permettre aux molécules relativement petites qui proviennent des grosses molécules graisseuses de diffuser dans les parois intestinales. Là une combinaison se fait qui reforme les graisses neutres dont la plus grande partie pénètre à l'état de fines gouttelettes émulsionnées dans les chylifères. Ainsi, contrairement aux autres produits de la digestion, les graisses échappent à l'action du foie. Après avoir traversé les ganglions mésentériques qui leur font subir des modifications assez mal connues, elles arrivent par le canal thoracique dans la circulation veineuse. Elles sont déversées dans la veine sous-clavière gauche et passent dans la veine cave supérieure pour aboutir dans le ventricule droit qui les envoie vers les poumons.

Pendant trop longtemps, les poumons ont été considérés comme simplement destinés à assurer les échanges respiratoires, à peine si on les regardait comme des glandes : c'étaient presque de simples membranes perméables aux gaz et laissant diffuser ceux-ci, suivant de simples lois physiques. Nous sommes arrivés aujourd'hui à une conception bien différente. Les échanges gazeux s'accomplissent selon une formule complexe : les lois de la physique, comme l'ont montré les remarquables recherches de Chr. Bohr, sont en défaut; le processus est d'ordre biologique. Mais en même temps, le poumon remplit des fonctions multiples. Il est capable d'arrêter et de transformer par oxydation un grand nombre de substances dont plusieurs, fort toxi-

ques, y perdent une partie de leur action nocive. Il possède également le pouvoir d'arrêter les graisses neutres dont est chargé le
sang veineux et de faire subir à ces graisses une transformation
profonde, non seulement un dédoublement, mais une dislocation
complète des molécules qui perdent leurs propriétés caractéristiques.

Pour mettre en évidence l'action d'arrêt du poumon, nous
avons, avec l'aide de Léon Binet, dosé comparativement la
teneur en graisse du sang artériel et du sang recueilli dans le
cœur droit (**79,81**). La moyenne des analyses, faites suivant la
méthode de Kumagawa, donne 0,468 pour 100 gr. de sang
veineux, et 0,422 pour 100 gr. de sang artériel. La perte est
de 0,046 pour 100 gr., soit 9,8 o/o du chiffre initial. On peut
donc admettre que le poumon exerce une *action lipopexique*
comparable à *l'action glycopexique* du foie. Mais s'il intervient
tout d'abord pour arrêter les graisses absorbés dans l'intestin,
s'il en retient une forte proportion, il en laisse passer une quantité assez élevée dans la circulation artérielle. Ainsi les graisses
reviendront au foie soit par l'artère hépatique, soit par la veine
porte, après avoir cheminé par les capillaires de l'intestin.

Il se fait encore, pendant la période digestive, une pénétration
de graisses neutres dans le système porte ; la proportion, sans
être très élevée, est appréciable. Le foie peut donc exercer une
action lipopexique. Aussi, après un repas riche en graisses, en
trouve-t-on une accumulation dans les cellules situées à la périphérie des lobules. Sur des chiens nourris avec de l'huile de foie
de morue, Frerichs a vu les cellules hépatiques se transformer en
vésicules adipeuses.

Gilbert, Carnot et Jomier ont étudié l'arrêt des graisses en
injectant dans la veine porte de l'huile émulsionnée ou du lait.
Le microscope montre que des gouttelettes s'arrêtent dans les
capillaires, qu'elles sont prises par les cellules endothéliales et les
cellules étoilées et parviennent ensuite dans les cellules hépatiques ; puis, peu à peu, la graisse ainsi introduite diminue ; elle a
disparu au bout d'une dizaine de jours.

Les recherches récentes de Policard et Noël, faites avec des
méthodes très précises, confirment les observations précédentes.
Opérant sur des souris dont on faisait varier le régime, Poli-

card et Noël ont vu qu'une alimentation composée de lard gras amenait dans les cellules hépatiques des accumulations de granulations graisseuses osmioréductrices, colorables par le scarlach et le sudan III. Le dépôt graisseux est nul ou peu marqué après un régime hydro-carboné (sucre de canne) ou protéique (blanc d'œuf cuit).

Il serait intéressant de compléter ces résultats par des analyses chimiques et de rechercher comparativement la teneur en graisses du sang de la veine porte et des veines sus-hépatiques. Drosdoff trouve 5,04 dans la première et 0,84 dans les secondes. En traversant le foie, un litre de sang perdrait 4 gr. 2 de matières grasses, ce qui paraît excessif.

Les graisses dédoublées dans l'intestin ne se recombinent pas en totalité. Une partie des acides gras s'unit à des bases pour former des savons, qui passent dans la veine porte. Le foie les arrête et cette action est d'autant plus importante que les savons sont toxiques. Munck, puis Brothier, expérimentant avec l'oléate de soude ou avec un mélange d'oléate et de palmitate, ont montré que, pour tuer un lapin, il suffit de lui injecter, dans une veine périphérique, o gr. 07 de ces sels par kilogramme ; la pression s'abaisse ; les pulsations augmentent, puis diminuent d'énergie et la mort survient par arrêt respiratoire. Si l'on pratique la respiration artificielle, la dose mortelle est de o gr. 14 ; dans ce cas la mort est due à l'arrêt du cœur en diastole. Chez le chien on obtient les mêmes résultats avec o,25 ou o,3.

Les accidents sont analogues, quand les savons sont introduits par une branche de la veine porte ; seulement, la dose nécessaire à leur production, doit être de deux fois et demie à cinq fois plus considérable. A la suite de ces injections, le sang perd pendant plusieurs heures la propriété de se coaguler ; si l'injection a été poussée par la veine porte, ce qui permet d'introduire des doses énormes, le sang peut rester incoagulable pendant un ou deux jours.

Arrêtés dans le foie, les savons reconstituent des graisses neutres par union avec de la glycérine. On ne sait pas exactement d'où provient cette substance dont on ne trouve que des traces dans le sang. Mais, comme nous l'avons déjà dit, il n'est pas irrationnel de supposer que le glycose fourni par le glycogène hépatique donne de la glycérine, après avoir passé par le stade intermédiaire d'aldéhyde glycérique.

Tous ces résultats permettent de décrire, en face de la fonction glycogénique du foie, une fonction lipopexique. Il y a seulement une différence importante : c'est que la totalité des hydrates de carbone provenant de l'intestin passe par le foie, tandis qu'une partie seulement des graisses est amenée à la glande.

En soumettant le foie à l'action d'une presse hydraulique, Magnus a obtenu un suc capable de dédoubler les graisses neutres. L'action est due à un ferment qu'on peut précipiter par l'acétate d'uranium, et qui provient peut-être du pancréas ; car chez les animaux auxquels on a extirpé cette glande, le suc hépatique est beaucoup moins actif. Quelle qu'en soit l'origine, le ferment lipasique du foie n'agit que s'il est associé à un co-ferment ; les sels biliaires, d'après Lœwenhart, joueraient ce rôle.

La graisse emmagasinée dans le foie semble mobilisée suivant les besoins de l'organisme, par exemple en cas de jeûne ou dans la lutte contre le refroidissement.

Pendant la grossesse et la lactation, on observe des accumulations qui serviront à la formation des graisses contenues dans le lait. Chez les poissons et chez les animaux hibernants, le foie accumule des matières grasses qui assureront la nutrition pendant l'hiver.

A la fin de la gestation, le foie du fœtus est surchargé de graisse et de glycogène. On admet que ces substances sont utilisées pendant les premiers jours de la vie extra-utérine, au moment où cesse l'alimentation par le placenta et où l'alimentation par le tube digestif n'est pas encore bien établie.

Ce ne sont pas seulement les aliments gras qui sont capables d'augmenter la teneur du foie en matières grasses. Chez les volailles soumises à l'engraissement, la quantité de graisse qui se dépose dans le foie est bien supérieure à la quantité ingérée. D'après Boussingault, une oie forme par jour 17 gr. de graisse avec des aliments autres que la graisse. Les recherches de Persoz, Schultz, Soxhlet, Munk, Voit conduisent à la même conclusion. Chez des chiens nourris avec des féculents, Cl. Bernard trouva de grandes quantités de graisse dans le foie, tandis qu'il n'en décelait que de faibles proportions chez les animaux soumis au régime azoté.

Malgré leur concordance, tous ces faits ne peuvent être acceptés sans réserve et leur étude mériterait d'être complètement reprise. D'après Terroine et Jeanne Weill, le tissu conjonctif et les muscles seraient spécialement chargés d'accumuler les graisses. Même dans l'engraissement des volailles le foie s'infiltre moins que le tissu musculaire. Quand on donne aux animaux des graisses étrangères à leur organisme, celles-ci s'accumulent dans le tissu conjonctif; la constitution de ce tissu peut changer, par suite du dépôt des matières alibiles; la constitution du foie reste invariable. Les graisses qui s'y trouvent sont les éléments constitutifs de la cellule.

Faisant comparativement des dosages de graisses dans le foie et les muscles de chiens placés dans les conditions les plus diverses, Terroine et Weill observent de nombreuses variations dans les muscles, tandis que les chiffres fournis par l'analyse du foie sont à peu près constants.

Voici en effet quelques dosages, dont les chiffres sont rapportés à 100 gr. de tissu sec :

	FOIE	MUSCLES
Animaux normaux	10,5	13,8
3 à 26 jours de jeûne.	11	14,3
3 à 18 heures après un repas gras .	11,1	13
Animaux suralimentés	13,4	25

Si le foie ne doit plus être considéré comme un organe servant exclusivement au dépôt des graisses, il n'en joue pas moins un rôle très important dans le métabolisme de ces matières.

Dans un grand nombre de conditions physiologiques et pathologiques, de la graisse est mise en circulation et amenée des tissus vers le foie. Dans le jeûne aussi bien que dans certaines intoxications, celle par le phosphore par exemple, dans les auto-intoxications comme le diabète, les matières grasses sont mobilisées et se trouvent en excès dans le sang. On est ainsi conduit à rechercher quelles modifications le foie leur fait subir.

Les recherches que nous avons faites avec Léon Binet, ont appelé l'attention sur le pouvoir que possèdent le sang et les tissus de détruire complètement les matières grasses, c'est-à-dire de leur faire perdre leurs caractères spécifiques. Nous avions d'abord décrit ce processus sous le nom de lipolyse, par analogie avec la glycolyse. Mais le mot lipolyse étant déjà utilisé pour désigner le dédoublement des graisses neutres, nous n'avons pu triompher de l'usage et nous avons dû créer un mot nouveau. Nous avons dénommé *lipodiérèse* le processus destructeur des matières grasses.

La lipodiérèse est, comme la glycolyse, un processus général ; tous les organes et tissus y prennent part. C'est ce qu'on peut démontrer en prélevant les différents organes d'un chien sacrifié 4 heures après un repas riche en matières grasses. Une partie des organes est immédiatement stérilisée ; une autre est conservée 18 heures à 38° après adjonction d'eau chargée de fluorure de sodium pour éviter la putréfaction. Dans les échantillons ainsi conservés on trouve constamment une diminution de la graisse. Voici quelques chiffres qui donnent des moyennes assez exactes (les chiffres sont rapportés à 100 gr. de tissu frais).

	QUANTITÉ DE GRAISSE			PERTE 0/0
	initiale	*finale*	*perte*	*de graisse*
Foie.	2,51	1,46	1,05	41
Poumon	2,21	1,33	0,88	39
Gangl. mésentériques	12,39	8,3	4,09	34
Pancréas	5,71	3,9	1,81	31
Rein	2	1,38	0,62	31
Rate.	4,43	3,68	0,75	17
Muscles.	2,48	2,18	0,3	12
Cerveau	7,14	6,50	0,64	9

Le foie, comme d'ailleurs le poumon, agit au moyen d'un ferment soluble, *ferment lipodiérétique* ou *lipodiérase*. Pour le préparer on pratique un extrait glycériné, qu'on dilue ensuite avec de l'eau ; on filtre et, dans le liquide ainsi obtenu, on verse successivement du chlorure de calcium et du phosphate de soude. Le précipité qui se forme entraîne le ferment, dont on démontre l'action en le faisant agir sur de l'huile d'olive ou sur une graisse animale. En opérant, par exemple, avec de la graisse de veau nous avons vu la quantité qui était primitivement de 0,751 tomber en 20 heures à 0,516, subissant ainsi une perte de 31 0/0.

Nous avons eu l'occasion de vérifier sur l'homme les résultats que nous avions obtenus sur le chien. Nous avons prélevé sur

le cadavre d'un supplicié, quatre heures après l'exécution, un
morceau de foie et un morceau de poumon. Les dosages que
nous avons faits, avec M. Binet, nous ont donné les chiffres suivants, qui sont rapportés à 100 gr. de tissu frais.

	DOSAGE		PERTE	PERTE
	immédiat	*après 18 h.*		*p. 100 de graisse*
Foie	3,1	2,15	0,99	30,6
Poumon	2,23	2	0,23	10,3

Des deux organes nous avons pu extraire une lipodiérase
active. Celle du foie a été mise en contact avec de l'huile
d'olive : la quantité de graisse est tombée de 0,67 à 0,54, subissant ainsi une perte de 0,13, soit 19,4 p. 100.

L'action lipodiérétique du foie est précédée, semble-t-il, d'une
transformation des acides gras saturés en acides non saturés,
plus facilement oxydables. C'est ce que démontrent les travaux
de Lœw et ceux de Leathes. Les acides palmitique $C^{16}H^{32}O^2$ et
stéarique $C^{18}H^{36}O^2$, appartenant tous deux à la série aliphatique
normale $C^nH^{2n}O^2$, donnent de l'acide oléique $C^{18}H^{34}O^2$ (série
$C^nH^{2n-2}O^2$), puis des acides linoléique $C^{16}H^{32}O^2$ et linoléinique
$C^{18}H^{30}O^2$ (séries $C^nH^{2n-4}O^2$ et $C^nH^{2n-6}O^2$). Hartley a isolé un acide
encore moins saturé, en $C^nH^{2n-8}O^2$, ayant pour formule $C^{20}H^{32}O^2$.
Tous ces acides absorbent facilement l'oxygène de l'air, ce qui
explique pourquoi les graisses du foie s'altèrent si rapidement.
On conçoit ainsi que, dans les cas où les réserves glycogéniques
diminuant l'organisme a recours aux matières grasses, le foie
intervienne pour faciliter leur oxydation.

Un autre processus entre en ligne qui n'est sans doute que le
complément du précédent. Les acides non saturés élaborés par
le foie contribuent à la formation des phosphatides qu'on trouve
en abondance dans cet organe et dont les lécithines sont les
mieux connues. Elles formeraient un chaînon indispensable à la
combustion ; elles constitueraient, suivant l'expression de Lœw,
des machines à brûler les acides gras. A l'appui de cette hypothèse on peut invoquer une expérience de Reicher, qui voit, en
faisant à travers le foie une circulation artificielle avec du sang

chargé de trioléine, augmenter la quantité de cholestérine et de lécithine. D'ailleurs, dans l'engraissement des volailles comme dans l'intoxication phosphorée, la quantité de lécithine contenue dans le foie s'élève considérablement.

Infiltration et dégénérescence graisseuses. — Les travaux que nous venons d'exposer ont modifié nos conceptions sur la stéatose. Jusque dans ces derniers temps, il était classique d'admettre que l'accumulation des graisses dans les cellules hépatiques relève tantôt d'une infiltration, tantôt d'une dégénérescence ; dans le premier cas, il y avait obésité cellulaire et la graisse était censée prendre la place de l'eau ; dans le second, il y avait transformation des protéines protoplasmiques et la graisse remplaçait l'albumine. Voilà la conclusion à laquelle conduisaient les analyses de Perls. C'est dans l'intoxication phosphorée et, à un degré moindre, dans l'intoxication arsenicale qu'on observerait le mieux la dégénérescence.

Les expériences de Baur semblent démontrer que, dans l'intoxication phosphorée, de la graisse prend naissance par transformation des albumines. Ces recherches sont fort intéressantes et paraissent bien conduites, mais elles sont complexes. Les expériences beaucoup plus simples de Kraus et Sommer donnent des résultats différents. Des souris sont divisées en deux lots ; les unes servent de témoins ; les autres sont empoisonnées par le phosphore. En dosant la graisse contenue dans le foie, on trouve de 5,1 à 11,8 chez les premières et de 7,4 à 37,4 o/o chez les secondes. Mais, si on dose la graisse contenue dans la totalité du corps, on trouve 13,8 à 29,3 o/o chez les animaux normaux et seulement 4,13 à 7,2 chez les intoxiqués. Il y a donc diminution de la graisse. Celle-ci est mise en circulation et est en partie arrêtée par certains organes et spécialement par le foie. On s'explique ainsi la surcharge graisseuse du sang observée dans les intoxications et les infections stéatosantes et l'on comprend pourquoi la stéatose débute par les parties périphériques des lobules hépatiques.

En faveur de la même conception, on peut citer les expériences de Rosenfeld et Filiger, montrant que chez les animaux dont les réserves sont épuisées par un long jeûne, la stéatore ne peut plus se produire. Réciproquement, un chien qui aura ingéré de grandes quantités de graisse de mouton, s'il est empoisonné par le phosphore, accumulera dans son foie des graisses ayant le caractère de celles qu'il a mangées et mises en réserve.

En s'appuyant sur toute une série de faits qu'il serait trop long de rapporter, Rosenfeld conclut que la dégénérescence graisseuse n'existe pas, que la transformation de l'albumine en graisse ne peut être démontrée ni sur l'animal vivant ni sur les organes abandonnées à l'autolyse. Il suppose que le foie, dont les réserves glycogéniques sont épuisées, essaye de reconstituer avec de la graisse les hydrates de carbone dont il a besoin. On comprend ainsi l'accumulation de cette substance. Si la cellule hépatique a conservé une vitalité suffisante, une partie de la graisse est utilisée et se transforme en glycogène ; si le processus morbide est plus violent, cette transformation devient impossible et la graisse infiltre le tissu. Cette conception est-elle exacte? Il est difficile de l'affirmer actuellement. Elle semble même en contradiction avec les expériences que nous avons rapportées concernant l'origine des hydrates de carbone. Chez les animaux simplement inanitiés, les graisses ne peuvent servir à reconstituer le glycogène. On peut donc se demander si les graisses ne viennent pas simplement dans le foie pour remplacer le glycogène et y subir les transformations qui les rendront oxydables, mais ces transformations ne se produisent que si la fonction glycogénique n'est pas complètement abolie. Si l'on opère sur des souris à jeun et si on les intoxique avec du phosphore, on constate qu'elles ne détruisent pas plus de graisses que les animaux gardés comme témoins. Mais si en même temps qu'on les soumet à l'intoxication phosphorée, on leur fait prendre des hydrates de carbone, une grande quantité de graisse est détruite et la stéatose est évitée. Shibata, à qui nous devons cette expérience, conclut que les graisses ne peuvent être brûlées qu'au feu des hydrates de carbone.

La stéatose hépatique dans les maladies infectieuses. — Ces considérations préliminaires trouvent une application en pathologie et permettent d'interpréter les résultats fournis par l'analyse chimique du foie chez les malades morts d'infection.

Nous avons fait, avec l'aide de M. Garnier (**35**, **37**, **38**, **39**), un assez grand nombre de recherches, dosant dans le foie : l'eau, la graisse, les albumines obtenues par macération dans l'eau salée, les matières insolubles. Nous transcrivons quelques-uns de nos résultats :

MALADIE	NOMBRE des dosages	EAU	GRAISSE	ALB.	MAT. INSOL.	TOTAL
Homme normal (Bibra)		76,17	2,50	2,40	9,44	90,51
Scarlatine	8	76,29	4,34	2,92	9,29	92,84
Variole pustuleuse	7	74,95	4,44	2,64	11,23	93,26
— hémorragique	4	72,37	8,10	3,06	9,10	92,63
— des enfants	3	72,68	8,30	3,61	11,32	95,91
Erysipèle (adultes)	4	71,12	6,50	2,64	11,31	91,57
Infect. streptococcique	6	75,46	3,35	3,14	11,19	93,14
Erysipèle des nouv-nés.	4	77,15	2,03	3,57	11,32	94,13
Broncho-pneumonie-rubéolique	2	55,89	24,4	2,31	7,52	90,12
Fièvre typhoïde	4	72,9	7,14	2,73	12,45	95,22
Tuberculose aigue	7	75,42	7,05	3,37	11,18	97,02
Diphtérie	6	71,32	8,44	3,01	10,45	93,22

Pour compléter les résultats, nous avons fait des analyses analogues sur des lapins inoculés avec différents microbes. Voici les moyennes obtenues :

MICROBES INOCULÉS	EAU	GRAISSE	ALBM.	MAT. INSOL	TOTAL
Lapin normal	72.69	2,24	2,84	13,07	90,84
Streptocoque	77,55	1,50	4,78	8.72	92,55
Pneumocoque	76,55	1,91	4,09	11,62	94,17
Coli-bacille	76,79	1,85	3,27	13,09	95
Bacille d'Eberth	77,67	1,54	4,28	10,67	94,16
Toxine diphtérique	77,94	5,91	1,66	7,22	92,73

Un premier fait se dégage de tous ces chiffres. L'eau et la graisse subissent des variations en sens opposé chez les hommes et chez les animaux ; le plus souvent, chez les premiers, l'eau diminue et la graisse augmente ; c'est l'inverse chez les seconds. Nous trouvons, en effet, en additionnant nos résultats, que chez l'homme il y eut 37 fois sur 55 diminution de l'eau et

46 fois augmentation de la graisse; chez les animaux, l'eau est constamment augmentée et la graisse a diminué 9 fois sur 11.

C'est que l'infection expérimentale surprend l'animal en pleine santé : l'organisme est capable de réagir ; il en résulte une suractivité des organes et, tout spécialement, du foie, suractivité qui se traduit par une augmentation de l'eau et des albumines et par une diminution de la graisse. Cependant, la toxine diphtérique a provoqué une stéatose marquée, qui traduit l'intensité du processus morbide. L'organisme réagit encore, comme le démontre l'augmentation simultanée de l'eau, mais il réagit mal, comme le prouve la diminution de l'albumine.

Chez l'homme, les phénomènes sont plus complexes. Il faut faire la part de l'infection actuelle et de l'état antérieur du sujet.

Dans la scarlatine, l'interprétation est relativement simple, car les individus atteints sont des sujets jeunes qui, par conséquent, ont peu subi l'influence des causes morbifiques et, notamment, des intoxications. Or, la graisse est constamment augmentée, ce qui traduit une intensité très grande du processus infectieux. Contrairement à ce qu'on aurait pu supposer, ce n'est pas la longue durée de l'infection qui provoque la stéatose, c'est son intensité. Les deux cas où la teneur en graisse a été la plus élevée (7,29 et 7,16 o/o) sont ceux qui ont évolué le plus rapidement en 5 et 6 jours. Réciproquement, un malade mort tardivement, au trentième jour, n'avait que 2,78 o/o de graisse.

L'étude de l'eau conduit à des conclusions analogues. Les deux cas suraigus sont ceux où l'eau avait le plus diminué (73,18 et 75,79) ; sidéré par la virulence des microbes, l'organisme n'avait pu réagir.

Les mêmes réflexions s'appliquent à la variole. Dans cette infection le processus morbide est beaucoup plus intense, aussi la dégénérescence est-elle beaucoup plus marquée. La proportion des graisses est toujours augmentée et peut s'élever à 6,47 dans la variole pustuleuse, à 10,85 et même 20,37 dans la variole hémorragique. Cette stéatose si intense dans cette forme grave de la variole montre, une fois de plus, que la dégénérescence graisseuse est en rapport avec la virulence de l'agent infectieux.

L'étude de l'érysipèle et des infections streptococciques soulève des difficultés d'un autre genre. Nous savons qu'un individu robuste ne meurt presque jamais d'érysipèle. Ceux qui succombent avaient une tare antérieure. Au contraire, les infections streptococciques que nous avons étudiées peuvent par elles-mêmes entraîner la terminaison fatale. Or, dans l'érysipèle, la quantité d'eau est toujours inférieure à ce qu'elle doit être normalement, tandis que la teneur en graisse est toujours plus élevée. Nous pouvons donc conclure qu'il y a insuffisance hépatique et impossibilité des réactions nécessaires. Dans les infections streptococciques, au contraire, la teneur en eau est supérieure à la normale et la teneur en graisse inférieure.

L'analyse du foie des nouveau-nés donne des chiffres comparables à ceux qu'on obtient chez les adultes atteints, non d'érysipèle, mais d'infections streptococciques. Le résultat s'explique aisément. L'érysipèle du nouveau-né est grave, soit que le microbe trouve dans les tissus et les humeurs des jeunes sujets un terrain particulièrement propice à son développement, soit que, à cette période de la vie, l'organisme ait une sensibilité spéciale aux toxines streptococciques.

Ces divers résultats portent à penser que, si le foie est profondément altéré dans l'érysipèle de l'adulte, c'est qu'il était déjà lésé. En se basant sur les résultats fournis par les analyses faites sur les nouveau-nés et les malades atteints d'infections streptococciques, on peut conclure que le foie agit sur la marche de l'infection bien plus qu'il n'en reçoit l'influence.

La forte proportion de graisse dans les broncho-pneumonies rubéoliques est probablement en rapport avec les troubles fonctionnels du poumon plutôt qu'avec l'intoxication microbienne ; elle relève vraisemblablement d'une insuffisance lipodiérétique.

Ainsi, par le dosage de l'eau et de la graisse on mesure la valeur fonctionnelle des organes. L'analyse chimique est bien supérieure à l'analyse histologique, car elle porte sur une assez forte proportion des parenchymes et fournit des chiffres précis, facilement comparables. Elle montre que les organes, capables de réagir, subissent des modifications qui les rapprochent de ce qui existait à une période moins avancée de la vie. A ce moment l'eau est bien plus abondante. Chez un lapereau de

1.000 gr. le foie renferme environ 78 o/o d'eau ; chez un lapin adulte, dont le poids dépasse 2.000 gr., la proportion tombe à 70 o/o.

En se basant sur ces résultats et en les rapprochant des constatations faites sur d'autres tissus, comme la moelle des os, on peut conclure que l'infection tend à provoquer dans l'organisme deux ordres de modifications chimiques : une dégénérescence graisseuse en rapport avec la virulence de l'agent pathogène et traduisant chimiquement l'insuffisance fonctionnelle de la cellule ; une augmentation de l'eau, phénomène réactionnel en rapport avec la suractivité de l'organe. Cette augmentation de l'eau traduit une sorte de rajeunissement de l'organisme : elle indique le réveil d'une énergie fonctionnelle qui avait diminué avec l'âge.

———

CHAPITRE VIII

ACTION DU FOIE SUR LES MATIÈRES PROTÉIQUES ET LEURS DÉRIVÉS

Action sur les protéines. — Les *matières protéiques* introduites dans le tube digestif subissent de profondes modifications qui les rendent absorbables ; elles pénètrent dans les veines mésaraïques et, avant de se déverser dans la circulation générale, elles traversent le foie. Cet organe les laissera-t-il passer sans les modifier, ou leur fera-t-il subir des transformations analogues à celles qu'il impose aux hydrates de carbone ?

Cl. Bernard s'est posé la question et a conclu à l'intervention du foie ; il a injecté de *l'albumine d'œuf* dans la veine jugulaire d'un lapin et l'a retrouvée dans l'urine ; il a refait l'expérience en introduisant la substance par la veine porte et n'en a plus constaté la présence dans ce liquide ; « le passage par le tissu du foie, dit-il, suffit pour opérer cette modification, nécessaire à l'assimilation de la matière albumineuse ».

En opérant avec la *caséine*, Bouchard a observé un fait analogue : l'injection dans la veine jugulaire est suivie d'une excrétion de caséine et d'albumine par l'urine ; l'injection dans la veine porte donne lieu à l'élimination d'une certaine quantité d'albumine, mais la caséine ne passe pas dans l'urine ; elle s'est transformée dans le foie en une albumine, albumine imparfaite, puisqu'elle n'est pas restée dans l'organisme.

Pour intéressantes qu'elles soient, ces expériences ne suffisent pas à trancher le problème, les matières protéiques ne s'absorbant qu'après avoir subi de profondes modifications. Elles démontrent cependant que le foie est capable d'arrêter des albumines, de les emmagasiner et, probablement, de les utiliser. C'est ce qui a été établi par des recherches plus récentes. Tichmeneff soumet des souris blanches à un jeûne prolongé, puis il leur donne une nourriture riche en matières protéiques ; il constate que le poids du foie augmente de 20 o/o. Le taux de l'azote s'élève de 53 à 78 o/o.

L'accumulation des protéiques peut être démontrée au microscope. Berg observe des amas de gouttelettes, donnant les réactions caractéristiques des albumines, dans le foie des animaux qui ont fait des repas de viande. On ne voit rien de semblable après l'ingestion des hydrates de carbone ou des graisses. Policard et Noël confirment ce résultat et, chez des souris nourries avec de l'albumine (blanc d'œuf cuit), constatent de nombreuses granulations colorées par l'hématoxyline ferrique et dérivant des chondriocontes ; il n'y a pas de graisse intracellulaire et la quantité de glycogène est minime.

L'hydrolyse des matières protéiques dans le tube digestif aboutit à la formation de peptones et d'acides aminés.

L'expérience démontrant qu'une certaine quantité d'azote disparaît dans l'estomac, on est conduit à supposer que des peptones ou des albumoses pénètrent normalement dans l'organisme ; or le foie semble capable d'arrêter ces substances et de les transformer (5). Si on fait une injection de peptone par une branche de la veine porte, on ne trouve dans l'urine ni peptone, ni albumine ; si l'injection est pratiquée par une veine périphérique, il se produit de la peptonurie et de l'albuminurie ; une partie de la peptone peut donc se transformer, en dehors du foie, en une albumine qui n'est pas utilisable.

Ces résultats, qui expliquent fort bien la fréquence des peptonuries au cours des affections hépatiques, ne peuvent être admis sans réserve. Ils sont contredits par les recherches de Boulengier, Denaeyer, Devos. Il est vrai que Plosz et Gyergyai ont constaté, au moyen de circulations artificielles, que les peptones se transforment en traversant certaines glandes, parmi lesquelles le foie tient la première place. Les travaux récents d'Abderhalden tendent à démontrer que les sucs obtenus par l'expression des muscles, du foie et du thymus renferment des peptases spécifiques qui attaquent exclusivement les peptones provenant des organes ou tissus similaires. Seul le suc du rein attaquerait toutes les peptones.

Ces faits un peu contradictoires demandent de nouvelles recherches. La méthode des circulations artificielles permettra vraisemblablement d'élucider le problème ; il faudrait reprendre toute la question en étudiant les divers stades de la transformation physiologique des albumines.

Action sur les acides aminés. — Depuis que nous possédons des données précises sur les transformations des matières protéiques, depuis que nous savons qu'après avoir subi l'action de l'érepsine intestinale, elles sont absorbées à l'état d'acides aminés ou de peptides assez simples, une voie nouvelle s'est trouvée ouverte aux recherches. Les travaux publiés sur le sort réservé aux acides aminés qui traversent le foie sont assez nombreux et nous permettent de suivre certains processus fort complexes de la chimie cellulaire.

Un premier fait est établi : le foie peut désaminer certains amino-acides. C'est ce qu'on a constaté par la méthode des circulations artificielles. Trois amino-acides, non des moins importants, la leucine, la tyrosine, la phénylalanine, perdent leur groupement basique et abandonnent ainsi de l'ammoniaque. La théorie fait prévoir que le radical, restant après cette amputation, peut donner par hydrolyse un acide-alcool et par oxydation un acide α-cétonique. L'expérience établit que les deux réactions se produisent dans le foie. Mais l'acide-alcool est peu important ; c'est presque totalement en un acide α-cétonique que l'amino-acide se transforme.

Les formules suivantes permettront de comprendre ces modifications qui sont assez simples. Prenons, par exemple, la phénylalanine, nous aurons :

$$C^6H^5{-}CH^2{-}CH.NH^2{-}COOH + H^2O = C^6H^5{-}CH^2{-}CHOH{-}COOH + NH^3$$
Phénylalanine   Ac. phényllactique
(acide-alcool)

$$C^6H^5{-}CH^2{-}CH.NH^2{-}COOH + O = C^6H^5{-}CH^2{-}CO{-}COOH + NH^3$$
Ac. phénylpyruvique
(acide α-cétonique)

On a de même avec la tyrosine :

$$OH.C^6H^4{-}CH^2{-}CH.NH^2{-}COOH + O = OH.C^6H^4{-}CH^2{-}CO{-}COOH + NH^3$$
Oxyphénylalanine (tyrosine)   Ac. oxyphénylpyruvique
(acide α-cétonique)

Par une réaction analogue, l'acide phényl-amino-acétique donne dans le foie de l'acide phénylglyoxylique :

$$C^6H^5 - CH.NH^2 - COOH + O = C^6H^5 - CO - COOH + NH^3$$

Ac. phénylamino-acétique   Ac. phénylglyoxylique
(acide α-cétonique)

La transformation obtenue avec la leucine est semblable. C'est encore une désamination avec formation d'un acide α-cétonique :

$$\left.\begin{array}{c}CH^3 \\ CH^3\end{array}\right\rangle CH - CH^2 - CH.NH^2 - COOH + O$$

$$= \left.\begin{array}{c}CH^3 \\ CH^3\end{array}\right\rangle CH - CH^2 - CO - COOH + NH^3$$

L'ammoniaque donne de l'urée ; les acides α-cétoniques subissent une série de transformations qui les amènent finalement, après plusieurs stades intermédiaires, à l'état d'acide butyrique.

Les réactions sont assez simples, si nous partons de l'acide α-cétonique provenant de la leucine :

$$\left.\begin{array}{c}CH^3 \\ CH^3\end{array}\right\rangle CH - CH^2 - CO - COOH + O = \left.\begin{array}{c}CH^3 \\ CH^3\end{array}\right\rangle CH - CH^2 - COOH + CO^2$$

Acide iso-valérique

$$\left.\begin{array}{c}CH^3 \\ CH^3\end{array}\right\rangle CH - CH^2 - COOH + 3O = CH^3 - CH^2 - CH^2 - COOH + CO^2 + H^2O$$

Ac. butyrique

Ainsi une première oxydation portant sur la formation cétonique donne de l'acide isovalérique, puis une oxydation nouvelle fait tomber un maillon carboné pour aboutir à l'acide butyrique.

Avec les corps phényliques, les transformations sont plus complexes. L'acide phénylpyruvique se transforme en acide oxyphénylpyruvique et celui-ci arrive progressivement à l'état d'acide homogentisinique.

$$OH.C^6H^4 - CH^2 - CO - COOH + O = (OH)^2.C^6H^3 - CH^2 - CO - COOH.$$

ac. oxyphénylpyruvique   ac. hydroquinone pyruvique

$$(OH)^2.C^6H^3 - CH^2 - CO - COOH + O = (OH)^2 - C^6H^3 - CH^2 - COOH + CO^2$$

ac. hydroquinone-acétique
ou homogentisinique

L'acide homogentisinique est intéressant ; car, au cours de certains états pathologiques, il passe dans l'urine et lui confère la propriété de réduire la liqueur de Fehling. Si on abandonne l'urine après l'avoir alcalinisée par quelques gouttes de lessive de soude ou de potasse, on la voit brunir rapidement. Cette transformation caractéristique a été décrite par Bädecker en 1859 et attribuée par lui à la présence d'un corps qu'il désigna sous le nom d'alcaptone, d'où le terme d'alcaptonurie pour caractériser cet état pathologique.

Dans les conditions normales, l'acide homogentisinique est transformé. Il y a rupture du noyau benzinique et, après plusieurs états intermédiaires, apparition d'acide butyrique.

Aux divers stades de ces modifications successives, le foie peut intervenir pour restaurer l'édifice en voie de destruction et reconstituer par synthèse les amino-acides. Embden et Schmitz font des circulations artificielles avec du sang chargé des acides α-cétoniques provenant de la désamination de la tyrosine, de la phénylalanine ou de la leucine. Le foie reconstitue ces corps. Ainsi le processus se complique : comme toujours les actions fermentatives sont réversibles : les agents de dédoublement sont capables d'opérer des synthèses.

Les acides aminés à chaîne normale renferment les maillons carbonés en nombre impair. Leur oxydation aboutit, avons-nous dit, à la formation d'acides α-cétoniques. Au cours des transformations que nous avons indiquées, un des maillons tombe et ceux qui restent se trouvent en nombre pair. Tel est, pour ne citer que le plus important, l'acide butyrique. Ce résultat a un intérêt considérable. Nous savons, en effet, que les acides gras dont les maillons carbonés sont en nombre pair, subissent une oxydation du maillon β et finissent par donner des corps cétoniques, acide acétyl-acétique et acétone. Mais à côté des acides cétoniques, les acides aminés peuvent, avons-nous dit, donner naissance à des acides alcools, l'acide lactique par exemple. Or de même qu'il peut refaire des acides aminés avec l'acide pyruvique (acide α-cétonique), le foie est capable d'accomplir la même synthèse quand on met en présence de l'acide lactique et de l'ammoniaque.

Pour donner une formule simple, prenons un acide aminé, l'alanine, qui entre dans la molécule d'un grand nombre de polypeptides et d'acides aminés complexes. Nous pouvons écrire :

$$CH^3—CHOH—COOH \rightleftarrows CH^3—CO—COOH \rightleftarrows +NH^3 \rightleftarrows CH^3–CH.NH^2-COOH$$

<table>
<tr><td>Acide lactique ↓↑</td><td>↓↑ Acide pyruvique</td><td>↓↑ Alanine</td></tr>
<tr><td>+ O</td><td>+ H²O</td><td>+ O</td></tr>
</table>

L'importance de ce résultat, qui découle des travaux de Knoop, Embden et Schmitz est considérable. Car l'acide lactique se forme facilement aux dépens du sucre. En faisant circuler dans un foie de chien, chargé de glycogène, du sang additionné de carbonate d'ammonium, on obtient de l'alanine : cet amino-acide ne se produit pas si, par un jeûne prolongé, la quantité de glycogène a été fortement réduite. On conçoit ainsi la possibilité d'une synthèse d'albumine par accouplement de l'ammoniaque et des sucres. Cette synthèse est possible parce que les sucres fournissent des acides α-cétoniques. Au contraire les graisses s'oxydent sur le chaînon β et ne peuvent servir à la reconstitution des matières protéiques. Ainsi s'explique, au moins en partie, le rôle important des hydrates de carbone dans l'alimentation.

Comme toujours on peut renverser la proposition et dire que, si les sucres peuvent former des albumines en s'unissant à l'ammoniaque, réciproquement les albumines peuvent abandonner de l'ammoniaque dans le foie et servir à la reconstitution de la réserve glycogénique. L'alanine, par exemple, donne facilement, après désamination, de l'acide lactique, et celui-ci reconstitue le glycose et le glycogène.

On saisira cette série de transformations sur le schéma suivant, emprunté à Lambling, qui montre les rapports unissant le glycose à la glycérine, à l'acide lactique, aux acides aminés, à l'alcool et à l'acide acétyl-acétique. Toutes les actions sont réversibles et, suivant les circonstances, s'accomplissent dans un sens ou dans un autre.

$$CO^2OH — (CHOH)^4 — COH$$
Glycose

$$CH^2OH — CHOH — COH \; \rightleftarrows \; CH^2OH — CHOH — CH^2OH$$
Aldéhyde glycérique   Glycérine

$$CH^3 — CHOH — COOH.$$
Acide lactique

$$CH^3 — CO — COOH \; \rightleftarrows \; CH^3 — CH.NH^2 — COOH$$
Acide pyruvique   Alanine

$$CH^3 — CO — CH^2 — COOH \; \rightleftarrows \; CH^3 - COH \; \rightleftarrows \; CH^3 — CH^2OH$$
Acide acétyl-acétique   Aldéhyde acétique   Alcool éthylique

$$CH^3 — COOH$$
Acide acétique

L'expérience démontre que, par circulation artificielle à travers le foie, l'aldéhyde glycérique donne de la glycérine et du glycose ; que la glycérine donne du glycose et de l'acide lactique ; que l'aldéhyde acétique se transforme en alcool et acide acétyl-acétique. En un mot elle confirme exactement les résultats théoriques inscrits ci-dessus.

La production du sucre aux dépens des acides aminés est un phénomène biologique extrêmement important.

En opérant sur des chiens rendus diabétiques par extirpation du pancréas ou par injection de phloridzine, on a constaté que certains amino-acides donnent du sucre et que d'autres n'en donnent pas : dans le premier groupe, nous trouvons le glycocolle, l'alanine, la sérine, la cystine, l'acide aspartique, l'acide glutamique, la proline ; dans le second, la phénylalanine, le tryptophane, la tyrosine, la leucine, l'isoleucine, la valine, la lysine, l'histidine.

Tous les amino-acides producteurs de sucre ont un squelette carboné ayant moins de six atomes de carbone. Il est donc nécessaire qu'une synthèse intervienne. On peut admettre que le foie leur fait d'abord subir une désamination, les transformant en l'acide α-cétonique correspondant, lequel arrivera à l'état de glycose en subissant une série de transformations analogues à celles que nous avons déjà rapportées en parlant de l'alanine.

La production du sucre aux dépens des albumines peut être démontrée par l'expérience directe qui consiste à donner diverses albumines à des chiens rendus glycosuriques ou à des hommes atteints de diabète. On constate ainsi que la caséine est la substance qui fournit le plus facilement du sucre ; viennent ensuite la sérum-albumine, la fibrine, la sérum-globuline, l'hémoglobine, l'ovalbumine.

Ce n'est pas seulement chez les diabétiques que ces transformations se produisent. Dans les conditions physiologiques l'ingestion de viande est suivie d'une rapide destruction des acides aminés absorbés pendant la digestion ; le groupement azoté est éliminé à l'état d'urée, mais le carbone est mis en réserve. Le foie qui réalise ces transformations rejette la partie azotée des acides aminés que lui amène la veine porte et, par synthèse, constitue du glycogène avec le carbone.

Parmi les autres acides aminés qui arrivent au foie, il en est quelques-uns qui remplissent un rôle spécial fort intéressant.

C'est ainsi que nous devons une mention à la cystine, le seul amino-acide qui contienne du soufre ; il se transforme facilement en cystéine ou acide α-amino-β-thiolactique.

$$
\begin{array}{cc}
CH^2.S \;\; — \;\; S.CH^2 & CH^2\,S \\
| \qquad\qquad | & | \\
CH(NH^2) \quad CH(NH^2) & CH.NH^2 \\
| \qquad\qquad | & | \\
COOH \qquad\quad COOH & COOH \\
\text{Cystine} & \text{Cystéine} \\
\text{(Disulfure de cystéine)} & \text{(Acide } \alpha\text{-amino-}\beta\text{-thiolactique)}
\end{array}
$$

La cystéine peut à son tour se transformer en dehors de l'organisme, comme dans l'organisme lui-même, en taurine.

$$
\begin{array}{ccc}
CH^2.SH & CH^2.SO^2H & CH^2.SO^3H \\
| \qquad +\,3O & | \qquad\quad —\,CO^2 & | \\
CH.NH^2 \quad \to & CH.NH^2 \quad \to & CH^2.NH^2 \\
| & | & \\
COOH & COOH & \\
\text{Cystéine} & \text{Acide cystéinique} & \text{Taurine}
\end{array}
$$

En s'unissant à l'acide cholalique, la taurine forme l'acide tauro-cholique, que nous avons étudié dans le chapitre consacré à la bile. Si l'on opère sur un chien porteur d'une fistule biliaire, et si on lui fait ingérer de la cystine et de l'acide cholalique, on trouve dans la bile une augmentation proportionnelle de l'acide taurocholique.

La cystine semble jouer le rôle principal dans la formation de tous les produits de l'organisme contenant du soufre. Son ingestion fait monter le taux des sulfates urinaires. Le foie a la propriété d'arrêter la cystine qu'on injecte dans la veine porte (Blum) et peut la faire servir à la formation des corps sulfoconjugués. Le résultat est important, un grand nombre de substances aromatiques parmi lesquelles le phénol et l'indol, qui se produisent constamment dans l'intestin sous l'influence des putréfactions bactériennes, se transforment dans le foie en phényl et indoxyl-sulfates.

C'est probablement à un trouble des fonctions hépatiques qu'il faut rattacher un état morbide assez rare, mais fort intéressant, la *cystinurie*. Les malades éliminent par l'urine, non seulement de la cystine qui se dépose à l'état de cristaux, mais diverses substances anormales qui semblent traduire l'insuffisance du foie. En même temps que la cystine, l'urine renferme d'autres acides aminés, tyrosine, lysine, arginine, leucine ; ou des bases, comme la cadavérine et la putrescine qui proviennent de la lysine et de l'ornithine.

L'étude des modifications que le foie impose aux dérivés des matières protéiques comporte de nombreuses déductions physiologiques et pathologiques. La plus grande partie des acides aminés qui proviennent de l'alimentation semble perdue pour l'organisme ; elle donne simplement de l'urée qui est rejetée par le rein. Il y a donc un véritable gaspillage de la matière protéique. C'est que l'organisme a besoin de certains amino-acides qui ne se trouvent dans les protéines ingérées qu'en quantité infime. Pour libérer et conserver ces corps indispensables, il détruit les protéines plus banales et c'est justement dans le foie que cette destruction a lieu.

En même temps qu'il détruit certains acides aminés, le foie reconstitue par synthèse de nouvelles protéines, spécifiques ou idiogènes, différentes des protéines ingérées, qui sont étrangères à l'organisme ou allogènes. Bien que tous les organes et tissus interviennent simultanément pour assurer cette spécificité protéique de l'organisme, le foie ne remplit pas moins un rôle capital. Il complète les transformations commencées dans les parois mêmes de l'intestin. Car, s'il est démontré aujourd'hui que le sang de la veine porte contient des amino-acides (Delaunay, Belloui et Polava), il semble aussi qu'une reconstitution partielle se produise déjà pendant la traversée de l'intestin. De même que les éléments des graisses neutres momentanément séparées se combinent à nouveau, les acides aminés semblent s'unir pour reconstituer des polypeptides plus ou moins complexes ; mais le travail n'est qu'ébauché et la terminaison se fait dans le foie.

Quand la glande est lésée ou quand son fonctionnement est profondément troublé, les albumines et leurs dérivés passent dans l'urine. On a décrit depuis longtemps des albuminuries et des albumosuries d'origine hépatique. On connaît aujourd'hui la fréquence des amino-aciduries. Tous ces faits comportent d'intéressantes déductions cliniques. Aussi aurons-nous l'occasion d'y revenir en étudiant les méthodes qui permettent d'explorer l'état fonctionnel du foie.

Fonction uropoétique du foie. — Fourcroy et Vauquelin, dès 1803, reconnurent que les altérations du foie ont pour effet de modifier l'excrétion de l'urée. Mais ce sont les travaux de Meissner (1864) qui appelèrent l'attention sur le rôle uropoétique du foie. Meissner constata tout d'abord que le parenchyme hépatique contient une grande quantité d'urée, alors que les muscles et les poumons n'en renferment pas ; reprenant une théorie déjà soutenue par Fuhrer et Ludwig, il supposa que l'urée provient de la destruction des globules rouges et que cette destruction s'opère dans le foie ; les matières colorantes, libérées en même temps, serviraient à former la bilirubine. Gæthgens et Heinsius admirent que les matières protéiques se dédoublent dans le foie en glycogène et urée, et le résultat fut invoqué par les cliniciens pour expliquer les relations qu'on observe fréquemment dans le diabète entre l'excrétion du sucre et celle de l'urée. Charcot, Brouardel, Lecorché, Murchison acceptèrent cette théorie uropoétique et rapportèrent de nombreuses observations qui semblaient la confirmer.

Les faits cliniques étant trop complexes pour permettre des conclusions fermes, il fallait recourir à l'expérimentation.

De Cyon soutint que le sang des veines sus-hépatiques est plus riche en urée que le sang de la veine porte. La méthode des circulations artificielles lui permit de reconnaître que 1.000 centimètres cubes de sang, renfermant 0 gr. 09 d'urée, en contiennent 0 gr. 14 après avoir traversé le foie ; dans un cas, la quantité s'éleva de 0 gr. 08 à 0 gr. 14 et, après quatre passages, à 0 gr. 176.

Stolnikow obtint une grande quantité d'urée en électrisant un mélange de sang et de foie ; Sigrist a vu augmenter l'excrétion de cette substance, en électrisant le foie à travers la paroi abdominale ; mais, cette expérience est trop complexe pour être à l'abri de toute critique.

D'après Ch. Richet, le foie, même lavé, produit de l'urée, sans qu'on puisse faire intervenir l'influence de la circulation. Sur un chien qu'on a tué par hémorragie, on enlève le foie, on fait passer un courant d'eau salée par la veine porte ; puis on prélève un fragment de l'organe qu'on place à l'étuve. Au bout de 4 heures, le parenchyme contient 0,8 p. 1000 d'urée, alors qu'au début de l'expérience il en renfermait de 0,044 à 0,25. Cette formation de l'urée a été attribuée à un ferment qu'on peut précipiter des macérations de foie.

Les dosages ayant été faits à l'hypobromite de soude, des doutes ont été élevés sur la valeur des résultats. Les recherches récentes de R. Fosse et N. Ronchelman sont tout à fait démonstratives. Le foie est laissé à l'autolyse dans du chloroforme ou dans une solution contenant du fluorure de sodium et le dosage de l'urée est fait au moyen du xanthydrol ; on constate ainsi que la quantité d'urée devient de 4 à 6 plus grande quand le foie est conservé de 24 à 48 heures. S'il a été préalablement bouilli, aucun changement ne se produit.

L'expérience de Richet soulève un important problème. L'urée qui se produit dans le foie provient-elle simplement de la décomposition autolytique ; et, si de l'urée se produit dans les conditions physiologiques, aux dépens de quelles substances prend-elle naissance ? Faut-il incriminer les amino-acides, l'ammoniaque ou les diverses matières, plus ou moins complexes, qui renferment de l'azote ?

Nous avons déjà dit que le foie impose des modifications profondes aux acides aminés. Certains d'entre eux renfermant dans leur molécule un groupement guanidique

$$HN = \overset{\displaystyle NH_2}{\overset{\displaystyle |}{C}} -$$

la transformation en urée

$$O = \overset{\displaystyle NH_2}{\overset{\displaystyle |}{\underset{\displaystyle |}{\underset{\displaystyle NH_2}{C}}}}$$

s'explique facilement, l'un et l'autre corps possédant deux groupements azotés.

Prenons par exemple l'arginine, qui est, comme on sait, de l'acide guanidine-diamino-valérianique. Sous l'influence d'une diastase qu'on trouve dans le foie, l'arginase, le groupement guanidique se détache et forme de l'urée, tandis qu'un nouvel aminoacide prend naissance, l'ornithine, qui renferme également deux groupements aminés et donnera à son tour de l'urée. Les réactions qui rendent compte de ces modifications successives, sont très simples :

$$HN{=}\overset{\overset{\displaystyle NH^2}{|}}{C}{-}NH{-}CH^2{-}CH^2{-}CH{-}\overset{\overset{\displaystyle NH^2}{|}}{CH}{-}COOH+H^2O \;=\; \overset{\overset{\displaystyle NH^2}{|}}{CH^2}{-}CH^2{-}CH^2{-}\overset{\overset{\displaystyle NH^2}{|}}{CH}{-}COOH$$

arginine — ornithine + CO(NH²)² urée

et

$$\overset{\overset{\displaystyle NH^2}{|}}{CH^2}{-}CH^2{-}CH^2{-}\overset{\overset{\displaystyle NH^2}{|}}{CH}{-}COOH+O \;=\; CH^3{-}CH^2{-}CH^2{-}COOH + CO(NH^2)^2$$

ornithine — acide butyrique — urée

D'accord avec la théorie, l'expérience démontre que l'injection sous-cutanée d'arginine augmente le taux d'excrétion uréique. La quantité d'urée qui passe en excès dans l'urine correspondant à la totalité de l'azote contenue dans l'arginine, on est autorisé à conclure que l'ornithine subit le même sort que le complexe guanidique et donne également de l'urée.

Le rôle de l'arginine dans la production de l'urée est incontestable. Mais la totalité de l'azote fournie par la dégradation de cette substance n'équivaut qu'au dixième de l'urée excrétée. La plus grande partie de l'urée provient donc des autres acides aminés. Ceux-ci, d'après la formule générale de leur composition

$$R-\overset{\overset{\displaystyle NH^2}{|}}{\underset{\underset{\displaystyle H}{|}}{C}}-COOH$$

ne renferment qu'un seul groupement azoté. Les ferments désaminants détachent le groupe NH^2 qui passera aussitôt à l'état d'ammoniaque.

Nous sommes ainsi conduit à un nouveau problème : l'ammoniaque peut-elle former de l'urée ?

La réponse n'est pas douteuse. Il suffit de faire ingérer des sels ammoniacaux aussi bien à un homme qu'à un chien ou un lapin pour voir augmenter la proportion de l'urée urinaire. La puissance de transformation de l'organisme peut être évaluée à 10 grammes d'ammoniaque chez l'homme normal, à 5 grammes chez un chien de taille moyenne, de 10 kilogrammes environ.

Pour que l'expérience réussisse, il faut utiliser chez le chien un sel d'ammoniaque à acide carbonique ou organique. Le chlorure d'ammonium traverse l'organisme sans se décomposer. Chez le lapin au contraire, il se transforme en urée. La différence des résultats dépend simplement de l'alimentation. Si l'on nourrit des chiens avec des végétaux, l'acide chlorhydrique trouve des bases qui déplacent l'ammoniaque et lui permettent de se transformer en urée. Sans changer le régime des chiens, on peut observer la même transformation, à la condition de donner des carbonates alcalins.

Quand ils ont pénétré dans le sang, les sels ammoniacaux à acide carbonique ou à acide organique sont arrêtés par le foie. Si on les injecte comparativement par une veine périphérique et par un rameau de la veine porte on constate, en utilisant le carbonate d'ammonium, que la dose mortelle par kilogramme est de 0,24 dans le premier cas et 0,4 dans le second.

En introduisant une dose qui permet la survie, on retrouve le sel ammoniacal dans l'urine, quand l'injection a été faite par une veine périphérique. Quand elle a été pratiquée par la veine porte, le taux de l'ammoniaque urinaire n'augmente pas. En répétant les mêmes expériences avec un sel ammoniacal à acide fort, chlorhydrate ou sulfate, les résultats sont négatifs ; le foie est incapable d'intervenir (**5,16**).

L'action d'arrêt du foie peut encore être mise en évidence en dosant l'ammoniaque dans le sang des divers vaisseaux. Chez un chien recevant une nourriture carnée, Nencki et Pawlow trouvent 1 mgr. 5 NH^3 pour 100 dans le sang artériel ; 1,5 dans le sang veineux ; 4,9 dans le sang de la veine porte et 1,4 dans le sang des veines sus-hépatiques.

Pour mettre en évidence l'action uropoétique du foie, Schrœder fait passer du sang chargé de carbonate d'ammonium à travers divers organes, extirpés du corps ; il ne se produit de l'urée que si l'injection est poussée dans les vaisseaux du foie ; mêmes résultats avec le formiate et le lactate d'ammonium. Au contraire, le chlorure d'ammonium ne subit aucune modification, quel que soit l'organe qu'il traverse. Dans d'autres expériences, Schrœder injecte du carbonate d'ammonium dans les veines d'un chien, après avoir extirpé les reins ; au bout de 27 heures, le sang, qui renfermait primitivement 0,5 pour 1.000 d'urée, en contient 2 pour 1.000 ; il recommence l'expérience après ligature des vaisseaux du foie et, dans ces conditions, la teneur en urée ne se modifie pas.

D'autres expérimentateurs ont opéré différemment ; ils ont cherché ce qui survient quand on trouble ou qu'on supprime la fonction hépatique. En pratiquant sur des chiens la fistule porto-cave, on constate que la proportion d'ammoniaque éliminée par l'urine s'élève et que le rapport de l'azote ammoniacal à l'azote uréique augmente.

Quand on a extirpé la moitié ou les trois quarts du foie, la régénération se fait en 36 jours environ. A la suite de l'opération, Meister vit diminuer le rapport de l'azote de l'urée à l'azote total ; les matières extractives devinrent plus abondantes et le rapport de leur azote à l'azote total augmenta parallèlement. Ainsi l'extirpation partielle du foie est suivie d'une transformation incomplète de l'azote excrémentitiel et l'urée diminue d'autant plus, que la résection de la glande est plus étendue.

Pawlow et Nencki extirpent totalement le foie sur le chien, après avoir pratiqué une anastomose porto-cave. La survie ne dépasse pas quelques heures, mais elle est suffisante pour qu'on puisse constater une diminution de l'urée dans le sang et une augmentation de l'ammoniaque. L'urée diminue également dans l'urine, mais elle ne disparaît pas complètement, ce qui tend à prouver qu'il s'en forme dans d'autres parties de l'organisme.

Cette dernière conclusion semble conforme à la réalité. Après exclusion de la glande hépatique et même des autres viscères abdominaux, l'injection d'alanine ou de glycocolle augmente la teneur du sang en urée. Les expériences de Matthews sur des chiens porteurs d'une fistule porto-cave déposent dans le même sens : la combinaison d'amino-acides connue sous le nom d'érep-tone fournit de l'urée, alors même qu'à la suite de l'opération le foie est dégénéré.

Le rôle du foie dans la formation de l'urée a encore été mis en évidence par des recherches faites sur des grenouilles. Nous avons déjà rappelé (p. 38) que chez les Batraciens d'importantes anastomoses relient les vaisseaux rénaux et la veine porte hépatique et, en assurant un débouché au sang après ligature des vaisseaux du foie, permettent une survie assez longue. Nebelthau recueille, pendant 9 semaines, l'urine de 600 grenouilles appartenant à l'espèce *Rana esculenta* ; il obtient dix litres et demi d'un liquide riche en urée ; puis il extirpe le foie à 431 grenouilles ; les animaux survivent de 3 à 7 jours ; pendant ce temps, ils sécrètent 2,691 cmc. d'une urine qui ne contient pas d'urée ; le résidu sec, au lieu de 0,106, est de 0,140 et l'ammoniaque monte de 0,0054 à 0,0122 0/0. Avec 261 grenouilles de Hongrie, privées de foie, Nebelthau obtient 7,800 cmc. d'urine ; le résidu sec est de 0,2809 0/0 et renferme 0,0154 d'ammoniaque. Dans cette deuxième expérience, l'urine contenait une substance qui donna 0 gr. 1279 d'un sel de zinc cristallisé, lévogyre, se colorant en jaune par le perchlorure de fer ; l'auteur pense que c'est de l'acide lactique ; mais il se montre plus réservé que ne l'avait été Marcuse, qui, dans les mêmes conditions, avait trouvé dans l'urine une substance qu'il caractérisa seulement par la réaction d'Uffelmann (coloration jaune avec le perchlorure de fer).

Toutes les expériences que nous avons rapportées sont concordantes. Elles démontrent que le foie forme de l'urée aux dépens de l'ammoniaque ou plutôt des sels ammoniacaux, car l'ammoniaque ne reste pas libre. Elle s'unit aux divers acides de l'organisme, en tête desquels il faut placer l'acide carbonique.

La théorie établit que le carbonate d'ammonium peut se transformer en urée par deux déshydratations successives en donnant comme corps intermédiaire du carbamate d'ammonium.

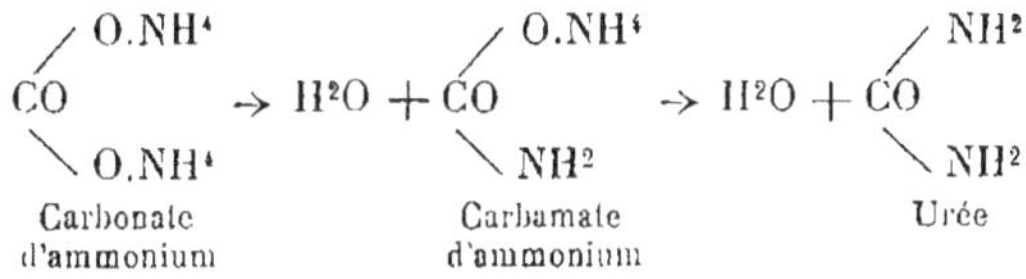

$$
CO \Big\langle {}^{O.NH^4}_{O.NH^4} \quad \rightarrow H^2O + CO \Big\langle {}^{O.NH^4}_{NH^2} \quad \rightarrow H^2O + CO \Big\langle {}^{NH^2}_{NH^2}
$$

Carbonate   Carbamate   Urée
d'ammonium   d'ammonium

Le carbamate d'ammonium est un corps extrêmement important qu'on peut déceler, chez l'homme comme chez les animaux, dans le sang et dans l'urine. Après établissement d'une fistule d'Eck, le carbamate d'ammonium augmente et semble être la cause des troubles morbides qui surviennent. Ceux-ci dépendent et de la base et de l'acide. En donnant du carbamate de sodium à des chiens ainsi opérés, on provoque le développement d'accidents nerveux graves. De même que l'ammoniaque, l'acide carbamique se transforme en urée, comme on le démontre en faisant ingérer soit à l'homme soit au chien du carbamate d'éthyle (uréthane). Ainsi le foie joue un rôle important dans la formation de l'urée. Sans doute, ce rôle ne lui appartient pas exclusivement, l'urée pouvant prendre naissance dans d'autres parties de l'organisme ; mais, le foie possède seul, à un degré facilement appréciable, la propriété de transformer en urée les sels ammoniacaux, au moins les sels à acides faibles (carbonique, carbamique ou organiques), car il n'agit pas sur les sels à acides forts (sulfurique, chlorhydrique). Grâce à ce pouvoir, le foie protège l'organisme, puisque les sels ammoniacaux sont 40 fois plus toxiques que l'urée (pour une même quantité d'azote) ; il prépare la sécrétion urinaire, puisque les expériences de Richet et de Bouchard ont établi que l'urée est un diurétique physiologique. Voilà donc un remarquable exemple des synergies fonctionnelles qui existent entre le foie et les reins.

On peut se demander si certains diurétiques n'agissent pas indirectement en stimulant l'uropoése hépatique. C'est ce que tendent à faire admettre les recherches de Zanda. Reprenant l'expérience de Richet sur l'augmentation de l'urée dans le foie lavé, Zanda constate que la diurétine et la caféine font monter dans des proportions notables la formation de ce corps. L'expérience n'est pas à l'abri de toute critique, mais elle soulève un problème thérapeutique d'une haute importance et mérite qu'on en poursuive l'étude.

Les sels ammoniacaux et les carbamates constituent-ils un stade intermédiaire nécessaire entre les acides aminés et l'urée ? On peut même se demander si l'ammoniaque n'est pas capable de former de l'urée par simple oxydation au contact de certains hydrates de carbone.

La question fut posée par Béchamp qui admit la production de l'urée par oxydation. Cette théorie, généralement rejetée, a été reprise dans ces derniers temps par Hofmeister, qui obtint de l'urée en faisant agir du permanganate de potassium sur du blanc d'œuf, de la gélatine et des acides aminés. Il admit que l'urée se forme par oxydation du groupe $= C - NH^2$ de l'acide aminé et fixation d'un deuxième groupement NH^2.

Les expériences de Fosse sont encore plus curieuses. Elles établissent qu'en oxydant par le permanganate de potassium un mélange de sulfate d'ammonium et d'un hydrate de carbone (glycose, lévulose, saccharose, dextrine, amidon, inuline), d'aldéhyde formique ou de glycérine, on obtient de l'urée. Ces résultats sont d'autant plus intéressants qu'ils établissent une nouvelle relation entre la glycogénie et les diverses fonctions du foie. Or le rôle du glycogène semble réel. Abderhalden a montré que l'ingestion d'acides aminés chez le chien à jeûn, est suivie d'aminoacidurie. Si on fait ingérer en même temps des hydrates de carbone, l'excrétion des amino-acides diminue.

Applications cliniques. — Les faits expérimentaux que nous avons rapportés comportent un certain nombre de déductions cliniques.

S'il est vrai que le foie transforme en urée les acides aminés et l'ammoniaque, la proportion de ces corps doit augmenter dans l'urine au cours des affections hépatiques. Leur élimination provoquée, c'est-à-dire leur rejet par le rein après ingestion d'une certaine dose, doit être supérieure à la normale.

C'est ce qui a lieu en effet : au cours des affections du foie ou des maladies qui retentissent sur cet organe, dans les cirrhoses et dans la syphilis hépatiques, dans l'intoxication phosphorée, dans la grossesse, la quantité des acides aminés rejetés par l'urine augmente dans des proportions souvent considérables. Depuis longtemps on y avait constaté un excès de leucine et de tyrosine, de glycocolle, de phénylalanine.

L'augmentation de l'ammoniaque a été signalée par Hallervorden dans la cirrhose et par Stadelmann dans la cirrhose, le cancer, la dégénérescence amyloïde : en même temps que l'ammoniaque augmente, l'urée diminue.

Les observations les plus récentes ont confirmé le fait, comme le montrent les chiffres suivants :

	POUR 100 D'AZOTE TOTAL		
	Azote *uréique*	*Azote* *ammoniacal*	*Rapport*
Etat normal.	81,8	5,6	6,8
C. alcoolique (Dehon).	77,0	12,1	15,7
Atrophie jaune aiguë (Weintrand).	75,4	14,1	18,7
—	71,0	18,1	25,5
—	52,4	37,1	70,8

Il y a donc, semble-t-il, un grand intérêt à rechercher comment le foie agit sur un excès d'ammoniaque. Gilbert et Carnot ont été ainsi conduits à proposer une épreuve d'ammoniurie provoquée, sur laquelle nous reviendrons en exposant les méthodes d'exploration fonctionnelle du foie.

On a voulu rapporter à un trouble hépatique secondaire, l'ammoniémie des néphrites. On sait, en effet, depuis les travaux de Hanot et de Gaume, de Bernard, de Lœderich, que les troubles du rein retentissent sur le fonctionnement du foie. Chez les brightiques, comme chez les cirrhotiques, le coefficient $\frac{N\ \text{urée}}{N\ \text{total}}$ s'abaisse (Morel et Mouriquand) ; il varie de 0,22 à 0,5. Brodin arrive à une conclusion analogue : il constate que l'azote résiduel augmente proportionnellement à l'insuffisance hépatique. En opérant sur le sérum sanguin, Brodin trouve que de 0,1 p. 1.000 chiffre normal, l'azote résiduel monte à 0,2 et 0,25 chez les malades atteints d'ictère catarrhal, de cirrhose, de cancer hépatique.

Tous ces résultats sont extrêmement intéressants, mais leur interprétation est assez délicate.

Rien ne prouve que, dans les affections du foie comme dans les affections du rein, l'ammoniémie dépende d'une insuffisance du foie, qui serait incapable de transformer l'ammoniaque en urée. Au cours des processus morbides qui atteignent le foie et le rein, un excès d'acides se produit dans l'organisme. Ainsi se constitue l'état pathologique bien connu sous le nom d'acidose. L'ammoniaque sert à neutraliser les acides ; loin de constituer un corps dangereux, elle joue un rôle extrêmement utile ; combinée aux acides, elle empêche un changement trop considérable des réactions humorales. Pendant la traversée du rein une dissociation fort heureuse se produit. Une certaine quantité de sels ammoniacaux est décomposée ; les acides mis en liberté passent dans l'urine et l'ammoniaque reste dans l'organisme pour neutraliser le nouvel excès d'acides. Si on donne au sujet du bicarbonate de soude, on voit baisser le taux de l'ammoniaque ; on n'a pas amélioré le fonctionnement du foie, mais on a fourni une base qui a neutralisé les acides. Réciproquement si on fait ingérer de l'ammoniaque, on observe souvent que ce corps se transforme en urée comme à l'état normal (Ingelrans et Dehon), ce qui démontre que le foie conservait son action uropoétique et que l'excès d'ammoniaque était bien dû à l'acidose.

On a pu soutenir que, dans certains cas, l'ammoniaque se trouve en excès et qu'en face de l'acidose il faut décrire une alcalose. Chez les chiens porteurs d'une fistule d'Eck, les accidents devraient être attribués non aux sels ammoniacaux, mais à l'alcalose, car les urines sont fortement alcalines et restent alcalines même après un régime exclusivement carné (Fischer).

Action du foie sur les nucléo-protéides. — L'acide urique est l'aboutissant principal des transformations que les nucléo-protéides subissent dans l'organisme. Sous l'influence des ferments digestifs et des ferments répandus dans les organes, les nucléo-protéides des noyaux cellulaires sont décomposées et donnent de l'acide nucléique. Celui-ci est formé par l'association de quatre groupes phosphorés, dont chacun comprend un reste d'acide phosphorique uni à un noyau sucré (hexose ou pentose) et à une base pyrimidique ou xanthique. Chacun de ces groupements étant désigné sous le nom de nucléoside, l'acide nucléique doit être considéré comme une tétranucléoside. On peut résumer en un tableau ces transformations successives :

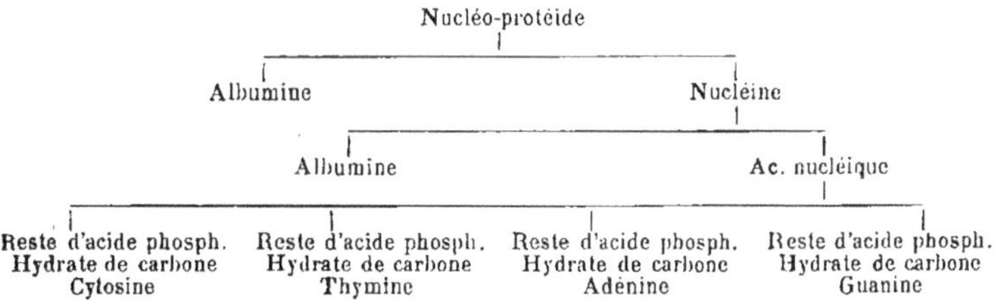

Les ferments qui décomposent l'acide nucléique (nucléinases) et les nucléosides (nucléosidases) sont assez abondamment répandus dans l'organisme et, si le foie intervient, il n'exerce aucune action spéciale.

Des substances provenant des nucléosides, les dérivés pyrimidiques sont peu importants. Ils sont au nombre de deux, la cytosine et la thymine ; ce sont des corps instables qui se détruisent rapidement, abandonnant de l'acide carbonique et de l'urée.

Les bases xanthiques sont plus intéressantes : elles subissent des transformations qui les amènent à l'état d'acide urique.

Le foie n'a pas le monopole de ces modifications chimiques ; mais, comme il joue un rôle important dans l'élaboration et la transformation de l'acide urique, il est utile d'exposer avec quelques détails l'état de la question.

Les deux bases xanthiques qui proviennent de l'acide nucléique sont, avons-nous dit, l'adénine et la guanine. Elles rentrent dans le groupe des bases puriques. Ce sont la première de la 6-aminopurine et la seconde de la 2-amino-6-oxypurine.

$$C^5H^4N^4 \quad\quad C^5H^5N^5 \quad\quad C^5H^5N^5O$$
purine — 6 amino-purine (adénine) — 2 amino. 6 oxypurine (guanine)

L'adénine et la guanine se transforment facilement en hypoxanthine et xanthine, en abandonnant de l'ammoniaque, comme le montrent les formules suivantes :

$$C^5H^5N^5 + H^2O = C^5H^4N^4O + NH^3$$
Adénine — Hypoxanthine

$$C^5H^5N^5O + H^2O = C^5H^4N^4O^2 + NH^3$$
Guanine — Xanthine

Les deux ferments désaminants, adénase et guanase, sont abondamment répandus dans l'organisme et le foie ne semble pas intervenir d'une façon spéciale.

L'hypoxanthine et la xanthine qui peuvent être considérées : la première comme de la 6-oxypurine et la seconde comme de la 2,6-dioxypurine, donnent par une simple oxydation de l'acide urique $C^5H^4N^4O^3$ ou 2, 6, 8 trioxypurine.

$$
\begin{array}{ccc}
\text{HN — CO} & \text{HN — CO} & \text{HN — CO} \\
\text{HC\quad C — NH} & \text{OC\quad C — NH} & \text{OC\quad C — NH} \\
\qquad\qquad \searrow\text{CH} & \qquad\qquad \searrow\text{CH} & \qquad\qquad \searrow\text{CO} \\
\text{N — C — N} & \text{HN — C — N} & \text{HN — C — NH}
\end{array}
$$

6 oxypurine   2,6 dioxypurine   2,6,8 trioxypurine
hypoxanthine   xanthine   acide urique

Ces transformations sont sous la dépendance de deux ferments : l'hypoxantho-oxydase et la xantho-oxydase qui se trouvent dans le foie, la rate, les reins et, accessoirement, dans le poumon et les muscles. C'est le foie qui intervient le plus activement.

La constitution chimique de l'acide urique permet de considérer cette substance comme une diuréide, formée par l'accolement de deux restes d'urée $CO\!\!<\!\!{\atop}\!\!{NH\,-\atop NH\,-}$ à une chaîne carbonée en C^3.

On peut, en effet, réaliser la synthèse de l'acide urique en condensant deux molécules d'urée. C'est ce qu'a démontré Horbaczewsky en chauffant de l'urée avec de la trichlorolactamide :

$$C^3Cl^3.NH^2.(OH)^2 + 2CO.N^2H^4 = C^5H^4N^4O^3 + NH^4Cl + 2HCl + H^2O.$$

Trichlorolactamide   Urée   Acide urique

Cette expérience semble reproduire ce qui se passe chez les Reptiles et les Oiseaux : la majeure partie de leurs déchets azotés est excrétée à l'état d'acide urique. Ce corps représente chez l'oiseau 60 à 70 o/o de l'azote total, alors que la proportion de l'urée ne dépasse pas 2 à 4 o/o.

Il est relativement facile d'extirper le foie chez les Oiseaux. Le système veineux de Jacobson, en établissant une large anastomose entre la veine porte et la veine cave, empêche une congestion trop intense de l'intestin et permet une survie de 10 ou 12 heures. En opérant sur des oies, Minkowski a constaté qu'après l'extirpation du foie, l'urine devient claire et acide ; l'acide urique diminue au point de ne plus représenter que 6 et même 3 o/o de l'azote total ; l'ammoniaque augmente et de 9 o/o la proportion s'élève à 5o ou 6o o/o. En même temps l'urine contient de l'acide lactique et Minkowski fait remarquer que ce corps se trouve dans une proportion équivalente à l'ammoniaque excrétée. Le résultat est fort intéressant, car l'acide lactique et l'ammoniaque peuvent provenir tous deux de la désassimilation des albumines et, en se combinant, sont capables de former de l'acide urique :

$$2CO \begin{cases} O.NH^4 \\ NH^2 \end{cases} + C^3H^6O^3 + 3O = C^5H^4N^4O^3 + 7H^2O$$

Carbamate   Acide   Acide
d'ammonium   lactique   urique

D'ailleurs Kowalewski et Salaskin ont vu le lactate d'ammonium se transformer en urate, quand ils l'ont fait circuler à travers le foie d'un oiseau.

Le foie possède également la propriété de transformer l'urée en acide urique. Injectée sous la peau d'un oiseau, l'urée s'élimine à l'état d'acide urique, tandis qu'elle sort par l'urine sans modification si le foie a été extirpé. La synthèse accomplie par le foie est semblable à celle que nous avons adoptée pour le carbamate d'ammonium :

$$2CO \begin{cases} NH^2 \\ NH^2 \end{cases} + C^3H^6O^3 + 3O = C^5H^4N^4O^3 + 5H^2O$$

Urée   Ac. lactique   Acide urique

De même qu'une certaine quantité d'urée se forme chez le Mammifère en dehors du foie, une petite portion de l'acide urique prend naissance, chez l'Oiseau, sans l'intervention de la glande hépatique. Chez une oie privée de foie, V. Mach a vu l'injection sous-cutanée d'hypoxanthine accroître l'excrétion de l'acide urique.

Le foie des Mammifères exerce une action d'arrêt sur l'acide urique, que, pendant la période digestive, surtout après l'ingestion d'aliments riches en nucléine, le sang de la veine porte contient en excès. C'est ce que Chauffard a démontré en analysant comparativement le sang qui entre dans le foie et le sang qui en sort. Le déficit peut atteindre jusqu'à 33 p. 100.

Chez les Mammifères comme chez les Oiseaux, le foie est

capable de former de l'acide urique. Les analyses de Cloetta, Stokvis, Meissner démontrent qu'il contient bien plus d'acide urique que le sang ; les poumons et les muscles, d'après Meissner, n'en renferment que des traces. Mais, tandis que la production de l'acide urique l'emporte chez les Oiseaux, c'est la destruction de ce corps qui prédomine chez la plupart des Mammifères. Dès 1860, Stokvis a montré que 20 à 30 grammes de foie de chien, réduit en pulpe, font disparaître 0,3 à 0,6 de ce corps en l'espace de 18 heures. Le fait a été confirmé par Chassevant et Richet, Schittenhelm, Wiener, Battelli et Stern ; il est aujourd'hui incontestable. Cette destruction est due à un *ferment uricoly-tique*, appelé encore *uricase*, qui se trouve dans le rein et les muscles, mais est surtout abondant dans le foie. C'est un ferment instable qui est détruit à 50° et qui est facilement annihilé par les ferments protéolytiques. C'est un ferment oxydant qui n'agit qu'en présence de l'oxygène et provoque un dégagement d'anhydride carbonique. Battelli et Stern sacrifient un animal, chien ou lapin : aussitôt après la mort, ils retirent le foie ; s'ils ajoutent de 0,15 à 0,25 o/o d'urate de soude, ils observent une augmentation des échanges gazeux.

L'acide urique subit donc une oxydation. Quant aux produits de dédoublement auxquels il donne naissance, la discussion est ouverte. Trois hypothèses ont été émises : l'acide urique se transformerait en glycocolle, en allantoïne, en acide oxalique.

En injectant de l'acide urique à un lapin, Hugo Wiener a vu augmenter le glycocolle de l'urine. Forssner et Ignatowski ont constaté que le glycocolle de l'urine est rejeté en quantité plus notable que normalement au cours des maladies qui s'accompagnent d'une production exagérée d'acide urique ; goutte, leucémie, affections hépatiques.

C'est surtout l'allantoïne qui semble se produire aux dépens de l'acide urique.

L'allantoïne $C^4H^6N^4O^3$ est, comme on sait, un diuréide glyoxylique, qui peut s'écrire :

$$NH - CH - NH$$
$$CO \qquad | \qquad CO$$
$$NH - COH - NH$$

Si l'on fait ingérer à des chiens des aliments riches en nucléine, du ris de veau par exemple, on trouvera dans l'urine une forte proportion d'allantoïne ; 93 à 97 o/o des bases puriques se transforment en cette substance ; le reste est rejeté à l'état d'acide urique ou de bases puriques. Chez les chiens auxquels on a pratiqué une fistule d'Eck, la proportion de l'allantoïne tombe à 87 et même 74 o/o. Quand chez le chien, le chat, le lapin, le porc ou le bœuf on injecte des urates sous la peau ou dans les veines, on observe également une augmentation de l'allantoïne. Le résultat est analogue quand on a recours à la circulation artificielle à travers le foie.

La transformation de l'acide urique en allantoïne est, comme nous l'avions déjà fait pressentir, un phénomène d'oxydation, avec élimination d'acide carbonique :

$$C^5H^4N^4O^3 + H^2O + O = C^4H^6N^4O^3 + CO^2$$

Acide urique   Allantoïne·

Si l'allantoïne est rejetée en nature, une partie peut donner de l'urée et de l'acide oxalique :

$$C^4H^6N^4O^3 + 2H^2O + O = C^2H^2O^4 + 2CON^2H^4$$

Allantoïne   Ac. oxalique   Urée

Cette dernière réaction est intéressante, l'oxalurie accompagnant fréquemment l'uraturie.

De tous ces faits nous pouvons conclure que, chez la plupart des mammifères, le foie détruit l'acide urique, donnant naissance à de l'allantoïne et, accessoirement, à du glycocolle et à de l'acide oxalique.

L'intervention du ferment urocolytique a été souvent invoquée pour expliquer différents troubles que la pathologie a fait connaître. Au cours des affections du foie, l'urine est souvent surchargée d'urates, et ce résultat peut être mis sur le compte de l'insuffisance hépatique. On a invoqué le même mécanisme pour expliquer le développement de l'uricémie goutteuse. Il était très simple de supposer que chez les goutteux dont le foie est souvent atteint, le ferment uricolytique est insuffisant et ne fait plus subir à l'acide urique ses transformations ultimes. On donnait ainsi de la goutte une explication très simple et très satisfaisante pour l'esprit.

Des objections graves ont été faites qui remettent tout en question.

Contrairement au foie des autres Mammifères, le foie de l'homme ; pas plus d'ailleurs que ses autres organes, ne contiendrait de ferment uricolytique. Les expériences de Wiechowski, Battelli et Stern, Miller et W. Jones sont concordantes sur ce point. Comme on peut objecter que les recherches poursuivies en dehors de l'organisme ne sont pas à l'abri de toute critique, il était indispensable de déterminer ce que devient l'acide urique dans le corps de l'homme vivant. Or si l'on ajoute à une ration alimentaire bien déterminée et exempte de purines, une quantité connue d'acide nucléique pur ou de bases puriques, on constate que la plus grande partie de l'azote ainsi introduit s'élimine à l'état d'urée ; l'excrétion de l'acide urique augmente dans des proportions variables, représentant de 7 à 5o et même 57 o/o de l'azote en excès ; le reste est rejeté à l'état de bases puriques et, pour une très faible part, à l'état d'allantoïne. D'autres expériences ont été faites qui démontrent que l'allantoïne ne subit pas de modifications dans l'organisme de l'homme. Il résulte de ces recherches que les nucléines et les bases puriques aboutissent chez l'homme à la production d'acide urique et d'urée. Les deux corps semblent se former parallèlement. Il n'est guère probable que l'acide urique constitue un état intermédiaire entre les bases puriques et l'urée. Wiechowski en injectant l'acide urique sous la peau, Umber et Retzlaff en l'injectant dans les veines à l'état de sel de pipérazine, ont retrouvé dans l'urine 82 à 94 o/o de la quantité introduite. Levinthal a constaté, de son côté, en opérant avec la xanthine que 81,5 o/o de l'azote contenu dans ce corps passent dans l'urine à l'état d'acide urique.

Tous ces travaux nous conduisent à cette conclusion assez décevante que l'évolution des nucléines et des bases puriques ne se fait pas de la même façon chez les animaux et chez l'homme ; le ferment uricolytique semble manquer dans le foie humain et l'acide urique constitue le terme ultime des transformations que subissent les nucléines. Ces résultats modifient les applications qu'on avait voulu faire à la pathologie humaine : si le ferment uriocolytique n'existe pas chez l'homme, si l'acide urique est un déchet à peu près inattaquable, l'uricémie ne peut plus être attribuée à une insuffisance de destruction dans le foie. Il faut la rattacher soit à une production exagérée, ce qui est peu vraisemblable, car l'excès serait facilement éliminé par le rein; soit à une insuffisance de cette glande, hypothèse qui peut s'appuyer sur les expériences d'Ebstein produisant la goutte chez les oiseaux par la ligature des uretères ou par une lésion des reins au moyen de sels de plomb, expériences d'autant plus intéressantes qu'elles font immédiatement penser au développement de la goutte chez les vieux saturnins ; mais rien ne démontre que chez les goutteux la perméabilité rénale à l'acide urique soit diminuée. Reste la conception développée par Chauffard, Brodin et Grigaut : la goutte serait due à la formation d'acides uriques composés dont les molécules volumineuses seraient peu diffusibles. On revient ainsi à incriminer un trouble hépatique, la glande devenant incapable de faire subir aux composés de l'acide nucléique les transformations normales.

Action du foie sur la créatine. — Aux dérivés des bases puriques on peut rattacher une substance sur laquelle le foie exerce une action intéressante, c'est la créatine.

La créatine provient de la guanidine. Or, il est très facile, en dehors de l'organisme, de transformer la guanine en guanidine ; c'est une simple oxydation qui donne en même temps de l'acide parabamique. Celui-ci fournit de l'acide oxalurique et ce dernier se transforme en acide oxalique et urée.

$$+ H^2O + 3O =$$

Guanine — $C^5H^5N^5O$

Guanidine — CH^5N^3

Acide parabamique — $C^3H^2N^2O^3$

$$C^3H^2N^2O^3 + H^2O = C^3H^4N^2O^4$$

Acide parabamique — Acide oxalurique

$$C^3H^4N^2O^4 + H^2O = C^2H^2O^4 + CO.N^2H^4$$

Acide oxalurique — Acide oxalique — Urée

La guanidine se rattache à l'urée. On passe d'un corps à l'autre en remplaçant l'oxygène de l'urée par un groupement imide NH :

$$O = C\begin{cases} NH^2 \\ NH^2 \end{cases} \qquad NH = C\begin{cases} NH^2 \\ NH^2 \end{cases}$$

Urée   Guanidine

Comme l'urée, la guanidine peut donner des dérivés par substitution d'un radical alcoolique ou d'un radical acide à un H de l'hydrogène amidé. De même que l'urée donne dans ces conditions de l'acide hydantoïque, la guanidine donne un acide désigné sous le nom de glycocyamine.

$$O = C\begin{cases} NH - CH^2 \\ \qquad\quad | \\ NH^2 \quad COOH \end{cases} \qquad NH = C\begin{cases} NH - CH^2 \\ \qquad\quad | \\ NH^2 \quad COOH \end{cases}$$

Ac. hydantoïque   Glycocyamine

La créatine n'est autre chose que de la méthylglycocyamine.

$$NH = C\begin{cases} N.CH^3 - CH^2 \\ \qquad\qquad\; | \\ NH^2 \qquad COOH \end{cases}$$

Créatine

La plus grande partie de la créatine semble provenir d'un acide aminé très répandu, l'arginine, qui renferme un groupement guanidique. C'est de l'acide guanidine-diamino-valérianique.

$$NH = C\begin{cases} NH^2 \\ NH - CH^2 - CH^2 - CH^2 - CH.NH^2 - COOH \end{cases}$$

L'alimentation introduit chaque jour une certaine quantité de créatine. On sait que les muscles en renferment une assez forte proportion. Mais la plus grande partie provient du métabolisme cellulaire et doit être rattachée à la dégradation des protéiques contenus dans les tissus. C'est un déchet de la désassimilation azotée. On conçoit que sous l'influence de l'inanition et au cours des maladies fébriles, des maladies consomptives comme le diabète, de certaines intoxications comme celle par le phosphore, la formation de la créatine soit augmentée et son élimination par l'urine plus abondante.

C'est à l'état de créatinine que la créatine est rejetée par le rein.

Ceci nous ramène à l'étude du foie, car c'est le foie qui opère cette transformation. Une réaction très simple en rend compte. Il suffit d'une déshydratation, que les acides accomplissent aisément en dehors de l'organisme :

$$NH = C \overset{NCH^3 - CH^2}{\underset{NH^2 \quad \quad COOH}{<}} \quad = \quad HN = C \overset{NCH^3 - CH^2}{\underset{NH ---CO}{<}} + H^2O$$

Créatine   Créatinine

La méthode des circulations artificielles met en évidence l'action du foie sur la créatine. Mais cette action n'est manifeste que si le parenchyme contient du glycogène. D'accord avec ce résultat on constate que le jeûne fait apparaître dans l'urine de la créatine à côté de la créatinine ; l'ingestion d'hydrates de carbone fait disparaître la créatine, tandis que les graisses restent inefficaces. Si l'on injecte sous la peau d'un chien bien nourri 200 mgr. de créatine, on trouve dans l'urine 23 à 28 mgr. de cette substance et 50 à 95 mgr. de créatinine. En répétant la même expérience sur un chien soumis à un jeûne prolongé, l'urine ne contient guère que de la créatine, 143 à 190 mgr. (Pekelharing et van Hoogenhuyze). On comprend ainsi pourquoi la créatine passe dans l'urine au cours des maladies qui troublent la glycogénie hépatique, diabète grave, intoxication phosphorée, affections du foie et spécialement cancer du foie. Il faut remarquer cependant que la fistule d'Eck ne modifie pas sensiblement le métabolisme créatinique (London et Bulgarski).

Formation et destruction de l'acide oxalique dans le foie. — Nous avons vu, en étudiant les transformations des nucléines et de la créatinine, que le foie élabore, dans certains cas, de l'acide oxalique. Il semble, en effet, jouer un rôle important dans la production et la transformation de cette substance.

On sait que l'acide oxalique est un des constituants normaux de l'urine, mais la quantité excrétée en 24 heures est assez faible.

Théoriquement l'acide oxalique peut prendre naissance aux dépens des hydrates de carbone. Si on traite du sucre ou de l'amidon par de l'acide nitrique, on obtient de l'acide oxalique :

$$HCO - (CHOH)^4 - CH^2OH + 9\ O = 3\ HCO^2 - CO^2H + 3\ H^2O$$

Glycose   Ac. oxalique

La même réaction se produit sous l'influence des bactéries pendant la fermentation des sucres. Hildebrand a observé des faits analogues chez l'animal vivant ; des lapins sont soumis à un régime constant ; l'adjonction de 3o gr. de glycose à la ration quotidienne, décuple la quantité d'acide oxalique éliminée en 24 heures.

Les graisses ne jouent aucun rôle, mais les albumines donnent, en dehors de l'organisme, par hydrolyse et oxydation, de l'acide oxalique. Un excès de viande dans l'alimentation du chien provoque de l'oxalurie. On a voulu pousser plus loin l'analyse et on a essayé de déterminer quels acides aminés interviennent. Il semble qu'il faille faire jouer un certain rôle au glycocolle, aux acides glutamique, aspartique et glutarique. Mais ce sont surtout les nucléo-albumines qui semblent importants. L'observation clinique démontrait depuis longtemps qu'il existe un certain parallélisme entre l'excrétion de l'acide urique et celle de l'acide oxalique, ces deux corps augmentant dans les mêmes états pathologiques.

La transformation de l'acide urique en acide oxalique est bien établie par les formules suivantes qui en montrent les nombreux intermédiaires.

$$C^5H^4N^4O^3 + H^2O + O = C^4H^2N^2O^4 + CON^2H^4$$

Ac. urique   Alloxane   Urée

$$C^4H^2N^2O^4 + O = C^3H^2N^2O^3 + CO^2$$

Alloxane   Ac. parabamique

$$C^3H^2N^2O^3 + H^2O = C^3H^4N^2O^4$$

Ac. parabamique   Ac. oxalurique

$$C^3H^3N^2O^4 + H^2O = C^2H^2O^4 + CON^2H^4$$

Ac. oxalurique   Ac. oxalique   Urée

Une autre relation semble exister entre les deux corps. Nous avons vu que l'acide urique donne de l'allantoïne ; cette substance peut aussi se transformer en acide oxalique :

$$C^5H^4N^4O^3 + H^2O + O = C^4H^6N^4O^3 + CO^2$$

Ac. urique   Allantoïne

$$C^4H^6N^4O^3 + 2H^2O + O = C^2H^2O^4 + 2CON^2H^4$$

Allantoïne   Ac. oxalique   Urée

La production de l'acide oxalique semble être localisée dans le foie et la rate.

C'est ce qu'on peut démontrer par la méthode des circulations artificielles. Le sang du chien renferme 3,6 à 4 mgr. d'acide oxalique pour 1.000. La proportion ne s'accroît pas par une circulation intra-hépatique prolongée pendant une heure et demie. Si l'on ajoute 1 gr. d'acide parabamique, la teneur en acide oxalique s'élève à 50 et même 147 mgr. Si l'on refait la même expérience avec 1 gr. d'urate de soude, on obtient de 24 à 25 mgr. d'acide oxalique.

Ces chiffres, que nous empruntons à l'important travail de Sarvonat, démontrent que le foie fabrique véritablement de l'acide oxalique, mais en fabrique dans une faible proportion. C'est que, en même temps qu'il lui donne naissance, il le détruit. Sarvonat a montré que cette destruction est très intense. Par la méthode des circulations artificielles il fait passer dans le foie, à plusieurs reprises, 0 gr. 5 d'oxalate neutre de sodium dissous dans un litre et demi de sang ; après une heure et demie, il n'en trouve plus que 18 mgr. pour 1.000. Dans une autre expérience, le sang qui renfermait 1 gr. d'oxalate dans un litre et demi, n'en contenait plus que des traces après une heure et demie.

Ainsi le foie exerce une action oxalicolytique extrêmement marquée. Il semble donc que l'acide oxalique ne constitue dans le métabolisme, qu'un stade intermédiaire : il est apparemment aussi vite détruit que formé, au moins dans les conditions physiologiques.

Il serait intéressant de rechercher ce que devient l'action du foie quand cette glande est lésée et de déterminer le rôle qu'elle joue dans le développement de l'oxalurie et de la lithiase oxalique. Mais nous n'avons pas trouvé de recherches poursuivies dans ce sens.

Action du foie sur les substances aromatiques. — La décomposition de certains acides aminés met en liberté des substances aromatiques. Ainsi la tyrosine donne du crésol et du phénol ; le tryptophane du scatol et de l'indol. Plusieurs chimistes prétendent que ces transformations peuvent se produire au cours des digestions aseptiques et même par suite de la désassimilation. La conclusion semble exacte pour l'indol. Mais le scatol et le phénol et, pour une grande part, l'indol lui-même, sont engendrés par les putréfactions intestinales. Il est classique d'affirmer que ces diverses substances s'éliminent par l'urine sous forme d'éthers sulfo-conjugués. Mais on n'a pas démontré la réalité de la sulfo-conjugaison du scatol qui semble donner naissance à un chromogène et à des pigments. Le phénol s'élimine par l'urine à l'état de phényl-sulfate de potassium, l'indol à l'état d'indoxyl-sulfate de potassium et, pour une petite part, à l'état d'indoxyl-glycuronate. Cette dernière combinaison n'est pas très solide et peut être facilement rompue par les bactéries de la putréfaction. Dans ces conditions, quand l'indoxyl-glycuronate est éliminé en excès, on peut voir les urines prendre spontanément une teinte bleuâtre.

La glycurono-conjugaison se fait dans le foie. La sulfo-conjugaison est assurée par le foie et le rein. L'acide sulfurique proviendrait, d'après Baumann, du sulfate de potassium de l'organisme. Mais il est plus probable, comme l'a montré Tauber, que le soufre nécessaire est emprunté à un composé organique, c'est-à-dire à la cystine, le seul acide aminé contenant du soufre.

Le rôle du foie et du rein a été mis en évidence en faisant comparativement des circulations artificielles à travers les organes. Gautier et Hervieux injectent 1 mgr. d'indol sous la peau d'une grenouille et retrouvent dans l'urine un chromogène indoxylique. En répétant la même expérience sur une grenouille privée de foie, ils ne décèlent plus que des traces de chromogène, la plus grande partie de l'indol n'a pas été transformée.

On a fait l'application de ces résultats à la clinique. Gilbert et Weil, Dehon ont proposé de recourir à l'épreuve de l'indoxylurie provoquée pour étudier la fonction indopexique du foie.

CHAPITRE IX

ROLE DU FOIE DANS LA COAGULATION DU SANG

La clinique démontre depuis longtemps la fréquence des hémorragies au cours des affections hépatiques. On observe souvent chez les cirrhotiques des épistaxis, des ecchymoses sous-cutanées et surtout des hémorragies gastro-intestinales. Celles-ci ont été quelquefois assez abondantes pour entraîner la mort et sont parfois survenues avant toute autre manifestation, constituant le premier symptôme du processus morbide.

On a essayé d'expliquer ces hémorragies par des troubles mécaniques de la circulation, par le développement de varices œsophagiennes, par des lésions des vaisseaux gastro-intestinaux. Cette pathogénie est réelle, mais incomplète. Les hémorragies sont favorisées ou provoquées par l'insuffisance hépatique, car on en observe dans les cas de lésions cellulaires étendues sans troubles circulatoires, ictère grave, fièvre jaune, intoxication phosphorée, ainsi que dans les infections graves à détermination hépatique.

On avait reconnu que le sang des malades ainsi affectés était particulièrement fluide (Monneret) et qu'il renfermait une fibrine imparfaite (Gubler). Dans un cas rapporté par Boyé, le sang d'un cirrhotique mettait 58 minutes à se coaguler ; après un traitement opothérapique, prolongé pendant un mois, la coagulation se produisait en 10 minutes.

Les recherches expérimentales ont démontré que les lésions profondes du foie entraînent une diminution de la coagulabilité sanguine. C'est ce qu'on observe chez les animaux qui sont soumis à l'intoxication phosphorée, chez ceux auxquels on a détruit plus ou moins complètement le foie en liant l'artère hépatique ou en injectant dans le canal cholédoque de l'eau chargée d'acide acétique. Doyon, qui a poursuivi sur cette question de très intéressantes recherches, ajoute qu'il suffit d'injecter dans le canal cholédoque d'un chien du sulfate d'atropine, à la dose de 1 ou 2 ctgr. par kilo, pour rendre le sang incoagulable. La même substance introduite dans les veines ne produit rien de semblable. Une expérience encore plus démonstrative consiste à extirper le foie chez des grenouilles ; on constate que le sang perd sa coagulabilité ; reçu dans un vase il reste liquide (Doyon).

Ces premières constatations portent à rechercher par quel mécanisme les troubles du foie diminuent la coagulabilité du sang.

On a admis tout d'abord que la coagulation du sang est due à l'action d'un ferment, dit fibrin-ferment, sur une matière protéique dissoute, le fibrinogène. Reprenons l'expérience faite sur les grenouilles. Après l'extirpation du foie le sang est devenu incoagulable. Est-ce parce que le ferment est absent ? Nullement. Car le sérum d'une grenouille normale, bien que contenant ce ferment en abondance, ne fait pas coaguler le sang d'une grenouille privée de foie. Ce sont donc les éléments de la fibrine qui font défaut. En effet, si l'on réinjecte dans les veines d'une grenouille exsangue du sang défibriné, la fibrine se reproduit très rapidement, en quelques heures. Mais si la grenouille a été privée de son foie, la régénération de la fibrine ne se fait plus.

Les observations cliniques cadrent avec ces résultats expérimentaux. Dans les cirrhoses hépatiques, surtout dans les formes graves, la quantité de fibrinogène est inférieure à la normale. Des troubles fonctionnels du foie, même passagers, suffisent à abaisser momentanément le taux du fibrinogène. C'est ce qu'on observe, par exemple, au début de l'intoxication chloroformique. Réciproquement diverses infections augmentent le fibrinogène par suite d'une réaction sur le foie : c'est ainsi qu'on explique l'influence de la pneumonie et des péritonites.

Le rôle du foie dans la production de la thrombine est moins évident. La thrombine est une substance complexe, prenant naissance par l'union de plusieurs corps ou par la réaction de plusieurs corps les uns sur les autres. On n'est même pas d'accord sur la nature de la thrombine, qu'on considère tantôt comme un ferment, tantôt comme un simple complexe colloïdal. Quoi qu'il en soit, le sang renferme une prothrombine qui se transforme en thrombine au contact des sels de calcium. A ces deux éléments principaux, on en ajoute un troisième, une kinase, qui semble provenir des leucocytes et des tissus. L'influence de la kinase issue des tissus est incontestable : elle apparaît nettement quand on étudie comparativement la coagulation du sang prélevé directement dans une veine ou recueilli à travers une plaie. Dans ce dernier cas, la coagulation est beaucoup plus rapide. Le foie fournit, comme tous les tissus, une cytokinase. C'est une propriété banale sur laquelle il est inutile d'insister.

Quant à la thrombine, on lui assigne souvent une origine leucocytaire. L'expérience ruine cette conception. Si l'on soumet des lapins à l'action du benzol, le nombre des leucocytes tombe à 800 et même à 200 par mmc. L'action de la prothrombine diminue, mais très légèrement. C'est que les leucocytes fournissent simplement une kinase et la thrombine semble sécrétée par le foie.

On peut même se demander si le rôle kinasique des leucocytes n'a pas été exagéré. D'après Bordet et Delange, ce sont les plaquettes sanguines, dont Lesourd et Pagnez avaient déjà montré l'importance, qui interviennent. Tandis que le sang, rendu incoagulable par un des nombreux procédés classiques, finit toujours par coaguler, il reste indéfiniment liquide si on a éliminé les plaquettes. Celles-ci contribuent, avec les sels de calcium, à transformer la prothrombine en thrombine.

Le foie intervient encore par la sécrétion d'une antithrombine, qui entrave la coagulation. Dès qu'une cause quelconque tend à augmenter la coagulabilité du sang, le foie rétablit l'équilibre ; le plus souvent même, il dépasse le but et, réagissant trop énergiquement, rend le sang incoagulable. C'est ce que démontrent les effets produits par les injections intraveineuses de propeptones (peptones de Witt). Si l'on introduit rapidement en 2 ou 3 minutes, dans les veines d'un chien, o gr. 3 de propeptones par kilogramme, le sang devient incoagulable. Mais, si l'on a supprimé l'influence du foie en injectant de l'acide acétique dilué par le canal cholédoque, ou en extirpant la glande, l'effet ne se produit plus (Gley et Pachon). Le sérum d'anguille à la dose de o cmc.02 ou 0,03 par kilo, les extraits de muscles d'écrevisse agissent exactement de même et leur influence dépend encore d'une intervention du foie.

Ainsi la propeptone n'est pas une substance anticoagulante. A petite dose elle augmente la coagulabilité du sang, ce qui a conduit Nolf à en proposer l'usage dans les états hémorragiques et dans le traitement de l'hémophilie. Si elle est introduite en excès, elle provoque la sécrétion de l'antithrombine hépatique et, par ce mécanisme indirect, tend à rendre le sang plus fluide. Cette antithrombine est assez active pour empêcher la coagulation du sang normal qu'on ajoute à du sang de chien peptoné.

Les recherches de Doyon établissent que l'antithrombine hépatique est une substance azotée et phosphorée, probablement une nucléo-protéide, précipitant par l'acide acétique, facilement soluble dans les milieux alcalins. Billard, Doyon l'ont obtenue en faisant agir les vapeurs de chloroforme sur des tranches de foie et en recueillant le liquide qui s'écoule dans ces conditions. On peut l'entraîner en faisant circuler dans le foie une solution légèrement alcaline contenant 1/8 de chloroforme. Doyon a encore préparé l'antithrombine en reprenant un extrait hépatique préalablement chauffé à 120° pendant 45 minutes, en le précipitant par l'acide acétique et en redissolvant une partie du précipité dans de l'eau contenant par litre 5 gr. de chlorure et 4 gr. de carbonate de sodium.

Le foie du lapin ne renferme pas de nucléo-protéide anticoagulante. Aussi l'injection intraveineuse de propeptones ne modifie-t-elle pas ou presque pas le sang de cet animal. Mais si l'on injecte à un lapin le liquide obtenu en faisant circuler une solution de propeptone à travers le foie d'un chien, le sang deviendra incoagulable ; l'antithrombine hépatique du chien a modifié le sang du lapin. Son action se fait également sentir en dehors de l'organisme : ajoutée à du sang de chien ou de lapin, elle en empêche la coagulation.

Doyon a encore démontré qu'un grand nombre de substances rendent le sang incoagulable à la condition qu'on leur fasse traverser le foie. C'est ce qu'on obtient en injectant dans une veine intestinale, des alcaloïdes comme l'atropine, l'hyoscyamine, la morphine ; de la bile ou des sels biliaires. Ajoutons que la bile, par ses sels biliaires, possède également le pouvoir anticoagulant.

C'est à cause de sa richesse en bile que le sang embryonnaire est peu coagulable.

Pour mieux mettre en évidence l'influence du foie sur la coagulation du sang, on a injecté des extraits hépatiques dans les veines. De petites doses diminuent la coagulabilité : des doses plus élevées provoquent une thrombose de la veine porte, tandis que le sang de la circulation générale devient plus fluide que normalement.

Ces propriétés ne sont pas spéciales au foie, beaucoup d'autres extraits organiques jouissent d'un pouvoir analogue.

Conradi essayant de dissocier expérimentalement les deux effets opposés de l'extrait hépatique, a constaté que la substance anticoagulante diffuse beaucoup plus facilement que l'autre. On lui a objecté que les substances anticoagulantes sont des produits d'autolyse, ce qui explique leur diffusion. La critique n'a peut-être pas une très grande valeur, puisque l'organisme est constamment le siège de phénomènes autolytiques dont les produits se déversent dans le sang. Au contraire, les substances coagulantes sont des matières constitutives ne passant dans le sang qu'à la faveur des conditions pathologiques.

La question mériterait d'être reprise, d'autant plus qu'on peut faire une autre hypothèse qui explique assez bien les faits observés. On peut admettre que les petites doses d'extraits organiques tendant à amener la coagulation du sang, provoquent une sécrétion hépatique antagoniste. Avant de se coaguler, le sang s'épaissit ; nous avons constaté, en effet, que l'injection d'une dose d'extrait organique prémortelle augmente dans des proportions considérables la viscosité du sang. Le foie intervient alors en lançant de l'antithrombine. Quand on a injecté dans les veines un extrait organique à très petite dose, le foie rend le sang incoagulable et, dès lors, des doses supérieures à celles qui tuent par coagulation intra-veineuse sont parfaitement bien supportées.

Ce qui est intéressant, c'est que les coagulations se produisent fréquemment dans le territoire de la veine porte, en deçà du foie. On observe souvent ce phénomène curieux que le sang de la veine porte est coagulé en masse, alors que le sang des autres vaisseaux, ayant reçu l'antithrombine hépatique, est resté liquide.

Ainsi la matière coagulante des tissus, transportée par la veine porte, exerce dans ce vaisseau son action spéciale. Mais une partie arrive au foie et, dès lors, cette glande peut intervenir.

Pour expliquer la coagulation du sang, on invoque l'action de ferments et de kinases. Nolff n'admet que des précipitations colloïdales se produisant quand est rompu l'équilibre des différents corps en présence. Constamment une petite quantité de fibrine se produirait qui revêtirait d'une couche microscopique les leucocytes et les endothéliums vasculaires. Constamment aussi, cette couche de fibrine serait digérée par un ferment et disparaîtrait : ainsi s'explique la résorption du caillot quand une coagulation s'est produite dans un vaisseau, artériel ou veineux.

Le foie interviendrait encore pour réglementer ces processus. A côté de l'antithrombine qui entrave la coagulation spontanée, il produirait une antifibrinolysine qui retarderait la dissolution de la fibrine.

Pour qu'on puisse se rendre facilement compte des phénomènes si complexes de la coagulation, nous avons schématisé les conceptions actuelles en un tableau qui indique l'origine probable des diverses substances et leur synonymie. On verra tout de suite que le foie joue le rôle primordial dans la coagulation du sang. Il produit les matières protéiques indispensables à la formation du caillot, fibrinogène et probablement thrombogène. Comme tous les tissus, il émet une kinase et contribue ainsi à rétablir l'équilibre quand la coagulabilité sanguine diminue. Si elle tend à augmenter il intervient en sécrétant un excès d'antithrombine. Enfin, si l'on admet avec Nolff qu'il se fait constamment de la coagulation fibrineuse et de la fibrinolyse, le foie est encore capable par l'antifibrinolysine de régulariser ce dernier processus,

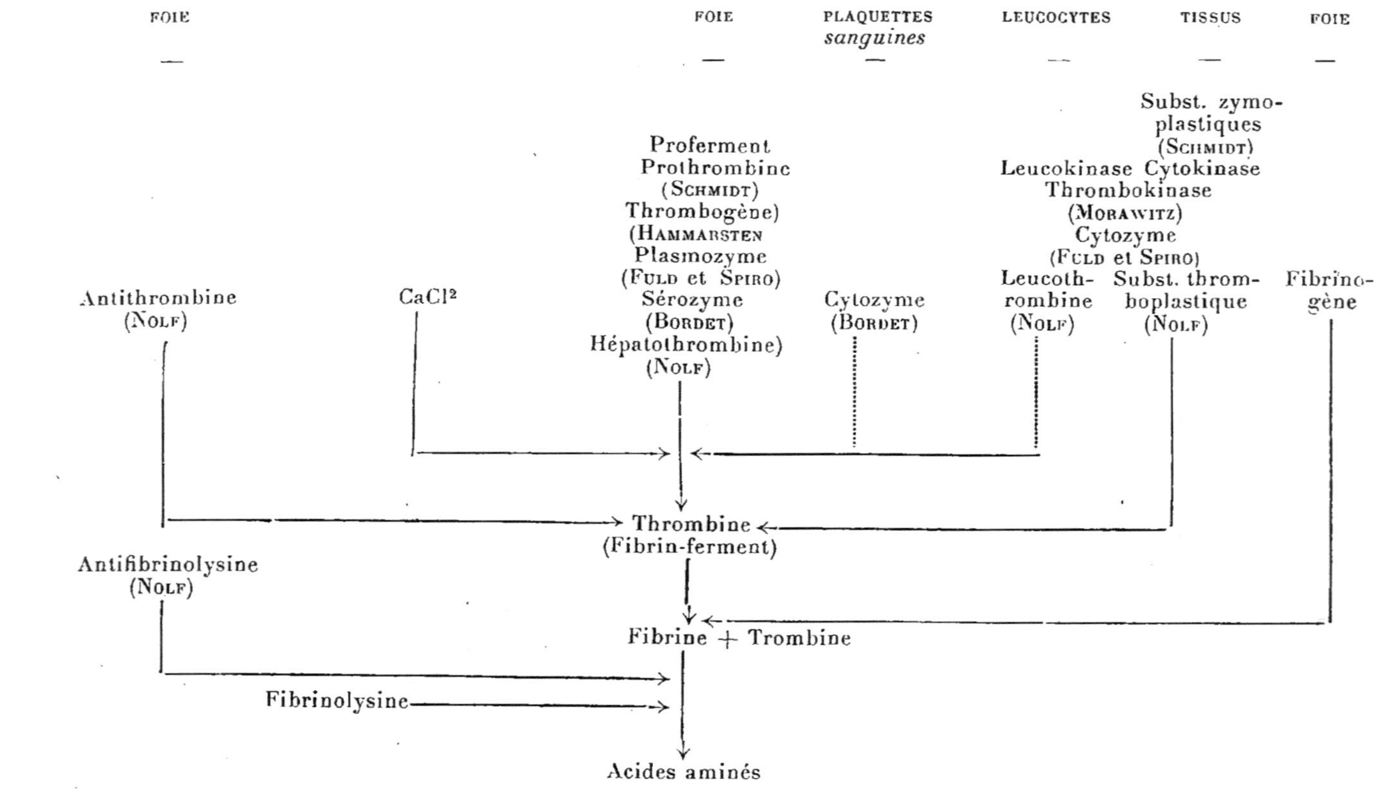

FOIE
FOIE
PLAQUETTES sanguines
LEUCOCYTES
TISSUS
FOIE
Antithrombine (Nolf)
CaCl2
Proferment
Prothrombine (Schmidt)
Thrombogène) (Hammarsten
Plasmozyme (Fuld et Spiro)
Sérozyme (Bordet)
Hépatothrombine) (Nolf)
Cytozyme (Bordet)
Leucothrombine (Nolf)
Subst. zymoplastiques (Schmidt)
Leucokinase Cytokinase Thrombokinase (Morawitz)
Cytozyme (Fuld et Spiro)
Subst. thromboplastique (Nolf)
Fibrinogène
Thrombine (Fibrin-ferment)
Antifibrinolysine (Nolf)
Fibrine + Trombine
Fibrinolysine
Acides aminés

CHAPITRE X

ACTION DU FOIE SUR LES POISONS

On savait depuis longtemps que le foie est capable d'arrêter et d'emmagasiner diverses substances toxiques. Cette fonction protectrice semble au premier abord ne pouvoir s'exercer que dans certaines conditions spéciales. On conçoit que, pendant toute l'existence d'un être, elle puisse n'avoir jamais l'occasion de se manifester.

Les travaux modernes, en appelant l'attention sur la fréquence des auto-intoxications et en établissant que l'organisme absorbe et fabrique constamment des poisons, ont mis au premier rang le rôle protecteur du foie et ont démontré que cette glande est forcée à tout moment d'intervenir. Ils ont eu aussi pour conséquence de modifier nos conceptions sur les intoxications et d'en faire donner une définition nouvelle, extrêmement large et compréhensive.

On doit admettre aujourd'hui qu'il y a intoxication toutes les fois qu'est modifiée la constitution chimique des liquides où plongent les éléments vivants : sang, lymphe, plasmas interstitiels. Pour que les phénomènes toxiques se manifestent, il faut que le trouble chimique atteigne l'intérieur même de la cellule, c'est-à-dire la partie liquide dans laquelle sont plongées les micelles, les véritables éléments doués de vitalité. Sans rechercher par quel mécanisme se développent les troubles micellaires et sans vouloir discuter les arguments qui semblent établir que l'intoxication est essentiellement caractérisée par des modifications colloïdales, il nous suffit de rappeler que le jeu régulier de l'organisme exige que la constitution chimique du milieu organique reste invariable ou tout au moins ne subisse pas de trop profondes modifications. Or le foie intervient pour maintenir ou rétablir la constitution chimique de l'organisme.

Si l'on envisage la question de ce point de vue élevé, on doit reconnaître qu'il n'est pas irrationnel de décrire une action du foie sur les poisons. Certes l'expression a le défaut d'évoquer une conception téléologique surannée. Le foie n'est pas un organe ayant pour fonction de transformer des substances qui pourraient être nuisibles à l'organisme. Il exercerait ainsi une action élective, singulièrement mystérieuse. En réalité, son rôle se ramène à arrêter et emmagasiner les substances anormales ou même normales qui se trouvent en excès dans le sang de la veine porte et à faire subir à certaines d'entre elles des transformations d'ordre chimique. Il contribue ainsi, comme beaucoup d'autres organes, à maintenir fixe et invariable la constitution chimique du sang, c'est-à-dire, si l'on adopte la définition que nous avons proposée, à éviter l'intoxication. C'est une propriété générale qui est plus marquée dans le foie que dans tout autre organe et qui mérite par conséquent une étude spéciale.

Nous avons déjà décrit divers processus chimiques qui se passent dans le foie et aboutissent à la transformation des substances toxiques en substances inoffensives. Nous avons vu, par exemple, que les savons, les peptones, les sels ammoniacaux sont arrêtés et modifiés. Les sels ammoniacaux donnent de l'urée ; or, pour un même poids d'azote, l'urée est 40 fois moins toxique que le carbonate d'ammonium ; elle exerce une action sur la sécrétion urinaire, qui démontre la collaboration du foie et du rein. C'est, comme l'ont établi Ch. Richet et Bouchard, un véritable diurétique physiologique.

Pour mettre en évidence l'action du foie sur les poisons, on peut employer sept procédés différents :

1º Empoisonner un animal et doser la quantité de poison qui s'est accumulée dans les tissus et les organes ;

2º Etudier l'élimination des poisons par l'urine et les variations qui se produisent quand le foie est lésé ;

3º Déterminer comparativement la dose mortelle d'une substance, suivant qu'on l'introduit par une veine périphérique ou par un rameau de la veine porte ;

4º Etudier comparativement la toxicité d'une substance chez un animal intact et chez un animal dont la veine porte a été liée ou qui a subi une fistule porto-cave ;

5° Étudier la toxicité d'une substance chez un animal normal et chez un animal dont le foie est lésé ou supprimé (l'extirpation du foie est bien supportée par la grenouille) ;

6° Rechercher ce que devient la toxicité d'un corps quand on l'a laissé en contact avec les cellules hépatiques ;

7° Rechercher ce que devient la toxicité d'une solution quand on la fait passer à travers un foie préparé pour la circulation artificielle.

Ces différentes méthodes se complètent les unes les autres et conduisent à des résultats concordants.

Action du foie sur les poisons minéraux. — Il ne faut pas croire que le foie arrête indistinctement toutes les substances que lui amène la veine porte. Il exerce une action élective qui apparaît très nettement quand on étudie les sels minéraux.

Un grand nombre de poisons minéraux (**5**) s'accumulent dans le foie. Quelques-uns s'éliminent par la bile. D'autres traversent librement la glande ; c'est ainsi que le foie est sans action sur le chlorure de potassium, le chlorure et le lactate de sodium. Au contraire il fixe les iodures et les bromures et en élimine une partie par la bile. Il rejette par la même voie le ferrocyanure de potassium et le salicylate de soude.

L'action du foie s'exerce surtout sur les métaux lourds. Le lactate de fer est trois fois moins toxique quand on l'injecte par un rameau de la veine porte que lorsqu'on l'introduit par une veine périphérique. Dans les mêmes conditions, l'albuminate de cuivre perd la moitié de sa toxicité.

D'autre part, le foie emmagasine et conserve pendant long-temps les sels de mercure, de plomb, d'arsenic. Il élimine par la bile une petite quantité de ces mêmes sels. Les sels de manganèse, d'antimoine, d'argent, de zinc, passent également dans cette sécrétion.

On admet aujourd'hui que l'accumulation des métaux lourds est due à des combinaisons qu'ils contractent avec les nucléines. D'après Siccardi et Roucato chez des chiens soumis à l'intoxication saturnine, le plomb est réduit et fixé à l'état métallique dans les cellules de Kupffer. Ces éléments anatomiques semblent d'ailleurs avoir la propriété de retenir un grand nombre de substances étrangères à l'organisme. Ainsi Kupffer avait montré qu'après l'injection d'encre de Chine dans les veines du lapin, les cellules étaient gorgées de grains noirs. Colin, Nathan firent des constatations analogues avec l'argent colloïdal. Duhamel a étudié comparativement plusieurs métaux ou métalloïdes colloïdaux. Déjà 15 minutes après l'injection de o kgr. o125 de platine colloïdal dans les veines d'un lapin, les cellules de Kupffer sont remplies de métal. Avec les colloïdes de cuivre, de mercure, de sélénium, de fer, de soufre, les résultats sont négatifs ou du moins l'examen histochimique ne permet pas de retrouver les substances introduites. Mais l'analyse chimique conduit à des résultats différents. Voici, en effet, les chiffres donnés par Duhamel : la recherche était faite 15 minutes après l'injection :

SUBSTANCE	QUANTITÉ	QUANTITÉ TROUVÉE DANS		
injectée	*injectée* Gr.	*le foie* Gr.	*les reins*	*la rate*
Argent.	0,018	0,012	0	traces
Platine.	0,0125	0,0084	0	traces
Sélénium	0,0125	0,0076	traces	0
Mercure	0,01	0,0065	traces	traces
Cuivre.	0,0125	0,0053	traces	0
Fer	0,05	0,028	»	»

Ainsi les deux tiers environ des quantités introduites vont très rapidement se fixer dans le parenchyme hépatique.

Les substances métalliques qui se déposent dans le foie peuvent y séjourner fort longtemps. Philippeau a trouvé du cuivre dans le foie d'un lapin, un mois après qu'on eut cessé de lui faire ingérer ce métal. White avait déjà observé des faits analogues.

L'élimination du mercure semble encore plus lente. Kussmaul a retrouvé ce métal au bout de 4 et 12 mois et Colson après plusieurs années. Ainsi s'expliqueraient les faits de mercurialisme tardif rapportés par Kussmaul : on a vu survenir de la salivation mercurielle à la suite d'un refroidissement ou d'une cure sulfureuse, plusieurs années après la cessation d'un traitement hydrargyrique.

La plupart des substances minérales et diverses substances organiques, après avoir été arrêtées par le foie, s'éliminent par la bile. Déjà, à maintes reprises, nous avons indiqué le passage dans cette sécrétion de substances toxiques ou tout au moins étrangères à l'organisme. Il nous a semblé intéressant de réunir en un tableau les principaux résultats obtenus en indiquant le nom des savants qui ont fait cette recherche.

SUBSTANCES	PRÉSENCE DANS LA BILE	ABSENCE DANS LA BILE
Sulfate de cuivre	CL. BERNARD : *Plus que dans l'urine.* MOSLER : *Moins que dans l'urine.*	
Albuminate de cuivre	FELTR et RITTER : *Plus que dans l'urine.*	
Acétate de plomb	ANNUSCHAT : *1/8 à 1/3 est arrêté par le foie ; dans la bile quantité très variable.*	
Citrate de fer	PAGANUZZI : *Quand l'injection est faite par une veine mésaraïque.*	
Lactate de fer	BOUCHARD et ROGER : *Id.*	
Calomel		CL. BERNARD.
Mercure	AUTENRIETH et ZELLER : *Après friction avec un onguent.*	
Sels de fer, de manganèse, d'antimoine, d'étain, d'argent, de zinc	LUSSANA.	
Sels de cadmium	MARMÉ.	
Arsenic		MOSLER : *Mais accumulation dans le foie.*
Bismuth	BRICK.	
Iode		MELSENS : *Id.*
Iodure de potassium	CL. BERNARD, MOSLER, LUSSANA, PEIPER : *6 à 8 h. après l'administration.*	
Nitrate de potassium		MOSLER.
Chlorate de potassium	ISAMBERT.	
Ferrocyanure de potassium	BOULEY et COLIN.	PEIPER.
Sulfocyanure de potassium	PEIPER : *Traces.*	
Salicylate de soude	PEIPER : *1/2 h. après l'injection, au-dessus de 0 gr. 5.*	
Sulfindigotate de soude	DIAKANOW, HEIDENHAIN, CHRZONSCZEWSKY.	
Fuchsine	HUSSON, FELTZ et RITTER, CHRZONSCZEWSKY.	
Indigo carmin, rouge d'aniline	CHRZONSCZEWSKY.	

SUBSTANCES	PRÉSENCE DANS LA BILE	ABSENCE DANS LA BILE
Carminate d'ammoniaque, bleu de Berlin, bleu d'aniline. . .		CHRZONSCZEWSKY.
Matières colorantes de la rhubarbe . . .	HEIDENHAIN.	
Acide benzoïque. . .		CL. BERNARD, MOSLER.
Acide phénique . . .	PEIPER : *Traces*.	
Térébenthine. . . .	CL. BERNARD.	
Glycose	CL. BERNARD. MOSLER.	
Albumine.	MOSLER.	
Quinine	ALBERTINI et CIOTTO.	CL. BERNARD, MOSLER, JACQUES.
Nicotine		JACQUES.
Strychnine	JACQUES : *Traces*.	
Curarine.	LUSSANA.	
Caféine	STRAUCH.	
Chlorophylle. . . .	WERTHEIMER.	

Action du foie sur les alcaloïdes végétaux. — L'action du foie sur les alcaloïdes végétaux, signalée par Héger et Schiff, n'avait guère fixé l'attention des expérimentateurs. A partir de 1886, nous avons publié une série de travaux (**1, 4, 5, 6, 8, 13, 21, 23, 26, 31, 33, 40, 50, 52, 53, 65, 73**) dont les conclusions ne furent accueillies qu'avec une certaine réserve. Mais les recherches ultérieures ont été si concordantes qu'elles ont fini de convaincre les incrédules.

Il est facile de démontrer l'action du foie sur les alcaloïdes par les différentes méthodes que nous avons indiquées.

Le procédé le plus usuel consiste à faire une injection comparative par une veine périphérique et par un rameau de la veine porte. Il faut seulement avoir soin de diluer la substance en tenant compte de son équivalent toxique ; autrement dit, la dose reconnue mortelle, quand on l'injecte dans une veine périphérique, devra être contenue dans 10 ou 20 centimètres cubes de liquide, et celui-ci devra être introduit peu à peu et très lentement ; c'est pour avoir négligé ces précautions que plusieurs expérimentateurs n'ont pas réussi à mettre en évidence l'action protectrice du foie ; qu'il s'agisse des poisons ou qu'il s'agisse du sucre, cette glande laisse passer les solutions concentrées. Nous avons montré, par exemple, que le foie ne modifie pas la toxicité d'une solution de nicotine à 0,5 o/o ; que l'injection soit faite par une veine périphérique ou par la veine porte, la dose mortelle est la même dans les deux cas ; elle oscille autour de 5 m g.. Mais si l'on emploie une dilution à 0,05 o/o, les résultats sont bien différents : pour tuer 1 kilogramme d'animal, il faut introduire 7 m. g. par une veine périphérique et 14 par un rameau de la veine porte.

En opérant dans des conditions bien déterminées, nous avons reconnu que la plupart des alcaloïdes (nicotine, morphine, atropine, quinine, strychnine, cicutine) perdent la moitié de leur toxicité en traversant le foie.

Par la méthode des circulations artificielles, Woronzow a établi que le foie fixe la nicotine, l'aconitine, la digitaline, l'atropine, la physostigmine, la picrotoxine, la strychnine, l'adrénaline ; son action sur la muscarine et la ricine est particulièrement énergique.

Les résultats sont analogues quand on opère, comme l'a fait Kotliar, sur des chiens munis d'une fistule d'Eck. Mêmes résultats aussi quand on se sert de grenouilles privées de foie : aux alcaloïdes que nous avons étudiés, on peut ajouter, d'après Schupfer, l'apomorphine et la pilocarpine.

Nous avons encore constaté que, si l'on extirpe le foie d'une grenouille, les sels de strychnine sont également toxiques qu'on les introduise sous la peau ou dans l'intestin. Si les animaux normaux résistent mieux quand le poison est donné par le tube digestif, ce n'est pas, comme on le croyait, parce que l'absorption est plus lente, c'est parce que le foie peut intervenir. Quand on opère sur des grenouilles privées de foie et qu'on leur injecte de la strychnine, aux unes sous la peau, aux autres dans une anse intestinale, on constate que ces dernières succombent plus rapidement. Il y aurait lieu de reprendre l'histoire de l'absorption en tenant compte de cette constante intervention du foie.

Si l'on pratique la ligature des vaisseaux afférents du rein chez une grenouille, les anastomoses qui relient chez cet animal le système porte rénal au système porte hépatique ont pour résultat de déterminer une congestion du foie et d'augmenter son action sur les poisons.

Des alcaloïdes arrêtés par le foie, quelques-uns s'éliminent par la bile (strychnine, curarine) ; d'autres (nicotine, quinine) ne passent pas dans cette sécrétion. En tout cas ils ne s'y trouvent jamais qu'à l'état de traces.

L'action du foie ne s'étend pas indistinctement à tous les alcaloïdes et n'est pas identique chez toutes les espèces animales ; ainsi, d'après Héger, le foie de la grenouille agit énergiquement sur l'hyoscyamine ; le foie du lapin n'a que peu d'influence ; celui du cobaye n'en a pas du tout.

Les expériences de Clark sont fort intéressantes, parce que l'auteur a opéré comparativement avec le sang, le foie et les divers tissus de plusieurs espèces animales. Il a constaté que le foie de la grenouille, par une action analogue à celle des ferments, détruit l'atropine ; le cœur et le rein agissent également, mais à un degré bien moindre. Les autres tissus sont sans effet. Le foie du lapin est doué d'un pouvoir neutralisant très énergique ; le sang possède une certaine influence ; les autres tissus ne font rien. Les divers organes du chien, du chat, du rat, ne modifient pas la toxicité de l'atropine.

Cette action du foie, déjà si marquée, est encore plus énergique, quand les animaux ont été préparés par des injections préalables de la substance toxique. C'est ce que démontrent les expériences d'Albanese avec la morphine et celles de Dixon et Lee avec la nicotine. On conçoit que ces résultats puissent servir à expliquer le mécanisme de l'accoutumance aux poisons.

ACTION DU FOIE SUR L'AMMONIAQUE ET LES CARBAMATES. — En parlant du rôle uropoétique du foie, nous avons étudié la transformation des sels ammoniacaux en urée. Pour un même poids d'azote, l'urée est 40 fois moins toxique que le carbonate d'ammoniaque. Ce sel est arrêté par le foie, comme le démontre l'injection comparative par une veine périphérique et par un rameau de la veine porte (**5**, **16**, **21**) et comme on peut l'établir également par la méthode des circulations artificielles. En pratiquant l'abouchement de la veine porte dans la veine cave, Pawlow et Massen ont vu survenir chez les animaux opérés une série de troubles qui traduisent l'auto-intoxication de l'organisme : changement de caractère des animaux qui deviennent méchants et entêtés ; accès de crises convulsives, cloniques et tétaniques, à la suite desquelles on peut observer une démarche ataxique et une cécité passagère. Ces accidents étaient surtout fréquents au cours d'une alimentation carnée. Nencki et Hahn qui ont analysé l'urine des animaux, ont constaté une diminution de l'urée, dont la quantité peut tomber de 15 gr. à 3 gr. en 24 heures, tandis que la proportion d'ammoniaque qui, avant l'opération était de 3,8 o/o monte à 9 et même à 20 o/o. L'excrétion de l'ammoniaque augmente au moment des crises.

L'ammoniaque se trouve à l'état de carbamate. Mais elle n'est pas d'origine intestinale. Le carbamate d'ammonium proviendrait de la désassimilation ; partout où l'oxydation des corps azotés se produit en milieu alcalin, il se forme de l'acide carbamique, comme dernier terme de la combustion ; c'est justement ce qui a lieu dans les tissus.

Pour avoir le droit d'attribuer au carbamate d'ammonium les troubles consécutifs à la suppression du foie, il fallait reproduire avec ce sel les divers accidents observés à la suite de la fistule porto-cave. Pawlow et Massen rejettent l'influence de l'ammoniaque dont l'injection produit des troubles différents et incriminent l'acide carbamique. En injectant dans les veines o gr. 25 de carbamate de sodium par kilogramme, ils voient les chiens pris d'une tendance invincible au sommeil ; si on les force de marcher, ils vacillent et leurs mouvements sont ataxiques. Une dose de 0,3 produit au contraire une agitation continuelle, des impulsions, des troubles oculaires, puis survient une période très curieuse de catalepsie. Si l'on injecte 0,6 on observe des convulsions. Une dose supérieure amène des crises tétaniques et finalement la mort.

L'action nocive du carbamate de sodium est annihilée par le foie ; car l'ingestion de ce sel, bien tolérée par les animaux normaux, provoque chez les animaux porteurs d'une fistule porto-cave, les mêmes accidents que l'injection intra-veineuse.

Hahn, Massen, Nencki et Pawlow concluent de leurs expériences que l'acide carbamique explique tous les accidents de l'insuffisance hépatique et même ceux de l'urémie. La conception est peut-être un peu simpliste. Mais les beaux travaux des auteurs mettent bien en évidence le rôle important de l'acide carbamique et démontrent une fois de plus l'intervention de la glande hépatique dans les auto-intoxications.

ACTION DU FOIE SUR LES DIVERS POISONS ORGANIQUES. — Parmi les autres substances toxiques sur lesquelles le foie exerce une influence, nous signalerons d'abord l'alcool. Gioffredi a montré qu'on augmente un peu la sensibilité de la grenouille en lui extirpant le cerveau ; l'ablation du foie a une influence plus marquée. Si l'on retire les deux organes, des doses qui ne produisaient aucun accident chez une grenouille saine, amènent une mort rapide. Poussant plus loin l'analyse, Battelli et Stern ont reconnu que le foie renferme une alcoolase transformant l'alcool en acide acétique. Hirsch a montré que la bouillie de foie exerce sur l'alcool une action oxydante énergique. La présence de l'oxygène semble indispensable. L'action est due à un ferment qui est détruit par le chauffage et par certains poisons, comme le sublimé et le cyanure de potassium. Contrairement à ce qu'on aurait pu supposer, le foie des animaux accoutumés n'agit pas plus énergiquement que le foie des animaux normaux.

L'étude de l'action exercée par le foie sur les *poisons putrides* et *intestinaux* est à peine ébauchée.

Dans des expériences déjà anciennes (**5**) nous avons reconnu que le foie arrête les poisons putrides solubles dans l'alcool ; pour amener la mort, il faut en injecter deux fois plus par la veine porte que par les veines périphériques. Les résultats ont été semblables avec l'extrait alcoolique de matières typhiques, débarrassé de sels potassiques.

De tels extraits ne renferment qu'une partie des poisons putrides et ceux-ci ne représentent qu'une partie des poisons intestinaux. Les recherches que nous avons faites avec M. Garnier (**44**) démontrent la haute toxicité des extraits pratiqués avec le contenu de l'intestin grêle. La toxicité va en diminuant à mesure que le chyme progresse ; elle est peu marquée dans le gros intestin malgré les putréfactions qui s'y passent. Les substances toxiques de l'intestin grêle proviennent, d'une part, des sécrétions qui s'y déversent et, d'autre part, des transformations que subissent les aliments : aussi la toxicité varie-t-elle avec le régime : elle diminue par l'usage du lait.

Nous ne savons si ces produits toxiques sont absorbés, ni s'ils interviennent dans certains états pathologiques. Il est néanmoins intéressant de rechercher si le foie est capable d'exercer sur eux une action d'arrêt.

En pratiquant des injections comparatives par les veines périphériques et les veines intestinales, nous avons constaté que les résultats varient totalement suivant les concentrations de l'extrait. Il faut, pour que l'action du foie se manifeste, que les liquides soient fortement dilués : on obtient alors des résultats tout à fait démonstratifs, comme on peut le voir en parcourant les chiffres suivants, qui indiquent la quantité de chyme contenue dans la dose injectée :

	DOSE MORTELLE PAR LES VEINES		RAPPORT
	périphériques	*intestinales*	
	cc.	cc.	
	0,53	1,14	2,15
	0,56	1,42	2,53
	1,17	3,63	3,1
	0,86	2,92	3,39
Moyennes . . .	0,78	2,27	2,79

Dans le gros intestin prennent naissance les poisons putrides, parmi lesquels l'indol, le phénol, le crésol, qui dans le foie perdent leur toxicité en s'unissant à de l'acide sulfurique ou à de l'acide glycuronique.

Il est probable que le foie contribue encore à former de l'acide hippurique aux dépens du phénol, probablement en faisant passer ce corps par le stade intermédiaire d'acide benzoïque. Cette réaction se produit surtout, sinon exclusivement, chez les herbivores, dont l'alimentation aboutit à une très forte production de phénol. Il semble cependant que le rein remplisse ici un rôle plus important que le foie ; car c'est dans son parenchyme que l'acide benzoïque s'unit au glycocolle pour former de l'acide hippurique. C'est là un rôle protecteur intéressant ; le benzoate de sodium est toxique, l'hippurate de sodium l'est fort peu.

L'hydrogène sulfuré qui prend naissance dans le tube digestif, par suite des putréfactions que subissent les albumines, est retenu par le foie. En introduisant une dissolution de ce gaz comparativement sous la peau et dans le rectum d'un lapin et en plaçant devant les narines de l'animal un papier imbibé d'une solution d'acétate de plomb, on peut suivre, par la coloration que prend le papier, l'élimination du gaz et déterminer ainsi l'activité fonctionnelle du foie (**28,31**)

Ce résultat conduit à une méthode d'exploration qui rend des services en pathologie expérimentale. Elle permet d'apprécier assez exactement les variations de l'activité hépatique chez les animaux soumis à l'inanition, à de mauvais régimes alimentaires ou à l'influence des divers poisons retentissant sur le foie. Malheureusement elle n'est pas applicable à l'homme : l'hydrogène sulfuré introduit dans le rectum, même à dose élevée, ne passe pas dans l'air expiré en quantité suffisante pour impressionner le papier réactif.

L'action du foie sur les produits de la désassimilation ressort des renseignements que nous avons donnés en parlant des peptones, des acides aminés et de l'ammoniaque.

Les diverses substances sur lesquelles le foie peut agir étant amenées par la veine porte, il était intéressant de savoir si le sang recueilli dans ce vaisseau possédait des propriétés spéciales. Dans ce but nous avons étudié comparativement le sang défibriné du chien recueilli dans la veine porte, dans la veine sus-hépatique et dans les veines crurales (**5, 17**). Ce sang était injecté à des lapins par la voie intra-veineuse. La dose mortelle a été de 25 cc. avec le sang de la veine périphérique et de 23, chiffre à peu près identique, avec le sang de la veine sus-hépatique. La toxicité du sang porte a été très variable : tantôt elle ne dépassait pas la normale, tantôt elle était tellement élevée qu'il suffisait d'introduire 10 et même 8 cc. pour amener la mort.

Répétant ces expériences déjà anciennes, Jappeli est arrivé à des résultats analogues. Il a recherché ensuite les effets produits par la transfusion directe du sang portal d'un chien dans les veines périphériques d'un autre chien. Quand l'animal qui fournissait le sang était nourri avec du pain, la transfusion n'était suivie d'aucun trouble ; quand il était nourri avec de la viande, on constatait chez le transfusé des accidents légers, mais indéniables. L'injection de 300 à 350 cc. provoquait de la somnolence, de la mydriase et, deux fois, amena une salivation intense. Si les manifestations sont peu marquées, c'est que la quantité de substances toxiques absorbées dans l'intestin ne doit pas être considérable, au moins dans les conditions normales.

Dans ces derniers temps, la question a été reprise par Widal, Abrami et Iancovesco. En abouchant la veine porte à la veine cave, ces savants ont constaté que, si le chien est en digestion, une crise hémoclasique se développe, caractérisée par un abaissement des leucocytes, une modification de la coagulation sanguine, une diminution de l'indice réfractométrique du sérum. Les mêmes troubles sont produits par une injection dans la veine saphène d'une dose relativement minime, 3o à 4o cc. de sang recueilli dans la veine porte. Widal et ses collaborateurs admettent que les matières protéiques absorbées à un stade peu avancé de leurs transformations digestives, probablement à l'état d'albumoses et de peptones, doivent être arrêtées par le foie, sous peine de déclencher une crise hémoclasique. Nous reviendrons sur cette question en traitant des différentes méthodes d'exploration fonctionnelle du foie.

La toxicité spéciale du sang de la veine porte nous paraît due bien plutôt à des albumines qu'à des peptones contenues dans le plasma. Des albumines se reconstituent dans les parois du tube digestif; mais ces albumines sont encore incapables de subvenir à la nutrition et doivent subir une transformation ultime dans le foie.

Cet organe possède, en effet, la propriété de modifier les albumines hétérogènes. C'est ce que Giussano a établi en injectant à des lapins, comparativement par les veines périphériques et les veines intestinales, du sérum provenant d'animaux différents.

H. Bénard et R. Paunier ont étudié par le même procédé le sérum des urémiques dont la haute toxicité dépend, comme nous l'avons montré autrefois, des matières protéiques. Voici les chiffres qu'ils ont trouvés.

MALADIE	URÉE	TOXICITÉ PAR		RAPPORT
	du sang	les v. périph.	la v. porte	
Urémie . . .	2,64	7,14	19,2.	2,7
— . . .	0,47	10,2	46	4,6
— . . .	2,85	8	37	4,6
— . . .	4,17	6,6	13,4	2
Artério-sclérose.	0,27	7,6	12,5	1,6
Aortite . . .	»	10	21	2

Le contact du sérum avec la pulpe hépatique et comparativement avec la pulpe rénale, met encore en évidence le rôle du foie.

MALADIE	TOXICITÉ *du sérum*	TOXICITÉ APRÈS CONTACT AVEC	
		la pulpe rénale	*la pulpe hépatique*
Urémie.	8	9,6	12
—	8,7	6,3	18
Asystolie	17,7	21	31

Cette dernière série d'expériences est fort intéressante. Elle montre que le foie n'exerce pas sur les poisons une influence banale, un pouvoir d'adsorption qui pourrait être dévolu à tous les tissus ; il possède une véritable action spécifique. Le rein, par contre est inefficace, même sur le sérum des urémiques.

Le foie agit encore sur les produits élaborés par l'organisme lui-même : une dose d'adrénaline qui amène une énorme élévation de la pression sanguine quand on l'injecte dans une veine périphérique, reste sans effet si on l'introduit par un rameau de la veine porte.

L'action la plus curieuse peut-être est celle que le foie exerce sur les substances toxiques contenues dans les extraits de la muqueuse intestinale (**43, 45**). En faisant macérer l'intestin grêle d'un lapin dans de l'eau salée, on obtient un liquide qui, injecté dans les veines, abaisse fortement la pression artérielle et, si la dose est suffisante, entraîne rapidement la mort. En commençant par introduire de très petites quantités, on immunise l'animal en quelques minutes et on le met en état de supporter, sans trouble appréciable et sans le moindre abaissement de la pression, des doses supérieures à celles qui tuent les animaux neufs. C'est un exemple de cette accoutumance rapide que nous avons proposé de désigner sous le nom de tachysynéthie (ταχύς, rapide ; συνήθεια, accoutumance).

Si on répète les mêmes injections par une veine intestinale, on constate que les abaissements de pression persistent, mais sont très peu marqués. Dans une expérience 5 cc. d'extrait injectés par une veine périphérique amènent une chute durable de 80 millimètres ; une dose de 8 cc. introduite par la veine porte provoque une dépression passagère de 20 millimètres. Dans une autre expérience une dose de 12 cc. d'une macération deux fois plus diluée, amène une chute de 48 millimètres chez l'animal injecté par la veine périphérique et de 4 millimètres chez l'animal injecté par la veine porte.

Ainsi le foie diminue considérablement l'action hypotensive des extraits intestinaux ; mais, par une dissociation élective, il n'entrave nullement le pouvoir tachysynétique, de telle sorte que l'animal préalablement injecté par une veine intestinale, supportera, sans présenter le moindre trouble, une injection par les veines périphériques d'une dose égale ou supérieure à la dose mortelle. Il serait intéressant de poursuivre l'étude de la question et de rechercher si au cours de l'occlusion intestinale, dont les accidents dépendent non des putréfactions microbiennes, mais des poisons formés dans l'intestin lui-même, le foie n'exercerait pas encore une action protectrice.

Lorsqu'on pratique la ligature lente de la veine porte, le sang provenant de l'intestin est détourné du foie et, par les anastomoses, passe dans la circulation générale. Les poisons arrivant directement au rein sont éliminés en grande abondance. En étudiant la toxicité urinaire, avant et après la ligature, Bisso a constaté une augmentation considérable du coefficient urotoxique. Voici les chiffres qu'il donne :

RÉGIME ALIMENTAIRE	COEFFICIENTS UROTOXIQUES		RAPPORT
	Avant	*Après*	
	ligature lente de la veine porte		
Viande. . . .	0,43	0,95	2,2
Graisse. . . .	0,34	0,87	2,55
Pain.	0,32	0,92	2,87
Régime mixte. .	0,29	0,91	3,13
— lacté . .	0,27	0,83	3,07

En revanche, la toxicité de la bile diminue. Ce résultat fort curieux a été mis en évidence par Lugli. Après la ligature lente de la veine porte, la quantité de bile recueillie par une fistule, baisse légèrement. La densité tombe de 1018 à 1012 ; les matières solides passent de 7,93 à 4,85 o/oo. Avant la ligature, il suffisait pour tuer un lapin de lui injecter dans les veines 21 cc. par kilo. Après la ligature il faut 34 cc. Au bout de quelque temps, la densité, l'excrétion des matières solides et la toxicité se relèvent : c'est qu'une circulation vicariante s'est développée qui assure, quoique d'une façon encore imparfaite, le fonctionnement du foie.

Pour qu'on puisse se rendre compte de l'action du foie sur les poisons, nous avons réuni dans un tableau les principaux résultats qu'on a obtenus en injectant comparativement les diverses substances toxiques par une veine périphérique et par un rameau de la veine porte. Sauf indication contraire, toutes ces expériences nous sont personnelles.

SUBSTANCES INJECTÉES	TITRE	DOSE mortelle par kilogramme. Injection par		RAPPORT entre les toxicités suivant
	centésimal des solutions	*veine péri- phérique*	*veine porte*	*la voie d'injection*
		Gr.	Gr.	
Chlorure de potassium . . .	0,55	0,18	0,18	»
Chlorure de sodium. . . .	10,0	5,17	5,88	»
Lactate de soude.	10,0	2,49	2,90	»
Salicylate de soude. . . .	4,0	0,9	1,45	1,6
Lactate de fer (1)	1,0	0,4	1,19	2,9
Albuminate de cuivre. . .	1,81	0,4	0,81	2,0
Nicotine (2)	0,5	0,051	0,0048	»
	0,05	0,007	0,014	2,0
Sulfate neutre d'atropine . .	0,41	0,041	0,192	4,6
Curare	0,025	0,0024	0,0066	2,75
Sulfovinate de quinine . . .	0,25	0,06	0,16	2,66
Sulfate de strychnine . . .	0,025	0,00028	0,0013	2,6 (3)
	0.001	0,00018	0,0003	1,6 (4)
Cocaïne (5).	1,0	0,019	0,042	2.14
Chlorhydrate de morphine. .	1,0	0,35	0,68	1,93
Antipyrine (6).	5,0	0,68	0,95	1,4
Macération de digitale. . .	4,15	1,4	1,6	»
Digitaline . . , ...	0,02	0,0031	0,0032	»
Naphtol α	1,0	0,13	0,13	»
Naphtol β.	1,0	0,08	0,12	1,5
Chlorhydrate d'ammoniaque .	2,0	0,39	0,34	»
Carbonate d'ammoniaque . .	1.0	0,24	0,4	1,61
Lactate d'ammoniaque . . .	1,5	0,63	1,13	1,79
Contenu de l'intestin grêle. .	»	0,78	2,27	2,79

Arrêtés par le foie, les alcaloïdes, en séjournant dans la glande, perdent peu à peu leur toxicité. Abelous reprenant le foie d'un

(1) Passage du sel de fer dans la bile.
(2) Expériences montrant l'importance de la dilution.
(3) D'après Jacques chez le chien.
(4) La dose qui traversa le foie, ne produisit aucun trouble.
(5) D'après Gley et Éon du Val.
(6) D'après Gley et Capitan.

lapin qui a reçu de la strychnine, pratique un extrait et détermine la dose convulsivante et la dose mortelle. Vingt-quatre heures plus tard, il constate que, pour produire les mêmes accidents, il faut introduire des quantités deux fois plus considérables. S'agit-il d'une transformation ? Abelous ne le pense pas, car si on soumet le foie au procédé préconisé par Dragendorf pour l'extraction des alcaloïdes, on retrouve dans les deux cas la même quantité de substance toxique. Il y aurait donc simplement une fixation plus énergique.

Cependant la possibilité d'une véritable transformation, que nous avons essayé d'établir par des faits expérimentaux, a été également admise par différents physiologistes et semble avoir été démontrée par Verhoogen et par Kotliar.

Verhoogen a constaté que de l'hyoscyamine triturée avec le foie d'une grenouille perd son pouvoir mydriatique ; la modification ne relève pas d'une action cellulaire ; c'est le suc du foie qui exerce une véritable digestion analogue à celle que produit un ferment ; cette action disparaît quand on chauffe le suc hépatique à 70 degrés.

Kotliar a employé un autre procédé : il s'est servi de chiens auxquels on avait pratiqué la fistule d'Eck, c'est-à-dire l'abouchement de la veine porte dans la veine cave. Ses expériences, qui ont démontré que le foie arrête et transforme l'atropine, confirment donc, par une nouvelle méthode, les résultats que nous avions obtenus antérieurement.

L'importance du rôle dévolu au foie dans les transformations qui assurent la protection de l'organisme contre les substances toxiques, a conduit à poursuivre des recherches complémentaires et à élucider le mécanisme mis en œuvre.

Billard a trouvé une relation entre l'action protectrice du foie ou plutôt entre l'action protectrice des différents organes et leur richesse en catalase. On sait que ce ferment est surtout abondant dans le tissu hépatique ; c'est même, d'après quelques auteurs, la seule partie de l'organisme qui en renferme d'une façon appréciable. Mais on en trouve aussi dans les végétaux. Or, le suc des plantes qui en contiennent neutralise certains alcaloïdes toxiques, la strychnine par exemple. Si on prépare la catalase par le procédé de Battelli, l'effet antitoxique ne se produit plus, il faut l'intervention d'un complément, albumose ou peptone.

Nous ne connaissons pas de recherches systématiques poursuivies sur le rôle protecteur du foie chez les INVERTÉBRÉS. Nous signalerons seulement un travail fort ancien d'Emile Blanchard qui a montré que le foie du scorpion élimine par la bile les matières colorantes introduites avec l'alimentation.

L'étude des accidents consécutifs à l'ingestion des moules a servi encore à démontrer le rôle du foie sur les poisons. Dans l'épidémie de Willemshaven, 19 personnes furent malades pour avoir mangé des moules recueillies sur les flancs de deux navires ; quatre moururent. Les recherches de Salkowski établirent que la toxicité des moules devait être attribuée à une substance organique, soluble dans l'alcool ; 5 milligrammes de l'extrait alcoolique tuaient un lapin de 1 kilogramme à la manière du curare. Brieger obtint la toxine qui produit ces accidents et la désigna sous le nom de *mytilotoxine*. À côté de ce corps, qui a pour formule probable $C^6H^{16}NO$, on en trouve deux autres : l'un, isolable par le chlorure de platine, produit, chez le cobaye, de la salivation et de la diarrhée ; l'autre est une matière huileuse provoquant des frissons, de la fièvre, et entraînant la mort par arrêt de la respiration.

Les substances toxiques, d'après Wolff, ne sont pas répandues dans tout le corps de la moule ; elles sont localisées dans le foie. Or, les expériences de Schmidtmann ont établi que des moules inoffensives deviennent vénéneuses, quand on les transporte dans la rade de Willemshaven ; elles perdent cette propriété si on les ramène ailleurs ; d'un autre côté, les recherches de Wolff démontrent que les étoiles de mer deviennent toxiques dans l'eau stagnante. On peut donc conclure, en s'appuyant sur ces faits, que c'est au genre de vie des animaux dans des eaux malsaines qu'il faut attribuer leurs effets nocifs, soit que ces eaux contiennent des substances vénéneuses, soit plutôt qu'elles déterminent une maladie de la nutrition aboutissant à la formation de ptomaïnes ; il se produit une auto-intoxication de l'animal et le foie attire et fixe les poisons circulant dans l'économie. C'est un cas particulier d'une loi générale. En ce qui concerne les moules, Thesen a reconnu que le foie accumule les poisons, tels que la strychnine et le curare qu'on ajoute à l'eau dans laquelle elles vivent.

Le glycogénie et l'action antitoxique. — Dès le début de nos recherches, nous avons été conduit à admettre une corrélation intime entre la richesse du foie en glycogène et son action sur les poisons (**1, 4, 5, 66, 71, 73, 80**).

Le foie du fœtus ne commence à agir sur les poisons que lorsque sa fonction glycogénique est développée.

Chez les jeunes sujets dont le foie est particulièrement riche en glycogène, l'action antitoxique est extrêmement marquée. Pétrone opère comparativement sur des chiens très jeunes et sur des chiens adultes. En employant la strychnine, il voit que le rapport de toxicité, suivant que l'injection est faite par une veine périphérique ou par une veine intestinale, est, chez les jeunes sujets, de 1,9 en moyenne, pouvant s'élever à 3,1. Chez les adultes, le rapport est en moyenne de 1,67 et ne dépasse pas 1,9. Avec la morphine les différences sont analogues, mais moins marquées.

Si l'on fait jeûner des animaux, on voit que l'action d'arrêt sur les alcaloïdes faiblit à mesure que le glycogène s'épuise; si l'on rend du sucre, le foie retrouve son influence. Il en est de même quand on provoque des troubles qui diminuent la glycogénie, section des pneumogastriques au cou, ligature du canal cholédoque, intoxication phosphorée. Viala a reconnu que, pendant la grossesse, l'action du foie sur la nicotine, la strychnine, l'atropine diminue parallèlement à la diminution du glycogène et à l'augmentation de la graisse. Réciproquement, si l'on stimule le foie en injectant de l'éther par un rameau de la veine porte, on voit s'exalter son rôle protecteur.

On arrive ainsi à la loi suivante : un foie qui ne contient pas encore ou ne contient plus de glycogène n'agit pas ou n'agit plus sur les substances toxiques qu'il doit retenir et transformer.

A la relation qui existe entre la fonction glycogénique du foie et l'action sur les poisons, on peut superposer une formule chimique. Le glycogène n'est pas un simple témoin de l'activité hépatique. Sous forme de glycose, il s'unit à un grand nombre de substances toxiques ; puis une oxydation intervient qui transforme le complexe ainsi constitué en un acide glycuronique conjugué (**66, 67, 68, 71, 72, 73, 80**).

Nous avons déjà montré comment l'acide glycuronique dérive du glycose par la substitution d'une fonction acide COOH à la fonction alcool primaire du sucre CH^2OH :

$$COH - (CHOH)^4 - CH^2OH \text{ glycose}$$
$$COH - (CHOH)^4 - COOH \text{ acide glycuronique}$$

Une simple oxydation rend compte de cette transformation. Mais les phénomènes sont plus complexes, car la fonction aldéhyde COH est plus facilement oxydable que la fonction alcool. Pour que celle-ci s'oxyde il faut que l'aldéhyde soit bloquée, c'est-à-dire qu'elle ait contracté une combinaison préalable. Voilà pourquoi il n'y a et qu'il ne peut y avoir dans l'organisme que des acides glycuroniques conjugués.

Les corps capables de s'unir au glycose sont extrêmement nombreux. Dans la plupart des cas, la copulation se fait aux dépens d'un oxhydrile alcoolique ou phénolique, préexistant ou prenant naissance dans l'organisme par une oxydation ou une réduction préalable. Ainsi les aldéhydes sont ramenés à l'alcool primaire et les acétones à l'alcool secondaire correspondant.

Nous ne pouvons citer tous les corps capables de se combiner au glycose. Signalons parmi les principaux : les alcools saturés de la série aliphatique, depuis l'alcool éthylique jusqu'à l'alcool octylique ; les aldéhydes saturées comme le chloral, le butylchloral, le bromal ; l'acétone ; divers hydrocarbures de la série aromatique, après transformation en phénol par oxydation ; les phénols (phénol, p. crésol, thymol) et les diphénols (résorcine, hydroquinone) ; le naphtol ; les alcools aromatiques ainsi que les aldéhydes et oxyaldéhydes (la vaniline par exemple) ; les cétones et les oxycétones ; les amines aromatiques, aniline, acétanilide, phénétidine, après transformation en phénol correspondant ; ainsi l'aniline $C^6H^5.NH^2$ fournira le paraminophénol $C^6H^4.NH^2.OH$. Nous mentionnerons encore dans la série hydroaromatique divers hydrocarbures, des alcools (bornéol, menthol, sabinol) : des aldéhydes et des cétones ; parmi ces derniers le camphre $C^{10}H^{16}O$ qui se transforme préalablement en camphérol $C^{10}H^{15}.OH$. L'indol se conjugue à l'état d'indoxyl, l'antipyrine à l'état d'oxyantipyrine. Parmi les alcaloïdes il faut citer la morphine et la cocaïne et, parmi les glycosides, la phloridzine et le chloralose.

Ces diverses substances s'unissent avec le groupe alcoolique β du sucre pour former des glycosides qui, par oxydation du chaînon alcoolique terminal, donneront des acides glycuroniques conjugués.

La transformation se fait en deux temps. C'est ce qu'on peut exprimer par le schème suivant :

$$R.\ OH + COH.\ CHOCH.\ CHOH.\ \overset{\beta}{CHOH}.\overset{\alpha}{CHOH}.\ CH^2OH \text{ (glycose)}$$

$$\downarrow \text{copulation}$$

$$R\ O-CH.\ CHOH.\ CHOH.\ CH.\ CHOH.\ CH^2OH \text{ (glycoside)}$$
$$|\underline{\hspace{2cm} O \hspace{2cm}}|$$

$$\downarrow \text{oxydation} \qquad +2O$$

$$R.O-CH.\ CHOH.\ CHOH.CH.CHOH.COOH \quad \text{(ac. glycuronique}$$
$$|\underline{\hspace{2cm} O \hspace{2cm}}| \qquad \text{conjugué)}$$
$$+ H^2O$$

C'est ainsi, pour prendre un exemple, que le phénol $C^6H^5.OH$ formera :

$$C^6H^5.\ O-CH.\ CHOH.\ CHOH.\ CH.\ CHOH.\ COOH$$
$$|\underline{\hspace{2cm} O \hspace{2cm}}|$$

Un deuxième mode de copulation, beaucoup plus rare, nous est représenté par la transformation de l'acide benzoïque en acide benzoyl-glycuronique :

$$C^6H^5.\ CO.O-CH.\ CHOH.\ CHOH.\ CH.\ CHOH.\ COOH$$
$$|\underline{\hspace{2cm} O \hspace{2cm}}|$$

Après hydrolyse avec un acide minéral, la conjugaison glycuronique est rompue. Ce dédoublement amène une modification intéressante des propriétés physiques : les composés conjugués sont lévogyres : l'acide glycuronique est dextrogyre. Ainsi l'hydrolyse change la déviation du plan de polarisation. Le même phénomène se produit quand on laisse putréfier l'urine : les ferments bactériens rompent la conjugaison. Certains ferments solubles possèdent un pouvoir analogue ; l'émulsine dédouble les composés glycuroniques aussi bien que d'autres glycosides.

Si les médecins ont négligé l'étude de la glycuronurie, c'est qu'ils ne possédaient pas une méthode pratique de recherche. Aujourd'hui la réaction de Tollens et Rorive permet d'apprécier facilement la présence de l'acide glycuronique et d'en suivre les variations.

Ainsi on a été conduit à des applications cliniques intéressantes. En étudiant les variations de la glycuronurie, on peut avoir des renseignements précis sur la fonction glycogénique du foie et sur l'état des nombreuses mutations et transformations chimiques que le foie accomplit en utilisant le glycogène ou plutôt le glycose qui en dérive.

Une cause d'erreur mérite d'être signalée. Chez les sujets soumis à un jeûne prolongé, le glycogène disparaît du foie et l'acide glycuronique diminue ou disparaît de l'urine. Mais il sera toujours facile d'éviter une interprétation erronée. En cas de doute il suffira de faire faire au sujet un repas riche en hydrates de carbone. La fonction glycogénique reprendra et l'acide glycuronique réapparaîtra dans l'urine. On peut d'ailleurs explorer l'aptitude du foie à former des conjugaisons glycuroniques en faisant ingérer au sujet une substance qui s'élimine facilement, combinée à ce corps : le camphre qui est peu toxique devra être choisi. Une dose de 0,5 à 1 gramme permet de faire une excellente étude fonctionnelle du foie. Nous reviendrons sur cette méthode en traitant des différents procédés, utilisés actuellement pour l'exploration des fonctions hépatiques. Nous indiquerons dans ce chapitre les moyens, assez nombreux, dont nous disposons aujourd'hui pour apprécier l'état du foie.

Les résultats expérimentaux qui mettent en lumière l'action du foie sur les poisons comportent un grand nombre de déductions pratiques et servent à mieux comprendre et à mieux apprécier le mécanisme des troubles qui surviennent au cours des affections hépatiques.

Bien des manifestations cliniques s'expliquent par une auto-intoxication : elles sont comparables à celles qu'on observe au cours des affections rénales : l'ictère grave, qui en est un des aboutissants, est pour le foie ce que l'urémie est pour le rein. Sans aller jusqu'à l'ictère grave, l'insuffisance hépatique se traduit, dans les formes plus légères, par des manifestations analogues à celles de l'insuffisance rénale : dans l'un comme dans l'autre cas, on observe un abaissement de la température, des troubles cardiaques et dyspnéiques, des manifestations nerveuses et même des accidents comateux que la saignée fait souvent disparaître. On peut pousser encore plus loin la comparaison ; car, de même qu'il existe une folie brightique, il existe une folie hépatique qui n'avait pas échappé à l'attention des anciens observateurs. On sait que Stahl, Lorry et, plus récemment, Burrow, Hammond, Charrin, Klippel ont soutenu que les altérations de la glande hépatique occupent une place importante dans l'étiologie de la folie. Cette conception trouve un appui assez inattendu dans les expériences de Pawlow et Massen : des chiens, auxquels on a pratiqué la fistule porto-cave, sont atteints de troubles fort curieux : de doux et obéissants qu'ils étaient, ils deviennent méchants et entêtés : dans quelques cas, ils sont tellement furieux qu'ils ne laissent même pas approcher le garçon chargé de leur apporter la nourriture : d'autres marchent continuellement, montent aux murs, rongent tout ce qu'ils trouvent, puis sont pris de convulsions cloniques et tétaniques. A la suite de ces attaques, ils conservent une démarche chancelante ou ataxique ; parfois ils deviennent momentanément aveugles et analgésiques.

L'insuffisance hépatique. L'ictère grave. — On a dit depuis longtemps que l'ictère grave est au foie ce que l'urémie est au rein. L'expression est parfaitement exacte : les deux syndromes traduisent une auto-intoxication par insuffisance de l'organe chargé de détruire ou d'éliminer les poisons. Quand il s'agit du rein, l'expérimentation est facile : il suffit d'extirper l'organe. Il est plus malaisé de faire la même expérience sur le foie. Autant l'ablation des reins est simple, autant l'ablation du foie, au moins chez les Mammifères, est compliquée et difficile. Cependant Pawlow et Massen y sont arrivés, en pratiquant, au préalable, l'anastomose porto-cave. Presque aussitôt après l'opération, les animaux tombent dans un profond coma, puis ils sont atteints de trémulations musculaires, surtout marquées dans les muscles abdominaux et succombent par arrêt de la respiration, au milieu de convulsions tétaniformes. La survie ne dépasse pas 2 ou 3 heures ; dans quelques cas rares, elle a atteint

6 heures. Sur d'autres animaux Pawlow et Massen ont pratiqué la fistule porto-cave et la ligature de l'artère hépatique ; quelques heures après l'expérience, les animaux qui semblaient d'abord se remettre de l'opération, tombaient dans le coma et succombaient, avec ou sans convulsions, en 12 ou 15 heures ; un animal résista 4o heures.

Ces faits sont fort intéressants et mettent bien en évidence l'importance du foie. Les résultats paraissent encore plus saisissants quand on se rappelle que l'extirpation des deux reins permet une survie de 3 et parfois 4 jours.

On peut étudier l'insuffisance hépatique en détruisant les cellules au moyen d'agents chimiques injectés dans les voies biliaires. Pick employait de l'acide sulfurique dilué qu'il introduisait par le canal cholédoque. Denys et Strubbe utilisèrent l'acide acétique qui donne d'excellents résultats. La survie a été chez les chiens de 12 heures en moyenne dans les expériences de Denys et Strubbe, de 24 à 48 heures, dans celles de Pick. Les symptômes observés ont été semblables dans tous les cas ; d'abord les animaux paraissent peu incommodés ; puis, au bout de 10 à 20 heures, ils s'affaiblissent, tombent dans le coma et succombent après avoir eu quelques convulsions terminales. Les lapins sont morts rapidement en 6 ou 7 heures dans les expériences de Pick ; dans les expériences que nous avons faites (**34, 39**), la survie a varié, suivant la dilution employée, de 12 à 72 heures ; les animaux ont succombé dans l'anéantissement après quelques convulsions terminales, ayant eu un abaissement progressif de la température qui peut tomber à 31 et même à 27 ou 26°.

On peut encore provoquer une insuffisance aiguë en utilisant les sérums antitoxiques, mais leur action n'est pas absolument spécifique et s'étend à d'autres organes que le foie, spécialement au rein.

L'insuffisance hépatique est réalisée en clinique par le syndrome de l'*ictère grave*, dont on peut admettre trois grandes variétés : l'ictère grave infectieux, détermination primitive ou secondaire d'une infection plus ou moins bien déterminée ; l'ictère grave toxique, qui se produit quand un poison, comme le phosphore, a détruit les cellules hépatiques ; l'ictère grave secondaire, qui vient terminer la plupart des affections du foie.

Ces trois variétés, dont l'étiologie est bien différente, sont réunies par un lien pathogénique, la destruction des cellules. Leurs symptômes sont analogues parce qu'ils traduisent l'auto-intoxication consécutive à l'insuffisance hépatique. Malgré la multiplicité de ses causes, l'ictère grave constitue une véritable entité clinique, dont on a pu comprendre le mécanisme, depuis qu'on connaît l'action du foie sur les poisons (**5,65**).

Avant que l'expérimentation eût démontré la réalité des auto-intoxications d'origine hépatique, bien des théories avaient été émises sur la nature et le mécanisme de l'ictère grave Il en est trois qui méritent d'être rappelées : celle de Bright, Lebert, Trousseau, qui admettaient un empoisonnement général à détermination hépatique ; celle de Piorry, Leyden, Frerichs, qui invoquaient l'action de la bile ou des matériaux qui servent à la former ; enfin la théorie moderne de l'insuffisance hépatique.

La première de ces trois conceptions était en quelque sorte un pressentiment de la vérité. Bright considérait l'ictère grave comme une pyrexie frappant le foie et les reins. Trousseau le rapproche de la fièvre typhoïde, et conclut «qu'un poison, une matière morbifique venue du dehors ou produite dans l'organisme, est la cause de tous les désordres ». Mais il suppose que ce poison porte son action sur le système nerveux, ce qui expliquerait les cas où le foie a paru normal à l'autopsie. « Il faut donc accepter que l'altération du foie, la destruction de la cellule n'est point la source de l'intoxication primitive ».

Si Trousseau, parti d'une idée juste, aboutit à une conception erronée, c'est qu'à son époque on ne soupçonnait pas l'action du foie sur les poisons. Aussi cherchait-on l'explication de l'ictère grave soit en dehors de cette glande, soit dans l'action de la bile. Cette dernière idée, admise par la plupart des auteurs, sembla trouver un appui dans les expériences qui tendaient à démontrer la toxicité de cette humeur. Mais outre que la bile est beaucoup moins toxique qu'on ne l'avait cru, la théorie cholémique n'explique pas le mécanisme des accidents qui surviennent au cours des maladies sans ictère, comme la cirrhose atrophique, le cancer, le kyste hydatique. Il y a plus : alors même qu'il existe, l'ictère diminue quand apparaissent les phénomènes d'intoxication.

Frappés de l'insuffisance des théories hépatiques, quelques

auteurs, Whitla, Decaudin, pensèrent que l'ictère grave doit être assimilé à l'urémie. Cette idée contenait une part de vérité. Car dans les cas d'insuffisance hépatique l'augmentation de la toxicité urinaire est la véritable sauvegarde de l'économie. Pour que les accidents de l'auto-intoxication soient évités, il faut que la rein reste perméable. Or cette glande peut s'altérer à son tour ; quelquefois elle est frappée en même temps que le foie par la même cause qui agit sur les deux organes ; c'est ce qu'on observe dans quelques empoisonnements, l'intoxication phosphorée par exemple ; dans nombre de maladies infectieuses et, particulièrement, dans l'ictère grave primitif. La synergie qui existe entre le rein et le foie intervient encore dans les cas où un ictère catarrhal se développe au cours d'une néphrite chronique : les accidents graves ne tardent pas à apparaître. Mais généralement c'est l'inverse qui se produit, l'affection hépatique entraîne une affection rénale. Les expériences de Gouget ont mis le fait en évidence : elles démontrent la fréquence des lésions du rein consécutivement aux lésions du foie.

L'ictère peut jouer un rôle dans la genèse des accidents. Mais ce rôle est bien différent de celui qu'on lui avait attribué autrefois. Il intervient simplement en ajoutant une source nouvelle d'auto-intoxication.

Resterait à déterminer quels sont les poisons qui agissent. Nous sommes sur ce point assez peu avancés Nous savons seulement qu'il faut faire une place importante aux matières extractives, aux albumines, aux ptomaïnes trouvées dans l'urine par Mourson et Schlagdenhauffen, aux sels ammoniacaux et surtout au carbamate d'ammonium. Ce sel expliquerait, d'après Hahn, Massen, Nencki et Pawlow la plupart des accidents qu'on observe au cours des auto-intoxications, de l'urémie aussi bien que de l'ictère grave. La conception semble un peu simpliste. Dans l'un et l'autre cas, les substances les plus diverses interviennent, parmi lesquelles le carbamate d'ammonium peut jouer un rôle, mais l'importance de ce rôle n'est pas encore déterminée.

Applications thérapeutiques. — Nos connaissances sur les rapports qui relient la fonction glycogénique à l'action antitoxique du foie comportent de nombreuses déductions thérapeutiques. Au cours des maladies les plus diverses, le régime doit toujours contenir une certaine quantité d'hydrates de carbone. Si l'on proscrit l'alimentation solide, on ordonnera des liquides contenant du sucre. Les heureux effets des injections sous-cutanées et intra-veineuses de solutions glycosées dépendent pour une part de leur influence sur le foie. La même remarque s'applique aux injections intra-rectales.

Les chirurgiens anglais ont démontré depuis longtemps que la plupart des accidents consécutifs à la chloroformisation sont évités si l'on a fait faire au malade, quelques heures avant l'administration de l'anesthésique, un repas riche en féculents. Les vomissements qui semblent dus à des troubles hépatiques, ne se produisent plus.

L'influence des anesthésiques sur le foie est connue depuis longtemps. Rathery et Saison ont montré que le chloroforme lèse le foie et le rein, tandis que l'éther n'atteint que la glande hépatique, laissant le rein indemne. Le résultat est intéressant. Si l'éther est en général, mieux supporté que le chloroforme, il n'est pas inoffensif. Son inhalation est parfois suivie d'accidents hépatiques graves et même mortels (Brackett Stones et Low). Les recherches de Rouzaud ont montré que le chloroforme et l'éther provoquent des troubles hépatiques qui se traduisent par une augmentation du glycose et de l'urée contenus dans le sang. Les urines renferment de l'urobiline dans 9 cas sur 12 après administration de chloroforme et dans 2 sur 12 après inhalation d'éther. Chevrier a reconnu de son côté que ces deux substances augmentent la teneur du sérum en pigment biliaire, l'influence de l'éther étant moins marquée et moins durable. Il a constaté ensuite qu'en administrant 150 gr. de sucre la veille et en donnant une dose semblable le matin même de l'opération, on diminue considérablement les troubles hépatiques. On obtient encore de meilleurs résultats en prescrivant simultanément des extraits hépatiques et en continuant l'action du sucre ingéré par l'emploi de l'injection intra-rectale de solutions glycosées introduites goutte à goutte.

CHAPITRE XI

ACTION DU FOIE SUR LES MICROBES

Les microbes pathogènes qui pénètrent dans l'organisme ne tardent pas à quitter le sang pour s'accumuler dans les réseaux capillaires des organes. C'est là que la lutte va s'engager entre l'envahisseur qui pullule, donnant naissance à des substances toxiques, et l'organisme envahi qui s'efforce par ses sécrétions bactéricides et antitoxiques de détruire l'assaillant et de neutraliser les produits qu'il déverse.

On peut dès lors faire deux hypothèses. On peut admettre que les diverses phases de la lutte sont semblables dans tous les réseaux capillaires ; dans tous, suivant les cas, il y aura triomphe du microbe ou de l'organisme et le résultat final sera la somme de résultats partiels identiques. Mais on peut supposer aussi que les phénomènes varient d'un réseau capillaire à l'autre ; que les effets de la lutte ne sont pas les mêmes dans tous les organes ; que, dans les uns, le microbe l'emporte et que, dans d'autres, il est détruit. Dès lors les phénomènes deviennent plus complexes ; le résultat final, guérison ou mort, est la somme de résultats partiels différents.

Ces considérations théoriques conduisent à rechercher s'il ne se produirait pas des différences dans l'évolution des maladies infectieuses, suivant le vaisseau par lequel la culture serait introduite.

Nous avons pu constater ainsi que le foie exerce une action manifeste sur certains microbes (**24, 25, 27, 29, 30, 32, 33, 39, 40, 73**). Mais, pour mettre son action en évidence, il faut employer des cultures de virulence moyenne ou bien il faut diluer considérablement les cultures très actives. Cette dernière méthode donne d'excellents résultats avec la *bactéridie charbonneuse*. Mieux que toute description, le tableau suivant mettra en évidence la netteté des résultats que nous avons obtenus. Nos expériences ont été faites sur des lapins, sauf les deux dernières qui ont été faites sur des cobayes.

	POIDS des animaux	DILUTION de la culture	QUANTITÉ INJECTÉE de la dilution	QUANTITÉ INJECTÉE de la culture	SURVIE DES ANIMAUX inoculés par les v. pér.	SURVIE DES ANIMAUX inoculés par la v. porte
	gr.		cm³	mm³		
I.	1875	1 p. 100	0,5	5	48 h.	
	1660	»	»	»	»	∞
II.	1455	»	»	»	48 h.	
	1660	»	»	»	»	∞
III.	2260	»	0,3	3	56 h.	
	1995	»	»	»	»	∞
IV.	2045	»	0,15	1,5	38 h.	
	2030	»	»	»	»	∞
	2155	»	0,75	7,5	»	4 jours
V.	2195	0,33 p. 100	0,2	0,66	36 h.	
	2210	0,1 »	0,2	0,2	72 h.	
	2000	1,33 »	0,2	2,66		4
	2120	4 »	0,2	8		53 h.
VI.	1980	0,11 »	0,25	0,277	38 h.	
	1990	0,083 »	0,25	0,208	38 h.	
	2345	0,05 »	0,25	0,125		
	1860	0,5 »	0,4	2		
	1950	» »	0,6	3		∞
	2075	0,2 »	2	4		
	1960	0,11 »	4	4,4		
	1915	0,2 »	4	8		
VII.	C.605	0,05 »	0,25	0,125	3 jours	
	C.420	» »	0,75	0,375	»	∞

Tous les animaux inoculés par les veines périphériques sont morts. Sur treize animaux inoculés par la veine porte, trois seulement ont succombé. Le foie joue donc un rôle important dans la protection de l'organisme. L'exp. VI est, à ce point de vue, fort instructive. Une dose de 0,125, soit 1/8 de mm. cube, injectée par une veine périphérique, tue un lapin de 2.345 grammes en 38 heures. Une dose de 8 mm. cubes, introduite par une branche de la veine porte est incapable de faire périr un lapin de 1915 grammes. Autrement dit, une quantité de bacilles charbonneux, 64 fois supérieure à celle qui tue par les veines périphériques, a été complètement annihilée par le foie.

Ce chiffre, déjà considérable, est peut-être encore au-dessous de la réalité : car une dose inférieure à celle qui a été employée aurait pu être mortelle par les veines périphériques et le foie aurait peut-être été capable d'arrêter une quantité plus considérable de bacilles. Acceptons néanmoins les chiffres obtenus ; ils sont suffisamment démonstratifs.

Comme dans beaucoup d'autres circonstances, la rate agit conjointement avec le foie et contribue également à la destruction de la bactéridie (41). C'est ce que nous avons démontré, avec M. Garnier, en injectant la culture charbonneuse dans le parenchyme splénique. On n'a plus besoin de diluer le liquide : on peut en introduire 1 et 2 gouttes soit 50 et 100 mm. cubes sans produire d'accidents.

La bactéridie charbonneuse trouve au contraire un excellent milieu de culture dans les capillaires de l'intestin. Malgré la protection exercée par le foie, les animaux auxquels on injecte une culture charbonneuse dans les artères intestinales succombent avant ceux inoculés dans les veines périphériques.

Les résultats sont encore plus saisissants quand on emploie des cultures atténuées, dont l'injection dans les veines périphériques ne provoque aucun trouble, alors qu'introduites à la même dose par une artère intestinale, elles entraînent rapidement la mort. La pullulation est régionale : en sacrifiant les animaux 48 heures après l'inoculation, on trouve de nombreux bacilles dans les vaisseaux sanguins et entre les cellules épithéliales de l'intestin, mais ni par l'examen microscopique, ni par la culture on n'en peut déceler dans le foie, le sang ou les autres organes. Ainsi, les deux réseaux capillaires, placés à l'origine de la veine porte, sont doués de propriétés bien différentes : celui de l'intestin représente un excellent milieu de culture pour le bacille charbonneux, celui de la rate sert à la destruction de cet agent pathogène.

L'action du foie sur le *staphylocoque doré* ressort également des expériences que nous avons faites. Dix animaux inoculés dans les veines périphériques sont tous morts ; sur treize animaux qui reçurent la culture par la veine porte, trois seulement succombèrent. La protection est moins marquée que pour le charbon, car le foie ne neutralise que huit doses mortelles.

Avec le *colibacille*, les résultats paraissent quelque peu bizarres. Ce sont les animaux inoculés par la veine porte qui meurent les premiers, ce qui explique la fréquence et la gravité de certaines infections hépatiques d'origine gastro-intestinale.

Il est possible que les résultats varient avec l'échantillon utilisé. C'est ainsi que le foie protégea l'organisme contre un colibacille trouvé dans plusieurs cas d'entérite dysentériforme. Mais au premier abord, les expériences paraissent assez disparates. Quatre lapins, ayant reçu par la veine porte de 5 à 10 gouttes d'une culture âgée de 3 ou 4 jours, ont succombé en même temps que les témoins inoculés dans les veines périphériques ou avant eux. Ce résultat tient à la présence, dans les cultures, de substances toxiques, capables d'altérer le foie et d'empêcher son rôle protecteur. Nous avons injecté à deux lapins par la veine porte, 10 gouttes d'une culture âgée de 18 heures ; à quatre autres 5 à 10 gouttes d'une culture âgée de 4 à 5 heures. A ce moment le liquide est déjà trouble et contient un grand nombre de bacilles, mais il n'exhale aucune odeur. Les témoins injectés dans les veines périphériques avec les mêmes doses des mêmes cultures, ont tous succombé : les six animaux inoculés par la veine porte sont restés bien portants. Le foie est donc capable d'arrêter et de détruire le bacille vivant, mais il ne peut résister à ses produits solubles.

Nous avons étudié encore le *streptocoque* que nous avons injecté par trois vaisseaux différents : par le bout central d'une carotide, de façon que la culture arrive à l'origine de l'aorte et se répande dans le sang artériel ; par une veine périphérique pour mettre en évidence l'action du poumon ; par un rameau de la veine porte pour évaluer l'action du foie. Ce sont les animaux injectés par la veine porte qui succombent les premiers. Peu de temps après, on voit mourir ceux qui ont été inoculés par l'aorte. Quant aux animaux injectés par les veines périphériques, ils meurent tardivement ou, si le virus n'est pas trop actif, ils survivent.

Le poumon représente donc un organe protecteur contre le streptocoque ; il remplit une action analogue à celle que le foie exerce sur le bacille charbonneux et le staphylocoque doré ; seulement la destruction des agents pathogènes est moins active ; le poumon ne neutralise guère plus d'une dose mortelle.

Les expériences ne sont pas moins nettes chez le cobaye que chez le lapin ; la pullulation intra-hépatique apparaît d'autant plus évidente chez cet animal que, peu sensible au streptocoque, il résiste assez bien aux autres modes de contamination.

Mieux que toute description le tableau suivant rend compte des résultats obtenus.

	QUANTITÉ DE *culture injectée*	SURVIE DES ANIMAUX INOCULÉS PAR		
		aorte	*v. périph.*	*v. porte*
	cm³			
Lapin	0,5		48 h.	20 h.
—	0,75	8 j.	∞	7 j.
—	2		6 j.	44 h.
—	1	23 h.	4 j.	23 h.
—	0,3	40 h.	∞	40 h.
—	1	24		33
—	2	30	∞	45
Cobaye	1	∞	∞	7 j.
—	0,3	∞	∞	4 —

Il serait facile de discuter longuement sur le mécanisme de la protection exercée par le foie. Werigo invoque la phagocytose. Mais comment admettre que les phagocytes, si énergiques dans le foie contre le bacille charbonneux, soient impuissants dans les autres réseaux capillaires. Il semble plus rationnel de supposer que les microbes sont atténués par des substances solubles qui peuvent agir soit en les dissolvant, soit en les sensibilisant, comme le font les opsonines.

Les recherches de Tilmant tendent à faire admettre que l'action du foie est due à des lipoïdes. Ceux-ci peuvent être extraits par l'éther ; mis en suspension colloïdal à 1 p. 100, ils ont le pouvoir d'empêcher l'action pathogène du staphylocoque chez le cobaye. Il suffit de cinq à dix gouttes pour sauver la plupart des animaux, alors que les témoins succombent en 48 heures. Ce qui est encore plus important, c'est qu'en traitant par le chloroforme le foie desséché et pulvérisé, Turo a obtenu un extrait qui dissout rapidement le bacille du charbon.

Le foie peut encore intervenir dans la destruction des *protozoaires*. Levaditi a montré que les tréponèmes ne semblent pas atteints dans leur vitalité quand on les met en contact avec de l'arséno-benzol. Si on ajoute au mélange une quantité, même faible, de bouillie hépatique, ces tréponèmes sont rapidement détruits.

L'action du foie sur les microbes subit des variations analogues à celles que nous avons signalées en traitant des poisons. Elle diminue sous l'influence du jeûne, mais assez lentement. Après 24 heures d'inanition, elle s'exerce comme à l'état normal sur le bacille charbonneux ; après 48 heures, les animaux succombent, mais tardivement ; après 72 heures, l'action protectrice du foie a disparu.

Si, en même temps qu'on inocule un microbe, le staphylocoque doré par exemple, on injecte du glycose ou si l'on fait ingérer une certaine quantité de ce sucre, on obtient des résultats qui diffèrent totalement suivant la dose introduite. Quand le sucre est injecté directement dans la veine porte, il suffit de 3 à 5 grammes pour diminuer ou supprimer l'action du foie. Quand il est introduit par la voie stomacale, il faut 16 à 20 grammes. Les petites doses ont au contraire pour résultat de stimuler la glande hépatique. Une ingestion de 4 à 5 grammes augmente l'action sur les microbes.

Les effets de l'éther varient également suivant la dose. Cinq à six gouttes d'éther pur introduites par une veine intestinale, abolissent complètement l'action du foie. Si on injecte de l'eau additionnée de 20 o/o d'alcool et saturée d'éther, on verra qu'une petite dose, 1/2 centimètre cube par exemple, augmente le pouvoir bactériolytique de l'organe. Les résultats sont semblables quand on fait ingérer l'éther : 1 cc. 6 à 2 centimètres cubes exercent une action défavorable ; 2 à 3 centimètres cubes de la solution hydro-alcoolique constituent une véritable dose thérapeutique.

Nos expériences servent encore à expliquer certains faits relatifs aux associations microbiennes. On sait, par exemple, que les cultures stérilisées de *B. prodigiosus* favorisent l'action pathogène du staphylocoque doré. Leur injection par un rameau de la veine porte diminue l'action protectrice du foie et peut même, si la dose est suffisante, la supprimer complètement.

Si le foie agit énergiquement sur beaucoup de bacilles, son action sur les *poisons microbiens* est bien moins marquée et moins nette (**39, 46**). Elle se manifeste cependant sur quelques-uns. Dès 1887, nous avions reconnu que le foie arrêtait les poisons putrides. Opérant sur un extrait alcoolique de matières pourries, nous avions trouvé que la dose mortelle par la veine porte était deux fois et demie plus élevée que la dose mortelle par les veines périphériques.

D'après Teissier et Guinard, le foie n'exerce aucune action protectrice contre les toxines diphtérique et pneumobacillaire. Souvent même, surtout chez le chien, l'action est plus énergique quand le poison traverse le foie. E. Fodoa obtient avec la toxine typhique des résultats analogues. Cependant, d'après Lauder Brunton et Bokenham, la toxine diphtérique serait annihilée dans le foie et transformée en antitoxine.

Nos expériences personnelles ont été négatives. Pour prolonger le contact avec le tissu, nous avons eu recours aux circulations artificielles. Une toxine diphtérique, diluée dans de l'eau salée, a passé et repassé pendant trois quarts d'heure à travers le réseau hépatique. Le liquide ainsi obtenu, injecté aux animaux, s'est montré aussi actif que s'il n'avait pas subi l'influence du foie.

Les animaux inoculés par la veine porte succombant souvent les premiers, on peut se demander si l'arrivée soudaine d'une grande quantité de poison dans le foie n'en altère pas le parenchyme. On conçoit qu'elle puisse ainsi précipiter la terminaison fatale. Il y aurait grand intérêt à reprendre l'étude de la question et à rechercher d'une façon systématique les transformations que les poisons microbiens peuvent subir dans l'organisme.

Si on se rappelle que le foie peut exercer une action antitoxique par l'intermédiaire de la bile, qui entrave les actions microbiennes et neutralise les poisons qui en résultent, on comprendra le rôle important dévolu à la glande dans la protection de l'organisme contre les infections et les intoxications. Si beaucoup d'autres organes collaborent aux mêmes effets, le foie, par sa situation sur le sang qui provient de l'intestin, par le grand développement de son réseau capillaire, par l'importance, l'intensité et la multiplicité des actes chimiques qu'il accomplit, occupe dans l'organisme la place primordiale.

CHAPITRE XII

FERMENTS OXYDANTS ET RÉDUCTEURS
ROLE DU FOIE DANS LA THERMOGÉNÈSE

Le foie possède une action oxydante qu'on a cru démontrer par les transformations de l'aldéhyde en acide salicylique. Une oxydation rendrait compte du phénomène :

$$C^6H^4.OH.COH + O = C^6H^4.OH.COOH$$
aldéhyde   acide salicylique
salicylique

En opérant avec l'aldéhyde formique, on obtient de même de l'acide formique.

Le fait est réel, l'explication est discutable. Comme l'ont montré Battelli et Stern, les tranformations des aldéhydes sont sous la dépendance d'un ferment spécial, méritant le nom d'aldéhydase et produisant non une oxydation, mais une hydratation.

Une molécule d'eau se dédouble pour se fixer sur deux molécules d'aldéhyde et donner naissance à l'alcool et à l'acide correspondant. C'est le phénomène bien connu en chimie biologique sous le nom de « réaction de Cannizzaro ». Dans l'exemple classique que nous avons choisi, on devra écrire :

$$2C^6H^4.OH.COH + H^2O = C^6H^4.OH.CH^2OH + C^6H^5.OH.COOH$$
aldéhyde salicylique   alcool salicylique   acide salicylique

Une formule semblable s'applique à l'aldéhyde formique, qui donnera de l'alcool méthylique en même temps que de l'acide formique.

Si au mélange de foie et d'aldéhyde salicylique, on ajoute du bleu de méthylène, celui-ci s'empare de l'hydrogène mis en liberté par décomposition de l'eau et seul l'acide salicylique prend naissance. C'est ce que démontre l'expérience suivante d'Abelous et Aloy : 300 gr. de foie pulpé, sont précipités par l'alcool, puis repris par 300 cc. d'eau. De ce liquide on fait deux parts égales. A chacune d'elles on ajoute 1 cc. d'aldéhyde salicylique et à l'une des deux 50 gouttes d'une solution de bleu de méthylène à 0,25 o/oo. Au contact du foie, l'aldéhyde salicylique donne 0,021 d'acide salicylique et une certaine quantité d'alcool salicylique ; dans la portion additionnée de bleu de méthylène, on trouve 0,043 d'acide salicylique ; l'hydrogène étant fixé par le bleu, l'alcool salicylique n'a pas pris naissance.

Des oxydations directes se produisent dans le foie, comme on peut le démontrer en employant la méthode des circulations artificielles. On constate ainsi une formation considérable d'acide carbonique, environ 96 mgr. par kilogramme-heure chez le chien et le lapin. L'adjonction de glycose, d'acide pyruvique, glycérique ou lactique augmente le rendement de 50 o/o. Le galactose, les acides glyoxylique, glycolique, acétique sont sans influence.

La consommation de l'oxygène atteint, d'après Masing, 1.200 cmc. par kilogramme-heure chez le chien. Or il y a dans le foie de petits granules doués de mouvements browniens qu'on peut extraire de la glande et qui sont capables de consommer l'oxygène. On peut attribuer à ces corpuscules le cinquième des oxydations totales. La respiration « accessoire » de Battelli et Stern qu'on observe avec l'eau de lavage dépourvue d'éléments figurés, serait due, d'après Warburg, à ces granules, qui sont assez petits pour qu'une partie traverse la bougie de Beckerfeld. Le liquide ainsi filtré conserve un pouvoir respiratoire correspondant à 4 o/o de l'extrait primitif.

Nous avons déjà parlé du rôle des oxydases quand nous avons étudié la transformation de l'alcool en acide acétique, l'oxydation de la xanthine et de l'hypoxanthine, de l'acide urique, de l'acide butyrique, de l'acide β-oxybutyrique.

Certaines oxydations exigent l'intervention de corps facilement réductibles, l'eau oxygénée, par exemple.

Il y a, répandu dans l'organisme, un ferment, l'oxygénase, qui fixe l'oxygène de l'air sur l'eau, donnant naissance à du peroxyde d'hydrogène. Ce peroxyde, fort instable, est décomposé, suivant les cas, par deux ferments : l'un, la catalase qui libère

de l'oxygène moléculaire relativement peu actif ; l'autre, la peroxydase, qui libère de l'oxygène atomique véritablement actif. C'est
ce qu'on peut écrire :

$$2H^2O^2 + \text{catalase} = 2H^2O + O^2$$
ox. moléculaire

$$H^2O^2 + \text{peroxydase} = H^2O + O$$
ox. atomique

Si les oxydations produites par l'oxygène que dégage la
peroxydase, sont trop énergiques, la catalase intervient qui
les modère. Ainsi se trouve constitué un système régulateur
d'une précision remarquable.

D'après la plupart des physiologistes, la catalase est répandue
dans tous les organes qui sont le siège d'oxydations. D'après
Iscovesco, on en trouverait seulement dans le foie (hépato-catalase).
Elle y est, en tout cas, particulièrement abondante : à poids
égal, le foie en contient 60 fois plus que les muscles (Battelli
et Stern).

La catalase et la peroxydase sont des oxydants indirects qui
ne produisent des oxydations qu'après une réduction préalable.
Ils agissent sur un corps assez instable.

Le foie doit être le siège d'un grand nombre de phénomènes
du même ordre. Son pouvoir réducteur est, en effet, très marqué.
Il transforme les nitrates alcalins en nitrites, les bromates et les
iodates en bromures et en iodures, l'acide picrique en acide
picramique. Dans toutes ces réactions la cellule libère de l'hydrogène dont elle assure la fixation sur les substances qu'elle transforme.

De Rey Pailhade a donné du phénomème une démonstration
très simple. Il fait agir le tissu hépatique sur du soufre : de
l'hydrogène sulfuré se dégage. L'action dépend d'un ferment
désigné sous le nom de philothion.

Les expériences d'Ehrlich et de Gautier ont établi que certaines
matières colorantes, introduites dans le sang, sont transformées
par réduction en leurs dérivés incolores, libérant de l'oxygène
qui se fixe sur les matières oxydables.

Les deux phénomènes connexes et successifs de réduction et
d'oxydation semblent assurés par les deux éléments de la cellule :
le protoplasme préside aux réductions et le noyau aux oxyda-

tions, probablement par le fer qui est combiné à la nucléine. La
forte proportion de fer contenue dans le parenchyme hépatique
semble bien en rapport avec l'activité des oxydations qui s'accomplissent dans la glande.

Les ferments réducteurs du foie. — Les ferments réducteurs
sont répandus dans tout l'organisme. Il est facile d'en démontrer
l'existence en prélevant des organes et des tissus sur un animal
qu'on vient de sacrifier et en les mettant en contact avec une
solution de bleu de méthylène. La réduction sera facilement
appréciée par la décoloration du milieu (**75, 76**).

Pour que les résultats soient comparables, il faut prendre sur
un animal tué par hémorragie, un même poids des divers tissus,
4 gr. par exemple. Après avoir pulpé ces tissus, on les délaye
dans 4 cmc. d'eau contenant 5 o/oo de bicarbonate de soude, puis
on verse 3 gouttes d'une solution de bleu de méthylène à 2 o/o
et on place à l'étuve à 38°. La rapidité de la décoloration traduit
la rapidité du processus Voici les chiffres obtenus dans des expériences faites comparativement avec des tissus prélevés sur le
chien, le cobaye et le lapin.

	CHIEN	COBAYE	LAPIN
Cerveau.	7 m.	12 m.	15 m.
Cœur	15	»	50
Foie.	12	10	10
Muscles.	15	13	40
Poumons	30	20	50
Rein.	10	16	10

Ainsi chez le chien, le cerveau possède le pouvoir réducteur
le plus marqué ; puis viennent le rein et le foie. Chez le cobaye et
le lapin, le foie est l'organe le plus actif, puis viennent le rein
et le cerveau. Les poumons, les muscles, y compris le cœur,
ont moins d'influence.

Après 24 ou 48 heures le pouvoir réducteur est notablement
affaibli. Chez tous les animaux, c'est le ferment hépatique qui
est de beaucoup le plus résistant.

	TISSUS UTILISÉS		
	aussitôt après la mort	*48 h. après la mort*	*7 jours après la mort*
Chien : Cerveau	7 m.	1 h.	2 h.
Cœur	15	1 h. 20 m.	3 h. 30 m.
Foie	12	0 h. 30	0 h. 35
Muscles	15	1 h.	4 h.
Rate	30	1 h. 10	
Rein	10	0 h. 45	1 h. 10
Lapin : Cerveau	20	0 h. 50	
Cœur	40	3 h. 20	
Foie	10	0 h. 23	0 h. 25
Muscles	40	3 h. 20	3 h. 20
Poumon	40	1 h. 40	1 h. 40
Rein	26	1 h. 40	1 h. 40

L'activité et la résistance du ferment hépatique sont en rapport avec l'importance des phénomènes réducteurs dont le foie est le siège. Tandis que dans le poumon, les oxydations directes l'emportent, que dans les muscles et le rein, le sang artériel arrive en abondance pendant les périodes d'activité, le foie ne reçoit que du sang veineux. Le sang amené par l'artère hépatique, sert à assurer la nutrition des cellules. Mais le courant sanguin fonctionnel dépend tout entier de la veine porte. C'est sur du sang veineux, pauvre en oxygène, que le foie doit agir. Cependant des oxydations intenses se passent dans la glande, comme le prouve l'échauffement considérable du sang pendant la traversée hépatique. L'oxygène emprunté au sang veineux devant être en quantité réduite, ce sont les oxydations indirectes qui dominent. On conçoit ainsi l'importance du ferment réducteur.

Il est classique d'admettre que le pouvoir réducteur des tissus est dû à un ferment. Cependant le chauffage, quelque élevé et quelque prolongé qu'il soit, ne parvient jamais à supprimer les propriétés réductrices.

Voici, par exemple, les résultats obtenus avec de la pulpe de foie de lapin qu'on avait distribuée dans une série de tubes. Ceux-ci ont été chauffés à des températures variables, puis ramenés à la température de 38°. On avait alors ajouté un peu de bleu et noté le temps nécessaire à la décoloration.

		TUBES CHAUFFÉS A						
		60°		70°				80° ou 100°
Temps de réduction	TUBE TÉMOIN	3o'	2 h.	15'	3o'	2 h.	4 h.	15' à 4 h.
	12'	22'	38'	3o'	5o'		2 h.	

Déjà un chauffage à 5o° affaiblit le pouvoir réducteur : une température plus élevée ou plus prolongée exerce une action plus marquée ; mais quand le tissu a été chauffé à 70° pendant deux heures, le pouvoir réducteur tombe à un minimum invariable ; on pourra chauffer à 100° pendant quatre heures, il n'y aura plus de changement.

Ce premier résultat tend à faire supposer que deux facteurs interviennent : l'un chimique, thermostabile ; l'autre biologique, thermolabile.

L'action chimique, suivant une loi bien connue, se manifeste d'autant plus rapidement que la température du milieu est plus élevée.

Prenons, par exemple, du tissu hépatique pulpé ; délayons-le dans de l'eau et distribuons la masse dans plusieurs tubes. Un d'eux est gardé comme témoin ; les autres sont chauffés à 100° pour abolir toute propriété vitale. Plaçons chaque tube dans un bain-marie à une température constante et ajoutons des quantités croissantes de bleu de méthylène. Voici les résultats :

	TEMPÉRATURE de l'expérience	QUANTITÉS DE BLEU SUCCESSIVEMENT *ajoutées (en gouttes)*				
		2	5	10	20	40
Témoin (non chauffé) . .	35°	14'	35'	1 h. 45'		
Tubes chauffés à 100° et maintenus à	35°	1 h. 25	4 h.	»		
	6o°	6' 5o''	12'	37'		
	8o°	1' 37''	3' 15''	7' 35''	2o'	
	100°	2o''	4o''	1' 3o''	3'	6'35''

Les tissus chauffés ne possèdent pas tous le même pouvoir réducteur ; ils conservent encore après destruction du ferment une certaine spécificité, comme le démontrent les chiffres consignés dans le tableau suivant.

	TUBES non chauffés maintenus à 38°	TUBES MAINTENUS A 100° Adjonctions successives de			
Quantité de bleu, gouttes . . .	3	12	12	12	20
	m	m	m	m	m
Foie . .	12′	1′ 1/2	1′ 1/2	1′ 1/2	2′
Cerveau . .	5	2	2 1/2	5	13
Rein . . .	8	2	2 1/2	6	15
Cœur. . .	15	5	15	24	
Muscles . .	15	8	20	26	
Poumon. .	30	6	24	40	

(Temps de réduction)

Ainsi, le tissu hépatique possède le plus fort pouvoir réducteur chimique, puis viennent le cerveau et le rein ; le cœur, les muscles et le poumon sont beaucoup moins actifs.

Si, après avoir chauffé les tissus à 100°, on les ramène à 38° et si on les fait agir à cette température sur la solution de bleu, on obtient des résultats superposables aux précédents.

	TISSUS DE CHIEN		
	Aussitôt après la mort	*Après 7 jours*	*Après chauffage à 100°*
Cerveau	5 min.	2 h.	2 h.
Foie	12 —	35 min.	2 h.
Rein	3 —	45 —	2 h. 30
Cœur	15 —	3 h. 30 —	4 h.
Muscles	15 —	4 h.	4 h.

Conservé sept jours, le cerveau n'est pas plus actif que le cerveau chauffé à 100° : on peut donc dire que le ferment est détruit. Il en est de même pour les muscles et probablement le cœur. Au contraire, les autres tissus ont gardé une certaine activité : les ferments y sont plus résistants.

Ces résultats portent à penser qu'il existe quelques différences dans les propriétés des divers ferments coopérant au pouvoir réducteur des tissus. Il n'est guère probable qu'un seul et même ferment soit répandu dans toutes les parties de l'organisme. Ce qui confirme cette opinion, c'est que le ferment est plus ou moins diffusible. Celui du foie ou du rein passe facilement du tissu dans le liquide ambiant ; celui du poumon, des muscles ou du cerveau n'a aucune tendance à diffuser.

En chauffant les tissus dans de l'eau et en les filtrant, on constate que le pouvoir réducteur chimique appartient aux matières insolubles, vraisemblablement aux albumines. Celles-ci, même coagulées, exercent une action réductrice qui est d'autant plus rapide que la température ambiante est plus élevée. A 38° ou 40°, les phénomènes se produisent avec une lenteur extrême. C'est là justement qu'intervient le ferment : il active le pouvoir réducteur et permet à l'albumine d'agir rapidement à la température du corps.

Nous connaissons depuis longtemps une influence zymotique analogue. Le suc gastrique hydrolyse les protéiques et les transforme en albumoses et peptones. L'acide chlorhydrique est l'agent de cette transformation, mais il ne l'accomplit rapidement que si on le fait agir à une température élevée. La pepsine intervient, non pour hydrolyser les albumines, mais pour permettre à l'acide chlorhydrique de les hydrolyser facilement à la température du corps. L'analogie est frappante : de part et d'autre, la transformation est d'ordre chimique ; le ferment sert à activer le phénomène, il en permet la manifestation à une température relativement basse.

Après avoir reconnu que le pouvoir réducteur appartient aux albumines, il faut tâcher de déterminer celles qui interviennent. Dans ce but nous avons soumis à la dialyse un extrait de foie. La disparition des sels entraîne la précipitation des globulines qu'on peut ainsi séparer des sérines. Or, les sérines, pas plus d'ailleurs que le sérum sanguin, ne possèdent le pouvoir réducteur.

Les globulines finissent à la longue par décolorer le bleu de méthylène ; mais elles agissent lentement et sans grande énergie. On peut même se demander si leur action ne dépend pas de leur mélange à une trace de sérine qui aurait résisté aux lavages ; car, en ajoutant aux globulines soit la sérine des tissus, soit du sérum sanguin, c'est-à-dire un liquide par lui-même inactif, on voit le pouvoir réducteur réapparaître : bien qu'il soit moins marqué qu'avant les manipulations, il n'en est pas moins manifeste.

Voici par exemple une expérience de ce genre :

GLOBULINE	SÉRINE	DÉCOLORATION AU BOUT DE			
		1 h.	2 h.	4 h.	6 h.
o cmc.	4 cmc.	o	o	o	o
1	3	o	o	o	o
2	2	o	légère	1/2	3/4
3	1	légère	2/3	totale	
4	o	o	o	o	o
	SÉRUM				
o	4	o	o	o	o
1	3	o	o	o	o
2	2	légère	1/2	totale	
3	1	légère	2/3	totale	

Il semble, d'après ces résultats, que les globulines possèdent une plus grande importance physiologique que les sérines. Moins solubles et moins diffusibles, elles font partie intégrante du protoplasma cellulaire. Il y aurait des recherches intéressantes à poursuivre dans cette voie, car le fait doit avoir une certaine portée. Il est probable que, dans tous les organes et les tissus, les globulines possèdent une spécificité plus grande que les sérines, celles-ci pouvant être remplacées par les albumines du sang.

Tous les sérums sanguins activent le pouvoir des globulines. Mais tous n'ont pas la même influence. Bien que les recherches sur cette question fort délicate soient peu avancées, on peut dire que le sérum provenant d'hommes ou d'animaux dont le foie est lésé exerce une action fort énergique. C'est ce que nous avons observé aussi bien avec le sérum des cirrhotiques qu'avec le sérum des lapins dont on avait lié le canal cholédoque.

Il y aurait grand intérêt à poursuivre des recherches sur les variations du pouvoir réducteur au cours des maladies. On a déjà constaté que le pouvoir réducteur du foie diminue notablement chez les animaux dont on a lié le canal cholédoque. Mais les observations les plus nombreuses sont celles qui ont été faites sur l'influence des poisons.

L'arsenite de soude entrave la réduction, tandis que l'arséniate de soude est sans influence. L'alcool et l'acétone exercent une action retardante, mais c'est à la condition d'en mettre une forte proportion, 20 o/o environ. Si l'on verse du chloroforme ou de l'éther, la réduction est peu retardée ; mais, au contact des liquides toxiques, on observe un anneau bleu plus ou moins large.

De toutes les substances qui entravent la réduction, c'est l'acide cyanhydrique qui nous a semblé agir le plus énergiquement, comme la démontrent les chiffres suivants. Chaque tube contenait 4 cmc. d'extrait hépatique, auxquels on avait ajouté des quantités décroissantes d'acide cyanhydrique, puis on avait versé assez d'eau pure pour avoir uniformément 5 cmc. A deux reprises on a introduit 3 gouttes de la solution de bleu à 2 o/o, après avoir eu le soin d'alcaliniser le milieu.

QUANTITÉ d'ac. cyanhydrique pour 100 cmc.	TEMPS NÉCESSAIRE A LA DÉCOLORATION DE	
	3 gouttes	+ *3 gouttes*
1 gr.	2 h.	
0,5	1 h. 45	Pas de décoloration après 6 h.
0,05.	1 h. 10	3 h.
0,005	0 h. 55	1 h. 50
0,000 5. . . .	0 h. 50	1 h. 35
0,000 05 . . .	0 h. 45	1 h. 15
Tube témoin. .	0 h. 35	0 h. 45

Ainsi un demi-milligr. par litre suffit à retarder la réaction, l'effet étant plus manifeste à la deuxième adjonction de bleu. Cette modification du pouvoir réducteur doit certainement expliquer certains troubles de l'empoisonnement cyanhydrique, peut-être même rend-il compte du mécanisme encore obscur de la mort. Ce qui frappe, à l'autopsie des animaux qui ont succombé à l'intoxication cyanhydrique, c'est la coloration rouge clair du sang, même du sang veineux. Les organes ont une teinte rose très manifeste qui diminue peu à peu et finit par disparaître. Ce n'est donc pas un arrêt des phénomènes oxydo-réducteurs, oxydation et réduction étant toujours liées par une connexité étroite. Il y a retard et non suppression définitive et peu à peu organes et tissus reprennent leur teinte normale, résultat qui cadre avec celui que fournit l'étude du pouvoir réducteur en dehors de l'organisme. Sous l'influence de l'acide cyanhydrique, les réductions sont retardées, mais pas complètement supprimées ; l'action zymotique est annihilée ou amoindrie ; l'action chimique persiste.

On est ainsi conduit à entreprendre des recherches sur l'animal vivant, recherches pour lesquelles on possède actuellement une directive.

Si l'étude du pouvoir réducteur dévolu aux différents tissus est loin d'être terminée, elle fournit déjà quelques indications intéressantes. Il est certain que, dans un organe comme le foie, qui accomplit de nombreux et importants processus d'oxydation, malgré une circulation sanguine peu riche en oxygène, les ferments réducteurs doivent jouer un rôle considérable. Ils libèrent l'oxygène nécessaire aux mutations chimiques, qui ont, entre autres résultats, celui de dégager une forte quantité de chaleur.

Nous sommes ainsi conduit à étudier le pouvoir thermogène de la glande hépatique et à en rechercher les variations dans les diverses conditions physiologiques et pathologiques.

Rôle thermogène du foie. — Il résulte des expériences de Cl. Bernard que le foie est un véritable foyer thermogène. Déjà en traversant l'intestin le sang s'échauffe et, dans la veine porte, la température est de 0,1 à 0,5 plus élevée que dans l'aorte abdominale : elle augmente encore de 0,1 à 0,8 pendant la traversée du foie. Aussi, au confluent sus-hépatique, la température du sang atteint-elle chez le chien des chiffres très élevés : 41°3 par exemple, température de 1°6 supérieure à celle du sang aortique qui était, dans l'exemple choisi, emprunté à Cl. Bernard, de 39°7.

Les recherches de Lefèvre conduisent à des conclusions analogues. Elles établissent que la température du foie, comparée à celle du rectum, lui est supérieure de 1° environ. Il y a quelques différences d'une espèce à l'autre. Voici les chiffres moyens trouvés par Lefèvre :

ANIMAL	TEMP. DU foie	TEMP. rectale	DIFFÉRENCE
Chien.	39,57	38,81	0,76
Porc	40,9	39,9	1
Lapin	39,68	38,6	1,08

Quand on a soumis les animaux au refroidissement, une réaction se produit à laquelle participent la plupart des organes et des tissus. Chez le chien, le système musculaire joue le rôle principal et les frissons consécutifs au refroidissement dégagent une quantité de chaleur suffisante pour ramener rapidement la température à la normale. Chez le lapin, le frisson fait défaut et le relèvement thermique est assuré par le foie, mais les échanges s'y font lentement et le retour à la normale est beaucoup plus pénible que chez le chien. Entre le chien, dont le réchauffement est à type musculaire et le lapin dont le réchauffement est à type hépatique, se place le porc ou muscles et foie contribuent à la régulation thermique.

Chez l'homme on peut admettre, en se basant sur les recherches de Lefèvre, que la production journalière moyenne de 2.250 calories se répartit de la façon suivante :

Muscles	900 calories soit 40 p. 100	
Foie	675 —	30 —
Autres organes et tissus	675 —	30 —
	2.250	

Si l'on adopte ces chiffres, on voit qu'un tiers de la chaleur dégagée peut être attribué, dans les conditions normales, au fonctionnement du foie.

Pendant l'inanition, les phénomènes exothermiques ne diminuent pas, il est même probable qu'ils augmentent, pour lutter contre le refroidissement dû au défaut d'apport du combustible et pour maintenir l'équilibre thermique. Ce sont surtout les produits de dédoublement des hydrates de carbone et des graisses qui interviennent.

Les expériences de R. Dubois montrent la part prépondérante du foie dans le réchauffement des animaux hibernants. Chez une marmotte en état d'hibernation, et dont la température est en conséquence fort basse, on lie les vaisseaux carotidiens ou l'artère hépatique, ou l'artère splénique, ou les artères mésentériques, ou l'artère rénale : le réchauffement de l'animal n'est guère troublé ; mais il n'a pas lieu si on lie la veine porte ou les veines sus-hépatiques.

La mesure de la température donne des résultats encore plus démonstratifs. Ainsi au début du réchauffement, la différence entre la température du rectum et celle du foie était de 3°2. Trois heures plus tard, elle atteignait 14°. Dans tous les cas, le foie se réchauffe le premier et se refroidit le dernier.

Cette action si remarquable du foie est sous la dépendance du système nerveux. Le réchauffement ne se produit plus si on détruit les nerfs sympathiques du système porte, ou les ganglions semi-lunaires.

L'action du système nerveux sur le pouvoir thermogène ressort des expériences de Cavozzani qui a vu augmenter la température du sang sus-hépatique après électrisation des nerfs hépatiques provenant des vagues. L'asphyxie agit de même par un mécanisme analogue.

HYPOTHERMIE D'ORIGINE HÉPATIQUE. — Le rôle thermogène du foie est encore mis en évidence par les expériences qui consistent à détruire la glande (**34, 39, 46**). C'est ce qu'on réalise facilement en injectant par les voies biliaires 5 cc. d'une dilution d'acide acétique à 1,5 ou 2 o/o. L'acide diffuse dans le parenchyme et en lèse la presque totalité. Il n'y a guère de trabécules hépatiques dont quelques cellules ne soient malades ; le protoplasma tend à devenir homogène ou bien il subit la dégénérescence vésiculeuse, tandis que les noyaux disparaissent.

La figure 2 indique la marche de la température chez trois lapins opérés de la sorte. Le premier avait reçu 5 cc. d'une dilution à 2 o/o. La température, qui était primitivement de 39,1, tombe après l'opération, à 37°4. C'est l'effet de la contention et de l'acte opératoire. Quand le foie est intact, l'hypothermie est passagère. Quand il est détruit, une petite réaction se produit ; elle est de courte durée et la température baisse progressivement jusqu'à la mort ; elle est tombée à 31° chez le premier animal, à 27°5 et à 26° chez les deux autres qui avaient reçu 5 cc. d'une dilution à 1,5 o/o.

Ces hypothermies ne sont certainement pas dues à la suppression d'une source de calorique ; elles relèvent des profondes modifications que les lésions du foie provoquent dans la nutrition générale de l'économie. Elles expliquent en tout cas, l'hypothermie de l'ictère grave et de certaines infections à détermination hépatique. Nous avons pu décrire ainsi une forme hépatique de la fièvre typhoïde, dans laquelle la température revient peu à peu à la normale et finit par tomber au-dessous de 37°, en même temps que les phénomènes s'aggravent. L'apyrexie est absolue quand la mort survient et l'autopsie explique cette marche insolite de la température en révélant une stéatose diffuse du foie.

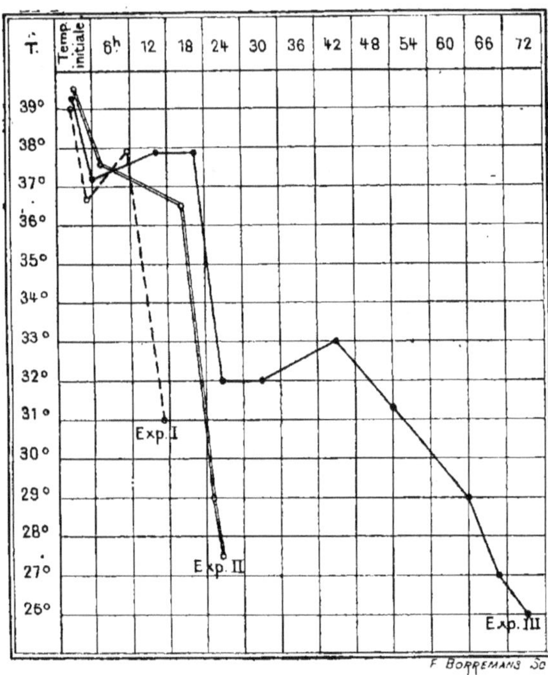

Fig. 2. — Marche de la température chez les animaux
dont le foie a été détruit.

Dans un des deux cas que nous avons étudiés l'organe pesait 1930 grammes. Il était transformé en une masse homogène, de couleur chamois, parsemé à la surface de taches décolorées : sur les coupes on voyait le parenchyme exsangue d'un jaune uniforme. Dans le deuxième cas, le foie, dont le poids atteignait 2.630 grammes, était d'une consistance pâteuse et d'une coloration jaune-roux. La proportion de la graisse atteignait 9,15 o/o, c'est-à-dire qu'elle était quatre fois plus élevée qu'à l'état normal.

Cette forme de la fièvre typhoïde, exceptionnelle dans nos climats, semble fréquente dans les pays chauds et même en Algérie, comme le démontrent les observations publiées par Crespin.

C'est surtout dans l'ictère grave qu'on observe parfois de très fortes hypothermies. Murchison, Duckworth ont rapporté des cas où la température tomba, à la fin de la vie, à 35°2. Hanot a observé des faits analogues et il a voulu les expliquer par l'action des toxines microbiennes. Il pensait que l'ictère grave hypothermique est dû au pouvoir hypothermisant des toxines colibacillaires : ce serait à l'influence de l'agent pathogène qu'il faudrait attribuer la courbe si spéciale. Cette conception est inadmissible. Les toxines du colibacille ne sont hypothermisantes qu'à dose massive. C'est la destruction du foie qui modifie la température. Une expérience très simple le démontre. Nous injectons à des lapins une toxine colibacillaire comparativement par une veine périphérique et par un rameau de la veine porte. Nous en introduisant une très forte dose, de façon à sidérer l'organisme. Tandis que les cultures stérilisées du colibacille élèvent la température quand elles sont injectées en petite quantité, elles l'abaissent quand elles sont introduites à dose massive. Pour que les effets soient facilement comparables, les 2 lapins ont été attachés pendant le même laps de temps et ont tous deux subi une laparotomie. La courbe ci-jointe (fig. 3) montre la différence des résultats. Après un abaissement de température, dû à l'immobilité et à l'opération, le lapin A injecté par la veine porte, a réagi et le mouvement fébrile s'est développé. Chez le lapin B, injecté par les veines périphériques, la température est revenue passagèrement au chiffre initial, puis elle a baissé rapidement et, au bout de 7 heures 1/2, une demi-heure avant la mort, elle était tombée de 39° à 36°7, tandis que chez l'autre animal elle dépassait 41°.

Cette expérience montre nettement le rôle du foie dans les infections colibacillaires et explique le mécanisme de l'hypothermie dans les cas d'insuffisance hépatique.

Il serait intéressant de poursuivre l'étude du rôle dévolu au foie dans la production de la fièvre. Il semble démontré aujourd'hui que, sous l'influence des toxines microbiennes, des substances nouvelles élaborées par l'organisme vont agir sur les centres nerveux thermogènes. S'il en est ainsi, on est conduit à rechercher si le foie n'intervient pas dans l'élaboration de ces substances ou de ces propriétés nouvelles. C'est toute l'étude de la fièvre qu'il faudrait reprendre.

Une question subsidiaire se pose. La suppression du foie entraînant l'hypothermie, on doit se demander quel mécanisme est mis en œuvre. Il est très possible que les centres thermogènes soient influencés par certaines substances que le foie normal transforme. Ainsi les sels ammoniacaux sont toxiques et hypothermisants. Normalement le foie les transforme en urée, sub-

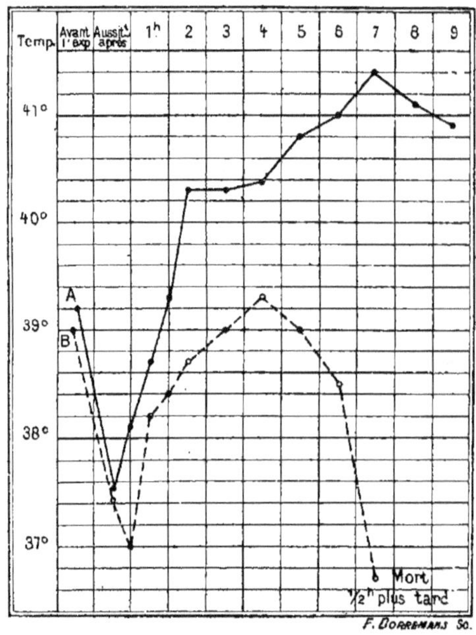

Fig. 3 — Influence du foie sur la réaction fébrile. — A. Injection de 20 cmc. de toxine par la veine porte ; B. Injection de 20 cmc. de toxine par une veine périphérique.

stance peu toxique qui n'influence pas la température. L'altération du foie, par l'accumulation d'ammoniaque qu'elle entraîne, peut exercer ainsi une influence hypothermisante. Il est intéressant de remarquer, en passant, que les sels ammoniacaux se trouvent en excès au cours de divers états morbides qui peuvent provoquer l'hypothermie, l'urémie par exemple.

Sur toutes ces questions nous n'avons que peu de documents, mais nous possédons déjà suffisamment de faits pour admettre d'une façon définitive le rôle du foie dans la thermogenèse.

CHAPITRE XIII

FONCTION MARTIALE DU FOIE

L'importance du fer dans le fonctionnement de l'organisme et le rôle considérable que joue le foie dans la fixation, la transformation et l'élimination de ce métal, ont conduit les physiologistes à décrire séparément la *fonction martiale* de la glande hépatique. Cette notion nouvelle, introduite dans la science par Dastre, mérite d'être conservée.

La destruction des globules rouges met chaque jour une certaine quantité de fer en liberté et l'alimentation quotidienne introduit dans l'organisme une dose plus ou moins considérable de ce métal. Une petite portion s'élimine par l'urine ; une autre, plus forte, passe dans la bile ; mais la majeure partie est rejetée par les sécrétions gastro-intestinales. C'est ce qu'on peut démontrer facilement en dosant le fer contenu dans ces diverses sécrétions et en faisant l'étude de son élimination après une injection intra-veineuse.

Un excès de fer introduit dans l'organisme n'en est rejeté que très lentement, en 20 ou 30 jours. Le métal s'accumule en effet dans les organes et les tissus et surtout dans le foie.

En injectant une solution de lactate de fer à 1 o/o par une veine périphérique, on constate que la dose nécessaire pour tuer l'animal est de o gr. 4 par kilogramme. Si l'injection est poussée par une veine intestinale la dose mortelle est de 1,19 ; elle est près de trois fois supérieure.

Les dosages de Gottlieb précisent ce que l'expérience enseigne. Ils établissent que 56 à 70 o/o du fer introduit dans l'organisme se déposent dans le foie. En injectant une solution d'oxyhémoglobine dans les veines, Lapicque a constaté que le teneur en fer monte de 0,1 o/oo à 0,34.

Ces résultats nous font comprendre que la richesse en fer varie avec l'alimentation. Cependant l'inanition absolue ne fait pas disparaître ce métal, tout au plus en diminue-t-elle la proportion, d'après Kunckel, Cloetta ; elle serait même sans influence d'après Lapicque. Ceci prouve que le fer joue un rôle important dans les manifestations vitales de la cellule et qu'il ne sert pas seulement à la rénovation de l'hémoglobine. Chez les céphalopodes, dont le sang est dépourvu de fer, le foie renferme ce métal ; il en contient 25 fois plus que le reste du corps (Dastre et Floresco).

L'influence de l'âge n'est pas moins considérable. Bunge a appelé l'attention sur ce fait. Le lait est extrêmement pauvre en fer ; il n'en renferme que 3 milligr. par litre, quantité insuffisante pour subvenir aux besoins du nourrisson. Mais chez le nouveau-né, le foie contient ce métal en réserve et assure ainsi la formation des globules rouges ; c'est ce que démontrent les recherches de Bunge et celles de Lapicque.

Fer contenu dans 1.000 gr. de foie

CHIEN

	gr.
Naissance	0,43
2 jours	0,16
10 jours	0,15
7 semaines	0,05
3 mois	0,06

LAPIN

	gr.
Naissance	0,16
8 jours	0,10
11 jours	0,02
21 jours	0,014
Adulte	0,04

HOMME

	gr.
Fœtus	0,33
Homme adulte	0,23
Femme adulte	0,09

Le foie de la femme contient beaucoup moins de fer que celui de l'homme. La même différence, suivant les sexes, ne s'observe pas chez les animaux. Par contre on voit chez tous les êtres le fer s'accumuler dans la rate de la femelle : c'est la réserve qui sera utilisée pendant la gestation et qui de la mère passera dans l'organisme du fœtus et s'accumulera dans le foie de celui-ci. D'après Krüger, la rate contient o gr. o5 o/o de fer chez les veaux et o,4 chez les bœufs; chez les vaches la proportion, qui n'est que de o,4 pendant la gestation, s'élève à o,8 trois semaines après la parturition et finit par atteindre 2 o/o.

Une élève de Lapicque, Mlle Baillet a étudié les variations du fer dans des foies prélevés sur des cadavres d'enfants. En groupant les résultats suivant l'âge et le sexe, elle arrive aux moyennes suivantes. Il est intéressant d'en rapprocher les chiffres donnés par Lapicque :

	FŒTUS	1 A 2 ANS	2 A 10 ANS	10 A 14 ANS	ADULTES
	gr.	gr.	gr.	gr.	gr.
M	o,33	o,o5	o,16	o,14	o,23
F	o,33	o,o7	o,15	o,22	o,o9

C'est vers l'âge de deux ans que la teneur en fer tombe à son minimum, pour remonter ensuite très rapidement ; entre 2 et 10 ans, la proportion est la même dans les deux sexes; entre 10 et 14 ans, la teneur en fer est beaucoup plus élevée dans le sexe féminin ; puis une chute brusque se produit chez la femme, il se fait une véritable crise, tandis que la proportion s'élève dans le sexe masculin.

Zalesky a montré que le fer est combiné avec la matière organique des cellules ou, plus exactement, avec les nucléoprotéides. Il se fait ainsi un composé ferrugineux contenant 3,o6 o/o de phosphore : c'est la *ferratine* de Schmiedeberg. Une autre partie, la plus importante, contribue à la formation du pigment étudié par Dastre et Floresco et dénommé *ferrine*. C'est un protéosate de fer, soluble dans l'eau légèrement alcaline, insoluble dans l'alcool et le chloroforme.

On divise souvent les composés ferrugineux organiques en deux groupes suivant que le fer conserve ses propriétés caractéristiques ou qu'il les perd ; il est alors si intimement uni à la matière organique qu'il se trouve dissimulé ; dans le premier cas les composés ferrugineux donnent un précipité noir avec le sulfure d'ammonium et prennent une teinte bleu de Prusse sous l'influence du ferrocyanure de potassium et de l'acide chlorhydrique dilué. Le fer dissimulé ne donne pas ces deux réactions.

La distinction est trop absolue. Le fer organique finit toujours par donner les réactions du bleu de Prusse ; il faut seulement prolonger l'action du réactif. On arrive ainsi à établir d'après le temps nécessaire pour obtenir la couleur caractéristique, une hiérarchisation des produits : le fer étant le plus dissimulé dans l'hématine, puis dans les nucléines ferrugineuses, est encore fortement dissimulé dans la ferratine, tandis qu'il ne l'est presque plus dans la ferrine. Ce résultat n'a pas seulement un intérêt théorique. Les composés, dans lesquels le fer conserve les caractères métalliques, possèdent à un haut degré le pouvoir oxydant. Or, d'après Dastre et Floresco, la presque totalité du fer hépatique se trouve à l'état de ferrine ; ce pigment jouerait donc un rôle important en assurant les oxydations qui se passent dans le foie.

Ces oxydations sont intenses, comme le démontre l'échauffement du sang pendant la traversée du foie et comme le prouve la grande quantité d'anhydride carbonique que le foie dégage. C'est ce qu'on peut constater en étudiant la respiration du tissu en dehors de l'organisme. La bile contient d'ailleurs une forte quantité d'acide carbonique, dont une partie s'y trouve à l'état libre, une autre à l'état combiné ; de 100 cmc. de bile Pfluger a pu dégager 56 cmc. de CO^2.

Le fer sert de vecteur à l'oxygène et, après des combinaisons intermédiaires, revient à son état primitif. On peut représenter schématiquement ces transformations successives par les formules suivantes :

$$Fe^2O^3, 3H^2O + \text{mat. org.} = 2FeO, H^2O + H^2O + (O + \text{mat. org.})$$
Oxyde ferrique   Oxyde ferreux

$$2FeO, H^2O + CO^2 + O = CO^3Fe + Fe^2O^3, 3H^2O$$

$$2CO^3Fe + 3H^2O + O = Fe^2O^3, 3H^2O + CO^2$$

Ainsi le fer fixe de l'oxygène qu'il emprunte à l'air pour le porter ensuite sur la matière organique. Celle-ci est oxydée, et dégage de l'acide carbonique et de l'eau. Il se produit ainsi des phénomènes chimiques exothermiques qui nous expliquent la température très élevée du sang dans les veines sus-hépatiques. L'analyse du sang qui sort du foie, y démontre une forte proportion d'anhydride carbonique, en rapport avec l'intensité des oxydations. Il se dégage en même temps une certaine quantité d'eau, ce qui nous explique pourquoi la pression est plus élevée dans les voies biliaires que dans la veine porte.

Le fer sert d'une part à la rénovation des globules rouges et, d'autre part, au jeu régulier des oxydations intra-cellulaires. Le foie met le fer en réserve comme il fait les hydrates de carbone, pour fournir ces diverses substances à l'organisme au fur et à mesure de ses besoins.

Le fer ne reste pas indéfiniment accumulé dans le foie. Introduit avec les aliments, il s'élimine par diverses voies. On peut admettre qu'un homme en rejette en 24 heures, 31 mgr. : 1 mgr. par l'urine ; 5 mgr. par la bile, qui bien que la bilirubine ne contienne pas de fer en renferme une petite quantité ; 25 mgr. par l'intestin qui constitue pour ce métal la principale voie de sortie.

La quantité de fer contenue dans le sang et les tissus est assez fixe, sauf dans le foie, où elle est sujette à de grandes variations. Salkowski et Schmey, en donnant à des animaux du paranucléinate de fer, ont vu la proportion du métal contenu dans le foie augmenter du triple ; dans les muscles la dose monte seulement de 0,16 à 0,21. En même temps se fait une élimination plus intense, surtout manifeste dans l'intestin.

La fonction martiale dans les états pathologiques. — Au cours de différents états pathologiques, le fer s'accumule dans le foie en proportion anormale. Il se trouve sous forme d'un pigment brunâtre, désigné sous le nom de *pigment ocre, sidérine* (Quincke), *rubigine* (Lapicque et Auscher). C'est un hydrate ferrique, donnant la coloration bleu de Prusse dès qu'on fait agir sur une coupe la solution de ferrocyanure de potassium à 3 o/o et la solution d'acide chlorhydrique à 1 o/o.

On désigne sous le nom de *sidérose*, l'état pathologique caractérisé par une surcharge de pigment ocre. La quantité de fer peut d'ailleurs ne pas être plus élevée qu'à l'état normal. La différence porte sur la nature du composé ferrugineux : le fer étant dissimulé dans les conditions physiologiques, tandis que dans les sidéroses il donne les réactions des composés anorganiques.

Le pigment anormal provient des globules rouges détruits en excès. A côté de l'hémolyse ictérogène, il convient de décrire une hémolyse sidérogène que l'expérimentation met facilement en évidence. Il suffit d'injecter du sang dans le péritoine d'un chien ; si on le sacrifie trois mois plus tard, on trouve la rubigine dans la rate, l'épiploon et accessoirement le foie. En opérant sur une série de chiens qu'on sacrifie à des intervalles plus ou moins rapprochés du début de l'expérience, on suit la transformation de l'hémoglobine en hydrate ferrique.

La sidérose hépatique est un état morbide assez fréquent au cours des affections qui entraînent une destruction des globules rouges. Les recherches de Quincke, Letulle, Jeanselme, Papillon ont montré qu'elle ne fait jamais défaut dans l'anémie pernicieuse. L'examen microscopique permet de constater une altération assez étendue des cellules. Les unes ont subi la dégénérescence graisseuse : ce sont celles qui occupent le centre du lobule ; le pigment est à la périphérie, comme si les cellules malades étaient incapables de l'accumuler.

Les anémies graves, quelle qu'en soit la cause, qu'elles soient liées à un cancer ou à des parasites ; les états hémorragiques, en tête desquels il faut placer le purpura, provoquent fréquemment l'accumulation du pigment ferrugineux dans le foie. De même agissent certaines infections aiguës ou chroniques : la fièvre typhoïde et la tuberculose, pour ne citer que les principales.

Les cirrhoses hépatiques s'accompagnent fréquemment de sidérose. Hanot et Chauffard ont individualisé sous le nom de diabète bronzé un type clinique spécial caractérisé par de la glycosurie, de la cirrhose hypertrophique et de la mélanodermie. Gilbert et Grenet ont décrit un ensemble anatomo-clinique analogue, sans glycosurie chez certains cirrhotiques alcooliques : c'est la cirrhose hypertrophique pigmentaire alcoolique. Les mêmes manifestations peuvent s'observer dans le paludisme, comme le démontrent les observations de Kelsch et Kiener.

Les recherches les plus récentes ont établi que la sidérose est une compagne fréquente de la cirrhose, quelle que soit la forme anatomo-clinique de celle-ci et quelles qu'en soient les conditions étiologiques. Le diabète, l'alcoolisme, le paludisme ne seraient que des conditions adjuvantes, l'élément principal devant être attribué au foie et à la rate.

L'examen histologique tend à prouver que les cellules ne sont capables d'accumuler le fer pathologique que si leur fonctionnement n'est pas troublé. Castaigne pense même que les cellules surchargées de pigment sont en suractivité. Car les lapins chez lesquels on provoque de la sidérose, résistent aux poisons mieux que les lapins normaux. Il y aurait, dans les cas de sidérose, hyperhépatie et l'expression de dégénérescence pigmentaire devrait être abandonnée et remplacée par celle de surcharge ou d'infiltration.

Dans un travail fort intéressant, Duvernay s'élève contre la conception dualiste de Castaigne et d'un certain nombre de savants français. Il admet que la sidérose viscérale est toujours consécutive à une hémolyse préalable. Le foie, quand il est sain, arrête le pigment mis en liberté ; s'il est malade, il en laisse échapper une partie qui va se déposer dans les divers tissus et surtout dans l'intestin et la peau. La couleur bronzée du tégument traduit donc une insuffisance hépatique.

Roque, Chalier et Nové-Josserand ont repris l'étude de la question et, après un exposé historique et critique fort complet, ont rapporté un grand nombre d'observations personnelles, observations très bien prises, dans lesquelles ils ont superposé l'examen histologique à l'analyse chimique, dosant le fer dans le foie et dans la rate et, à plusieurs reprises, dans les autres organes. Un premier fait se dégage. Dans les cirrhoses, quels qu'en soient les caractères anatomiques et les causes, l'infiltration pigmentaire est très fréquente. Mais, dans tous les cas, on observe en même temps, quoique à un degré moindre, de la sidérose splénique. Les cirrhoses mises à part, la sidérose splénique est toujours plus marquée que la sidérose hépatique et parfois, comme dans la tuberculose ulcéro-caséeuse, elle existe seule à l'exclusion de l'infiltration hépatique.

Ces constatations ont conduit les auteurs à attribuer à la rate

un rôle primordial. En injectant à des chiens de la toluylènediamine, on constate que l'hémoglobinémie est surtout marquée
dans le sang de la veine splénique. En employant des doses
minimes, on observe une hémolyse localisée à la rate qui, seule,
s'infiltre de pigment, laissant échapper quelques grains qu'on
retrouve dans le foie. Le processus est analogue chez les tuberculeux dont la sidérose est localisée au tissu splénique. Roque
et ses collaborateurs arrivent à conclure que l'érythrolyse se produit dans la rate et que cet organe déverse dans la veine splénique
soit du pigment que le foie arrête, soit des hémolysines qui
dissoudraient les globules pendant leur trajet de la rate au foie.

Cette conception rend compte des faits et explique la prédominance de la sidérose splénique. On peut se demander cependant
si le foie n'intervient pas personnellement et si, dans certains
cas, notamment dans les cirrhoses, il n'agirait pas conjointement
avec la rate pour détruire les globules rouges. Il semble, en effet,
que certaines lésions hépatiques font apparaître des hémolysines ;
les cellules malades renferment des lipoïdes qui détruiraient les
globules rouges et les cellules saines accumuleraient et transformeraient le pigment mis en liberté. Quand le foie est atteint
de sidérose, il renferme une quantité de fer qui est généralement
supérieure à la quantité normale. Mais cette règle n'est pas
absolue : ce qui caractérise l'état morbide, ce n'est pas l'augmentation du fer, c'est l'état anormal sous lequel il se trouve.

En relevant les chiffres donnés par Roque, Chalier et Nové-
Josserand, nous trouvons qu'à l'état normal la teneur en fer est
de 0,33 o/oo de tissu frais dans le foie et 0,35 dans la rate. Au
cours d'une anémie pernicieuse, la proportion était montée à
1,17 ; mais dans un autre cas elle n'était que de 0,26. Dans la
plupart des cirrhoses avec sidérose, les chiffres étaient supérieurs
à la normale : 0,5 à 0,8 et même 0,88. Mais dans un cas on
trouva 0,34. Chez les tuberculeux la proportion variait entre
0,13 et 0,22 quand le foie paraissait indemne de sidérose, entre
0,29 et 0,33 quand il en était atteint.

Le fer qui s'accumule, dans les cas pathologiques, est à l'état
d'hydrate colloïdal et ne semble plus utilisable pour la rénovation des hématies. Voilà pourquoi les malades sont presque
toujours anémiques.

CHAPITRE XIV

AUTOLYSE HÉPATIQUE

Si l'on extirpe le foie d'un animal qu'on vient de sacrifier, si on l'enferme dans un vase, en prenant toutes les précautions nécessaires pour éviter l'arrivée des germes extérieurs et si on le place ensuite dans une étuve, on constatera qu'après une première période correspondant à l'état bien connu de la rigidité cadavérique, le tissu se ramollit et se dissout ; un liquide brunâtre exsude dont la quantité va en augmentant. Après 48 heures, 25 à 3o o/o du tissu sont liquéfiés ; au bout de 15 jours la moitié du foie est dissoute. Le processus continue ensuite, mais plus lentement. Une petite masse, une sorte de moignon correspondant au quart ou au cinquième de la masse initiale, persistera indéfiniment, comme nous avons pu le constater sur un foie de lapin que nous gardons au laboratoire depuis plus de dix ans.

Cette liquéfaction des tissus extirpés de l'organisme est due à l'action de ferments comparables à ceux qui interviennent dans la cavité gastro intestinale. C'est une véritable *auto-digestion* suivant l'expression de Salkowski qui, le premier, appela l'attention sur ces faits. Jacoby, qui en a poursuivi l'étude, a proposé de désigner le processus sous le nom *d'autolyse*, qui est généralement usité aujourd'hui.

Comme pour toutes les fermentations la température qui convient le mieux à l'autolyse est celle du corps, 38° ou 39°. Conservé à 8° ou 10°, le foie se liquéfie à peine ; un chauffage à 55°, prolongé pendant une demi-heure, retarde de plusieurs jours le début du phénomène. Une température de 65°, maintenue pendant une demi-heure, empêche l'auto-digestion.

Au lieu de laisser le tissu s'autolyser dans un vase sec, on peut le plonger dans une solution isotonique de sel marin.

Vers la 12e ou la 15e heure, on voit sourdre un liquide incolore ou légèrement jaune qui, bientôt, par suite de la dissolution des hématies, devient rouge puis brunâtre. En même temps que le liquide brunit, le foie se décolore et se ramollit ; vers la 24e heure, il est de coloration gris-brun et de consistance molle ; au bout de 28 ou 30 heures, il est friable au point de se laisser écraser à la moindre pression.

Le liquide exsudé, primitivement clair, ne tarde pas à se troubler, par suite de la précipitation des matières protéiques qui finissent par tomber au fond du vase, sous forme de flocons blanchâtres, tandis que le liquide surnageant, tout en restant brun, redevient limpide.

Dès que le foie est retiré de l'organisme, une première transformation se produit. Le glycogène donne un sucre réducteur. C'est l'exagération d'un phénomène normal, la manifestation d'une transformation physiologique, que ne peut plus compenser une rénovation de la réserve hydrocarbonée. Les autres processus chimiques qui caractérisent la dénutrition continuent également. La cellule survit, mais cette survie est anormale ; car la reconstitution cellulaire n'a pas lieu. C'est une véritable agonie dont on peut retarder les effets, en plongeant le foie, non plus dans de l'eau salée, mais dans du sérum sanguin. La désassimilation est plus lente et l'assimilation n'est pas complètement supprimée. L'autolyse s'en trouve considérablement retardée. Au lieu d'être très manifeste après 24 heures, elle ne débute qu'après 60 ou 65 heures.

Launoy, à qui nous devons une étude très intéressante de l'autolyse hépatique, a montré que si on remplace le sérum par le liquide intermicellaire, obtenu par dialyse à travers un tube de collodion, l'autolyse se produira plus vite que dans le sérum normal, mais beaucoup moins vite que dans l'eau salée. On conçoit donc que par des améliorations successives, on arrive à un milieu, permettant à la cellule de survivre indéfiniment et même de se multiplier.

Quand le foie est placé dans les conditions favorables à l'autolyse, on constate tout d'abord une acidification du milieu.

Cette modification, très facilement appréciable au bout de 4 ou 5 heures, est due à la formation d'acide lactique, prenant naissance aux dépens du glycose et, accessoirement, d'acide butyrique ou succinique provenant du dédoublement des graisses ou même du clivage de certaines matières protéiques. C'est à ce moment que le tissu devient rigide et que le liquide exsudé se trouble par coagulation des albumines qu'il renferme.

L'action coagulante du tissu hépatique, au début de l'autolyse, peut être mise en évidence, comme l'a montré Launoy, en plaçant un demi-centimètre cube de foie dans 2 cmc. de lait dégraissé. Après 15 à 20 heures, la caséine se coagule ; c'est le moment où les albumines de l'exsudat se précipitent.

L'action des acides semble complétée par l'intervention d'un *ferment lab autolytique (chymosine* de Pkisnew), qui amène une coagulation du tissu comparable à la coagulation du sang retiré des vaisseaux. Elle est seulement plus lente et plus tardive, mais elle peut être considérée comme le premier stade de la digestion.

C'est alors qu'intervient un ferment protéolytique analogue à la pepsine, dont l'action est continuée par une trypsine et par une peptase. Ces différents ferments sont autochtones. Ils prennent naissance dans l'organe lui-même et ne sont pas empruntés à d'autres glandes et charriés par le sang. La trypsine hépatique ne provient pas du pancréas, comme on a pu le supposer ; car l'extirpation de cette glande ne modifie en rien les résultats. Elle diffère d'ailleurs de la trypsine pancréatique en ce qu'elle est sans action sur l'albumine musculaire et, si elle attaque le foie cru, elle est incapable d'agir sur le foie cuit.

L'examen histologique permet de constater que l'autolyse débute par le cytoplasme de la cellule. Certains éléments du hyaloplasme sont dissous ; la structure réticulée s'accentue et apparaît de plus en plus nettement. Puis, à un moment, elle s'effondre brusquement en même temps qu'on aperçoit des corps spéciaux, désignés sous le nom de corps myéliniques ou osmio-rubérophiles. C'est alors que les noyaux disparaissent à leur tour. Le dernier stade histologique de l'autolyse est caractérisé par l'achromatose des éléments nucléaires et le développement des corps myéliniques. On a beaucoup discuté sur la nature de ceux-ci. Launoy les considère comme dus à des combinaisons, d'ailleurs instables, entre les produits constitutifs, les produits de transformation autolytique et les enclaves lipoïdes du protoplasma.

La caractéristique chimique de l'autolyse consiste en une série de transformations digestives : le glycogène donne du glycose, qui disparaît après avoir fourni une certaine quantité d'acide lactique. Les albumines se transforment successivement en albumoses, peptones, acides aminés. Ces derniers sont souvent tellement abondants qu'ils peuvent se précipiter. Il n'est pas rare de constater, à la surface d'un foie abandonné à l'autolyse, de petites productions blanchâtres, qu'on prendrait au premier abord pour des moisissures et qui ne sont que des cristaux de tyrosine.

Les acides aminés, attaqués à leur tour, perdent leur groupement amidé. De l'ammoniaque se produit, dont la quantité augmente jusqu'à la 140e heure pour diminuer ensuite, puis augmenter de nouveau.

La quantité des produits azotés non coagulables s'élève en même temps, jusqu'au 10e jour, puis semble rester stationnaire.

Les noyaux, dont l'examen histologique démontre la disparition, sont attaqués par la nucléase hépatique. Les bases pyrimidiques, mises en liberté, se transforment en anhydride carbonique et urée ; les bases puriques donnent successivement de l'hypoxanthine et de la xanthine, puis de l'acide urique qui lui-même disparaîtra peu à peu. C'est le processus que nous avons déjà décrit en parlant des transformations que subissent les nucléines.

Le foie renferme encore un ferment, la créatase, transformant par déshydratation la créatine en créatinine et une créatinase qui décompose ce dernier corps en produits mal connus. Il agit aussi sur l'hémoglobine donnant de l'hémosidérine qui se colore en bleu sous l'influence du ferrocyanure de potassium et de l'acide chlorhydrique. Plus tard, un clivage se produit : le fer s'unit aux acides phosphoriques provenant des nucléines et des lécithines, tandis que la matière colorante qui a perdu son fer donne des pigments analogues à ceux de la bile (W.-H. Brown).

Si les ferments protéolytiques jouent le rôle principal, les lipases interviennent également pour décomposer les graisses neutres et les lécithines et mettre en liberté des acides gras. Ceux-ci contribuent à l'acidification initiale du milieu et forment plus tard des savons ammoniacaux.

Ramond a commencé l'étude des conditions qui peuvent influencer le pouvoir lipasique du foie. Il a reconnu que la production des acides gras est plus marquée quand le foie reçoit les produits de la sécrétion interne du pancréas ; réciproquement elle diminue après l'extirpation de cette glande. L'ingestion de graisses neutres accélère l'action du foie, l'injection intraveineuse de ces mêmes graisses la ralentit : elle est suivie d'une surcharge défavorable au fonctionnement de la glande. C'est ce qu'on observe également chez les obèses. Le foie des chiens fortement adipeux est moins actif que le foie des chiens normaux.

Le pouvoir lipasique diminue encore dans les cas de dégénérescence graisseuse pathologique et, d'une façon générale, dans les infections et intoxications expérimentales. Il est également abaissé dans l'inanition, tandis qu'il augmente sous l'influence de la fatigue.

L'activité du processus autolytique varie dans de nombreuses circonstances.

Le foie des jeunes fœtus résiste longtemps à l'autolyse, ce qu'on attribue à l'absence de glycogène. Au contraire, le foie du nouveau-né s'autolyse très vite. C'est de 1 à 8 jours après la naissance que les transformations se font avec la plus grande rapidité. Puis le processus se ralentit et, au bout de 1 ou 2 mois, il devient analogue à ce qu'il restera chez l'adulte.

Les conditions dans lesquelles on place l'organe dont on veut suivre les transformations interviennent très nettement. Comme il était facile de le prévoir, l'autolyse se fait plus facilement dans les organes qui ont été broyés que dans les organes intacts, car le broyage ou la trituration dilacère les tissus et, brisant les cellules, met leur contenu en liberté. On favorise encore l'autolyse en soumettant le tissu à des chocs successifs, en agitant fréquemment le flacon qui le contient.

La difficulté d'éviter l'intervention des germes extérieurs a fait utiliser divers antiseptiques.

Le chloroforme et l'éther rendent de grands services. Ils

empêchent la putréfaction et accélèrent l'autolyse sans la troubler notablement. Nous avons fréquemment employé dans le même but l'essence de cannelle.

L'oxygène n'empêche pas le processus, mais l'autolyse est plus rapide dans une atmosphère d'acide carbonique. C'est dans la vie anaérobie que les cellules subissent le plus facilement la désorganisation.

On active aussi les transformations en ajoutant au milieu une trace d'acide, acide chlorhydrique, lactique, butyrique ou valérianique. Une petite trace d'alcali favorise également la destruction du tissu. Une dose supérieure à 1 o/oo la retarde.

Certains sels remplissent un rôle important. Les sels de calcium sont extrêmement utiles, et même indispensables, car le tissu hépatique, comme le sang, ne peut se coaguler quand il a été décalcifié. En ajoutant des traces de chlorure de calcium, on favorise l'autolyse. D'autres sels peuvent remplacer les sels de calcium, mais ils agissent moins bien. Ce sont, par ordre décroissant d'activité : les chlorures de strontium, de magnésium et de baryum (Launoy). Comme pour la coagulation du sang, le citrate de soude est l'antagoniste des sels de calcium et entrave ou empêche l'autolyse.

Parmi les autres substances agissant sur l'autolyse, on peut citer les sels de fer : le sulfate et le chlorure ferriques, le lactate de fer, l'hydrate de fer colloïdal favorisent l'autolyse à faible dose et, à haute dose, l'entravent. Il en est de même des sels de manganèse, d'argent et de palladium. L'arsenic retarde la destruction des tissus et le phosphore l'accélère. Ces résultats sont superposables à ceux qu'on observe quand on fait ingérer ces deux substances, puisque la première entrave l'amaigrissement et que la seconde provoque une perte de poids fort rapide.

Les lipoïdes exercent une action favorisante, surtout les lipoïdes du foie. Aussi les foies surchargés de graisse s'autolysent-ils plus rapidement que les foies normaux.

Les extraits d'organes semblent influencer l'autolyse. Ainsi les extraits hépatiques activent l'autolyse pulmonaire. Il y aurait des recherches intéressantes à poursuivre dans cette voie. On y trouverait probablement l'explication de certains faits décrits en pathologie comme des exemples de sympathies mor-

bides et qui sont dus peut-être au retentissement d'organes
altérés sur les organes sains.

Il serait fort important de déterminer l'influence des processus morbides sur la rapidité de l'autolyse et sur les modifications
histologiques et chimiques que subit le tissu. Peu de recherches
ont été poursuivies dans cette voie. Nous citerons seulement
celles de Garnier, qui a étudié comparativement le foie de lapins
normaux et de lapins qui avaient reçu deux jours auparavant de
la toxine diphtérique. Voici les résultats fournis par cette double
série d'expériences.

| | | DURÉE DE L'AUTOLYSE | | | |
		0	48 h.	5 j.	16 j.
Lapin normal	Quantité de liquide exsudé.	»	30,4 o/o	43,8 o/o	50,41 o/o
	Eau	71,61	71,74 »	71,71 »	71,03 »
	Graisses neutres	3,76	3,46 »	3,54 »	3,85 »
	Savons	0,47	2,12 »	0,92 »	1,81 »
Lapin diphtérique	Quantité de liquide exsudé.	»	20,72 o/o	21,24 o/o	24,43 o/o
	Eau	74,13	77,24 »	77,13 »	77,12 »
	Graisses neutres	6,74	4,80 »	5,36 »	5,35 »
	Savons	0,28	1,09 »	1,42 »	1,82 »

Un premier fait apparaît nettement. C'est que l'intoxication
diphtérique retarde la liquéfaction du tissu. Au bout de 16 jours
le foie malade a rejeté moins de liquide que le foie normal après
48 heures.

Un deuxième point mérite de fixer l'attention. C'est la quantité
considérable de savons qui se produisent au cours de l'autolyse,
aussi bien dans le foie normal que dans le foie de l'animal
intoxiqué ; les graisses neutres diminuent, mais insuffisamment
pour admettre une simple saponification. Il faut donc conclure à
une formation d'acides gras, probablement aux dépens d'acides
aminés dont le radical d'acide gras a été libéré.

A. Robin et Bournigault ont analysé comparativement le foie
d'un homme passé par les armes et autopsié deux heures après
la mort et le foie d'un homme mort accidentellement et autopsié
au bout de 24 heures. Voici quelques-uns des chiffres qu'ils ont
trouvés :

	2 HEURES *d'autolyse*	24 HEURES *d'autolyse*
Eau	71,80	69,76
Matières solides	28,20	30,24

Pour 100 grammes de foie sec :

	2 HEURES	24 HEURES
Résidu organique	94,6	94,98
— anorganique	5,4	5,02
Azote total	11,18	10,98
Extrait éthéré	9	10,8
— aqueux	13,1	20,85
Azote soluble	1,59	3,23
— insoluble	9,59	7,75
Soufre total	0,98	0,96
— soluble	0,18	0,38
— insoluble	0,78	0,55
— des sulfates	0,14	0,24

L'examen de ce tableau démontre que l'autolyse marche de pair avec une légère déshydratation due probablement à l'évaporation. L'azote et le soufre solubles augmentent, aux dépens de l'azote et du soufre insolubles. L'augmentation du soufre sulfurique indique des phénomènes d'oxydation.

La toxicité des produits autolytiques. — On admet généralement que l'autolyse met en liberté des produits toxiques. Quelques expériences semblent confirmer cette conception.

Jacoby pratique la ligature temporaire de l'artère hépatique et de la veine porte. Quand il lève l'obstacle, la circulation se rétablit et l'animal succombe rapidement. La ligature des vaisseaux qui se rendent à un lobe hépatique donne naissance à des produits autolytiques qui entraînent la mort en 36 heures environ.

C'est seulement au stade initial que les produits autolytiques exercent une action aussi grave. En étudiant les extraits d'un foie laissé à l'autolyse, on constate que la toxicité diminue à mesure que le processus se prolonge. Nous sommes ainsi conduits à rechercher le pouvoir toxique des extraits hépatiques frais et autolysés.

On sait que tous les extraits de tissus, préparés par macération à froid, sont toxiques (**12**). Injectés dans les veines, ils produisent des accidents graves et finissent par entraîner la mort. Le plus toxique semble être le poumon : il sufit d'injecter à un lapin par kilogramme de son poids l'extrait de o gr. o5 pour le voir succomber en quelques secondes. En répérant l'expérience avec le tissu hépatique, nous avons constaté qu'il faut injecter par kilogramme l'extrait de 16 à 22 grammes. Garnier et Bory ont opéré sur des lapins, dont le sang était rendu incoagulable par une injection préalable d'extrait de têtes de sangsue ; ils trouvent des chiffres analogues : 21 à 22 grammes. Le muscle est beaucoup moins toxique : l'extrait de 6o à 8o grammes ne produit que des troubles passagers, la dose mortelle atteignant 95 et 100 grammes.

Les animaux qui ont reçu une dose suffisante d'extrait hépatique, restent immobiles, comme anéanties, ne se remuant qu'avec grande difficulté. Les pupilles se rétrécissent et bientôt deviennent punctiformes; au bout d'une heure ou deux se produit une diarrhée abondante ; la respiration s'accélère, la prostration augmente et la mort arrive, parfois précédée de légères convulsions. La survie, dans nos expériences, a varié de 1 à 12 heures; une fois elle a atteint 45 heures. Si on ouvre le thorax aussitôt après la mort, on constate que le cœur continue à battre et que le sang qu'il renferme est liquide. Comme l'ont montré Mairet et Vires, les intestins sont fortement congestionnés.

La toxicité des extraits préparés à froid tient aux substances protéiques, c'est dire qu'elle diminue par le chauffage. Si on les fait simplement bouillir, on obtient un liquide fort peu actif : il faut dans ces conditions pour entraîner la mort injecter l'extrait de 167 grammes de foie (Bouchard). Mais si on soumet le tissu à un chauffage plus intense et plus prolongé, on obtiendra un extrait bien plus actif, tuant à la dose de 41 grammes.

Ces dernières expériences démontrent que la toxicité des extraits hépatiques, comme d'ailleurs de la plupart des extraits d'organes, dépend des matières protéiques. Celles-ci se coagulent rapidement après la mort. Aussi l'autolyse diminue-t-elle la toxicité (**82**). Les produits de dédoublement ne sont pas non plus très toxiques.

Au bout de huit jours, une dose d'extrait correspondant à 35 ou 36 gr. de tissu hépatique ne provoque pas de troubles notables,

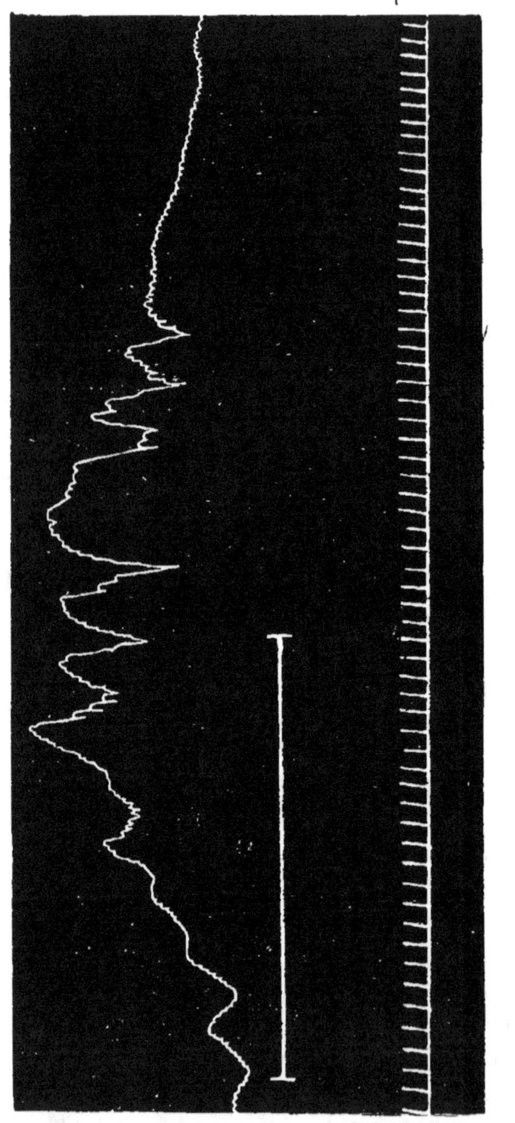

Fig. 4. — Lapin. Injection intraveineuse de 4 cmc d'extrait de tissu hépatique autolysé, correspondant à 1 gr. 6 du tissu primitif. (1).

(1) Dans ce tracé, comme dans les tracés suivants, la ligne supérieure est fournie par un manomètre inscripteur mis en rapport avec une artère. Le trait horizontal sous-jacent indique la durée de l'injection. La ligne inférieure donne le temps compté en secondes. Dans les figures 10, 11, 12, 14 et 15, la ligne supérieure est fournie par un oncographe et indique les variations de volume du rein gauche.

alors qu'une dose moitié moindre de tissu frais détermine la mort.

Cependant les produits autolytiques ne sont pas dépourvus de toute influence. Ceux du foie, comme d'ailleurs ceux du poumon exercent sur la pression une action très marquée.

La figure 4 montre les variations de la pression observées chez un lapin ayant reçu par kilogramme de son poids l'extrait de 1 gr. 6 de tissu hépatique, abandonné pendant huit jours à l'autolyse. La pression s'est élevée de 114 à 173 mm. c'est-à-dire de 59 mm. et n'est revenue à la normale qu'au bout de 70 secondes.

En précipitant l'autolysat par l'alcool on constate que la substance active est soluble dans ce liquide et traverse la membrane du dialyseur. Le liquide dialysé agit même plus énergiquement que l'extrait total ; l'élévation de la pression est plus marquée et plus durable et le tracé indique deux phénomènes, un ralentissement des battements cardiaques et un renforcement des oscillations systodiastoliques, qui semblent traduire une participation du pneumogastrique.

L'étude des produits autolytiques est assez délicate ; car, malgré les précautions prises, les tissus sont facilement envahis par les microbes adventices. Mieux vaut employer les procédés chimiques qui, en hydrolysant les matières organiques, et notamment les protéiques, mettent en liberté les substances actives contenues dans les tissus.

LES PRODUITS HYDROLYTIQUES DU FOIE. — L'hydrolyse peut être obtenue en chauffant le foie dans de l'eau contenant de 1 à 15 o/o d'acide sulfurique. On maintient le mélange à 120° pendant 24 heures et on le débarrasse de l'acide sulfurique par la baryte. Le liquide ainsi préparé est plus ou moins chargé de peptones et d'acides aminés. Avec 1 o/o d'acide l'hydrolyse est incomplète et une forte proportion d'albumine reste inattaquée. C'est avec 2 o/o d'acide qu'on obtient les liquides les plus riches en peptones et aussi les plus toxiques. Au fur et à mesure qu'on augmente la proportion d'acide sulfurique, les peptones diminuent pour être remplacées par des acides aminés et, en même temps, la toxicité s'abaisse. Avec 15 o/o il n'y a plus que des produits abiurétiques et la toxicité, déterminée par injection intraveineuse, sur des lapins ou des chiens, est extrêmement faible.

Le tableau suivant, résumant des expériences faites sur des lapins, donne une idée de la netteté des résultats. Nous indiquons tout d'abord la toxicité des macérations à froid et des extraits obtenus en chauffant le tissu dans de l'eau non acidulée.

QUANTITÉ p. 100 de SO^4H^2	VITESSE moyenne de l'injection par minute	DOSE mortelle par kilo	RÉSIDU sec pour 100	MATIÈRES solides contenues dans la dose mortelle
	cc.	cc.	gr.	gr.
0	1,9	21,39	6,09	1,302
(extrait à froid)				
0	4,4	41,02	7,09	2,908
(extrait à chaud)				
1	1,1	10	13,1	1,31
2	0.9	5,23	18,07	0,945
5	2,2	15,9	18,59	2,95
10	3,6	20	17,64	3,528
15	3,9	57,92	12,97	7,512

Ce n'est pas seulement la toxicité des extraits qui varie avec l'intensité de l'hydrolyse ; ce sont aussi les diverses manifestations provoquées par leur injection. Les liquides riches en peptones abaissent fortement la pression artérielle ; les liquides abiurétiques ne la modifient pas. L'effet est plus marqué et plus durable chez le chien que chez le lapin. Chez le premier il suffit d'introduire 2 cmc. d'extrait préparé avec 2 o/o d'acide pour amener une chute énorme de la pression (fig. 5), tandis que 30 cmc. de l'extrait abiurétique, préparé à 15 o/o restent sans influence (fig. 6); une dose de 60 cmc. provoque simplement quelques dépressions légères et transitoires.

Ces manifestations peuvent être considérées comme assez banales et ne semblent pas tirer un caractère spécifique de la nature du tissu soumis à l'hydrolyse. Mais il est un autre trouble qui pour être sans gravité n'en est pas moins intéressant et qui semble spécial au tissu hépatique : c'est la salivation. Les extraits hépatiques préparés par simple ébullition, aussi bien que ceux qui proviennent de l'autolyse ou de l'hydrolyse artificielle, qu'ils contiennent des peptones ou des produits abiurétiques, provoquent chez le lapin et chez le chien une abondante sialorrhée. Il serait intéressant de poursuivre l'étude de ce phénomène et de rechercher si d'autres sécrétions ne sont pas simultanément mises en jeu.

Pour compléter les premières observations que nous avons relatées, il faut rechercher si les extraits préparés par hydrolyse avec l'acide sulfurique ne contiennent pas, à côté des peptones,

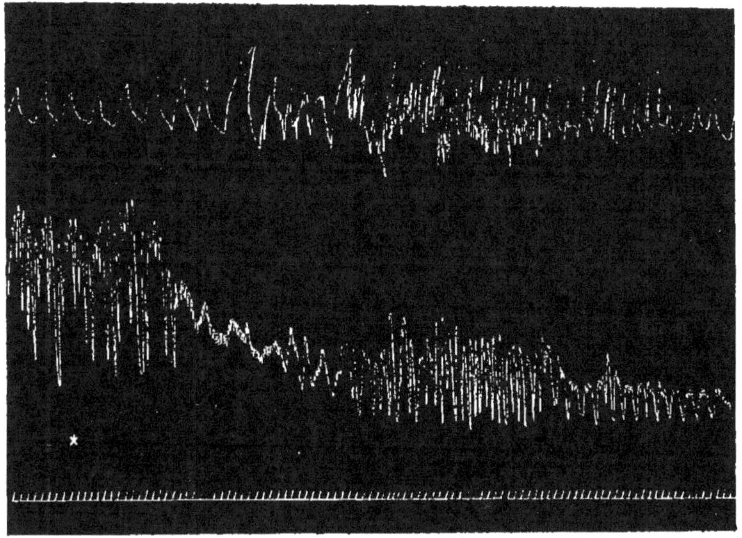

Fig. 5. — Chien : Injection intraveineuse du liquide chargé de peptones. Début de l'injection au signe ✕.

des substances capables d'exercer une action cardio-vasculaire. Dans ce but, il faut précipiter l'extrait hépatique par de l'alcool. Le liquide alcoolique est évaporé dans le vide et le résidu est épuisé par de l'alcool absolu. On évapore de nouveau dans le vide et on reprend dans l'eau salée.

Les extraits ainsi préparés avec des tissus ayant subi l'action des solutions d'acide sulfurique, variant de 2 à 5 o/o, déterminent des manifestations d'ailleurs analogues à celles qu'on observe avec les extraits de rein préparés de la même façon, c'est-à-dire un abaissement de la pression, un ralentissement des systoles, une augmentation des dénivellations systo-diastoliques.

Si les liquides sont concentrés et s'ils sont injectés rapidement,
on observe tout d'abord la chute de la pression, puis une ascension se produit qui fait remonter celle-ci au-dessus du chiffre
initial, en même temps que les battements se ralentissent et
s'amplifient. Si l'on emploie des liquides plus dilués ou si l'on
opère plus lentement, l'effet hypotenseur diminue et peut même
faire défaut.

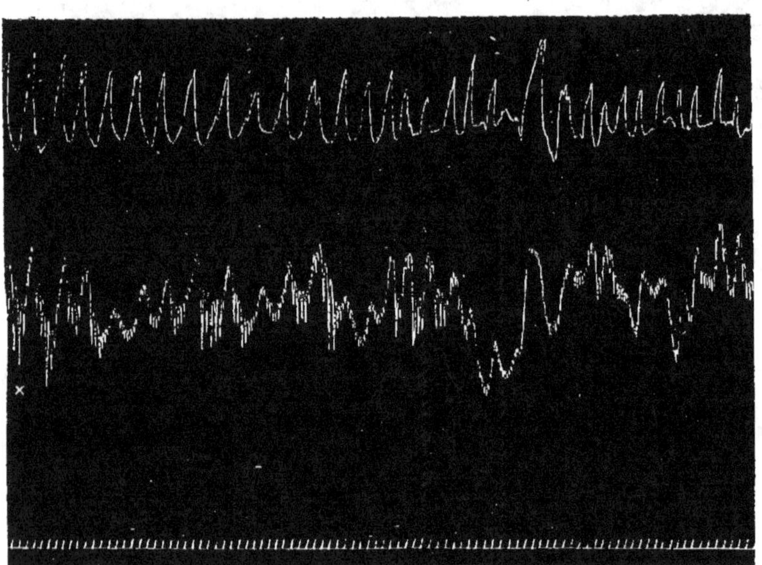

Fig. 6. — Chien : Injection intra-veineuse du liquide abiurétique.
Début de l'injection au signe ✕.

Pour donner plus de précision aux expériences, il faut traiter
les extraits par le sublimé. Les substances que le sel mercurique
précipite, remises en liberté par un courant d'hydrogène sulfuré,
ont peu d'action sur la pression. Les substances qui restent en
solution sont plus intéressantes. L'excès de mercure étant chassé
par l'hydrogène sulfuré, on reprend le liquide et on le concentre
dans le vide. L'injection intraveineuse permet de constater que
l'extrait purifié a les mêmes propriétés générales que l'extrait
primitif. Mais son action hypotensive est moins marquée. Si le
liquide n'est pas trop concentré et si l'injection n'est pas trop
rapide, on observe simplement le ralentissement et l'amplification

des battements cardiaques. C'est ce qu'on voit très nettement
sur le tracé que nous avons fait reproduire (fig. 7).

Avant l'injection, la pression était de 82-88 mm. et le nombre
des battements de 186 à la minute. On introduisit dans la veine
6 cmc. d'extrait en 34 secondes (la figure montre la fin de
l'injection, qui jusque-là n'avait amené aucune modification) :

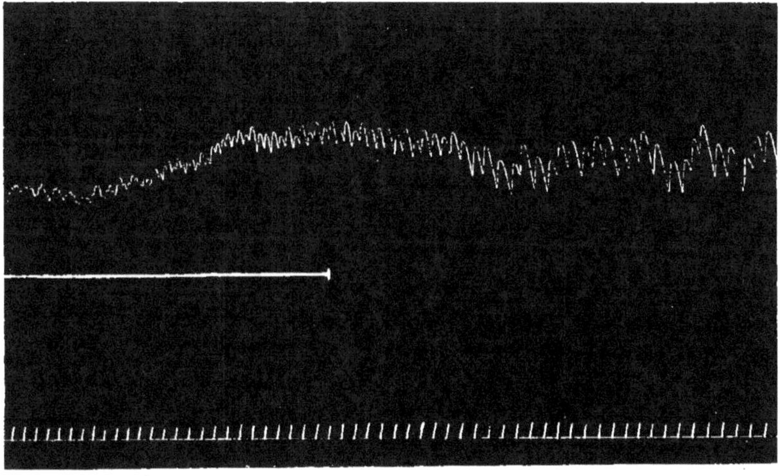

Fig. 7. — Lapin. Injection intraveineuse de 6 cmc. d'extrait hépatique dilué.

on voit que la pression s'élève. A la fin de l'injection elle atteint
114-122 et le nombre des battements tombe progressivement
à 60 ; les dénivellations systo-diastoliques, qui étaient primitivement de 2 mm., varient de 8 à 16.

Si l'on emploie des extraits concentrés ou si l'on force la dose
et qu'on augmente la vitesse, on voit survenir une chute plus
ou moins rapide de la pression. Dans quelques cas, il se produit
une véritable syncope. Brusquement la pression tombe, et le
cœur s'arrête définitivement, les mouvements respiratoires continuant pendant plusieurs secondes. C'est ce qu'on voit sur la fig. 8 ;
la tracé a été fourni par un lapin qui avait reçu, à deux reprises,
3 cmc. d'extrait concentré. Les battements étaient encore plus
amples et plus lents que normalement, quand une nouvelle
injection de 10 cmc. détermina la syncope mortelle. Mais, si

l'extrait est plus dilué, les battements continuent ; la pression
se relève peu à peu et revient progressivement à la normale. C'est
ainsi que l'animal qui a fourni le tracé 9 reçut, en une minute,
14 cmc. de l'extrait utilisé dans l'expérience reproduite fig. 7. La
pression primitive était de 104 mm. ; onze secondes après la fin
de l'injection, elle s'abaissa assez rapidement et tomba entre 3o et
34 mm.

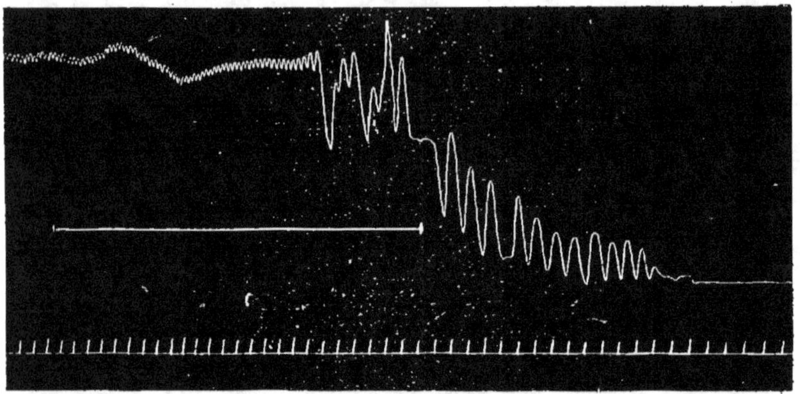

Fig. 8. — Lapin. Injection intraveineuse de 10 cmc. d'extrait hépatique
concentré. Syncope mortelle.

On sait, depuis les recherches fondamentales de Schutzenberger, qu'on peut employer des bases pour l'hydrolyse des
tissus. On obtient ainsi des résultats fort intéressants.

Il suffit de chauffer le tissu hépatique finement haché dans
une fois et demie son poids d'eau, dans laquelle on a délayé
5 o/o de baryte caustique. Le mélange est versé dans un récipient
métallique, le verre, comme on sait, ne résistant pas à l'action
de la baryte. On chauffe à 120° pendant cent heures. On reprend
le mélange, on le filtre ; on précipite la baryte par l'acide sulfurique ; après filtration on ajoute de l'alcool et on laisse reposer
vingt-quatre ou quarante-huit heures. On filtre ; on évapore
dans le vide ; on reprend par l'alcool absolu ; on évapore de
nouveau ; on reprend par l'eau ; on précipite par le sublimé et,
après un contact d'au moins vingt-quatre heures, on filtre. On se

débarrasse du sublimé par un courant d'hydrogène sulfuré et, finalement, on évapore dans le vide pour chasser l'hydrogène sulfuré et concentrer le liquide.

Les trois tracés que j'ai fait reproduire et qui ont été recueillis sur des lapins montrent exactement les effets produits par les injections intraveineuses des extraits ainsi préparés.

À un premier lapin on injecta lentement, en quarante-deux secondes, 2 cmc. de liquide. Le tracé (partie I de la fig. 10) montre la fin de l'injection ; dans la partie non reproduite l'aspect était normal. La ligne supérieure du tracé est fournie par un tambour

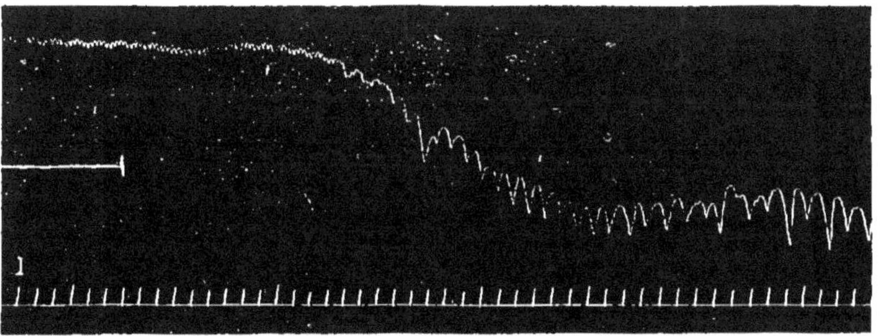

Fig. 9. — Lapin. Injection intraveineuse de 14 cmc. d'extrait dilué (le même que dans le tracé de la figure 7).

inscripteur mis en rapport avec un oncographe dans lequel on a enfermé le rein gauche. On observe un abaissement de cette ligne qui indique un effet vaso-constricteur. En même temps se produit une élévation progressive de la pression avec ralentissement des battements cardiaques et renforcement des dénivellations systodiastoliques.

La modification vaso-motrice est légère et passagère, l'action sur le cœur est plus durable. Cependant, au bout de trois minutes, la pression est revenue au chiffre initial ; les mouvements du cœur sont seulement un peu plus lents et plus amples. On injecte alors une dose plus élevée de liquide, 6 cmc., et on l'introduit rapidement, en vingt secondes (partie II de la fig. 10) ; malgré le resserrement très marqué des vaisseaux qui devrait la faire mon-

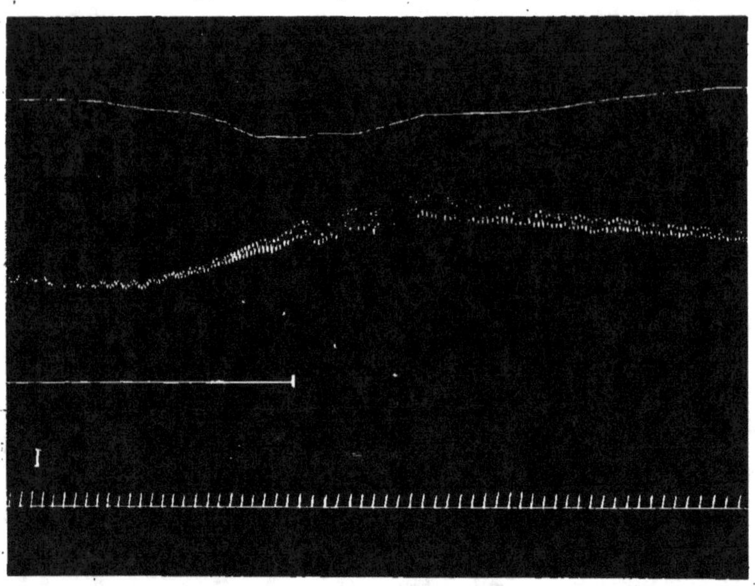

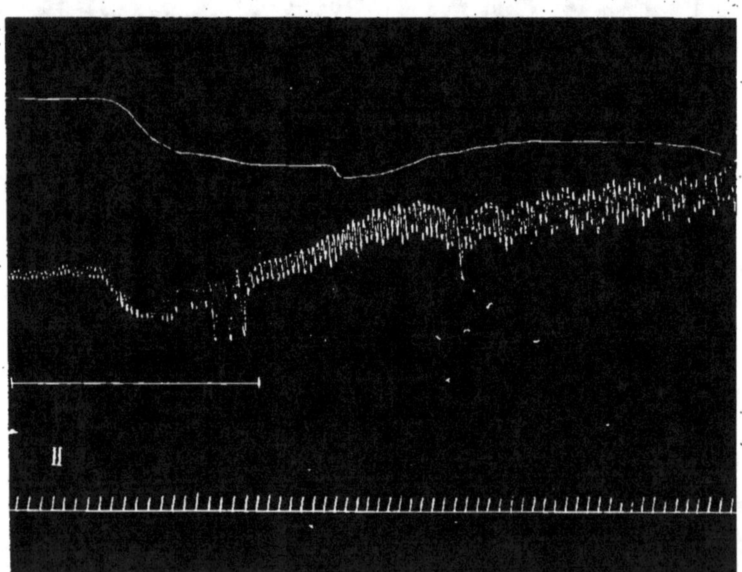

Fig. 10. — Lapin. Injection intraveineuse de 2 cmc. (I) puis de 6 cmc. (II) d'extrait. La ligne supérieure montre les modifications vaso-motrices, indiquées par le changement de volume du rein gauche.

ter, la pression sanguine s'abaisse. Il y a donc deux effets antagonistes : suivant la concentration des liquides ou la rapidité de

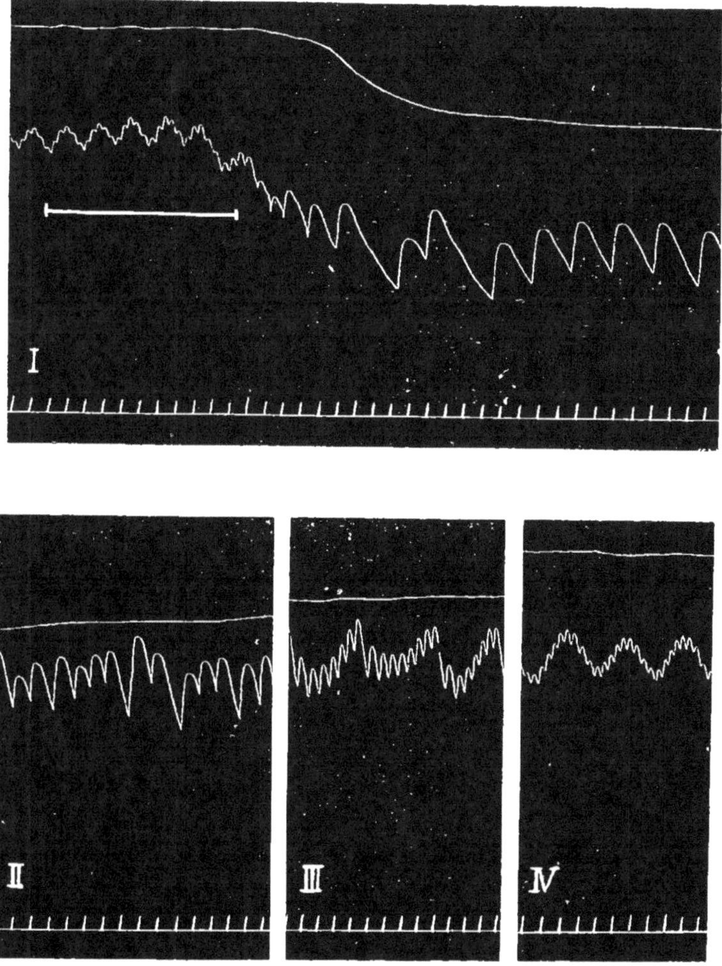

Fig. 11. — Lapin. Injection intraveineuse de 3 cmc. correspondant à 9 cmc.
de l'extrait utilisé figure 10. Le tracé I montre l'effet de l'injection sur le
volume du rein et sur le cœur. Les tracés II, III, IV, ont été recueillis,
trois, cinq et huit minutes après la fin de l'injection.

l'injection, l'un des deux l'emporte. L'hypotension n'est que passagère et la pression ne tarde pas à se relever et à dépasser la

normale, en même temps que les battements deviennent lents et amples.

La figure 11 reproduit un tracé obtenu en injectant dans les veines 3 cmc. du même extrait, mais trois fois plus concentré ; la dose correspond donc à 9 cmc. L'injection fut faite en dix secondes Elle amena une chute assez marquée et assez durable de la pression, qui contraste, encore plus que dans les tracés précédents, avec la vaso-constriction périphérique. L'antagonisme des effets produits se remarque également dans la suite des tracés où l'on voit la pression remonter à mesure que la vaso-constriction diminue. En même temps que l'abaissement de la pression, on constate un ralentissement des battements cardiaques qui tombent de 175 à 28 et restent extrêmement lents pendant plus de cinq minutes.

Au bout de huit minutes (partie IV de la figure 11) le tracé a repris à peu près son aspect initial.

Pour qu'on puisse mieux saisir les résultats fournis par ces trois expériences qui sont tout à fait typiques, nous avons relevé les principaux chiffres et les avons réunis dans le tableau suivant.

	TEMPS de l'expérience	QUANTITÉ injectée	DURÉE de l'injection	PRESSION moyenne	NOMBRE des systoles	DÉNIVELLATIONS systo-diastoliques	ABAISSEMENT de l'oncographe[1]
	m. sec.	cmc.	sec.	mm.		mm.	mm.
Fig. 10, I.	»	»	»	90	218	2	»
	0,42	2	42	106	150	6	16
	0,53	»	»	118	146	8	6
	4	»	»	90	180	3	0
— II..	4,10 / 4,30	6	20	76 / 92	133	8	24
	5	»	»	130	133	14	24
Fig. 11, I.	»	»	»	108	175	3	»
	0,10	9	10	100	»	»	»
	0,30	»	»	70	28	22	36
	1,30	»	»	83	44	18	44
— II.	3	»	»	104	55	18	26
— III.	5	»	»	113	115	8	20
— IV.	8	»	»	110	161	4	0

(1) Ces chiffres n'ont qu'une valeur relative.

En comparant l'action des extraits préparés au moyen de la baryte avec l'action des extraits préparés au moyen de l'acide sulfurique, on constate que les premiers sont beaucoup mieux supportés. Ils ne déterminent pas de dépressions diastoliques aussi longues ni aussi intenses. L'action hypotensive qu'ils manifestent à haute dose est compensée par le renforcement des contractions cardiaques.

Si l'on devait un jour utiliser en thérapeutique les propriétés

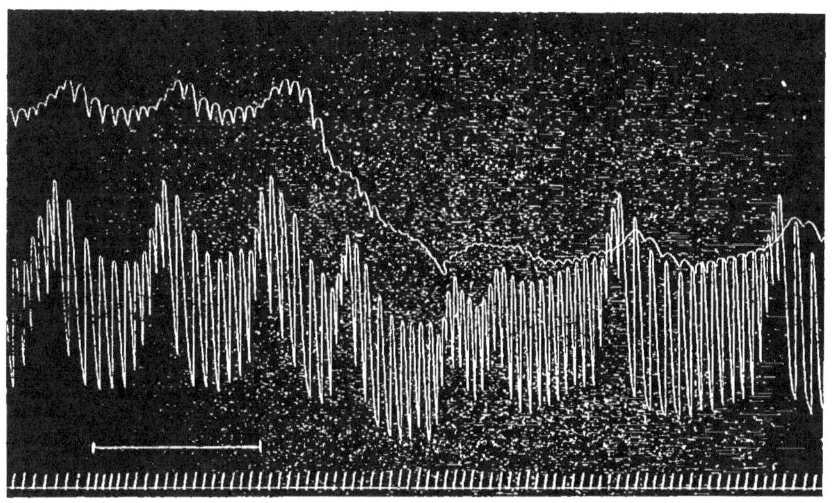

Fig. 12. — Chien de 8 kilogr. Injection de 2 cmc. d'extrait.
Effet vaso-constricteur très marqué.

cardio-vasculaires des extraits hépatiques, c'est aux produits obtenus par l'action de la baryte qu'il faudrait avoir recours. Même quand on en injecte de petites doses, l'avantage reste encore aux extraits barytiques qui exercent sur le cœur une action plus marquée et plus durable.

Ce n'est pas seulement chez le lapin que l'étude des extraits hépatiques préparés avec la baryte fournit des résultats intéressants : en opérant sur le chien, on obtient des renseignements qui complètent nos premières observations.

Le chien est, beaucoup plus que le lapin, sensible aux effets vaso-constricteurs des extraits et beaucoup moins que lui sensible aux effets cardiaques.

Ainsi, le tracé reproduit figure 12 a été recueilli sur un petit chien de 8 kilogr. L'injection d'une faible dose d'extrait détermina un abaissement de pression, léger et passager ; mais il produisit, en même temps, une vaso-constriction intense, que traduit la chute considérable du style enregistreur. Malgré cette vaso-constriction, la pression ne s'éleva pas ; elle a même baissé momentanément. C'est une nouvelle preuve de l'antagonisme des substances contenues dans nos extraits.

Il est possible que les manifestations cardiaques soient peu marquées à cause de la prédominance des effets vasculaires. Cependant, en forçant la dose, on obtient chez le chien des tracés (fig. 13) analogues aux tracés recueillis sur le lapin (comparer la figure 13 avec la partie II de la figure 10). C'est tout d'abord un abaissement de la pression, qui tombe de 15-11,4 à 12,4-9,4. Puis la pression se relève et, dépassant la normale, oscille autour de 18-13. En même temps les battements se ralentissent et de 172 passent à 120. Leur amplitude qui, chez ce chien, était seulement de 8 mm., atteint 30 et 40 mm.

Les extraits hépatiques renferment des substances complexes et antagonistes qu'il faudrait arriver à séparer. La tâche est difficile ; car toutes les tentatives de purification entraînent la perte ou la destruction des substances actives. Cependant un procédé fort simple a déjà fourni un résultat intéressant.

Il suffit d'ajouter de l'éther à l'extrait pratiqué avec l'alcool absolu. Il se fait un abondant précipité qui, au bout de vingt-quatre heures, s'est déposé, adhérant aux parois du vase qui renferme le liquide. On décante celui-ci, on l'évapore dans le vide, on reprend le résidu par l'eau, et, comme dans les préparations précédentes, on se débarrasse des matières que le sublimé précipite. Après passage d'un courant d'hydrogène sulfuré et concentration dans le vide, on obtient un liquide injectable.

Cet extrait éthéré n'a presque plus d'action vaso-constrictive. Le tracé recueilli sur le lapin (fig. 14) ne montre aucune variation appréciable de l'oncographe. Chez le chien (fig. 15), on obtient encore une vaso-constriction, mais elle est très légère, nullement comparable à celle que provoque l'extrait alcoolique (comparer la fig. 12 avec la fig. 15).

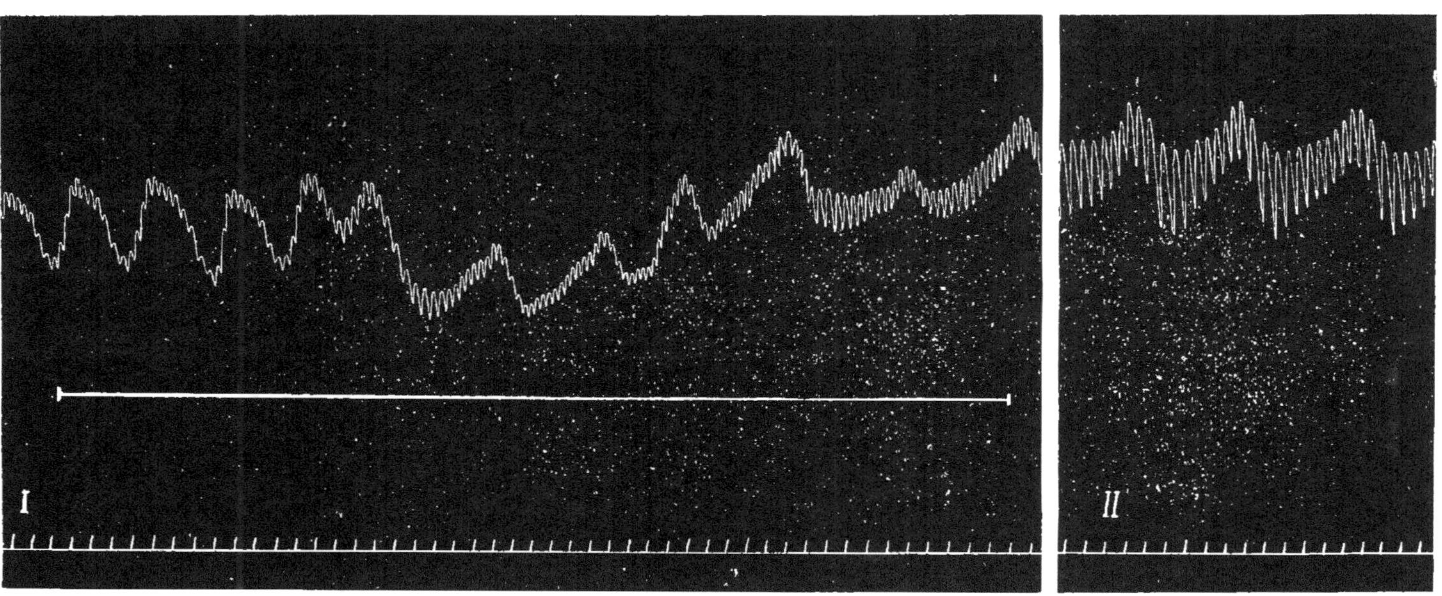

Fig. 13. — Chien de 22 kilogr. Injection de 15 cmc. d'extrait. II, Suite du tracé après un intervalle de trois minutes.

L'inscription de la pression artérielle fait constater, chez le

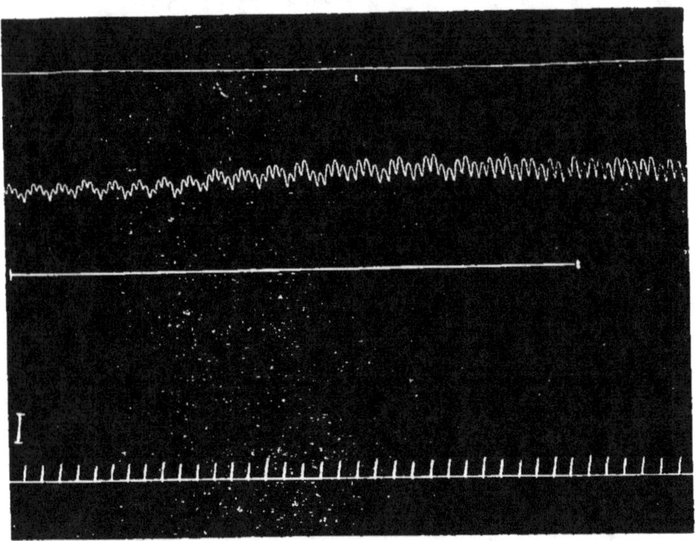

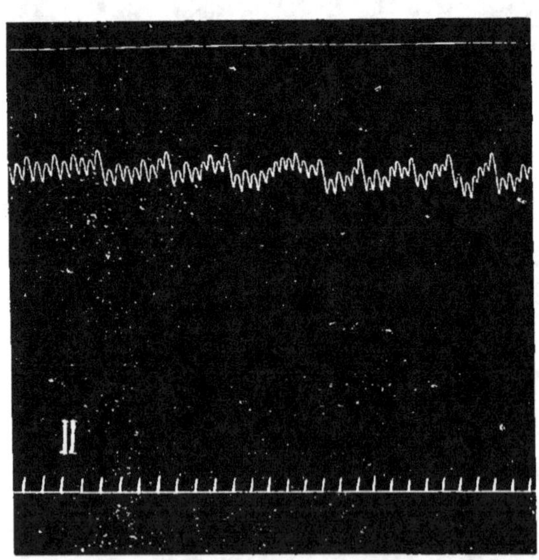

Fig. 14. — Lapin. Injection de 4 cmc. d'extrait éthéré. La partie II a été recueillie après un intervalle d'une minute.

lapin comme chez le chien, une élévation progressive, mais légère,

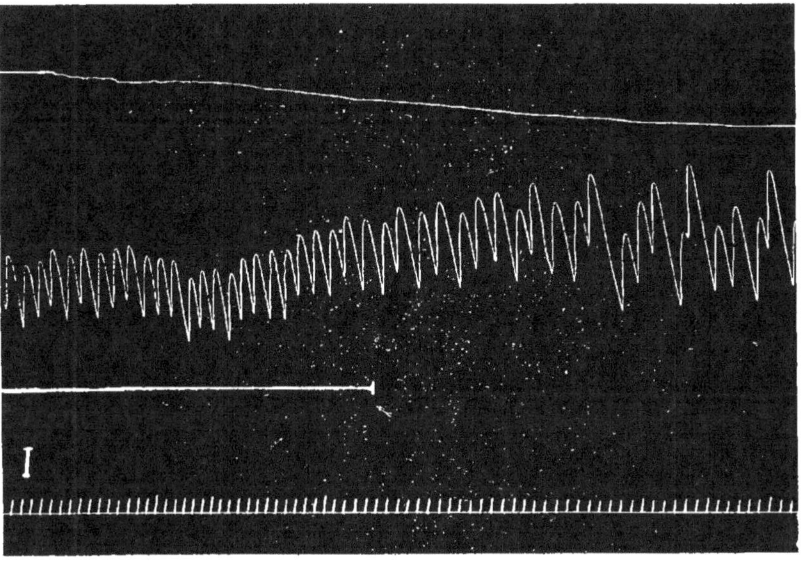

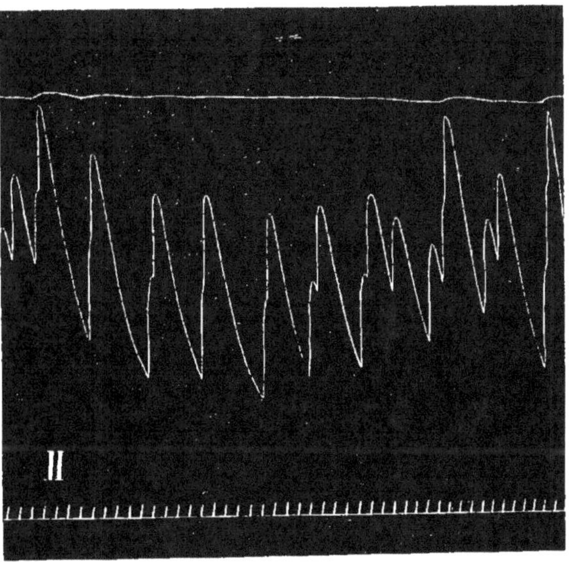

Fig. 15. — Chien de 6 kilogr. Injection de 20 cmc. d'extrait éthéré.
La partie II a été recueillie après un intervalle de une minute.

de la pression, un ralentissement des battements et un renforcement des systoles. On arrive ainsi à isoler la substance excito-
cardiaque.

Le tableau suivant résume les résultats fournis par les deux
tracés (les battements cardiaques du chien avaient avant toute
injection, une lenteur insolite ; l'effet produit est d'autant plus
remarquable).

	TEMPS de l'ex-périence	QUANTITÉ injectée	DURÉE de l'in-jection	PRESSION moyenne	NOMBRE de sys-toles	DÉNIVEL-LATIONS systodias-toliques
	m. sec.	cmc.	sec.	mm.		mm.
Lapin......	»	»	»	110	170	3
Fig. 10, I..	0,41	4	41	120	125	8
				max. min.		
Chien.....	»	»	»	130 — 110	40	20
Fig. 11, I..	0,54	20	54	144 — 118	36	26
	2	»	»	156 — 110	19	30 à 70
— II..	4	»	»	143 — 107	30	36 à 70

Il ne suffit pas de constater les effets cardio-vasculaires des
extraits hépatiques : il faut essayer d'en préciser le mode d'action et de déterminer sur quelle partie du système circulatoire ils
agissent. Nous sommes déjà parvenus à dissocier les effets vaso-
moteurs et les effets cardiaques. Il faut maintenant mieux préciser l'action sur le cœur et tout d'abord déterminer l'influence
des pneumogastriques. La section de ces nerfs ne modifie en rien
les résultats. L'injection préalable d'atropine entrave l'apparition
des manifestations cardio-vasculaires, sans parvenir à les supprimer complètement. C'est ainsi que nous avons expérimenté comparativement sur deux lapins, l'un normal, l'autre préparé par
une injection de o gr. 02 de sulfate neutre d'atropine. Au premier on injecte 8 cc. et au second 10 cc. d'un extrait dilué. Le
nombre des battements tomba chez le témoin de 207 à 97, tandis
que l'amplitude des oscillations monte de 3 à 20 mm. ; chez
l'animal atropinisé, les pulsations cardiaques tombèrent de 210
à 125 et leur amplitude passe de 3 à 6. Les modifications du
rythme durèrent 6 minutes chez l'animal neuf et 1 minute seulement chez l'atropinisé.

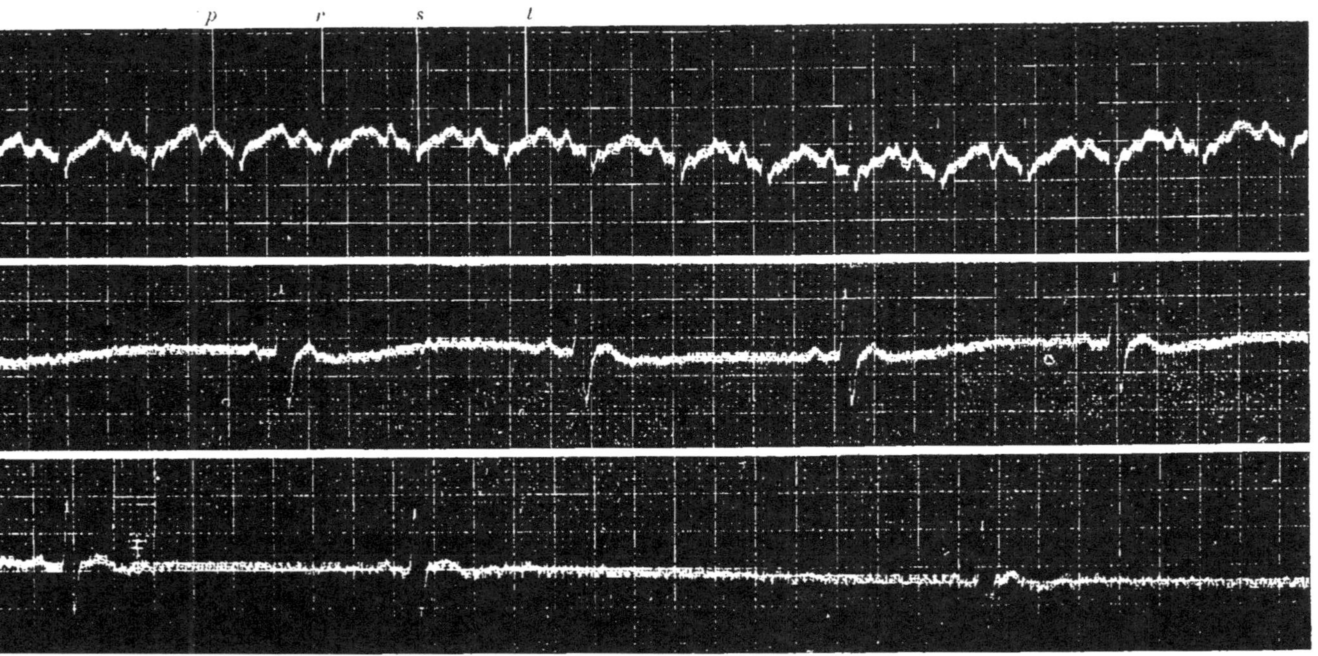

Fig. 16. — Electrocardiogramme recueilli sur un lapin. Conduction : patte antérieure et patte postérieure du côté droit. Tracé supérieur : état normal. Tracés inférieurs : bradycardie sinusale provoquée par l'extrait hépatique.

Pour obtenir des renseignements précis il faut avoir recours à la méthode électrocardiographique, comme on peut s'en convaincre en examinant le tracé (fig. 16) recueilli sur un lapin.

L'animal étant solidement attaché, on lui injecte sous la peau o gr. 1 de chlorhydrate de morphine. Cette dose, qui est facilement supportée — puisque, pour tuer un lapin, il faut lui introduire dans les veines o,35 par kilogramme — suffit à donner une immobilité parfaite. On coupe les poils des pattes, antérieure et postérieure, du côté droit ; on entoure la peau dénudée d'une petite bande de flanelle, bien imbibée d'eau salée et on relie les deux membres au galvanomètre d'Einthoven.

Le tracé est dans son ensemble analogue aux tracés qu'on obtient chez l'homme. En examinant la ligne supérieure de la figure 16, on retrouve le soulèvement *p* correspondant à la systole auriculaire et, après une légère dépression, l'ascension brusque *r* correspondant au début de la contraction ventriculaire. La dépression *s* est, comme chez l'homme, à peine indiquée et le soulèvement *t*, qui traduit la fin de la contraction ventriculaire, est nettement dessiné. Si l'on additionne la durée de la contraction cardiaque — comme on peut facilement le faire sur le tracé où chaque millimètre, indiqué par un trait fin, correspond à 1/50 de seconde — on trouve au total de o″16 à o″18. Chez l'homme normal, la durée est de o″28 à o″30. La différence principale porte sur le repos du cœur qui atteint près d'une demi-seconde chez l'homme, tandis que chez le lapin elle ne dépasse pas o″04.

Les deux tracés, sous-jacents au tracé normal, ont été recueillis après une injection intraveineuse d'un extrait hépatique, celui-là même qui a servi pour l'expérience reproduite figure 11.

Le ralentissement du cœur est évident. Tandis que, dans le tracé normal, on compte 15 pulsations, on n'en trouve plus, pour le même laps de temps, que 4 dans le deuxième tracé et 3 dans le troisième. Les contractions sont extrêmement espacées, mais elles se font suivant le type normal. On retrouve la contraction auriculaire qui est seulement un peu moins marquée que normalement, puis la systole ventriculaire qui est au début très énergique ; la ligne *r* s'élève fort haut et la ligne descendante *s*, à peine indiquée dans le tracé normal, est ici fort prolongée. L'ensemble de la révolution cardiaque, qui normalement est de $0''16$ à $0''18$, conserve à peu près la même durée. La différence porte sur le repos du cœur qui normalement n'excède pas $0''04$ et se prolonge ici $0''88$ et $0''96$ et atteint même $1''4$. La pause cardiaque n'est troublée par aucun accident : on n'observe pas d'oscillations indiquant des contractions isolées des oreillettes ; il n'y a pas de dissociation auriculo-ventriculaire.

Nous pouvons donc conclure que les extraits hépatiques provoquent des bradycardies sinusales.

En résumé le tissu hépatique, comme le tissu rénal, renferme des substances capables d'actionner le système cardio-vasculaire. Ces substances semblent multiples. Les unes agissent sur les vaso-constricteurs ; solubles dans l'alcool, elles sont précipitées, au moins en partie, par l'éther. Les autres agissent sur le cœur. Parmi celles-ci, il en est qui ont une action antagoniste des substances vaso-constrictives : elles amènent l'abaissement de la pression artérielle, malgré la vaso-constriction vasculaire qui tend à la faire monter.

L'action hypotensive ne semble pas due aux substances qui ralentissent et renforcent les systoles. Car les extraits éthérés qui agissent sur les mouvements du cœur, sont dépourvus de toute influence hypotensive ; ils déterminent une bradycardie d'origine sinusale.

Une question se pose, qui reparaît chaque fois qu'on étudie les substances cardio-vasculaires contenues dans les tissus et les organes. Il faut se demander, en effet, si, dans les conditions normales ou pathologiques, les produits, dont l'expérimentation démontre l'activité, passent dans la circulation et s'ils vont actionner le cœur et les vaisseaux. Les résultats obtenus avec les extraits de tissus autolysés tendent à faire donner une réponse affirmative ; il est bien évident que la désassimilation libère constamment des substances analogues à celles qui se dégagent au cours de l'autolyse ; mais la quantité qui se déverse dans le sang doit être minime, et on est en droit d'émettre des doutes sur leur influence. C'est l'objection qui renait chaque fois qu'on apporte des résultats relatifs aux sécrétions internes. Il est possible, d'ailleurs, que les divers états pathologiques libèrent une plus grande quantité de produits autolytiques dont l'intervention expliquerait certains troubles morbides. Il serait encore intéressant de déterminer quelle influence les altérations du foie exercent sur la formation et l'exode des substances cardio-vasculaires.

Les faits que nous avons rapportés posent plus de problèmes qu'ils n'apportent de solutions. Il nous a semblé intéressant de les exposer avec quelques détails, d'abord parce qu'ils sont trop nouveaux pour avoir trouvé place dans les traités classiques, ensuite parce qu'ils soulèvent des questions intéressantes pour la pathologie et même la thérapeutique. On peut se demander, en effet, si les extraits dont nous avons indiqué la préparation ne rendraient pas des services dans le traitement des affections cardiaques : nous ne connaissons pas de médicament exerçant sur le rythme et l'amplitude des mouvements du cœur une action aussi marquée.

ACTION DES PRODUITS AUTOLYTIQUES DU FOIE SUR LES SÉCRÉTIONS. — Les extraits autolytiques du foie n'agissent pas seulement sur la pression artérielle. Leur influence s'étend aux sécrétions. On voit pendant l'expérience, la salive couler à flot et souvent on note une diarrhée très abondante. Réciproquement la sécrétion urinaire diminue dans des proportions notables (**74**). Nous avons déjà signalé le résultat en parlant des œdèmes d'origine hépatique. Pour montrer combien l'influence antidiurétique des autolysats hépatiques est considérable, nous rapporterons une expérience où trois lapins ont reçu comparativement l'un une macération, dont 6o cmc. représentaient l'extrait de 10 gr. de foie conservé pendant 8 jours à l'étuve ; le second, le même extrait préparé à chaud ; le troisième, servant de témoin, recevait de l'eau salée isotonique.

En examinant le tableau qui met les résultats en parallèle, on constate que la première injection d'extrait hépatique provoque une anurie presque absolue. Cependant la proportion d'urée augmente notablement au point de s'élever à 70 o/oo. Mais ce diurétique physiologique est incapable de maintenir la sécrétion urinaire : voilà un exemple assez intéressant d'une dissociation fonctionnelle.

Jours de l'expérience	Heures	EXT. FOIE				EXT. CHAUFFÉ				EAU SALÉE			
		Liquide injecté	Urine émise	Urée p. 1.000	Urée émise	Liquide injecté	Urine émise	Urée p. 1.000	Urée émise	Liquide injecté	Urine émise	Urée p. 1.000	Urée émise
1	10	60				60				60			
	19	»	20	4,2	0,08	»	22	7,2	0,16	»	65	12,5	0,81
2	10	»	5	48,4	0,24	»	205	18,1	3,09	»	279	8,4	2,34
			25		0,32		227		3,25		344		3,15
	13	»				60				60			
	18	»	0	»	»	»	6	16,2	0,97	»	60	9,2	1,73
3	10	»	13	70,2	0,91	»	35	23,1	0,81		135	7,1	0,96
4	10	»	110	17,8	1,95	»	170	10,2	1,73		120	9,2	1,10
			123		2,86		211		3,21		315		3,79
	13	80				80				80			
5	10	»	16	39,8	0,63		45	21,8	0,98		67	30,2	2,02
6	10	»	65	8,1	0,52		124	9,6	1,19		170	13,7	2,33
			81		1,15		169		2,17		237		4,35
Total	140		229		4,33	200	607		8,93	200	896		11,29
Moyennes par jour.			38		0,72		101		1,49		149		1,88

Si l'on se contente d'envisager l'ensemble des résultats, on voit que dans les six jours qu'a duré l'expérience, le témoin a émis 896 cmc. d'urine, tandis que l'animal qui a reçu l'extrait préparé à chaud en rejetait 607 et celui qui avait reçu l'extrait préparé à froid 229 seulement : cela fait une moyenne quotidienne de 149 pour le premier, 101 pour le second et 38 pour le troisième. Ainsi le chauffage diminue, sans le supprimer, le pouvoir inhibiteur de l'autolysat hépatique sur la sécrétion rénale.

Cette influence n'est pas banale, comme on peut s'en convaincre en comparant les effets produits par les autolysats du foie et du rein. Chaque organe avait été laissé à l'étuve pendant 8 jours. Puis on avait pratiqué un extrait tel que 1 cmc. de liquide correspondait à 0,5 du tissu. Pour ne pas rapporter trop de chiffres, nous indiquerons la quantité émise pendant les deux premiers jours et la somme des quantités rendues les jours suivants. L'expérience comprend quatre périodes. Que l'on compare les chiffres de chaque journée ou les chiffres de chaque période ou les résultats obtenus à la fin de l'expérience, on constate que la sécrétion rénale est diminuée par les autolysats hépatiques et ne se rétablit que difficilement, tandis qu'elle est peu modifiée par les autolysats du rein.

JOURS de l'exp.	QUANTITÉ de liquide injectée	QUANTITÉ D'URINE émise par les animaux recevant			
		l'autolysat hépatique		l'autolysat rénal	
1	5 cmc.				
2		52	238	110	346
3		186		236	
4-7		658	896	998	1.344
8	10 cmc.	94	278	280	550
9		184		270	
10-12		520	798	594	1.144
13	20 cmc.	50	130	378	570
14		80		192	
16-20		591	721	1.274	1.844
21	12 cmc.	70	230	166	366
22		160		200	
23-27		822	1.062	1.020	1.386
Total	47 cmc.		3 477		5.718
Moyenne par jour			128		211

Tous ces faits expérimentaux comportent des déductions cliniques.

Dans un grand nombre d'affections hépatiques, la sécrétion urinaire est considérablement diminuée. On a supposé que l'oligurie dépend soit d'un trouble de la circulation porte, soit d'une modification apportée à la fonction uropoétique du foie. Ce sont là incontestablement des facteurs importants. Mais il est d'autres causes entrant vraisemblablement en jeu et les autolysats hépatiques interviennent pour une bonne part. Dans les cirrhoses du foie, les cellules disparaissent; elles subissent une autolyse et les produits qu'elles abandonnent expliquent l'oligurie. Au contraire, dans les cirrhoses du rein, la diurèse est augmentée, car les produits autolytiques de cet organe exercent une action opposée à celle des produits hépatiques.

L'étude des produits autolytiques et de leur action sur l'organisme est à peine ébauchée ; nous ne savons pas exactement quelle est leur importance en l'état physiologique, et nous ne faisons qu'entrevoir leur intervention dans les états morbides. Mais déjà des problèmes sont soulevés, dont il sera intéressant de poursuivre la solution. Bien des troubles cardiaques observés aux cours des affections hépatiques sont mis sur le compte des actions réflexes : les variations de la pression artérielle, l'accélération ou le ralentissement des battements du cœur sont généralement attribués à des excitations du sympathique ou du pneumogastrique. On peut se demander s'ils ne relèvent pas de l'action des produits autolytiques agissant directement ou indirectement par l'intermédiaire du système nerveux. La question est d'autant plus intéressante qu'elle se pose pour la plupart des organes. Il est actuellement impossible de la résoudre ; mais c'est déjà beaucoup d'avoir pu établir les termes du problème.

CHAPITRE XV

PATHOLOGIE EXPÉRIMENTALE DU FOIE

Régénération du foie. — Nous avons vu que chez les Vertébrés supérieurs, Mammifères et Oiseaux, l'extirpation du foie est suivie, à brève échéance, d'une terminaison fatale. Tout au plus les Oiseaux résistent-ils de dix à douze heures.

Si le foie est indispensable au maintien de la vie, son parenchyme est tellement développé qu'on peut, sans trop d'inconvénient, en réséquer une assez forte proportion. De même qu'on supporte l'extirpation d'un rein ou d'un poumon, on résiste à la suppression de la moitié du foie. Gluck, Ponfick furent les premiers à montrer que les Mammifères, chiens et lapins, survivent, alors qu'on a réséqué la moitié et même les deux tiers de la glande hépatique. A la suite de l'opération se produit une congestion intense de l'organe. Dès la trentième heure, l'examen histologique révèle une caryocinèse diffuse. La régénération se fait rapidement. Après 5 jours une partie du foie est reproduite et, au bout de six semaines, la réparation est complète. Il arrive même que l'organe s'hypertrophie et devient plus volumineux qu'avant l'opération.

Carnot a repris l'étude de la question. Il a extirpé, sur des lapins, de 15 à 30 grammes de tissu hépatique. Ayant sacrifié les animaux de 10 à 30 jours après l'opération, il a trouvé que la glande avait, à peu de chose près, repris son poids normal. Il s'était produit, non une régénération des lobes extirpés, mais une hyperplasie diffuse. La glande était gonflée et de consistance un peu molle. L'examen histologique montrait une intense prolifération cellulaire. Beaucoup de noyaux étaient divisés en deux, mais c'était une division directe sans caryocinèse.

L'expérimentation a permis encore d'étudier la réparation des lésions hépatiques. De la fibrine s'épanche dans la plaie ; les cellules voisines du traumatisme sont nécrosées, puis une prolifération locale se produit aboutissant parfois à de l'hyperplasie. Si on injecte en un point du phénol, de manière à produire un foyer de nécrose aseptique, on observe une évolution analogue. C'est d'ailleurs un phénomène banal : comme l'a montré Gouget, toute altération hépatique entraîne des proliférations intenses, rapides et étendues.

Dans les opérations expérimentales, les traumatismes étaient localisés. Il n'en est plus de même dans les blessures par armes à feu. On observe alors des délabrements beaucoup plus profonds, ayant souvent des conséquences fatales. Okinczyc et Nanta ont insisté sur la gravité des plaies du foie. Le malade est atteint de choc : sa température monte à 40° et 41°, alors même qu'aucune infection n'intervient. La prostration est absolue et le tableau clinique est souvent complété par des vomissements de sang noir. Même quand on intervient, la mortalité est très élevée. Sur 13 blessés opérés peu de temps après le traumatisme, 9 succombèrent.

L'examen histologique montre des altérations cellulaires s'étendant en profondeur sur 6 ou 8 cm. Le tissu est infiltré de sang ; les cellules sont dissociées et détruites ; les noyaux irréguliers et pycnotiques ; le protoplasme est atteint de dégénérescence trouble, de nécrose de coagulation, de nécrose acidophile. Ces lésions sont surtout marquées près du point traumatisé. Mais, même à 4 et 5 cm. de la plaie, on trouve des cellules claires dont le rôle fonctionnel est aboli. En entravant le fonctionnement de la glande et en libérant une forte quantité de produits cellulaires, les altérations hépatiques expliquent la gravité de l'état général et le mécanisme de la mort.

Ces faits complètent ce que nous apprend l'expérimentation. Ils sont heureusement exceptionnels. Ce qu'on observe le plus souvent, ce sont des lésions localisées, n'empêchant pas les régénérations cellulaires. Il s'en produit d'ailleurs en dehors des traumatismes. Si, comme l'a fait Ehrhardt, on lie une branche de la veine porte, on détermine une atrophie du lobe correspondant ; mais le reste de la glande s'hypertrophie. Il y a formation de cylindres cellulaires rappelant les cylindres de la vie embryonnaire et aboutissant à la production de groupements nodulaires nouveaux.

Ces faits expérimentaux sont d'autant plus intéressants qu'ils cadrent parfaitement avec les observations cliniques.

Ce fut d'abord au cours des kystes hydatiques qu'on observa des hypertrophies partielles qui compensaient, et au delà, la perte du tissu hépatique. Hanot eut le mérite de donner à cette constatation une portée générale. Il insista sur les proliférations cellulaires qui se produisent dans tous les cas de processus destructifs ; il en montra le développement dans la tuberculose du foie, le paludisme et même le cancer. Il en révéla la présence dans la cirrhose atrophique et il insista sur l'importance des néoformations compensatrices dans la cirrhose hypertrophique alcoolique. Il arriva ainsi à cette conclusion, complètement vérifiée par les faits : le pronostic dépend, non du parenchyme qui a disparu, mais du parenchyme qui reste.

Dans l'atrophie jaune aiguë du foie, la dégénérescence cellulaire est tellement profonde et étendue que la terminaison fatale peut être attribuée à l'insuffisance hépatique. Cependant même dans ce cas, on trouve beaucoup de cellules en caryocinèse et on observe des néo-canalicules biliaires qui sont considérés par certains histologistes comme pouvant donner naissance à des cellules hépatiques.

L'étude histologique doit être complétée, autant que possible, par la recherche des troubles fonctionnels consécutifs aux lésions traumatiques du foie.

Lujkanow a constaté que la résection partielle de la glande ne provoque que peu de troubles. Pendant les deux ou trois premières heures qui suivent l'opération, la sécrétion biliaire est fortement diminuée, puis elle reprend ses caractères normaux. D'après Meister, l'azote urinaire diminue en même temps que s'abaisse le rapport de l'azote uréique à l'azote total. Il y a simultanément augmentation des matières extractives et du rapport de l'azote des matières extractives à l'azote total.

Quand l'extirpation est étendue, la mort survient dans un temps qui varie de 8 à 14 heures; mais, d'après Massius, la survie peut être de quelques jours quand on injecte aux animaux de l'extrait glycériné ou de l'extrait aqueux de tissu hépatique.

L'extirpation partielle du foie modifie encore le sérum et lui confère des propriétés globulicides (Massius). Ce résultat cadre avec les observations cliniques. Maragliano a constaté que, dans les maladies du foie, dans l'hépatite interstitielle par exemple, le sérum sanguin devient capable de détruire énergiquement les globules rouges.

Les recherches de Carnot ont mis en évidence une propriété extrêmement importante du sérum. Si on injecte à des animaux neufs de 6 à 20 cc. du sérum prélevé sur des animaux qui ont subi la résection partielle du foie, on observe une hyperplasie diffuse de la glande hépatique. Le sérum acquiert ainsi des propriétés cytopoétiques extrêmement marquées: Poursuivant l'étude de la question, Carnot a constaté que les extraits aqueux du foie en régénération produisent le même effet. On peut d'ailleurs obtenir un résultat analogue en injectant la poudre desséchée de foie provenant de fœtus de porc ou de veau. Les organes en croissance ou en régénération stimulent les proliférations cellulaires. Celles-ci se traduisent par une hyperplasie diffuse. Les cellules se multiplient et deviennent parfois si nombreuses qu'elles sont comprimées et tassées ; elles renferment deux et même trois noyaux, mais c'est une reproduction par division directe ; les figures caryocinétiques sont exceptionnelles.

SÉRUMS CYTOLYTIQUES.— La connaissance des modifications si profondes que peut subir le sérum sanguin sous les influences les plus diverses, a conduit à rechercher si l'on n'arriverait pas à créer des lésions hépatiques par l'emploi de sérums cytolytiques. On sait en quoi consiste la méthode. On injecte à un animal l'émulsion d'un organe d'un autre animal appartenant à une espèce différente. L'organisme réagit par la formation d'anticorps. Plus les espèces sur lesquelles on opère sont éloignées, plus les résultats sont nets. On prend, par exemple, du foie de chien ; on le réduit en bouillie et on en introduit une certaine quantité dans le péritoine d'un lapin ou, ce qui est préférable, d'un canard. L'animal produit des anticorps cytolytiques. Son sérum, injecté à des chiens normaux, aux doses minimes de

2 à 4 cmc., provoque une dégénérescence aiguë du foie, entraînant rapidement la mort. C'est ce qui résulte de nombreuses expériences parmi lesquelles il convient de mentionner celles de Delezenne.

Malheureusement les sérums ainsi préparés ne sont pas absolument spécifiques ; ils lèsent d'autres organes et spécialement le rein. Réciproquement, les sérums néphrotoxiques lèsent le foie. Ces effets complexes ont été attribués au sang que les organes renferment (Pearse). Il faut donc commencer par un lavage préalable. C'est ce qu'ont fait Bierry, Pettit et Schæffer : ils ont utilisé soit les extraits d'organes lavés, soit les nucléoprotéides. Les altérations n'ont pas encore été nettement spécifiques: bien que prédominant sur le foie, elles n'épargnaient pas le rein. Ce qui est encore plus grave, c'est que les nucléoprotéides extraites de la levure de bière jouissent de propriétés analogues. On voit donc que la méthode est loin de donner les résultats qu'on en espérait.

CIRRHOSES EXPÉRIMENTALES. — Un grand nombre d'expérimentateurs se sont proposé de reproduire chez les animaux des cirrhoses analogues à celles qu'on observe chez l'homme. La tentative était d'autant plus justifiée que les animaux ne sont pas à l'abri de ces affections. On les observe surtout à la suite d'alimentations défectueuses. On a décrit chez le Mouton, sous le nom de *lupinose*, une affection qui sévit dans l'Allemagne du Nord. Elle est due à une substance toxique assez mal définie, qu'on trouve dans les fruits, les gousses et les graines du lupin et dont on peut attribuer la production à des altérations microbiennes. Ingérés à haute dose, les lupins amènent une hépatite aiguë rapidement mortelle. Les animaux succombent en 4 ou 5 jours avec des symptômes rappelant ceux de l'ictère grave et l'autopsie révèle une atrophie du foie, qui est mou, friable, jaune, avec dégénérescence graisseuse des cellules. Si le poison est ingéré à moindre dose, on observe le développement d'une hépatite interstitielle, caractérisée par de l'amaigrissement, de l'ascite et une hypertrophie de la rate. Le foie est petit, dur, irrégulier.

Le Cheval peut être atteint de lupinose, mais chez lui l'évolution est celle d'un ictère bénin. Au contraire, l'ingestion du trèfle hybride altéré produit un ictère aigu mortel. On observe encore des ictères graves après ingestion de drèches, ou d'herbes provenant de pâturages inondés.

On a décrit sous le nom de « Maladie de Schweisberg », localité de la Hesse où on l'observa pour la première fois, une affection du Cheval, qui est due à l'ingestion de plantes altérées et qui sévit parfois sous forme d'enzootie dans les pays tourbeux et marécageux. Elle se caractérise par des troubles abdominaux, un léger ictère, de l'amaigrissement, des œdèmes et de l'ascite. La mort survient au bout de quelques mois, de 2 à 8 ou 9, et l'autopsie montre de la cirrhose et, en même temps, une dégénérescence graisseuse des cellules.

Le Chien peut, lui aussi, être atteint de cirrhoses atrophique ou hypertrophique, s'accompagnant d'ascite et d'anasarque : mais ces affections sont rares.

Tous ces faits semblent démontrer que chez les animaux la cirrhose est due à l'ingestion d'aliments avariés ; ceux-ci altèrent les cellules hépatiques, y provoquant diverses lésions, le plus souvent des dégénérescences graisseuses. Si l'évolution est lente, la cirrhose se développe consécutivement à la lésion cellulaire.

L'influence de l'alimentation ressort des expériences de Martin et Pettit, qui ont nourri des lapins et des rats avec de la poudre de lait. Au bout de quelques semaines, les urines contenaient de l'albumine, quelques hématies, parfois un peu de glycose. A l'autopsie on trouvait des altérations du foie et du rein : le microscope révélait une sclérose hépatique bi-veineuse, prédominant autour du système porte.

Ces résultats peuvent être rapprochés de ceux qui ont mis en évidence l'existence d'une cirrhose d'origine dyspeptique. Déjà Bouchard avait constaté par la palpation que, chez 48 o/o des individus atteints de dilatation stomacale, le foie était gros et qu'il était sujet à de fréquentes variations de volume. Reprenant la question, Hanot et Boix ont établi que les troubles fonctionnels du tube digestif finissent par provoquer une sclérose hépatique, ou, plus exactement, une hépatite interstitielle diffuse, généralisée, à tendance unicellulaire. Cette cirrhose que Hanot a proposé de désigner sous le nom de « cirrhose de Budd », en l'honneur de celui qui l'entrevit le premier, se caractérise au début par des variations de volume du foie. Les dilatations et les rétractions successives de cette glande lui ont valu le nom de « foie en accordéon ». En même temps, le malade ressent des douleurs dans l'hypochondre droit : ses téguments sont subictériques, ses selles fétides, ses urines riches en urates et en urobiline.

Les documents cliniques qu'on a réunis pour établir l'histoire des lésions hépatiques provoquées par les toxines digestives étant peu nombreux et souvent fort complexes, il était indispensable, pour élucider la question, d'avoir recours à l'expérience. Boix a reconnu que les substances provenant des fermentations digestives possèdent, pour la plupart, une action dégénératrice et sclérosante : tel est du moins le résultat obtenu avec les acides butyrique, lactique, valérianique et surtout avec l'acide acétique. Il en est de même avec les toxines produites par le colibacille ou avec les extraits de matières fécales : leur introduction dans le tube digestif est suivie d'une angiocholite, d'une nécrose granuleuse des cellules hépatiques et d'une sclérose rapide des espaces portes. Krawkow a réussi à provoquer des lésions scléreuses du foie chez des poules auxquelles il faisait ingérer des matières putrides.

Ces résultats comportent peut-être une plus grande généralisation qu'on ne l'avait cru tout d'abord. On peut se demander si, dans le développement de la cirrhose alcoolique, les troubles intestinaux provoqués par les boissons alcooliques ne jouent pas un certain rôle, car les tentatives qui ont été faites pour reproduire expérimentalement la cirrhose alcoolique chez les animaux, n'ont guère donné de résultats.

La plupart des expérimentateurs, Strassmann, Affanasiew, Kahlden, Pohl, n'ont obtenu que des dégénérescences graisseuses. Cependant Straus et Blocq avaient réussi à reproduire chez des lapins par ingestion d'alcool dilué la cirrhose hépatique. Les expériences de Laffitte n'ont pas confirmé cette conclusion.

Les lésions scléreuses, observées par Straus et Blocq, étaient, en réalité, sous la dépendance de l'inflammation gastrique que déterminait l'emploi de la sonde destinée à introduire la boisson alcoolique. En faisant ingérer l'alcool mélangé aux aliments et en prolongeant l'expérience pendant longtemps, jusqu'à 15 mois, Laffitte n'a observé que des dégénérescences graisseuses, partielles ou diffuses.

Il faut ajouter, cependant, que Rechter, Martens, Joffroy ont obtenu des cirrhoses plus ou moins marquées, en donnant aux animaux de l'alcool éthylique. Par des injections d'alcool dans la veine porte, Ogata a provoqué des dégénérescences cellulaires avec néoformation de canalicules biliaires.

D'après Lancereaux, ce n'est pas l'alcool qui intervient dans la production de la cirrhose, c'est le sulfate acide de potassium que renferme le vin qui a subi la double opération du plâtrage et du déplâtrage et dont la quantité peut atteindre 2 gr. par litre. L'ingestion de ce sel produisit de la cirrhose chez les animaux. Frouin et Mauté ont confirmé le fait. Ayant soumis trois chiens à l'action du sulfate acide de potassium, ils ont obtenu, chez un animal qui succomba au bout de 10 mois, une cirrhose avec ascite. Le résultat n'est pas constant. Il a été observé une fois sur trois.

A ces faits on objecte qu'en Angleterre la cirrhose est fréquente et qu'elle est provoquée par des boissons autres que le vin; l'altération est décrite sous le nom caractéristique de foie des buveurs de gin (*Gindrinker's Liver*). Camus a observé des lésions hépatiques marquées chez des chiens qui, pendant deux semaines, avaient ingéré de l'absinthe.

Ces divers résultats semblent démontrer que les substances les plus diverses peuvent amener des lésions scléreuses du foie. A celles que nous avons citées nous pouvons ajouter les poisons hémolytiques. Afanassieff a montré que la glycérine, l'acide pyrogallique, et surtout le toluylènediamine amènent la dégénérescence des cellules centrales des lobules et, consécutivement, des lésions scléreuses interstitielles.

Dans tous les exemples que nous avons rapportés, les subtances utilisées provoquaient à la fois des dégénérescences cellulaires et de la sclérose. Ce résultat est extrêmement important. La théorie classique sur l'origine des cirrhoses hépatiques et sur leur division en veineuse, artérielle et biliaire, a vécu. Une idée plus conforme aux données de la pathologie générale a pris naissance à la suite des travaux d'Ackermann. Le point de départ des cirrhoses toxiques doit être placé dans une altération primitive de la cellule hépatique. Cette théorie, développée par Hartung, a été acceptée en France par Pilliet et exposée avec soin par de Grandmaison. L'alcool et les substances qui lui sont associées dans les diverses boissons, aldéhydes et essences, arrivent d'abord en contact avec les cellules marginales des lobules et en déterminent la dégénérescence ; la lésion cellulaire engendre à son tour un processus de réparation qui aboutit à la sclérose ; ainsi la sclérose du foie représente une simple cicatrice, dont la topographie est facile à saisir : c'est une lésion secondaire à une altération épithéliale. Mais, de même d'ailleurs que dans le rein, la cirrhose ne se produit que si l'organisme est capable de fournir un travail cicatriciel ; sinon, on observe seulement une dégénérescence cellulaire, une véritable hépatite parenchymateuse. C'est ainsi que le phosphore et l'arsenic, les deux poisons stéatogènes par excellence, déterminent de la sclérose s'ils sont donnés à dose minime. Il en est de même avec le chloroforme. L'inhalation de cet anesthésique provoque des lésions nécrotiques du foie qu'on a étudiées chez l'homme et chez les animaux. Les injections répétées de petites doses entraînent des réactions scléreuses.

Les récents travaux sur les propriétés toxiques du tétrachlorure d'éthane démontrent que l'inhalation de ce corps peut provoquer chez l'homme des cirrhoses (obs. de Willcox, de Fiessinger) qu'on a pu reproduire chez les animaux. Vers le troisième jour de l'intoxication, le cytoplasme est devenu homogène ; les mitochondries sont invisibles ; les noyaux sont atteints de pycnose. Vers le huitième jour, la réparation commence ; il se fait une hyperplasie diffuse. Mais dans les points les plus lésés les cellules disparaissent et sont remplacées par du tissu scléreux (Fiessinger et Wolf).

Les mêmes évolutions s'observent au cours ou à la suite des *maladies infectieuses*. Les toxines microbiennes provoquent des dégénérescences cellulaires, suivies secondairement de lésions scléreuses. Hanot et Gaston ont insisté sur les cirrhoses post-infectieuses à marche rapide. Quelques mois ou même quelques années après une maladie infectieuse, les individus maigrissent, sont atteints de troubles digestifs ; ils éprouvent du dégoût pour la viande ; leurs selles sont fétides et décolorées. L'examen montre un foie volumineux, douloureux à la palpation et, dans quelques cas, révèle un peu d'ascite. Souvent coexistent des manifestations cutanées, prurit, urticaire, de l'œdème des mains, des pieds, des bourses, sans qu'il y ait de l'albumine dans les urines. Celles-ci sont rares, rouges, contenant des pigments biliaires et de l'urobiline. Le tableau clinique est parfois complété par quelques hémorragies, telles que épistaxis ou hématémèses.

Ces cirrhoses évoluent rapidement. Au bout de 2 à 6 mois, les malades succombent, généralement au milieu d'accidents comateux, précédés de fièvre, d'hémorragies multiples et de troubles nerveux.

A l'autopsie, on trouve un foie volumineux. Si l'évolution a été rapide, la cirrhose est embryonnaire. Dans les cas plus lents, la sclérose est insulaire et annulaire ; de nombreuses cellules rondes infiltrent les parois artérielles et veineuses, formant des manchons autour des canaux excréteurs de la bile et rayonnant dans les lobules en suivant les capillaires. Parfois les lésions biliaires dominent, il s'est produit une abondante néoformation de canalicules.

Il a fallu, on le conçoit, accumuler patiemment un grand nombre d'observations pour arriver à suivre l'évolution du processus infectieux dans le foie. L'étude des faits anatomo-pathologiques avait conduit à supposer que toutes les lésions étaient de nature toxi-infectieuses, qu'elles devaient être attribuées aux matières solubles sécrétées par les microbes. L'expérimentation est venue confirmer cette hypothèse. C'est ce que nous avons constaté en utilisant un microbe que nous avons décrit sous le nom de *Bacillus septicus putidus*. Trouvé dans une septicémie consécutive au choléra, ce microbe semble assez répandu. A. Horowicz a montré que c'est un hôte constant du tube digestif chez le chien. Pathogène pour le lapin, il détermine chez cet animal des lésions hépatiques qui varient d'aspect suivant les doses introduites, mais sont les mêmes à la suite des inoculations de cultures vivantes ou des injections de produits solubles (**18, 39**). Si l'évolution est rapide, on trouve une dilatation énorme des capillaires, des foyers de thrombose, des accumulations de cellules rondes dans les espaces portes. Dans les cas chroniques, on observe une cirrhose embryonnaire systématique péri-portale avec néoformation de canalicules biliaires, en même temps que des lésions nodulaires, irrégulièrement disséminées dans le parenchyme. Chez un animal qui survécut deux mois, on voyait, à côté de foyers nodulaires, des bandes scléreuses réunir plusieurs des espaces portes. L'évolution relativement lente avait permis une organisation scléreuse plus complète.

Ces faits démontrent, une fois de plus, la double évolution, dégénérative et scléreuse, des lésions hépatiques. Ils ont un autre intérêt : ils prouvent que les thromboses des formes aiguës ne sont pas dues, comme on l'avait supposé, à des obstructions par les éléments figurées, puisqu'elles peuvent être reproduites par les matières solubles. Les foyers nodulaires ne se développent pas non plus autour d'une colonie microbienne ; ils représentent encore des lésions d'origine toxique. La seule différence c'est que les nodules apparaissent plus rapidement dans les cas d'empoisonnement que dans les cas d'infection.

L'étude des cirrhoses expérimentales post-infectieuses mériterait d'être poursuivie. Nous n'avons que peu de documents sur ce sujet. Gilbert et Dominici ont vu que l'injection de divers microbes, staphylocoque, streptocoque, pneumocoque, dans les voies biliaires, suscite une angiocholite aboutissant ultérieurement à une légère cirrhose. Krawkow à réussi a reproduire des cirrhoses chez la poule, en lui injectant dans le muscle pectoral des cultures vivantes ou stérilisées du bacille pyocyanique. Les troubles qui décelaient la lésion hépatique apparaissaient souvent plusieurs mois après l'introduction de la culture. L'autopsie montrait une cirrhose rappelant la cirrhose atrophique, plus rarement une cirrhose à type hypertrophique.

Les résultats expérimentaux, pour intéressants qu'ils soient, sont, on le voit, peu nombreux. Les tentatives pour réaliser les cirrhoses soit au moyen des poisons, soit au moyen des cultures microbiennes, n'ont donné que des résultats assez inconstants. Il y aurait lieu d'en reprendre et d'en approfondir l'étude.

Les mêmes remarques s'appliquent aux infections chroniques. On sait avec quelle fréquence elles s'accompagnent de cirrhose chez l'homme. A peine avons-nous besoin de citer la syphilis et le paludisme. Il en est de même de la tuberculose qui peut produire dans le foie diverses formes de cirrhoses, depuis la cirrhose atrophique tout à fait comparable à celle des buveurs et provoquant comme elle le développement d'ascite, jusqu'aux types les plus divers de cirrhoses hypertrophiques, avec dégénérescence graisseuse des cellules.

Chez les animaux qu'on utilise le plus souvent pour l'étude de la tuberculose, le lapin et le cobaye, le foie est l'organe le plus atteint; il est farci de tubercules. Si l'évolution est lente et la survie suffisamment longue, des lésions scléreuses se développent. Cette constatation est intéressante, mais elle ne nous apprend rien de plus que l'observation clinique. Il y aurait lieu d'approfondir le mécanisme mis en œuvre par le bacille ou ses produits solubles pour provoquer le développement des lésions scléreuses.

L'histoire des cirrhoses nous fait constater que les mêmes causes déterminent la dégénérescence des cellules et le développement des scléroses. Il est plus facile de provoquer des altérations cellulaires. Nous en avons déjà parlé à maintes reprises et nous avons consacré un chapitre spécial à l'étude des stéatoses consécutives aux intoxications et aux infections. Nous avons discuté le mécanisme de la surcharge graisseuse et nous avons essayé d'en montrer l'influence sur le fonctionnement du foie.

La dégénérescence amyloïde est moins fréquente. Elle se développe chez les animaux, mais assez rarement. On l'observe surtout chez le cheval et on a rapporté d'assez nombreux cas où le foie atteint d'amyloïdisme s'est rompu, cette rupture entraînant une hémorragie rapidement mortelle (Johne, Piana, Rivolta, Rabe, etc.).

En étudiant, avec Cadiot et Gilbert, la tuberculose des oiseaux, nous avons constaté que chez le faisan, chaque tubercule hépatique est formé d'un amas de cellules, entouré d'un anneau fibreux infiltré de matière amyloïde (**9, 39**). Charrin a observé. l'amyloïdisme chez des animaux inoculés de tuberculose. Ces faits sont intéressants, mais ils ne nous apprennent rien de plus que les observations cliniques. Krawkow a essayé de faire avancer la question en tentant de reproduire systématiquement la dégénérescence amyloïde. Il y a réussi chez des lapins et des poules en leur injectant à plusieurs reprises des cultures de staphylocoque doré. Le chien et le pigeon ont été réfractaires. Comme on pouvait le prévoir, le microbe n'agit que par ses produits solubles. Ces résultats, malgré leur intérêt, ne suffisent pas à résoudre les problèmes pathogéniques qui se posent. Il faudrait, en effet, mieux préciser les conditions du développement et surtout rechercher l'influence de l'amyloïdisme sur le fonctionnement du foie. On sait en effet que les cellules sont épargnées et que la lésion se localise sur les parois vasculaires. Il serait important de savoir quel retentissement cette lésion des vaisseaux peut avoir sur la physiologie des cellules. Nous ne connaissons pas actuellement d'expériences orientées dans cette direction.

Beaucoup d'autres processus morbides ont été reproduits et étudiés expérimentalement. Nous en avons déjà parlé dans différents chapitres. Nous avons montré comment on avait réussi à provoquer des angiocholites, des cholécystites et diverses suppurations intra-hépatiques. Nous avons rapporté aussi les résultats si intéressants obtenus dans l'étude de la lithiase.

Le chapitre nouveau de la pathologie expérimentale du foie n'est pas encore très richement doté, mais il renferme déjà des documents intéressants et il contient des résultats qui servent à mieux comprendre les observations cliniques. La voie est ouverte et il est probable que peu à peu se complétera cette étude expérimentale qui doit servir de base à toutes nos conceptions sur l'étiologie, la pathogénie et la physiologie pathologique des affections du foie.

CHAPITRE XVI

SYNERGIES FONCTIONNELLES
ET SYMPATHIES MORBIDES

Synergie des diverses fonctions du foie. — L'analyse physiologique, ayant permis d'attribuer à la cellule hépatique des fonctions multiples et diverses, a fait surgir un problème important, dont la solution semble assez malaisée. Faut-il admettre que chaque fonction est autonome, subissant dans les conditions physiologiques et pathologiques, des variations individuelles qui ne troublent pas ou ne troublent que fort peu les autres manifestations de l'activité cellulaires ? Faut-il, au contraire, supposer qu'un lien étroit unit les diverses modalités fonctionnelles du foie, que toutes sont solidaires les unes des autres, qu'elles se prêtent de mutuels concours, qu'elles subissent simultanément l'influence des diverses causes perturbatrices ?

A la suite des travaux de Cl. Bernard, on avait cru qu'il n'existait aucune relation entre la fonction glycogénique et la sécrétion biliaire : le foie était considéré comme constitué par deux glandes enchevêtrées l'une dans l'autre. L'anatomie, l'embyologie, la physiologie semblaient appuyer cette division. Les anatomistes invoquaient les recherches de Legros, qui avait décrit un endothélium sur les plus fins canalicules biliaires ; les embryologistes s'appuyaient sur les travaux de Schenck, qui plaçait l'origine des cellules hépatiques dans les masses vertébrales primitives, c'est-à-dire dans le feuillet moyen, tandis qu'il faisait provenir de l'intestin, c'est-à-dire du feuillet interne, l'épithélium des voies biliaires. Enfin la physiologie semblait établir que la fonction biliaire apparaît chez l'embryon avant la fonction glycogénique, que ces deux fonctions ne se modifient pas parallèlement et n'atteignent pas, aux mêmes moments, leur maximum d'activité.

Peu à peu, les arguments qui avaient été mis en avant perdirent de leur valeur. L'histologie établit nettement que la cellule hépatique est l'agent essentiel et unique de la glycogénie et de la biligénie. Les progrès de l'embryologie nous ramenèrent à l'ancienne opinion de Remak et montrèrent que les cellules hépatiques, aussi bien que les voies biliaires, tirent leur origine du feuillet interne. Mais c'est surtout aux recherches expérimentales qu'il fallait avoir recours pour arriver à la solution du problème.

Dans des travaux déjà anciens nous avons montré qu'il existe une corrélation intime entre la fonction glycogénique du foie et son action sur les poisons (**1, 3, 4, 5, 7, 8, 14, 27, 29, 40, 50, 52, 53, 65, 80**); un foie dépourvu de glycogène, soit par suite d'un jeune prolongé, soit par suite d'un état morbide, laisse librement passer les substances qu'il retient à l'état normal. Ce fait étant établi par de nombreuses expériences, nous nous étions demandé si le glycogène est un simple témoin de l'activité cellulaire ou s'il ne remplit pas un rôle plus actif dans l'arrêt et la transformation des poisons. Aujourd'hui le problème est résolu. Nous savons que le glycose, provenant du glycogène, forme avec un grand nombre de substances des glycosides qui, par oxydation, se transforment en acides glycuroniques conjugués, corps peu toxiques qui s'éliminent facilement par la voie rénale (**66, 67, 68, 70, 72, 73**). Ainsi à la donnée expérimentale, simplement empirique, se superpose ou se substitue une formule chimique précise. C'est la confirmation et l'explication des constatations que nous avions faites et c'est la preuve de la synergie qui relie certaines fonctions.

Il est d'autres fonctions qui semblent encore tributaires de la glycogénie (**80**). La cellule hépatique, par exemple, transforme l'hémoglobine en un pigment hépatique, assez voisin du pigment biliaire; mais elle n'agit qu'en présence du glycogène (Anthen, Klein, Hoffmann). D'après Arthus, la dissolution des hématies dans les vaisseaux sanguins du foie, l'arrêt de l'hémoglobine par les cellules hépatiques et la formation de la bilirubine sont étroitement liés à la fonction glycogénique. Il semble également démontré que la production des sels biliaires exige la présence du glycogène.

Tous ces faits sont importants, mais leur étude demanderait à être reprise et parachevée; un supplément de recherches est d'autant plus nécessaire que certains savants dénient au foie la propriété de former les éléments de la bile.

Ce que les travaux modernes ont bien démontré, c'est la relation intime qui existe entre la glycogénie et la destruction des corps cétoniques. Ceux-ci ne sont amenés à l'état d'acide carbonique et d'eau que si la fonction glycogénique est normale, nouvel exemple du rôle protecteur que, directement ou indirectement, remplit le glycogène. Nous ne reviendrons pas sur tous les faits que nous avons exposés et qui mettent cette corrélation hors de doute.

Une autre suggestion nous est fournie par les recherches sur les transformations des matières grasses. Celles-ci peuvent-elles fournir du glycogène? La discussion n'est pas terminée, mais ce qui est plus intéressant pour notre sujet, c'est que le foie n'exerce son pouvoir lipolytique que s'il contient du glycogène. C'est du moins ce que tendent à démontrer les recherches de Shibata (p. 189).

Des rapports non moins importants existent entre la fonction glycogénique et l'action du foie sur les albumines. Nous avons vu que, par la méthode des circulations artificielles, on peut obtenir un acide aminé, l'alanine, en faisant passer à travers le foie, du sang additionné de carbonate d'ammoniaque; mais c'est à la condition que le parenchyme contienne du glycogène. On assiste ainsi à une synthèse d'un des éléments de l'albumine par accouplement de l'ammoniaque à du sucre (p. 209). On peut aller plus loin et se demander si le glycogène ne pourra pas, dans certaines circonstances, donner de la glycérine, jouant ainsi un rôle considérable dans la synthèse des matières grasses.

La fonction uropoétique semble aussi avoir des rapports avec la glycogénie. Abderhalden a constaté que l'ingestion d'acides aminés chez le chien à jeun est suivie d'amino-acidurie. Si l'on fait ingérer en même temps des hydrates de carbone, l'excrétion des amino-acides diminue. Or les expériences de Fosse établissent qu'en oxydant par le permanganate de potassium un mélange de sulfate d'ammonium et d'un hydrate de carbone, on obtient de l'urée. D'un autre côté, la fonction uropoétique aurait des rapports étroits avec la biligénie. Noel Paton a montré que le salicylate et le benzoate de soude, la colchicine, l'acide pyrogallique, toutes substances qui détruisent les hématies, augmentent simultanément la sécrétion biliaire et la production de l'urée. Meissner, Huppert avaient déjà remarqué que l'excrétion de l'urée était accrue par toutes les causes qui favorisaient la destruction des globules rouges.

- On a encore découvert un rapport étroit entre la glycogénie et la transformation de la créatine en créatinine. L'étude de ce qui se passe chez les animaux à jeun cadre pleinement avec les résultats des circulations artificielles (p. 219) et ces faits expérimentaux nous expliquent pourquoi on trouve de la créatine dans l'urine chaque fois qu'un trouble morbide a retenti sur la fonction glycogénique.

Telles sont les quelques données que nous possédons actuellement sur la corrélation des diverses fonctions hépatiques. Nous les avons groupées en relevant ce que nous avons exposé à propos de chaque fonction. Il est actuellement difficile de conclure. Un seul fait est bien démontré, c'est que le glycogène hépatique ne constitue pas une simple réserve où l'organisme puise les hydrates de carbone dont il a besoin. C'est une substance qui joue un rôle capital dans la plupart des mutations chimiques qu'accomplit la cellule hépatique. Depuis que nous avons appelé l'attention sur le rapport étroit qui relie la glycogénie à l'action sur les poisons, de nombreux faits sont venus donner à nos constatations une ampleur inattendue. La découverte de Cl. Bernard se trouve ainsi mise tout à fait en valeur : la glycogénie est indispensable au fonctionnement normal du foie. Si cela est, on conçoit quel intérêt s'attache à l'appréciation exacte de la glycogénie, ce que nous pouvons faire actuellement par l'étude de la glycuronurie. Il y aurait bien des recherches cliniques intéressantes à poursuivre dans cette voie. Les faits pathologiques sont complexes, mais ils réalisent souvent des conditions que les expérimentateurs ne peuvent reproduire.

La clinique a déjà confirmé la relation entre la fonction glycogénique et l'action sur les poisons. Nos recherches, complétées par celles de Surmont, ont établi que, dans les affections hépatiques s'accompagnant de glycosurie alimentaire, l'urine est plus toxique que normalement. Cette hypertoxicité urinaire est la sauvegarde de l'économie; si elle diminue, on voit éclater tous les accidents de l'insuffisance hépatique.

D'un autre côté, la pathologie nous apprend que les troubles du foie s'accompagnent souvent de modifications parallèles des diverses fonctions : il y a simultanément diminution de la fixation du sucre, diminution de la fonction uropoétique, se traduisant par une diminution de l'azote uréique avec augmentation parallèle de l'azote ammoniacal et des matières extractives, parfois par l'apparition de l'amino-acidurie. Coexistant avec les mêmes manifestations morbides, on constate souvent une élimination exagérée d'acide urique, indiquant un trouble de l'uricolyse, si toutefois le foie de l'homme renferme du ferment uricolytique.

Il faut reconnaître cependant que, dans bien des cas, la pathologie révèle une certaine indépendance des diverses fonctions hépatiques. C'est ce qu'on observe surtout au cours des ictères où la sécrétion biliaire est seule troublée. La dissociation peut aller plus loin : le foie continuant à excréter les sels biliaires, alors que les pigments sont retenus ou réciproquement ne s'opposant qu'au passage des sels biliaires. Il ne semble pas non plus que les ictères bénins modifient profondément les fonctions hépatiques : la sécrétion de la bile paraît de toutes les fonctions la plus indépendante, celle qui peut être troublée isolément. Au contraire les mutations chimiques qui se passent dans la cellule étant pour la plupart dans un étroit rapport avec la glycogénie, semblent assez étroitement unies entre elles.

Nous ne pouvons donner sur la question que des renseignements un peu vagues. On manque actuellement de documents et il y aurait lieu d'entreprendre de nouvelles recherches.

Synergie du foie et des autres parties de l'organisme. — Il ne suffit pas d'étudier les synergies fonctionnelles et les sympathies morbides intra-hépatiques. Il faut donner au problème une extension plus grande et rechercher quelles modifications imposent à l'économie entière les troubles survenus dans les fonctions du foie.

Ce n'est d'ailleurs que le cas particulier d'un problème très général. Il est bien démontré, en effet, que les différentes parties de l'organisme sont loin d'être indépendantes. Des liens physiologiques unissent les viscères, établissant entre eux des relations intimes, et coordonnent leur activité. Des organes éloignés collaborent souvent à une même fonction et, dans l'exposé que nous avons fait, nous avons cité bien des exemples de ce genre. Les synergies fonctionnelles ont pour corollaires les sympathies morbides. Les troubles d'un organe, si localisés qu'on les suppose, ne restent jamais isolés : ils retentissent sur l'économie entière, créant ainsi des types cliniques beaucoup plus complexes que ne le font supposer les descriptions, forcément schématiques, des pathologistes. De tous les organes le foie est peut-être celui dont les troubles retentissent le plus facilement sur le reste de l'économie ; mais c'est aussi celui qui subit le plus souvent le contre-coup des diverses affections viscérales.

L'influence réciproque du *tube digestif* et du foie est tellement connue qu'il est à peine besoin d'y insister. Hanot a proposé de réunir les troubles gastro-intestinaux de la cirrhose sous le nom de « petits signes de l'hépatisme ». Ce sont la tympanite, la constipation alternant avec la diarrhée, le développement des hémorroïdes et, parfois, la production d'hémorragies intestinales. L'analyse du suc gastrique établit que le chimisme stomacal est souvent troublé. D'après Hayem, la cirrhose hypertrophique s'accompagne d'une gastrite hyperpeptique, expliquant peut-être la boulimie signalée par Hanot. Au contraire, dans la cirrhose atrophique, l'hypopepsie et l'apepsie sont de règle. Mais il est possible que les troubles gastriques, loin d'être sous la dépendance de la lésion hépatique, relèvent simplement des causes pathogènes qui lui ont donné naissance. L'éthylisme, qui intervient dans le développement de la sclérose hépatique, explique les altérations de la muqueuse gastrique. Il explique également certaines lésions intestinales, comme la diminution de longueur de l'intestin, signalée par Gratia, qui semble due à une sclérose de même origine et de même nature que la sclérose du foie.

Quand la circulation sanguine intra-hépatique est entravée, d'autres troubles éclatent, le rétablissement de la circulation veineuse pouvant entraîner la production d'hémorroïdes, de varices œsophagiennes ayant parfois pour conséquence des hématémèses graves et même rapidement mortelles. D'après Debove et Courtois-Suffit, le nerf de Cyon suscite de fréquentes modifications circulatoires dans les vaisseaux abdominaux. Si la circulation hépatique est entravée, le sang arrivant avec force et ne trouvant pas d'issue, provoque la rupture de quelques capillaires. On comprend ainsi le mécanisme de certaines hémorragies intestinales au cours des cirrhoses.

Aux troubles circulatoires on rattache souvent l'hypertrophie de la *rate*. Cet organe forme un vaste réservoir qui peut emmaganiser le sang dont l'écoulement se fait avec difficulté à travers un foie malade. On peut faire bien des objections à cette théorie qui est encore classique, mais qui est loin de rendre compte de tous les faits. L'hypertrophie splénique s'observe fréquemment en dehors de toute gêne circulatoire et, renversant la proposition, on a pu soutenir que la splénomégalie, loin d'être le résultat de la cirrhose, en est vraisemblablement la cause. Tout au moins doit-on lui subordonner le développement de la lésion hépatique. Comme exemple typique de cette subordination on peut rappeler ce qui se passe dans la maladie de Banti. L'hypertrophie splénique est primitive : elle entraîne des troubles gastro-intestinaux, une perte de force, de l'anémie ; plus tard apparaissent les symptômes de la cirrhose hépatique, l'ascite et le développement de la circulation collatérale. Dès lors, les accidents se précipitent et la mort survient en quelques mois. Mais si on intervient par l'extirpation de la rate, les manifestations morbides rétrocèdent et le patient guérit.

D'après Rist et Ribadeau-Dumas l'intoxication biliaire chronique amène l'hypertrophie de la rate. C'est ce qu'on observe chez les animaux auxquels on injecte journellement o gr. 1 de taurocholate de soude. La splénomégalie traduit une réaction défensive contre le poison biliaire ; les lapins immunisés auxquels on extirpe la rate succombent quand on leur injecte une dose de taurocholate que supportent les témoins, non splénectomisés.

Le syndrome de l'hypertension portale, décrit par Gilbert et ses élèves, expliquerait encore d'autres troubles, tels que l'abaissement de la pression artérielle, l'oligurie, l'anisurie, c'est-à-dire une série de crises alternantes de polyurie et d'oligurie ; l'opsi-urie, c'est-à-dire un retard dans le rejet des boissons ingérées.

De tous les organes qui subissent le contre-coup des troubles hépatiques, le *rein* semble le plus profondément touché.

La quantité d'*urine* est souvent diminuée, ce qu'on peut expliquer de différentes façons. Gilbert attribue l'oligurie à un abaissement de la pression artérielle, consécutif aux troubles de la circulation portale. Mais l'oligurie s'observe en dehors de la cirrhose. Elle peut dépendre, en partie au moins, des modifications survenues dans l'élaboration des matières protéiques : l'urée, ce diurétique physiologique, est remplacée par des corps qui ne possèdent pas du tout les mêmes propriétés. Un autre facteur intervient que nous avons essayé de mettre en évidence : nous avons reconnu en effet que les produits autolytiques du foie tendent à diminuer la sécrétion urinaire (p. 320). Leur intervention explique les rétentions hydriques qui s'observent au cours des affections hépatiques les plus diverses et qui se traduisent par des œdèmes et de l'ascite.

L'examen des urines permet de constater d'importantes modifications en rapport avec les troubles fonctionnels du foie. En dehors même de toute altération rénale, on peut observer de l'albuminurie ayant parfois le caractère orthostatique. La recherche et le dosage des constituants normaux de l'urine ou des substances anormales nous renseignent sur l'état du foie. Mais le rein ne fait qu'éliminer les produits élaborés ailleurs : aussi ne peut-on rattacher à un trouble rénal les nombreuses modifications des urines. Il faut remarquer seulement que le passage prolongé de ces substances anormales à travers le rein finit par entraîner des lésions de cet organe.

Frerichs, puis Lebert, Budd, Virchow, Möbius ont décrit dans les ictères l'infiltration pigmentaire et la dégénérescence graisseuse de l'épithélium rénal, qui devient fréquemment granuleux ou vacuolaire ; ces altérations sont suivies, par place, de desquamation. L'expérimentation a permis de reproduire des lésions analogues. En pratiquant la ligature du cholédoque, Gouget a observé une distension des vaisseaux du rein, des altérations épithéliales prédominant sur les tubes contournés et les branches ascendantes et consistant en une désintégration et un éclaircissement progressif du protoplasma cellulaire. Plus tard, le noyau disparaît, les cellules se fondent entre elles et s'émiettent dans la lumière des tubes.

Ces altérations résultent-elles véritablement du passage de la bile? Ne doit-on pas les attribuer aux lésions et aux troubles dont l'ictère n'est que la conséquence? Pour résoudre cette question, Gouget a étudié l'influence des injections de bile chez les animaux. Il a obtenu également des lésions cellulaires, une dégénérescence granuleuse des cellules avec perte des contours et déformation des noyaux. Il a montré que ces lésions sont dues aux sels biliaires, la bilirubine étant à peu près inoffensive pour le rein. On conçoit ainsi comment des ictères par rétention peuvent se prolonger pendant des mois et des années, puisque les sels biliaires diminuent rapidement de l'urine et, au bout de quelque temps, ne se trouvent plus qu'à l'état de traces.

Dans les affections anictériques du foie, le rein élimine un supplément de matières toxiques et cette hypertoxicité de l'urine est la sauvegarde de l'économie. Comme toujours, la compensation n'est pas parfaite. Le travail supplémentaire imparti au rein, n'est pas inoffensif et aboutit à des lésions que le microscope révèle. Les cas cliniques étant assez complexes, il faut, pour éclairer le problème, avoir recours à l'expérimentation. Gouget a montré que les différents principes anormaux que renferme l'urine des hépatiques sont presque tous toxiques pour les reins. Deux amino-acides semblent exercer une action particulièrement nocive ; ce sont la leucine et la tyrosine qu'on trouve si fréquemment dans l'urine, en cas d'insuffisance hépatique. La taurine est également capable de léser le rein. L'injection de ces diverses substances amène des dégénérescences épithéliales bien marquées sur les tubes contournés et les branches ascendantes, plus légères et plus rares sur les tubes collecteurs. Les glomérules, les vaisseaux, le tissu interstitiel sont intacts.

Réciproquement, les lésions du rein retentissent facilement sur le foie. Fleischer a observé une congestion hépatique intense chez des chiens dont il avait lié les uretères. Gaume a décrit avec soin les lésions microscopiques du foie brightique qu'on peut opposer au rein hépatique.

De même que le rein supplée à l'insuffisance du foie, le foie peut, jusqu'à un certain point, suppléer à l'insuffisance du rein. Au cours des néphrites on observe parfois une surcharge de glycogène qui semble en rapport avec une suractivité des actions chimiques.

L'*appareil cardio-vasculaire* subit fréquemment l'influence des troubles hépatiques. Depuis longtemps, on a signalé la fréquence des souffles systoliques de pointe au cours des ictères et on les a attribués à une parésie des muscles tenseurs des valvules, parésie relevant des sels biliaires. Cette insuffisance fonctionnelle, qui peut s'expliquer par une action réflexe, au cours de la colique hépatique par exemple, est parfois assez marquée pour s'accompagner d'un léger œdème péri-malléolaire.

En auscultant attentivement le cœur, Potain a constaté, au cours des affections douloureuses du foie, les modifications suivantes : une exagération du deuxième bruit pulmonaire, surtout manifeste au troisième espace intercostal gauche ; puis un dédoublement du deuxième bruit et, finalement, un bruit de galop du cœur droit, appréciable à l'appendice xiphoïde. Une dilatation du cœur droit peut survenir, expliquant la petitesse du pouls et l'oppression dont se plaint le malade.

La succession des troubles que révèle l'auscultation a conduit Potain à admettre un obstacle au cours du sang lancé par le ventricule droit, c'est-à-dire une constriction des petits vaisseaux pulmonaires. Il s'agirait d'un réflexe qui, d'après Potain, suivrait le pneumogastrique. Mais ce nerf ne peut être considéré comme tenant sous sa dépendance les vaso-moteurs du poumon. Il a donc fallu modifier la théorie. Les recherches expérimentales d'Arloing et Morel, François Franck, ont confirmé l'intervention d'une influence réflexe, mais l'ont fait attribuer au sympathique.

On peut, dans les mêmes conditions, voir survenir l'angine de poitrine. Potain, Barié invoquent encore la vaso-constriction pulmonaire retentissant sur le myocarde. Il semble plus simple d'attribuer l'angine de poitrine à une action directe du système nerveux sur le cœur, la voie centrifuge étant représentée par le pneumogastrique. A un degré moindre cette excitation se traduit simplement par de la bradycardie.

Réciproquement, le cœur peut retentir sur le foie. Nous n'avons pas besoin d'insister sur la fréquence des lésions hépatiques chez les malades en état d'asystolie. Par sa position et par l'ouverture des veines sus-hépatiques juste à la terminaison de la veine cave inférieure, le foie subit facilement l'influence des dilatations des cavités droites, c'est-à-dire des stases et des régurgitations qui en sont la conséquence. C'est souvent le premier et parfois le seul organe qui ressente le contre-coup des affections cardiaques.

La stase sanguine intra-hépatique, entraînant secondairement une stase dans les divers vaisseaux d'origine de la veine porte, provoque des lésions secondaires du tube digestif. Peut-être même cette stase permet-elle le passage des microbes intestinaux dans le sang. On se rappelle l'expérience de Signol qui, en déterminant de l'asphyxie chez un cheval, a vu les bactéries de l'intestin pénétrer dans les vaisseaux de la veine porte. Il y aurait là une source intéressante d'infections secondaires.

Dans certaines affections hépatiques la pression est basse et le pouls rapide, ce qu'on a pu attribuer à l'hypertension portale. D'autres fois, le pouls est ralenti, ce que l'on rattache à une excitation du pneumogastrique, soit qu'il s'agisse d'une action réflexe, soit qu'il s'agisse de l'influence des produits autolytiques. Ce sujet est à peine ébauché. Nous savons seulement que le foie renferme des produits à action antagoniste, les uns agissant sur le sympathique, les autres sur le pneumogastrique. Il n'est pas illogique d'en admettre l'intervention, mais nous ne possédons aucun fait permettant de transporter à la clinique les résultats fournis par l'expérimentation. Cependant la question se pose en face des nombreux troubles qu'il est habituel d'expliquer par des actions réflexes et qui peuvent être rattachés, avec autant de vraisemblance, à l'influence des sécrétions internes. On peut même concilier les deux interprétations, en invoquant une influence nerveuse mise en mouvement par les produits autolytiques du foie. La conception est acceptable, puisque l'expérience met hors de doute l'influence de ces produits sur les deux grands systèmes de la vie organique, le sympathique et le système autonome.

Le retentissement des troubles hépatiques sur *l'appareil respi-*

ratoire est moins important. On a décrit une toux hépatique et on constate assez souvent, à l'auscultation, de la congestion de la base droite, des frottements et parfois un petit épanchement pleural. Peut-être doit-on expliquer ces manifestations par les connexions vasculaires qui relient le système porte à certains vaisseaux du poumon.

Parmi les substances sur lesquelles le foie agit, il en est une dont les variations ont une grande importance en pathologie, c'est la *cholestérine*. Ce lipoïde dont la précipitation est la grande cause de la lithiase biliaire, joue un rôle considérable en protégeant les globules rouges contre les substances hémolysantes.

L'augmentation de la résistance globulaire, dans certains cas d'ictère, la diminution de la résistance, dans un grand nombre de circonstances, sont en relation intime avec la cholestérinémie.

C'est encore à des dépôts de cholestérine qu'on attribue parfois le xanthélasma.

Les plus anciens observateurs avaient insisté sur la fréquence des *taches cutanées* pigmentaires au cours des affections hépatiques les plus diverses. Gilbert et Lereboullet les attribuent à la cholémie familiale. Ils rapportent à la même cause les nævi capillaires et artériels, taches rubis ou étoiles vasculaires, qui se développent assez souvent dans des conditions analogues.

Toutes les manifestations de l'activité vitale subissent l'influence des troubles hépatiques. Nous avons montré le rôle du foie dans la *thermogenèse*. Gilbert et Lereboullet ont décrit la *monothermie* des hépatiques, c'est-à-dire une identité des températures du matin et du soir, l'oscillation normale étant supprimée.

L'insuffisance hépatique entraîne souvent des abaissements de température, comme le fait l'insuffisance rénale. Ainsi s'explique l'*hypothermie* dans certains cas d'ictère grave.

L'auto-intoxication hépatique se caractérise souvent par des *troubles nerveux* : de même qu'il y a des délires et des folies brightiques, il y a des délires et des folies hépatiques. On connaît depuis longtemps la tristesse de certains malades atteints d'affection du foie et le terme de mélancolie consacre cette étiologie.

Bien des manifestations nerveuses de l'alcoolisme ont pour

chaînon intermédiaire une altération du foie. Nous avons observé 666 malades érysipélateux atteints de délire alcoolique : chez 48 o/o le foie était notablement augmenté de volume et chez 37 o/o, il y avait en même temps de l'albuminurie ; ce qui montre encore le rôle synergique des reins et du foie, également chargés de protéger l'organisme contre les intoxications.

Dans d'autres cas, l'insuffisance hépatique aboutit au *coma*, engendrant encore un trouble qu'on observe également dans l'insuffisance rénale.

Gilbert et Castaigne ont rattaché à la cholémie les somnolences, qui sont en effet assez fréquentes chez les hépatiques. Peut-être faut-il placer dans le même groupe *l'héméralopie*, cécité passagère qui se produit après la chute du jour et qui est améliorée par l'opothérapie hépatique.

Il existe aussi des rapports intéressants entre les glandes vasculaires sanguines et le foie. Morel a signalé les altérations hépatiques consécutives à l'extirpation des parathyroïdes et expliquant peut-être le développement de l'acidose. En tout cas on prolonge l'existence des animaux parathyroïdectomisés en leur faisant ingérer des extraits de foie.

Pas plus que les organes, le *sang* n'est épargné. Suivant que le trouble hépatique porte sur la fonction biliaire, sur l'absorption des graisses, sur la glycogénie, ou sur les transformations des matières azotées, on observera une pigmentation anormale du sérum ; une absence d'hémoconies après les repas ; une augmentation insolite du glycose ; des modifications de l'urée, de l'ammoniaque, de l'acide urique, de l'azote résiduel.

L'anémie globulaire peut dépendre d'un trouble de la fonction martiale. L'hyperglobulie, signalée par Gilbert et Garnier, s'explique par la production de l'ascite qui entraîne secondairement une anémie séreuse.

L'attention est appelée depuis longtemps sur les variations des leucocytes. Ceux-ci sont augmentés de nombre dans les cirrhoses biliaires et les angiocholites ; inversement on note parfois de la leucopénie dans les affections hépatiques avec ictère, comme l'ont constaté Achard et Lœper, Gilbert et Lereboullet ; cette leucopénie s'accompagne d'une augmentation relative du nombre des mononucléaires.

Les variations de la leucocytose ont acquis un grand intérêt depuis les travaux de Widal sur la crise hémoclasique. Nous reviendrons sur cette question en traitant des diverses méthodes d'exploration.

Le rôle dévolu au foie dans l'élaboration des substances qui contribuent à la *coagulation du sang*, explique les états hémophiliques observés au cours des affections hépatiques. Même dans les cas relativement bénins, les hémorragies sont fréquentes et l'écoulement du sang se prolonge au delà de la durée habituelle. Les hémorragies multiples complètent, comme on sait, le tableau de l'ictère grave.

L'atteinte portée au fonctionnement de l'organisme par les affections du foie explique les troubles profonds que la *nutrition* peut subir. Les affections graves, comme la cirrhose atrophique, entraînent un amaigrissement rapide. Les maladies apparues pendant l'enfance et compatibles avec une survie assez longue, la cirrhose hypertrophique biliaire des enfants de Gilbert et Fournier, la cirrhose cardio-tuberculeuse de Hutinel, amènent un arrêt de développement qui va jusqu'au *nanisme* et à l'*infantilisme*. Inversement il est des sujets dont l'affection hépatique semble avoir stimulé le développement. Gilbert et Lereboullet ont décrit ces cas sous le nom de *gigantisme biliaire;* ils en ont observé des exemples dans les ictères chroniques simples.

Nous n'avons fait qu'indiquer à grands traits quelles sont les manifestations morbides reconnaissant pour point de départ un trouble ou une lésion du foie.

Presque toutes les fonctions de l'organisme peuvent être atteintes et une description complète serait extrêmement longue. Après les détails que nous avons donnés sur les fonctions du foie, il suffisait de présenter, en une sorte de sommaire, les renseignements épars dans les divers chapitres. Pour qu'on puisse mieux saisir combien sont nombreux et variables les troubles que la clinique révèle, nous les avons réunis en un tableau, essayant de les rattacher à la fonction dont ils dépendent. Notre tentative n'est que provisoire, car on est en droit d'hésiter encore sur le mécanisme mis en œuvre. C'est ainsi qu'on peut expliquer certaines manifestations cardio-vasculaires aussi bien par une action réflexe que par l'influence des produits autolytiques.

Il en est de même pour les œdèmes dont le mode de production n'est pas encore définitivement établi. Notre classification servira seulement à grouper les principaux faits.

I. — TROUBLES DE LA FONCTION BILIAIRE.

Ictère.

Décoloration des matières.
Putréfactions intestinales.
Augmentation du déchet graisseux.
Absence d'hémoconies.
Prurit.
Xanthopsie.
Bradycardie.

Insuffisance biliaire.

Troubles digestifs.
Colite muco-membraneuse.
Ostéopathies biliaires.

Excitation des voies biliaires.

Douleurs locales et irradiées.
Fièvre hépatalgique.
Troubles cardiaques.

II. — TROUBLES DE LA FONCTION GLYCOGÉNIQUE.

Glycosurie alimentaire.
Glycosuries permanentes et diabète.
Variations de la glycuronurie.

III. — TROUBLES DE L'ÉLABORATION DES MATIÈRES AZOTÉES.

Diminution de l'urée.
Augmentation de l'ammoniaque.
Augmentation de l'acide urique.
Augmentation de l'azote résiduel.
Modifications des rapports urinaires.
Albuminurie.
Albumosurie et peptonurie.
Amino-acidurie.
Indicanurie.
Élimination de créatine.

IV. — TROUBLES DES FONCTIONS CÉTONIQUES.

Acétonurie et acétylacéturie.
Acidose.

V. — SYNDROME D'HYPERTENSION PORTALE.

Ascite.
Circulations collatérales.
Varices œsophagiennes.
Hémorroïdes.
Splénomégalie.
Œdème des membres inférieurs.
Troubles urinaires (oligurie, opsiurie, anisurie).
Abaissement de la pression artérielle.
Tachycardie.

VI. — TROUBLES SANGUINS.

Diminution et modifications de la coagulabilité sanguine.
Hémorragie.
Leucopénie.
Leucocytose.
Crise hémoclasique.
Anémie globulaire.
Anémie séreuse.

VII. — TROUBLES D'ORIGINE RÉFLEXE OU AUTOLYTIQUE.

Modifications du rythme cardiaque.
Bradycardie.
Angine de poitrine.
Toux hépatique.
Congestion de la base droite.
Pleurésie de la base droite.
Hyperchlorhydrie réflexe.
Constipation spasmodique.
Oligurie.
Œdèmes.

VIII. — TROUBLES DE LA FONCTION CHO-
LESTÉRINIQUE.

Modifications de la résistance glo-
bulaire.
Formation de calculs biliaires.
Xanthélasma.

IX. — TROUBLE DE LA FONCTION PIGMEN-
TAIRE.

Taches cutanées.

X. — TROUBLES DE LA RÉGULATION
THERMIQUE.

Monothermie.
Hypothermie.

XI. — TROUBLES DE LA FONCTION
ANTITOXIQUE.

Diminution ou disparition de la gly-
curonurie.
Augmentation de la toxicité uri-
naire.
Délire.
Delirium tremens.
Mélancolie.
Psychoses diverses.
Coma hépatique.
Syndrome de l'ictère grave.

XII. — TROUBLES SECONDAIRES DE LA
NUTRITION.

Amaigrissement.
Défaut de développement.
Nanisme.
Gigantisme biliaire.

CHAPITRE XVII

EXPLORATION FONCTIONNELLE DU FOIE

Pendant longtemps la préoccupation des cliniciens s'est bornée à chercher le moyen de rattacher les troubles observés pendant la vie aux lésions trouvées après la mort. C'était l'époque où l'anatomie pathologique semblait capable d'expliquer et de résoudre tous les problèmes de la pathologie. C'était l'époque où les classifications étaient basées sur la nature et la disposition des altérations macroscopiques ou microscopiques et où l'on s'efforçait de superposer les symptômes aux lésions.

Cette période anatomo-pathologique a marqué un stade nécessaire dans l'évolution de la médecine. Mais, en se prolongeant et en accaparant l'attention des chercheurs, elle a risqué d'entraver le progrès. Actuellement nous souffrons, au moins en France, de l'importance trop considérable accordée aux recherches anatomiques. La pathologie doit être refaite sur des bases nouvelles en tenant compte non des altérations anatomiques, mais des troubles fonctionnels dont celles-ci ne sont le plus souvent que la conséquence et l'aboutissant. Ce qu'il importe de connaître ce n'est pas tant la lésion que le trouble. Pour intéressantes qu'elles soient, les altérations cellulaires tirent leur importance clinique des modifications fonctionnelles qu'elles entraînent. En présence du malade il faut déterminer avant tout comment chaque organe remplit son rôle physiologique et quel est le retentissement réciproque des organes atteints les uns sur les autres. Pour mieux exprimer ces vérités bien simples on peut emprunter un exemple à la pathologie cardiaque. En face d'un asystolique, il est bien moins utile pour le pronostic et le traitement de connaître exactement la nature de la lésion valvulaire, de savoir par exemple, s'il s'agit d'une insuffisance mitrale pure ou accompagnée de rétrécissement, que d'évaluer l'état fonctionnel du myocarde et de déterminer les troubles secondaires que l'insuffisance cardiaque a suscités dans les autres organes. Devant de tels résultats on a été conduit à modifier la nosographie et à substituer la notion des syndromes cliniques à la conception des maladies viscérales.

Ces considérations préliminaires trouvent leur application à la pathologie du foie. Ce n'est pas à dire qu'il faille renoncer aux anciennes méthodes d'exploration et jeter par-dessus bord les données de l'anatomie pathologique. Il est important de déterminer l'état statique de l'organisme, car cette détermination fournit de précieux renseignements sur l'état dynamique. L'inspection, la palpation et la percussion continueront toujours à rendre des services. Aujourd'hui comme autrefois, on doit commencer par des examens simples qui fournissent les indications préliminaires : l'aspect général, l'amaigrissement ou l'embonpoint du malade, la coloration de la peau et des muqueuses, l'état du ventre, l'appréciation de la tympanite intestinale, de l'ascite, de la circulation sous-cutanée abdominale, la recherche des hémorroïdes, des œdèmes, voilà les premières constatations que l'on fait et que l'on devra toujours faire. Puis on explore le volume du foie, en complétant les données de la palpation et de la percussion par l'examen radioscopique ; on détermine de même l'état de la vésicule biliaire et, parfois, on y constate la présence de calculs. Enfin on peut, par une palpation soignée, acquérir quelques notions sur la consistance du foie, sur ses déformations, sur les granulations ou les néoformations qui peuvent rendre rugueuse ou mamelonnée sa surface.

L'examen macroscopique des urines et des matières fécales donne encore des renseignements sur la fonction biliaire et permet, par exemple, de faire attribuer l'ictère à la polycholie ou à la rétention biliaire. De ces constatations préliminaires on tire déjà quelques déductions sur le fonctionnement du foie. On en acquiert d'autres par la connaissance que nous avons de certaines relations entre les lésions et le fonctionnement. Ainsi, en constatant que chez un ascitique le foie est hyperhophié, nous portons un pronostic relativement favorable, car dans cette forme clinique, le fonctionnement de la glande est beaucoup moins troublé que dans la cirrhose atrophique.

Pour obtenir des renseignements sur l'état fonctionnel du foie, nous possédons une série de méthodes basées la plupart sur des procédés chimiques, assez simples pour être utilisés en clinique. Nous allons rapidement les passer en revue, en insistant sur leur valeur sémiologique et sur les renseignements qu'elles apportent au diagnostic.

Biligénie. — Au cours des affections hépatiques, la fonction biliaire est fréquemment troublée. La sécrétion de la bile peut être augmentée ou diminuée ; elle peut être détournée de son cours normal et se déverser dans le sang ; elle peut subir des altérations qualitatives : dans les faits décrits par Hanot sous le nom d'acholie pigmentaire, la bile sécrétée est dépourvue presque complètement de bilirubine.

Quand la bile passe dans le sang, on observe le syndrome bien connu de l'*ictère*, caractérisé, comme on sait, par la couleur jaune des téguments et des muqueuses ; la coloration acajou ou brune des urines et, dans les cas de rétention, par la décoloration des matières et leur surcharge en graisse ; accessoirement par le prurit, et le ralentissement du pouls.

L'examen de l'urine permet d'y constater la présence du *pigment biliaire*. La recherche est fort simple. On a recours le plus souvent à la réaction de Gmélin : le long d'un tube ou d'un verre contenant l'urine, on verse de l'acide nitrique additionné de 1/10 d'acide nitrique fumant. Il ne faut pas utiliser l'acide fumant pur, qui décomposerait l'urée et donnerait une telle effervescence que toute l'urine serait projetée hors du tube à l'état spumeux. L'acide nitrique oxydant la bilirubine la transforme en biliverdine. On voit apparaître au contact de l'acide un disque vert, mais la réaction est passagère ; car la biliverdine oxydée à son tour donne successivement des substances de couleur bleue (*bilicyanine*), violette, rouge (*bilipurpurine*), orangée et finalement jaune (*cholétéline*).

Il est préférable d'avoir recours à une oxydation plus ménagée. L'emploi de l'iode est très recommandable. On verse une petite quantité de teinture d'iode diluée dans de l'eau iodurée, à la surface de l'urine ; la partie qui se trouve en contact avec le réactif prend une belle coloration verte qui persiste sans changement. Chachamopoulo a obtenu des résultats encore meilleurs en utilisant une dissolution chloroformique d'iode, qu'on prépare en ajoutant un peu de teinture d'iode à du chloroforme. On agite avec l'urine : celle-ci devient verte, tandis que l'iode entraînée par le chloroforme tombe au fond du tube.

On peut encore employer le réactif de Bornano (o gr. 2 de nitrite de soude dans 10 cmc. d'acide chlorhydrique). Deux à trois gouttes versées dans 2 ou 3 cmc. d'urine donnent une coloration vert-émeraude stable.

Quand il n'y a que des traces de pigment, le meilleur procédé est celui de Grimbert. A 10 cmc. d'urine filtrée on ajoute 5 cmc. d'une solution de chlorure de baryum à 10 o/o. On agite et on centrifuge ; le précipité est repris dans 4 cmc. d'alcool à 90°, contenant 5 o/o de son volume d'acide chlorhydrique. On porte pendant une minute dans un bain-marie bouillant et on laisse déposer. Si le liquide surnageant est incolore, c'est que l'urine ne contient pas de pigment. Celui-ci donne en effet une coloration vert foncé. Quand le liquide est coloré en brun, on devra ajouter quelques gouttes d'eau oxygénée et chauffer de nouveau au bain-marie. S'il y a de la bilirubine qui n'ait pas été suffisamment oxydée, la coloration verte apparaît. La persistance de la coloration brune indique la présence de pigments anormaux.

L'examen de l'urine doit être complété par la recherche de *l'urobiline*, ce qu'on peut faire à l'aide d'un petit spectroscope à main. Si l'urine est peu foncée, on voit une bande d'absorption entre les raies *b* et F. Si elle est foncée on verse à la surface du liquide, sans agiter, quelques gouttes d'eau iodée. L'urobiline y diffuse très vite, avant les pigments biliaires, et donne la bande caractéristique.

Mieux vaut, à notre avis, avoir recours aux méthodes chimiques. La plus simple est celle indiquée par Gilbert et Herscher. A 50 cmc. d'urine on ajoute 4 gouttes d'acide chlorhydrique et 5 cmc. de chloroforme ; on agite ; on laisse reposer ; puis on décante le chloroforme, auquel on ajoute une égale quantité du réactif suivant : acétate de zinc, o gr. 10 ; alcool à 95°, 100 gr. ; la fluorescence caractéristique apparaît.

On peut aussi, suivant le procédé de Denigès, déféquer l'urine avec le réactif suivant : oxyde mercurique, 5 gr. ; acide sulfurique, 20 gr. ; eau, 100 gr. On agite ; on laisse reposer ; on filtre. Le filtrat ne contient plus que l'urobiline, que l'on caractérise par sa fluorescence au contact des sels de zinc.

La recherche des *sels biliaires* est aussi importante que la recherche des pigments, mais elle est beaucoup plus délicate. Nous ne possédons pas à l'heure actuelle de bonne méthode clinique. La réaction de Pettenkofer est inapplicable à l'urine, l'acide sulfurique donnant avec les matières organiques une coloration brun foncé qui rend toute appréciation impossible.

Voilà pourquoi on a généralement recours aux déterminations physiques, c'est-à-dire à la recherche de la tension superficielle, soit en projetant à la surface de l'urine de la fleur de soufre, soit en utilisant un compte-goutte normal. Mais nous savons que beaucoup de substances sont capables d'abaisser la tension superficielle de l'urine. Aussi, comme nous l'avons fait observer en traitant des ictères, ne peut-on accueillir sans réserve les résultats fournis par ces méthodes.

L'examen des urines doit être complété par l'examen des matières fécales. On y recherche les pigments biliaires et leurs dérivés, qui diminuent et peuvent même disparaître dans les ictères par rétention et dans les cas décrits par Hanot sous le nom d'acholie pigmentaire.

Pour mettre en évidence la présence des pigments biliaires, on peut se servir du réactif suivant : eau, 100 cmc. ; sublimé, 3 gr. 50 ; acide acétique, 1 cmc. On prend une petite quantité de matières récemment émises ; on les étale en couche mince et on verse le réactif. Une coloration verte indique la présence de la bile. Tantôt la bile imprègne toute la selle et la coloration verte est générale ; tantôt on voit colorés en vert quelques débris alimentaires ou un peu de mucus. La présence de la bilirubine indique un trouble pathologique ; normalement tout le pigment est transformé en hydrobilirubine. La bilirubine reste dans les matières quand le cheminement est trop rapide et au cours de certains troubles intestinaux d'ailleurs mal déterminés. L'hydrobilirubine prend sous l'influence du réactif une coloration rouge. Quand la bile fait défaut, le sublimé ne provoque plus aucune coloration. Si les réactions ne sont pas très nettes, il faudra laisser une petite quantité de matières en contact avec le réactif pendant 24 heures.

Triboulet a fait de cette méthode une très heureuse application à la clinique infantile. Dans un tube à essai on introduit 4 à 5 cmc. de matières fécales d'un nourrisson, qu'on délaye dans 15 à 20 cmc. d'eau distillée ; on ajoute 8 à 10 gouttes de la solution acétique de sublimé et on agite. Parfois la réaction colorée est intense et rapide ; mais il faut, le plus souvent, une demi-heure ou une heure pour obtenir un résultat appréciable ; plus rarement, la coloration intégrale ne se produit qu'au bout de plusieurs heures. Il est préférable de ne pas filtrer, car la coloration du dépôt n'est pas sans importance.

Les réactions colorées obtenues par la méthode du sublimé acétique, se répartissent en quatre variétés.

Les réactions roses (rose, rose-lilas, rose-rouge, avec toutes les nuances intermédiaires), répondent à la présence de stercobiline. Les réactions vertes indiquent la présence de bilirubine ; c'est la réaction normale chez les jeunes enfants au sein jusqu'à trois et quatre mois ; chez les nourrissons au biberon, c'est l'indice d'une manifestation pathologique. En cas d'acholie pigmentaire, la réaction est jaune, grise ou même blanche.

Quand, chez un enfant atrophique, la coloration est vert clair, le pronostic est grave ; il est fatal quand la coloration est grise ou blanche. Chez les sujets fébricitants, la réaction rose constitue un élément de pronostic favorable ; au contraire, les réactions négatives, c'est-à-dire la coloration jaune ou l'absence de coloration, comportent un pronostic presque fatal.

On peut encore rechercher l'urobiline dans les matières en pratiquant au préalable un extrait. Pour cela on agite les selles avec de l'eau additionnée de 2 p. 1.000 d'acide sulfurique. On précipite par une solution concentrée de sulfate d'ammonium et on reprend le précipité par l'alcool sulfurique. On a éliminé ainsi tous les autres pigments et on n'a plus qu'à faire la réaction au chlorure de zinc.

L'examen coprologique doit être complété par le dosage des matières grasses.

A l'état normal la quantité de graisse non absorbée est de

4 à 5 o/o. La proportion s'élève à 40 quand la sécrétion biliaire est supprimée ; elle monte à 70 et 80 quand le suc pancréatique ne se déverse plus ; elle atteint et dépasse 90, quand les deux sécrétions font défaut.

L'analyse qualitative n'est pas moins importante. A l'état normal, la proportion des graisses neutres est de 24 o/o, celle des acides gras 39 et celle des savons 37 ; si la bile est supprimée, on trouve respectivement 63, 24 et 13 ; si c'est le suc pancréatique, la proportion est de 82, 11 et 7, et, si les deux sécrétions font défaut, on obtient 92, 7 et 1. La présence ou l'absence du suc pancréatique, dont l'action lipasique est bien connue, peut ainsi être facilement mise en évidence.

Pour faire une étude plus exacte, il sera bon d'opérer sur les matières correspondant à un repas d'épreuve. On les reconnaîtra en faisant prendre au sujet trois cachets contenant chacun 0,3 de carmin ; le premier sera avalé au début du repas ; le second au milieu et le troisième à la fin. Comme repas d'épreuve, on pourra faire prendre le matin à jeun 40 à 50 gr. de viande, deux tartines de pain beurrées avec 40 à 50 gr. de beurre ; on donnera un verre d'eau ou une tasse de thé léger ou d'une infusion quelconque.

Quand on est dans l'impossibilité de recourir à l'analyse chimique, on obtient déjà quelques renseignements par l'examen au microscope. Les graisses neutres se montrent sous l'aspect de gouttelettes plus ou moins étalées ou de masses dures qui se liquéfient à une douce chaleur. Schmidt conseille d'examiner toujours les préparations obtenues en chauffant les matières après avoir ajouté une goutte d'une dilution d'acide acétique à 30 o/o. Les graisses fondent et se réunissent en petits amas formés par les acides gras que ce procédé a mis en liberté.

Pour être certain que les masses observées sont réellement constituées par de la graisse, on pourra colorer les préparations par le bleu de quinoléine, le soudan III ou le scarlach.

Les acides gras forment des cristaux aciculés ou des aiguilles recourbées qui se dissolvent facilement dans l'alcool ou dans une solution légère de potasse. Le liquide de Ziehl les colore en rouge.

Les savons alcalins ont une forme polygonale. Les savons calciques ont une forme analogue, mais leurs contours sont nets et généralement leur coloration est jaune. Ils affectent aussi, comme les acides correspondants, la forme d'aiguilles ; mais ces aiguilles sont plus grosses. Les savons magnésiens sont remarquables par leur forme arrondie ; au premier abord on pourrait les prendre pour des œufs de parasites.

En pratiquant l'examen des matières fécales, il faut toujours porter son attention sur la présence possible de mucus liquide ou coagulé sous l'aspect de fausses membranes. Nous avons montré, en effet, l'importance des troubles biliaires dans le développement de la myxorrhée.

L'examen du sang constitue un complément indispensable aux appréciations cliniques.

On peut y rechercher les éléments de la bile, principalement les pigments biliaires.

D'après Gilbert et Herscher, la coloration jaune du sérum sanguin est due, non à la lutéine, comme on l'admet souvent et comme l'a soutenu récemment Zoja, mais bien à la bilirubine. Il y en aurait o gr. 027 par litre de sérum. La quantité monte à o gr. o5 dans la néphrite interstitielle, o,o66 dans la pneumonie, o,o66 dans la cholémie familiale, o,o71 dans la cirrhose, o,33 dans la cirrhose hypertrophique biliaire, o,143 dans les ictères, pouvant atteindre o,3 et même 1 gr. o/oo.

Quand la proportion est suffisante, le sérum a une teinte jaune foncé caractéristique. L'appréciation plus exacte se fait par les méthodes colorimétriques, basées sur la réaction suivante ; si l'on verse le sérum sanguin dans un tube de 1 cm. de diamètre, au fond duquel on fait arriver quelques gouttes d'acide nitrique nitreux, on voit se former au contact de l'acide un coagulum blanc qui peu à peu remonte et envahit tout le sérum. Bientôt la partie au contact de l'acide prend une teinte jaune et entre la partie jaune et la partie blanche apparaît, quand le sérum renferme de la bilirubine, un liseré bleu avec reflet légèrement vert (réaction de Hayem). En diluant des liquides albumineux auxquels ils ajoutaient des quantités connues de bilirubine, Gilbert, Herscher et Posternak ont pu déterminer la dilution limite au delà de laquelle la réaction ne se produit plus. Cette limite étant atteinte quand la dilution de bilirubine est de 1 p. 40.000, un calcul fort simple permet d'apprécier la richesse du sérum en pigment biliaire.

La recherche de l'urobiline peut se faire par le procédé de Grigaut : 10 à 20 cmc. de sérum sont étendus de leur volume d'eau distillée et additionnés de 5 à 10 cmc. du réactif suivant : perchlorure de fer officinal, V gouttes ; acide acétique à 1/10, 20 cmc. ; eau distillée, 80 cmc. Le mélange, saturé de sulfate de soude, est porté à l'ébullition et agité de temps à autre. On filtre. Au filtrat refroidi on ajoute 4 cmc. de chloroforme thymolé à 15 o/o. Après agitation, on sépare le chloroforme et on y verse quelques gouttes d'une solution alcoolique d'acétate de zinc, dissous dans la proportion de 1 gr. p. 500 cmc., et additionnée de 1 gr. d'acide acétique. Il ne reste plus qu'à rechercher la fluorescence.

L'examen du sang fournit encore des renseignements sur l'absorption des graisses. On peut faire un dosage chimique. On peut aussi, comme nous l'avons déjà dit, avoir recours à l'ultra-microscope qui permet d'apprécier l'absorption des graisses par la richesse du sang en hémoconies. Celles-ci, pendant la période de jeûne, sont fort clairsemées. Après une ingestion de 20 à 30 gr. de beurre étalé sur du pain, leur nombre augmente. Le résultat, déjà appréciable au bout d'une heure et demie, est surtout manifeste de 3 à 5 heures après le repas. Quand la sécrétion biliaire ne se déverse plus dans l'intestin, les hémoconies n'augmentent pas, même après une ingestion de 60 gr. de beurre. La suppression du suc pancréatique ne gênerait pas l'absorption. Cependant les observations de Nobécourt et Maillet établissent que, chez les nourrissons, les hémoconies sont souvent fort nombreuses, alors que les sels biliaires ne sont plus déversés dans l'intestin.

Dans un grand nombre de cas d'ictère, il est utile d'établir la valeur de la *résistance globulaire*. Les méthodes qu'on emploie n'ont rien de spécial. On met les globules rouges dans des solutions hypotoniques. Leur fragilité, qui se manifeste facilement dans les ictères hémolytiques congénitaux, n'apparaît qu'après lavage préalable dans les ictères hémolytiques. A côté de ces deux variétés, il faut faire une place aux ictères hémolysiniques (Chauffard et Troisier) où les hématies se détruisent, non pas parce qu'elles sont congénitalement ou accidentellement fragiles, mais parce qu'elles sont soumises à l'action d'une hémolysine active ou isolyne, contenue dans le sérum du malade.

L'étude des ictères doit être complétée par l'emploi des diverses méthodes capables de fournir des renseignements sur l'origine du syndrome. C'est ainsi que dans les cas où l'on soupçonne une infection, on pratiquera l'hémoculture; on fera l'examen microscopique du sang et, si l'on a des motifs de penser à une spirochétose, on inoculera un cobaye. Nous avons déjà rappelé la fréquence de l'ictère dans la syphilis, ce qui conduit fréquemment à pratiquer la réaction de Bordet-Wassermann. Si l'on soupçonne une intoxication, on recherchera le poison dans les matières vomies; c'est surtout en cas d'intoxication phophorée que cette recherche est importante.

Troubles de la fonction glycogénique. — Nous avons déjà dit que les troubles de la fonction glycogénique du foie peuvent entraîner la glycosurie; celle-ci est généralement intermittente, se produisant après un repas riche en féculents; elle est due à l'insuffisance fonctionnelle des cellules devenues incapables de retenir le glycose que le sang de la veine porte, pendant les périodes digestives, contient en excès.

Pour mieux apprécier le trouble hépatique, on peut avoir recours à la *glycosurie provoquée*. On fait prendre du sucre au malade et, pendant les heures qui suivent, on en recherche la présence dans l'urine. Proposée par Colrat, cette méthode fut tout d'abord considérée comme donnant des renseignements sur l'état de la circulation portale. On croyait que la glycosurie se développait quand le sang était détourné de son cours normal et passait par les vaisseaux collatéraux. Des recherches déjà anciennes nous ont conduit à une autre conception (**3, 4, 11**). Nous avons pensé que la glycosurie est en rapport, non avec un trouble circulatoire, mais avec un trouble cellulaire, et qu'elle indique une impuissance du foie à fixer le glycose. Cette opinion est aujourd'hui admise sans conteste, mais la valeur de la méthode est assez discutée. C'est qu'elle se heurte à des causes d'erreur, dont quelques-unes peuvent être, sinon supprimées, au moins atténuées.

La première tient à la nature du sucre ingéré. On utilisait tout d'abord le saccharose. Mais ce sucre doit être dédoublé au préalable dans l'intestin et ce dédoublement peut être entravé en cas de troubles intestinaux ou hépatiques. La même remarque s'applique au lactose. Mieux vaut recourir à un monosaccharide et employer soit le lévulose, soit le glycose. C'est généralement à ce dernier sucre qu'on a recours. On en fait prendre le matin à jeun de 100 à 150 gr. dans 300 cc. d'eau. L'ingestion doit être terminée en 15 minutes. Toute la journée, le malade est laissé au régime lacté et, pendant les dix heures consécutives à l'ingestion du sucre, on recueille ses urines d'heure en heure. Dans chaque échantillon on recherche le glycose par les procédés habituels. Si la réaction est positive, on note le moment où elle apparaît et celui où elle cesse ; puis on réunit les échantillons contenant du sucre ; après les avoir mélangés, on y dose la quantité de glycose éliminée.

Pour avoir des résultats plus précis, il est bon de faire une contre-expérience, c'est-à-dire d'injecter du glycose sous la peau. On introduit 20 cc. d'une solution à 50 o/o, stérilisée par chauffage discontinu. On recueille les urines séparément pendant 24 heures ; et, dans chaque échantillon, on recherche et, le cas échéant, on dose le glycose.

A l'état normal, le sucre ne doit pas passer dans l'urine. La glycosurie indique l'insuffisance glycolytique des tissus, fréquemment liée à une insuffisance pancréatique.

Mais un autre facteur intervient. C'est la perméabilité rénale. Pour l'apprécier il faut faire le dosage du sucre dans le sang. C'est d'ailleurs la meilleure méthode pour être renseigné sur l'insuffisance hépatique. L'augmentation de la glycémie après ingestion de glycose, permet d'apprécier et le fonctionnement du foie et le fonctionnement du rein ; elle fait reconnaître quel est le pouvoir de rétention de la cellule hépatique et, complétée par l'étude comparative de la glycosurie, elle permet de déterminer l'influence du seuil rénal.

Si la méthode n'est pas entrée dans la pratique courante, c'est que, jusque dans ces derniers temps, elle était assez difficile. Elle exigeait des prises de sang importantes et comportait une technique délicate. Aujourd'hui qu'on peut doser le sucre du sang, avec une très suffisante précision, en opérant sur 1 cc., il y aurait grand intérêt à reprendre et à poursuivre l'étude comparative de la glycémie et de la glycosurie au cours des diverses affections du foie.

L'épreuve de la glycosurie provoquée par la phloridzine peut aussi donner quelques renseignements. Elle sert surtout à nous renseigner sur le fonctionnement du rein ; en abaissant le seuil, elle permet le passage du sucre. Il faut pour l'exploration injecter sous la peau 1 cc. d'une solution aqueuse à 1/200, c'est-à-dire 5 mgr. La glycosurie se produit chez l'homme normal, tandis qu'elle fait défaut chez le néphrétique. D'après Teissier et Rebattu, elle ne se produit pas si le foie est atteint, l'épreuve exigeant, semble-t-il, un bon fonctionnement de la glycogénie hépatique.

GLYCURONURIE. — Nous avons déjà vu que le glycogène sert à former l'acide glycuronique, qui s'élimine normalement par l'urine, à l'état conjugué. La recherche de la *glycuronurie* est d'autant plus importante qu'elle nous renseigne en même temps sur le pouvoir antitoxique du foie.

Nous possédons aujourd'hui une méthode fort simple, due à Tollens et Rorive par la détermination de la glycuronurie.

Voici comment Grimbert et Bernier conseillent d'opérer.

On prend 20 cc. d'urine, aussi fraîche que possible ; on ajoute 10 cc. d'une solution saturée à froid d'acétate mercurique. On filtre. Du liquide qui s'écoule, on prélève 5 cc. qu'on verse dans un tube et on ajoute successivement 0 cc. 5 d'une solution alcoolique de naphto-résorcine ou dioxynaphtalène 1-3 à 1 0/0 et 5 cc. d'acide chlorhydrique pur. On chauffe 15 m. dans un bain-marie bouillant ; on refroidit sous un courant d'eau, puis on agite avec 10 cc. d'éther. Ce liquide prend une belle teinte violette et donne au spectroscope une plage obscure dans la région de la raie D. Si la réaction est négative, il se colore en jaune ou en rose.

Les substances réductrices entravent et même empêchent la réaction. Il suffit d'ajouter à l'urine normale une trace d'essence de cannelle ou de chloroforme pour que la coloration violette soit remplacée par une teinte jaune. Même résultat négatif quand on se sert d'acide chlorhydrique ou d'alcool impur. Le glycose exerce une influence semblable. En introduisant dans une urine normale des quantités croissantes de ce sucre, on obtient des teintes d'une interprétation douteuse, une coloration rose ou même jaune qui porterait à conclure que l'acide glycuronique fait défaut. Voici, comme exemple, les résultats d'une de nos expériences :

QUANTITÉ DE GLYCOSE *ajoutée à 1.000 cmc.* *d'urine normale*	RÉSULTATS : *éther coloré* *en*
0	violet
1	violet
2	rouge violacé
4	rouge
6	rose foncé
8	rose
10	jaune rosé
12 et au-dessus	jaune.

Pour éviter le rôle perturbateur des substances réductrices, nous avons proposé un procédé qui est fréquemment utilisé aujourd'hui (**70**).

Dans le tube d'un centrifugeur, on verse 10 cmc. de l'urine à examiner; on ajoute 0,2 d'ammoniaque, puis 2 cmc. de la solution commerciale de sous-acétate de plomb (extrait de saturne). Il se fait un abondant précipité qui renferme la totalité de l'acide glycuronique. On complète le tube avec de l'eau distillée contenant 1 o/o d'ammoniaque. On centrifuge, on décante et on lave à deux reprises avec l'eau ammoniacale en centrifugeant chaque fois. Les sels de plomb étant très lourds, la centrifugation se fait très vite. Il est inutile que l'appareil soit doué d'une grande vitesse; les centrifugeurs à eau ou à main sont suffisants. Si on n'en a pas à sa disposition, on peut opérer par filtration, mais les liquides passent lentement et les lavages exigent un temps assez considérable.

Le précipité ainsi purifié est délayé dans 5 cmc. d'eau distillée et la bouillie blanche qu'on obtient est versée dans un tube à expérience. On ajoute 1/2 cmc. de la solution alcoolique de naphto-résorcine à 1 o/o. Pour entraîner le dépôt qui reste sur les parois du tube centrifugeur, on y verse 5 cm³ d'acide chlorhydrique pur. On reverse dans le tube à expérience et on porte celui-ci dans un bain-marie à eau bouillante, en évitant soigneusement le contact du tube avec les parois surchauffées du vase. Au bout d'un quart d'heure, on reprend le tube, on le refroidit sous un courant d'eau et on agite avec 10 cmc. d'éther.

Quand l'urine ne contient pas d'acide glycuronique, la coloration est jaune ou très légèrement rose. Quand elle en renferme, l'éther prend une coloration violette plus ou moins foncée.

La réaction est extrêmement sensible. En employant une solution pure d'acide glycuronique, nous avons obtenu une coloration violette manifeste alors que la proportion ne dépassait pas 2 mgr. par litre. Or l'urine contient à l'état normal 0,04 o/oo. La plus forte proportion, avons-nous dit, est unie au phénol et à l'indol ; une petite quantité est combinée à du scatol et à de l'urée (acide uréido-glycuronique). Il est encore un grand nombre de substances qui peuvent être introduites accidentellement dans l'organisme ou qui peuvent y prendre naissance dans les divers états pathologiques et qui s'éliminent également à l'état glycuronique conjugué.

Avant d'étudier l'influence des états pathologiques sur l'élimination de l'acide glycuronique, il est nécessaire de préciser les variations qui se produisent dans les diverses conditions physiologiques (**66, 67, 68, 71, 72, 73**).

Le régime alimentaire influence nettement la glycuronurie. Le régime lacté ou lacto-végétarien l'abaisse, le régime carné l'augmente. Chez les individus soumis au jeûne, la glycuronurie diminue rapidement et, au bout de 48 heures, est à peu près nulle. Si l'on donne à ce moment une dose quotidienne de 200 à 300 gr. de glycose, l'acide glycuronique réapparaît et son excrétion peut monter de 30 à 40 et 60 mgr. par litre (Bénech). Ces résultats sont importants, leur méconnaissance pouvant conduire à des conclusions erronées.

En cas de doute, il faut explorer le pouvoir glycuronoformateur en faisant prendre au sujet une substance s'éliminant à l'état de conjugaison glycuronique et en donnant, en même temps, une certaine quantité d'aliments féculents ou sucrés. Si le foie est suffisant, si, par exemple, l'absence de glycuronurie est liée à la diminution du glycogène qu'entraîne l'inanition, on obtient une réaction fortement positive. Si, au contraire, le fonctionnement du foie est profondément troublé, l'acide glycuronique ne réapparaîtra pas ou ne réapparaîtra qu'à l'état de traces.

Toutes les substances capables de s'unir au glycose peuvent être utilisées. Nous donnons la préférence au camphre, qui est dépourvu de toxicité ; il a seulement l'inconvénient de provoquer parfois des troubles gastriques. Mais il suffit d'en faire ingérer une faible dose : cinquante centigrammes par exemple. Caille fait remarquer qu'il faut employer le camphre naturel ou camphre du Japon. Le camphre artificiel, qui est du chlorhydrate de pinène, ne donne que des résultats inconstants.

Le salicylate de soude convient également à l'exploration de la fonction hépatique, mais à la condition d'en faire prendre au moins 4 gr.

Si le camphre administré dans un cachet est mal supporté, on peut le donner dans une pilule gélatineuse qui se dissout seulement dans l'intestin, mais il faudra doubler la dose et la porter à 1 gr. environ.

Quand le camphre est introduit par l'estomac, l'élimination commence au bout de 2 heures et dure de 12 à 20 heures, c'est donc sur les urines recueillies pendant les 12 heures qui suivent l'ingestion du cachet qu'on devra opérer.

Quand on emploie une capsule gélatineuse, la modification urinaire commence plus tard et finit plus tôt : elle est surtout appréciable entre la quatrième heure et la huitième.

On peut encore utiliser la voie rectale en donnant un lavement de 200 gr. contenant 1 gr. de camphre, maintenu en suspension par de la gomme adragante. L'effet commence au bout d'une heure.

L'injection sous-cutanée de 10 cc. d'huile camphrée au 1/10 produit son effet vers la deuxième heure ; l'élimination se prolonge pendant 24 heures.

Pour apprécier les variations de la glycuronurie, on peut se servir d'une échelle colorée, préparée en aquarellant des bandes de papier, d'après les résultats obtenus avec une solution bien titrée.

Caille propose de comparer la coloration de l'éther avec des solutions artificielles de couleurs d'aniline. Il conseille de

mélanger 2 cmc. d'une solution de rouge neutre R. A. L. à
1 o/o, avec 1,5 de la solution hydro-alcoolique phéniquée de
violet de gentiane qu'on utilise dans les laboratoires de bactério-
logie. On verse dans 100 cmc. d'eau distillée. On obtient ainsi
un liquidè étalon qu'on distribue, en le diluant, dans 8 tubes.
Voici le taux des mélanges et leur correspondance avec l'acide
glycuronique :

	cmc.	cmc.	cmc.	cmc.	cmc.	cmc.	cmc.	cmc.
Liquide coloré . .	1	2	4	6	8	12	16	20
Eau	19	18	16	14	12	8	4	0
	gr.	gr.	gr.	gr.	gr.	gr.	gr.	gr.
Valeur en ac. glyc.	0,005	0,01	0,02	0,03	0,04	0,06	0,08	0,01

Les solutions s'altérant rapidement doivent être renouvelées
tous les deux jours. Pour que la comparaison soit bien exacte,
il faut laisser l'éther en contact avec l'urine pendant 15 minutes,
temps indispensable à la dissolution complète du composé
coloré.

Au lieu d'utiliser une série de tubes contenant des dilutions
plus ou moins étendues, on peut faire le dosage au moyen du
colorimètre.

Par ce procédé bien simple on constate que l'ingestion du
camphre, fait monter le taux de la glycuronurie, chez un homme
normal, de 0,04 à 0,08. La différence entre les deux chiffres
donnés par les deux dosages, l'un avant l'autre après l'épreuve
du camphre, constitue ce que Caille appelle la constante glycu-
rono-poétique. Elle est de 0,04 à 0,06 chez l'homme normal, et
atteint parfois 0,1. Elle s'abaisse au-dessous de 0,04 en cas d'insuffisance hépatique ; dans les formes graves elle tombe à 0.

Une seule cause d'erreur peut troubler les résultats : c'est une
insuffisance d'élimination rénale. Il faudra donc, dans les cas
douteux, explorer le fonctionnement du rein en employant soit
le bleu de méthylène, soit la phénolphtaléine.

L'étude de la glycuronurie, poursuivie au cours de la cirrhose
atrophique, fournit des renseignements exacts sur l'état fonctionnel des cellules et donne des indications précieuses au
pronostic. Diminuée dès le début du processus, la glycuronurie
s'abaisse, à mesure que la maladie évolue, et finit par disparaître.
Elle augmente ou reparaît après la ponction de l'ascite, l'amé-

lioration de la circulation portale, conséquence de la paracentèse abdominale, favorisant le fonctionnement des cellules. Ces résultats cadrent avec ceux que fournit l'étude de la toxicité urinaire : l'évacuation de l'ascite est suivie d'une augmentation de la toxicité, indiquant un rejet des poisons retenus dans l'organisme.

A mesure que l'affection s'aggrave, la glycuronurie s'affaiblit, ce qui dépend de l'insuffisance des cellules hépatiques et non du régime des malades, car les modifications de l'alimentation ou l'ingestion de glycose restent sans influence et, ce qui est encore plus démonstratif, l'administration du camphre ne produit le plus souvent aucun effet. Ainsi l'analyse des urines permet de suivre jour par jour les variations fonctionnelles de la cellule hépatique et, par l'épreuve du camphre, de mesurer très exactement ses dernières aptitudes réactionnelles. Il faut surtout se méfier des cas où l'on voit la glycuronurie diminuer rapidement : le phénomène semble indiquer une évolution particulièrement grave.

P. Gautier, comparant les résultats fournis par l'étude de la glycuronurie et par la recherche de la glycosurie alimentaire, a constaté que l'élimination de l'acide glycuronique n'augmente pas après l'ingestion de 150 gr. de glycose, que l'épreuve soit positive ou négative.

Dans l'ictère par rétention, la glycuronurie, contrairement à ce qui a lieu dans la cirrhose, est souvent plus marquée qu'à l'état normal ; que ce soit une obstruction par un calcul ou une compression par un cancer de la tête du pancréas, le résultat est le même. Cependant, si l'issue doit être funeste, l'acide glycuronique disparaît une dizaine de jours avant la mort. L'augmentation de la glycuronurie ne doit pas être attribuée à une suractivité du foie. La glande borne son action aux nécessités présentes. Si elle fournit un excès d'acide glycuronique, c'est qu'elle y est sollicitée par une augmentation des poisons putrides d'origine intestinale. La conjugaison glycuronique tend à neutraliser l'excès de substances toxiques.

L'expérimentation nous a permis de confirmer et de compléter les résultats fournis par l'observation clinique.

En pratiquant la ligature du canal cholédoque sur le chien, on constate que la réaction glycuronique devient plus intense. Le résultat est précoce : il s'observe dès que la bile cesse de s'écouler dans l'intestin, avant même que les pigments biliaires soient décelables dans l'urine. Puis la glycuronurie diminue et disparaît, comme chez l'homme, quelques jours avant la mort, alors que l'urine est encore riche en pigments biliaires.

En face de l'ictère par rétention, nous placerons l'ictère catarrhal. Il résulte des recherches poursuivies par Chiray et Texier qu'au début la glycuronurie est normale ou supérieure à la normale ; puis elle diminue et peut même disparaître, pour réapparaître lentement à la période post-ictérique.

Dans les diverses affections hépatiques, la glycuronurie est en rapport avec l'état fonctionnel des cellules. Elle diminue au cours des affections entraînant le syndrome décrit autrefois sous le nom d'hémaphéisme et essentiellement caractérisé par un excès d'urobiline dans l'urine. Il n'est pas rare, chez les asystoliques, de voir l'acide glycuronique baisser et même disparaître pour réapparaître et augmenter quand se produit la diurèse : ainsi, dans les affections cardiaques, la recherche de la glycuronurie permet d'apprécier très exactement le retentissement du cœur sur le foie.

Les affections du foie, qui ne troublent pas le fonctionnement des cellules, ne modifient pas l'état de la glycuronurie. C'est le cas du kyste hydatique ; la glycuronurie est souvent plus marquée qu'à l'état normal, et cette constatation peut servir au diagnostic différentiel avec les cirrhoses.

Chez les malades atteints de coliques hépatiques, la glycuronurie, d'après P. Gautier, est normale ou supérieure à la normale.

Les états morbides les plus divers étant susceptibles de retentir sur le foie, on conçoit combien le champ ouvert aux explorations est vaste et combien il peut être fertile en résultats intéressants.

Les troubles du tube digestif mériteraient une étude approfondie, car on connaît la fréquence de leur répercussion sur le fonctionnement hépatique. Chez deux malades qui succombèrent à une entérite aiguë, nous avons constaté que la glycuronurie, assez marquée au début, allait en diminuant à mesure que s'aggravait l'état général.

H. Barbier a poursuivi d'intéressantes recherches sur la glycuronurie des nourrissons atrophiques. La réaction a été faible ou nulle dans la période de dyspepsie et de troubles nutritifs avec arrêt de croissance. Elle est redevenue normale chez les enfants dont les troubles dyspeptiques et nutritifs s'amendaient et dont le poids s'élevait.

Quand la réaction est faible ou nulle, l'emploi du camphre permet de distinguer deux variétés, suivant que le foie a conservé ou perdu la propriété de réagir. Le camphre, qui sert au diagnostic, possède une valeur curative, car il semble stimuler les fonctions du foie.

Les expériences de W. Draper sur l'occlusion intestinale apportent à la question une contribution intéressante. Sur deux chiens auxquels on pratiqua une ligature de l'intestin, on fit avant et après l'opération, une injection sous-cutanée d'huile camphrée et on dosa l'acide glycuronique éliminé, en ayant le soin de déterminer la quantité conjuguée avec le camphre.

Chez le premier chien, l'élimination qui atteignait à l'état normal 37 o/o de la dose introduite, tomba après l'opération à 5,64 o/o. Chez le second animal, le rapport était de 44,56 avant l'opération ; après la ligature de l'intestin, il monta à 47,64. Or l'animal résista six jours : si on prend les chiffres de l'élimination quotidienne, on trouve le premier jour 42,19 o/o, le second jour 2,45 et pour l'ensemble des quatre derniers jours 3 o/o, soit 0,75 o/o en moyenne. Ainsi la presque totalité de l'élimination se fit pendant les 24 premières heures. Le foie, particulièrement actif de ce chien, résista un certain temps, ce qui explique la survie exceptionnellement longue de l'animal.

La fréquence des troubles hépatiques chez les femmes gravides donnait un intérêt spécial à la recherche de la glycuronurie. Sur notre conseil, R. Jean a consacré sa thèse à l'étude de cette question. Il a examiné l'urine de 50 femmes enceintes : 20 étaient bien portantes, quoique 6 d'entre elles eussent un certain degré de glycosurie ; des 20 autres, 10 étaient atteintes de troubles gastriques ; 10 d'albuminurie avec œdème. D'après l'intensité de la glycuronurie, on peut diviser les observations en quatre groupes, suivant que la réaction était normale ou subnormale, assez intense, légère ou presque nulle. Le tableau suivant indique les résultats :

	RÉACTION			
	normale	*assez intense*	*légère*	*presque nulle*
20 grossesses normales . . .	4	14	2	0
20 grossesses pathologiques .	0	1	6	13

Ces chiffres nous semblent extrêmement intéressants. Ils établissent que, même dans les grossesses normales, le foie est souvent légèrement touché. Dès que se produisent des manifestations pathologiques, les troubles de la glande sont extrêmement marqués. Dans les deux tiers des cas, les femmes atteintes d'albuminurie ou de dyspepsie grave avec vomissements abondants, ont une insuffisance hépatique manifeste. La recherche de la glycuronurie mériterait d'être pratiquée systématiquement, elle fournirait des renseignements aussi utiles que la recherche de l'albuminurie.

Les maladies infectieuses retentissent presque constamment sur le foie. Voilà encore un chapitre ouvert aux investigations futures. Cologne et Fiessinger ont signalé la disparition de l'acide glycuronique dans l'ictère grave, la gangrène gazeuse avec subictère, la dysenterie bacillaire à syndrome cholériforme. Chiray et Texier ont constaté dans la pneumonie une légère augmentation au début, une disparition presque complète au moment de la crise, avec un relèvement rapide pendant la convalescence. Medigreceanu qui a fait des dosages précis, trouve 0,8 à 1,3 pendant la période d'état et 0,6 à 0,9 après la défervescence, mais il n'a pas pratiqué d'examen au moment de la crise.

La glycuronurie est élevée chez les diabétiques, surtout chez ceux qui sont gros mangeurs. D'après Geelmuyden, les corps acétoniques pourraient s'unir à l'acide glycuronique, ce qui favoriserait leur élimination. Ce résultat est nié par Bol.

Si l'acide glycuronique s'élimine surtout par l'urine, une petite quantité passe dans la bile, 1/10 à 1/13 d'après les expériences qui ont consisté à injecter de l'huile mentholée sous la peau des animaux (Manfred, Bial). L'acide glycuronique arrive ainsi dans l'intestin où il se décompose, car on n'en retrouve pas dans les matières.

Il peut encore passer dans le liquide céphalo-rachidien, dans les liquides de l'ascite et des kystes ovariques (Bernier).

L'étude de la glycuronurie est à peine commencée et déjà elle a fourni des résultats intéressants. Elle nous renseigne sur l'état de la glycogénie hépatique et conséquemment sur l'état des diverses fonctions liées à la glycogénie, dont la principale, nous l'avons dit à maintes reprises, est l'action sur les poisons. Par sa simplicité, par la précision des renseignements qu'elle fournit, la recherche de l'acide glycuronique mérite d'entrer dans la pratique courante : elle doit occuper une place dans les explorations usuelles.

ÉLIMINATIONS PROVOQUÉES. — On peut encore apprécier le rôle d'arrêt du foie en cherchant comment se fait l'élimination des divers poisons par l'urine. On pourrait utiliser dans ce but les alcaloïdes que le foie arrête et qui sont faciles à retrouver ; la quinine, par exemple, peut être donnée sans inconvénient à haute dose ; il y aurait grand intérêt à en étudier l'élimination.

Jusqu'ici on s'est surtout occupé du bleu de méthylène. Chauffard a montré qu'en cas d'altération manifeste de la cellule hépatique, la courbe d'élimination est sillonnée d'intermittences. On opère comme lorsqu'on recherche l'état de la perméabilité rénale, c'est-à-dire qu'on injecte dans les muscles fessiers, 2 cmc. d'une solution stérilisée de bleu de méthylène à 2,5 o/o. Immédiatement avant l'injection on fait uriner le patient et on recueille l'urine au bout d'une demi-heure, puis d'heure en heure. On observe ainsi un rythme avec à-coups, une glaucurie intermittente caractérisée par des suppressions de bleu suivies d'une reprise excrétoire très marquée. Les intermittences sont plus ou moins nombreuses, la durée de chacune d'elles allant de 2 à 13 heures. Plus elles sont précoces et nombreuses, plus l'insuffisance hépatique est marquée. Les maxima qui varient de 1 à 5, peuvent être précoces, de la 3ᵉ à la 5ᵉ heure, ou tardifs jusqu'à la 45ᵉ heure après l'injection.

Des objections ont été faites à la valeur sémiologique de la méthode. Gilbert considère que les variations du bleu ne font que renforcer l'intermittence du rythme colorant des urines chez les hépatiques. D'après Bard, le nervosisme seul, en dehors de tout autre état pathologique, peut donner lieu à une élimination nettement polycyclique. Si les résultats positifs conservent une certaine valeur, les résultats négatifs sont dénués de signification, l'élimination pouvant se faire régulièrement, même dans les cas avérés d'insuffisance hépatique.

Variations de la toxicité urinaire. — L'étude des variations que peut subir la toxicité de l'urine au cours des affections hépatiques, fournit des renseignements fort intéressants. Malheureusement la méthode n'est pas pratique. Elle exige une habileté technique spéciale et nécessite des dépenses coûteuses. Aussi n'est-elle pas entrée dans la pratique et est-elle complètement abandonnée aujourd'hui. Elle a été supplantée par les procédés d'analyse chimique. Cependant les résultats qu'elle a fournis ne sont pas dépourvus d'intérêt. Aussi nous semble-t-il utile de rapporter les quelques tentatives, d'ailleurs peu nombreuses, qui ont été faites dans cette voie.

On a recours à la méthode de Bouchard qui consiste à recueillir exactement l'urine des 24 heures. Un peu de naphtol, jeté au fond de l'urinal, ne modifie en rien le pouvoir toxique de l'urine et en empêche la putréfaction. Le volume est soigneusement déterminé, puis le liquide est neutralisé par le bicarbonate de soude et filtré. On l'injecte alors dans les veines d'un lapin, dont on a déterminé le poids ; l'injection doit être poussée à une vitesse constante, tout changement de vitesse faisant varier, dans des proportions considérables, la toxicité du liquide. On continue l'injection sans interruption jusqu'à la mort de l'animal, en notant les principaux troubles qui peuvent survenir, parmi lesquels le myosis, les convulsions, les modifications respiratoires, la diurèse parfois très abondante, la diarrhée immédiate, la salivation.

Quand l'animal a succombé, il est utile d'ouvrir aussitôt le cadavre et de noter l'état du cœur. Celui-ci continue à battre, sauf quand les urines sont fortement chargées de sels potassiques.

En opérant dans ces conditions bien déterminées, Bouchard a constaté qu'il faut, pour amener la mort, introduire dans les veines du lapin, par kilogramme de son poids, 40 cmc. d'urine.

Cette dose mortelle est désignée sous le nom d'urotoxie. Si l'homme a émis 1.200 cmc. d'urine en 24 heures, il a éliminé $\frac{1.200}{40}$, soit 30 urotoxies. En divisant le chiffre des urotoxies par le poids du sujet, on obtient le coefficient urotoxique. Si, par exemple, l'homme pèse 65 kgr., le coefficient urotoxique sera $\frac{30}{65} = 0,460$. C'est le chiffre moyen fourni par un grand nombre d'expériences.

En utilisant la méthode de Bouchard, nous avons fait autrefois, dans son laboratoire, en 1885 et 1886, des recherches sur la toxicité des urines émises par des malades atteints d'affections hépatiques (**3, 4, 11**) et nous avons constaté que toutes les affections chroniques du foie, qui déterminent de profondes altérations cellulaires, augmentent la toxicité urinaire. Il nous suffit de citer la cirrhose atrophique, le cancer massif et le cancer nodulaire, la tuberculose hépatique, certaines variétés d'ictère chronique. Ajoutons, d'après Bellati, la syphilis hépatique, les suppurations étendues et les abcès multiples.

Le résultat est tout autre dans la forme curable de la cirrhose avec ascite, la cirrhose alcoolique hypertrophique de Hanot et Gilbert. Malgré le développement des veines sous-cutanées abdominales, la glycosurie alimentaire ne se produit pas et les urines ont une toxicité normale. C'est que les cellules restées saines sont en nombre suffisant pour arrêter le glycose et les poisons.

Dans la cirrhose hypertrophique biliaire de Hanot, l'intégrité des cellules hépatiques explique l'absence de la glycosurie alimentaire et de l'hypertoxicité urinaire. Pourtant on observe parfois une augmentation passagère de la toxicité soit à l'occasion d'une poussée morbide (Surmont), soit à la dernière période de la maladie quand apparaissent les symptômes graves.

Les résultats obtenus dans la cirrhose hypertrophique biliaire démontrent que l'hypertoxicité urinaire dans les maladies du foie ne dépend pas ou presque pas de la présence des éléments biliaires dans l'urine. Nous avons d'ailleurs établi expérimentalement que la bile est beaucoup moins toxique qu'on ne l'avait cru (**55**) et nous avons constaté à plusieurs reprises que certaines urines surchargées de pigments ne perdent rien de leur toxicité quand on les décolore par le charbon. Surmont a seulement remarqué que les urines ictériques amènent un ralentissement des mouvements respiratoires chez les animaux auxquels on les injecte.

Le même expérimentateur a montré que, dans les maladies du foie, qui s'accompagnent d'ascite, l'évacuation du liquide péritonéal a pour effet de favoriser la diurèse et l'élimination des poisons. Ce résultat, confirmé par Bellati, fournit un argument en faveur de l'utilité des ponctions précoces et répétées dans le cours de la cirrhose atrophique. Surmont a encore constaté que l'antisepsie intestinale et le régime lacté diminuent les poisons de l'urine : il a vu que la toxicité urinaire baisse en cas de diarrhée pour augmenter ensuite. Mais ce que toutes les expériences ont mis en évidence, c'est le rapport qui relie l'insuffisance glycopexique à l'insuffisance toxicopexique. Chaque fois que le glycose ingéré en excès passe dans l'urine, celle-ci se montre hypertoxique. Il n'y a d'exception que si des troubles ou des lésions du rein empêchent l'élimination, favorisant ainsi une auto-intoxication rapidement mortelle.

L'étude de la toxicité urinaire dans les affections hépatiques aiguës conduit à quelques résultats intéressants.

On sait depuis longtemps que beaucoup de substances chimiques bien définies sont retenues dans l'organisme pendant le cours des infections aiguës pour être rejetées brusquement au moment de la guérison. C'est ce qui a lieu, par exemple, dans la pneumonie : chlorures et iodures ne sont éliminés qu'en proportion minime jusqu'au jour où se produit la crise. Les poisons que l'urine rejette se comportent de même.

Une évolution analogue s'observe souvent dans les affections hépatiques aiguës. Retenus dans l'organisme, les poisons s'en échappent quand survient une amélioration, passagère ou définitive. On observe ainsi une véritable crise urotoxique. Cette évolution, qui se produit parfois au cours de la lithiase biliaire, est particulièrement nette dans les ictères infectieux. Très marquée au moment de la guérison, la toxicité urinaire va en diminuant pendant la convalescence, à mesure que se rétablissent les fonctions du foie (Bellati).

Le tableau suivant résume les constatations faites chez 25 malades, dont l'étude sert de base aux conclusions que nous avons développées.

	NATURE DE L'AFFECTION *hépatique*	COEFFICIENT *urotoxique*	GLYCOSURIE *alimentaire*	OBSERVATIONS
»	*Homme normal* . . .	0,461 . . .	o	
1	Cirrhose atrophique .	0,627-1,024 . .	o	
2	—	0,848-1,166 . .	+	
3	—	plus que nor- malement .	+	
4	—	0,820 . . .	+	
5	—	0,720-0,740 . .	»	
6	Cirrhose alcoolique hy- pertrophique. . .	0,265-0,312 . .	o	
7	—	0,261 . . .	o	
8	Cirrhose hypertrophi- que biliaire . . .	0,258-0,351 . .	»	
9	—	0,345 . . .	o	
10	—	0,758-1,102 . .	o	
11	—	0,271-1,253 . .	»	Malade à l'agonie.
12	Ictère catarrhal. . .	0,253 0,532 . . .	+ 	Crise urinaire.
		0,429 . . .	o	
13	—	0,302 . . .	»	
		1,382 . . .	»	Crise urinaire.
		0,661 . . .	»	
14	—	0,960-1,020 . .	+	
15	—	0,368-1,475 . .	o	
16	Ictère infectieux . .	moins de 0,357 0,701 . . .		Crise urinaire.
17	Lithiase biliaire . .	0,216-0,295 . .	o	Urines fortement ic- tériques.
18	—	0,226 . . .	»	
19	Lithiase ; ictère chron.	0,506-1,312 . .	+	
20	Angiocholite . . .	0,421 . . .	»	Début, urée en excès.
		0,640-0,655 . .	+	Période d'état.
		0,352 . . .	o	Convalescence.
21	Tuberculose hépatique.	0,498 . . .	»	
22	—	0,760-0,945 . .	+	
23	Cancer du foie . .	0,740 . . .	»	
24	Paludisme . . .	0,627-0,647 . .	o	
25	Foie cardiaque . . .	0,191-0,328 . .	o	

L'étude toxicologique du liquide ascitique devait compléter les résultats fournis par les injections de l'urine. Contrairement à ce qu'on aurait pu croire, ce liquide est peu toxique, beaucoup moins toxique que le sérum sanguin. Il faut, pour tuer un lapin, lui injecter par kilogramme de son poids de 30 à 40 cmc.; encore est-il que la mort est tardive et ne survient que quelques heures après la fin de l'injection.

Si l'ascite dépend d'un cancer abdominal, les effets sont bien différents. L'injection du liquide, comme l'ont établi les recherches de N. Girard-Mangin, entraîne la mort à la dose de 10 cc. par kilogramme. Ce résultat, qui met en valeur l'importance des poisons cancéreux, a trouvé une confirmation en clinique. Un malade, auquel on avait pratiqué le drainage de l'ascite par ouverture de la cavité péritonéale dans la saphène, succomba en moins de 24 heures. Il n'y avait aucune faute opératoire. Mais l'autopsie révéla un cancer péritonéal.

RÔLE DU FOIE DANS L'ACIDOSE. — Nous avons vu que le foie joue un rôle considérable dans la protection de l'organisme contre les corps cétoniques et leurs dérivés et contre le développement de l'état morbide bien connu aujourd'hui sous le nom d'acidose.

Quand les acides sont produits en excès, l'urine sert d'émonctoire et, comme on pouvait s'y attendre, devient fortement acide. Pour apprécier cet état d'acidose, il suffit de faire ingérer au sujet une certaine quantité de bi-carbonate de soude. Chez les individus sains, une dose de 4 grammes rend les urines alcalines; en cas d'acidose des quantités beaucoup plus fortes sont nécessaires. Cette petite recherche fort simple, connue en Amérique sous le nom d'épreuve de Sellar, peut rendre de très grands services.

L'acidose est essentiellement caractérisée par la présence dans l'urine d'acétone, d'acide acétylacétique, d'acide β-oxybutyrique. On se contente en clinique de faire la réaction de Gerhardt. Le long des parois d'un tube contenant de l'urine, on verse quelques gouttes de perchlorure de fer, le réactif tombe au fond du récipient et prend une coloration vin de Bordeaux.

Cette réaction est révélatrice de l'acide acétylacétique. La recherche de l'acétone est assez simple. Mais ce serait sortir de notre sujet que d'en indiquer la méthode.

Action du foie sur les matières azotés. — Le foie agissant sur les matières protéiques et leurs dérivés, c'est-à-dire sur les peptones et les acides aminés qui prennent naissance soit dans le tube digestif, soit dans les tissus sous l'influence de la désassimilation, on conçoit qu'on ait pu décrire des albuminuries, des peptonuries et des acido-aminuries d'origine hépatique. La recherche de ces substances ne présente rien de spécial. Mais si l'on n'a pas plus insisté sur les peptonuries hépatiques, qui nous semblent très fréquentes, c'est qu'on n'a pas l'habitude en clinique de les rechercher systématiquement. On se contente généralement de caractériser l'albumine par des procédés assez grossiers, par le chauffage avec addition d'une goutte d'acide acétique ou par l'acide nitrique. Il faut déjà une assez forte proportion d'albumine pour qu'on en puisse déceler par ces méthodes. Nous préférons de beaucoup le réactif de Tanret qui précipite à la fois les albumines, les peptones et les alcaloïdes. Si l'on chauffe, les albumines, d'après leur quantité ou leur qualité, se retractent sous l'aspect de petits grumeaux ou restent en suspension donnant au liquide un aspect laiteux. Les peptones et les alcaloïdes se dissolvent à chaud pour se reprécipiter à froid. Il est difficile de les différencier, car la réaction du biuret ne réussit que fort rarement avec les urines : il faut que celles-ci contiennent une assez forte proportion de peptones et que leur coloration ne soit pas foncée. Si le malade n'a pas pris d'alcaloïdes, et il n'y a guère que la quinine qui s'élimine en assez grande abondance pour donner un trouble avec le réactif, on pourra affirmer la peptonurie. Nous insistons sur cette technique très simple et suffisamment exacte, car, nous le répétons, si on recherchait systématiquement la peptonurie, on pourrait en constater la très grande fréquence.

Les troubles de la fonction uropoétique font baisser le taux de l'urée. Mais pour faire une appréciation exacte, il faut tenir compte de l'alimentation ou, ce qui est préférable, il faut établir le rapport de l'azote uréique à l'azote total. Le trouble de la fonction uropoétique a pour conséquence de laisser une grande quantité de déchets azotés quitter l'organisme sous une forme moins parfaite que l'urée. A l'état normal le rapport $\frac{\text{N. urée}}{\text{N. total}}$ est de 82 à 86 pouvant s'élever parfois à 90 o/o. Le rapport est nettement influencé par la quantité et la qualité des aliments ingérés. Il s'abaisse d'autant plus que l'individu se nourrit davantage, sans toutefois tomber au-dessous de 80 ; il augmente après ingestion d'une grande quantité d'eau. D'après Desgrez et Ayrignac, il est plus bas avec le régime végétal qu'avec le régime lacté ou carné.

Les affections du foie amènent une diminution notable. Dans les cirrhoses le rapport tombe à 77 ou 75 et quelquefois à 70, quand la cellule est profondément touchée ; dans l'ictère grave par exemple, il varie de 71 à 52 et peut même, dans l'intoxication phosphorée, s'abaisser à 44.

Chez le nourrisson le rapport $\frac{\text{N. urée}}{\text{N. total}} = 0{,}90$ et $0{,}91$. Dans les gastro-entérites aiguës, qui doivent guérir, il est peu modifié, tandis qu'il tombe à 0,80 ou même à 0,75 et 0,70 dans les cas graves ou dans les formes traînantes, tendant à la chronicité.

Les troubles du métabolisme azoté entraînent l'élimination d'une quantité souvent considérable d'*ammoniaque*. A l'état normal le rapport de l'azote ammoniacal à l'azote total est de 2 à 5 o/o. Dans les cirrhoses, il s'élève à 7 et 10 o/o, pouvant atteindre dans l'ictère grave 8 à 18 o/o et même, d'après Munzer, 32 o/o.

Pour mieux mettre en évidence l'insuffisance hépatique, Gilbert et Carnot ont proposé de faire prendre au malade une dose déterminée d'ammoniaque et de rechercher la proportion qui en passe dans l'urine.

On commence par doser l'ammoniaque éliminée en 24 heures pendant 2 ou 3 jours. Puis, on fait prendre le matin à jeun de 4 à 6 gr. d'acétate d'ammoniaque. On recueille la totalité des urines émises en 24 heures et on fait un nouveau dosage. Pendant toute la durée de l'expérience, le régime alimentaire n'aura pas varié. On peut, en cas de cirrhose, trouver un excès de 1,75 à 2,5 d'ammoniaque. La valeur de l'épreuve est assez discutée, Weintrand, Munzer n'ont obtenu que des résultats douteux. Ducamp a eu un fait positif sur cinq observations ; Dehon en a noté 16 sur 30. D'après Bard, qui a souvent employé la méthode, on doit conclure à une altération de la cellule hépatique si on constate une notable augmentation de l'ammoniaque urinaire. Par contre, un résultat négatif n'implique pas l'intégrité du foie. Cette épreuve n'a donc de valeur que si elle est positive.

AMINO-ACIDURIE. — Le rôle considérable que joue le foie dans la transformation des acides aminés a conduit à rechercher la valeur sémiologique de *l'amino-acidurie*. Depuis longtemps on savait que les affections hépatiques, font monter l'excrétion de la leucine et de la tyrosine par l'urine. On caractérisait autrefois ces deux substances par l'examen microscopique. Il suffit, en effet, de concentrer l'urine, préalablement déféquée avec du sous-acétate de plomb, au 1/10 de son volume primitif. On laisse refroidir ; la tyrosine et la leucine se précipitent. La première se présente sous l'aspect de fines aiguilles réunies en houppes ou en doubles pinceaux ; la seconde forme de petites sphères amorphes ou striées, solubles dans l'alcool bouillant et insolubles dans l'éther.

Aujourd'hui que l'on possède une méthode très simple pour le dosage des *acides aminés*, on a pu faire des constatations cliniques fort intéressantes. On dose les acides aminés et l'ammoniaque par la méthode de Sörensen, modifiée par Ronchèse : à 10 cmc. d'urine étendue à 100 cmc. par de l'eau distillée privée d'acide carbonique par une ébullition préalable, on ajoute quelques gouttes de phénolphtaléine ; on neutralise par addition de soude décinormale jusqu'à coloration rose pâle. On verse alors 20 cmc. d'une solution commerciale de formol, préalablement additionnée de son volume d'eau et neutralisée par la soude ; le formol décompose les sels ammoniacaux, et s'unit à l'ammoniaque pour former de l'hexaméthylène-tétramine. Ce corps n'influençant pas la phénolphtaléine, les acides mis en liberté agissent sur cet indicateur, et lui font prendre une coloration jaune. On devra ajouter la solution de soude décinormale jusqu'à réapparition de la coloration rose. Pour connaître la quantité d'ammoniaque, il suffira de multiplier par 0,17 le volume de soude utilisé. La quantité d'azote sera obtenue en multipliant par 0,824 la quantité d'ammoniaque.

Le résultat fourni par le dosage indique à la fois la teneur en ammoniaque et en acides aminés. Si l'on veut séparer les deux groupes de substances, on peut doser l'ammoniaque par le procédé de Schlesing. Il consiste à placer sous une cloche hermétiquement close un vase contenant 25 cmc. d'urine filtrée ; après y avoir ajouté de 10 à 15 cmc. d'un lait de chaux assez clair. L'ammoniaque est mise en liberté et on l'absorbe par une solution déci-normale d'acide sulfurique, dont on a versé 10 cmc. dans un grand récipient. Au bout de 3 jours, on dose l'acidité et par différence on connaît la quantité d'ammoniaque fixée. On peut encore précipiter l'ammoniaque à l'état de phosphate ammoniaco-magnésien, en ajoutant de l'hydrate de magnésie et du phosphate de soude et en prolongeant le contact pendant 24 heures. On fait ensuite un deuxième dosage, qui indiquera la teneur en acides aminés ; par différence on obtiendra la quantité d'ammoniaque.

L'élimination des acides aminés par l'urine oscille normalement entre 0,1 et 0,3 par 24 heures. Dans les cas de cirrhose hépatique, de cancer du foie, d'ictère catarrhal ou d'ictère grave, elle s'élève à 0,5 et 0,9. Le rapport de l'azote des acides aminés à l'azote total varie suivant les régimes. D'après Bith il est de 0,8 dans le régime végétal, de 1,3 o/o dans le régime lacté et s'élève à 3 et 5 o/o sous l'influence du régime carné. Dans la cirrhose, malgré le régime lacté auquel les malades sont soumis, le rapport oscille entre 2,5 et 5 o/o et, dans les affections destructives du foie, il peut atteindre 8 et même 12 o/o.

Pour mieux mettre en évidence l'état fonctionnel du foie, Glässner a proposé de faire ingérer au malade des acides aminés. Il faisait prendre 5 gr. de glycocolle. Frey conseille 10 à 20 gr. d'un mélange de glycocolle, alanine et acide aspartique. Il est plus simple d'avoir recours, suivant le procédé de Marcel Labbé et Bith, à la peptone.

Le sujet étant mis au régime lacto-végétarien, on dose les acides aminés et l'azote total pour établir le rapport entre ces deux états de l'excrétion azotée. Puis on fait prendre 20 gr. de peptone et l'on dose pendant les deux jours suivants, les acides aminés de l'urine et l'azote total. Chez les sujets normaux ce rapport ne change pas. Au cours de l'ictère catarrhal, l'épreuve est généralement négative. Dans la cirrhose de Laënnec, le résultat varie suivant la période. Dans la cirrhose tuberculeuse, la proportion de l'azote aminé est le plus souvent augmentée. Au cours du cancer hépatique, les résultats ont été variables : positifs dans un cas de Labbé et Bith et dans deux cas de Masuda, négatifs dans les cas de Glässner.

Voilà donc une méthode assez simple qui fournit quelques renseignements intéressants sur l'état fonctionnel du foie.

On peut aussi doser les acides aminés dans le sérum. Chez l'homme normal, l'azote titrable au formol est, d'après Morel et Mouriquand, inappréciable, si l'on opère après désalbumination. Mais si l'on fait le dosage sans se débarrasser de l'albumine, on trouve de 0,1 à 0,4 et le rapport avec l'azote total est compris entre 0,05 et 4 o/o. Une augmentation de l'azote titrable au formol et un abaissement du coefficient azotémique traduisent une insuffisance hépatique. Une élévation rapide de l'azote aminé comporte un mauvais pronostic et acquiert ainsi une certaine importance.

Brodin a proposé de déterminer l'état du foie en dosant dans le sérum l'azote total et en déterminant la part qui revient dans le chiffre ainsi obtenu, d'une part, à l'azote uréique et ammoniacal et, d'autre part, à l'azote non uréique. Dans ce but, après désalbumination par adjonction au sérum d'un égal volume d'acide trichloracétique à 20 o/o, on fait le dosage de l'azote total. Pour le dosage de l'urée et de l'ammoniaque on emploie la méthode à l'hypobromite. L'azote uréique retranché de l'azote total donne l'azote résiduel. Chez les sujets normaux la quantité reste toujours inférieure à 0 gr. 1 par litre. Elle ne se modifie pas au cours des affections rénales. Elle s'élève au contraire dans les affections hépatiques. Brodin a trouvé 0,12 à 0,25 dans les cirrhoses cardiaques; 0,12 à 0,16 dans les cirrhoses atrophiques; 0,12 à 0,20 dans les ictères catarrhaux, les angiocholites, le cancer du foie. Au contraire, dans la colique hépatique, sans infection, les chiffres restent normaux.

Crise hémoclasique. — Widal, Abrami et Iancovesco ont proposé de déterminer l'état fonctionnel du foie par la recherche de ce qu'ils ont appelé la *crise hémoclasique*. Ils admettent que dans les premières heures de la période digestive, des produits azotés insuffisamment transformés, albumoses et peptones, passent dans la veine porte. Dans les conditions normales, ils sont retenus par le foie. Quand la glande est altérée, cette fonction protéopexique se trouve déficiente. Chez les sujets sains, l'absorption des aliments azotés provoque de l'hyperleucocytose ; la pression reste normale ou tend à s'élever ; l'indice réfractométrique du sérum augmente. Il en est de même dans les états pathologiques où le foie est indemne. Si la glande est altérée, il suffit de faire absorber 200 gr. de lait pour que la crise éclate ; chez certains malades, des doses de 50 et même de 25 gr. ont été suffisantes.

L'épreuve est très simple. Le sujet étant à jeun depuis la veille au soir, on établit son équilibre vasculo-sanguin, puis on lui fait absorber 200 gr. de lait et l'on poursuit l'examen du sang de 20 en 20 minutes. On peut, si l'on veut faire une étude complète, rechercher les variations des différents éléments de la crise ; en pratique il suffit de faire la numération des leucocytes, qui diminuent de 50 et même de 75 o/o. Les résultats sont souvent manifestes déjà au bout de 20 minutes ; dans la plupart des cas ils sont à leur apogée au bout de 40 minutes.

Cette méthode a encore permis de reconnaître que le traitement par le novarsénobenzol retentit constamment sur le foie. De même agissent les inhalations de chloroforme et, plus rarement, d'éther. La fonction protéopexique, déterminée par la crise hémoclasique, est également atteinte au cours des infections aiguës, au cours de l'appendicite, dans les maladies hémorragipares. Les résultats sont d'autant plus intéressants que le choc digestif des hépatiques est purement sanguin ; il se réduit à une crise hémoclasique sans aucune autre manifestation appréciable, objective ou subjective. Dans bien des cas, le trouble de la fonction protéopexique apparaît comme un phénomène isolé et constitue le seul témoin d'un hépatisme latent.

LE SYNDROME DE L'INSUFFISANCE HÉMOCRASIQUE. — Sous le nom de « syndrome hémocrasique du foie » P.-E. Weil, Bocage et Isch-Wall ont décrit l'ensemble des troubles attribuables aux modifications de la coagulation sanguine. C'est d'abord l'*irré-tractilité du caillot*, ou tout au moins une rétractilité incomplète, ayant pour conséquence une exsudation de sérum, faible ou nulle. Le sérum exsudé est plus jaune que normalement (*hypercholémie*). Le caillot, pour peu qu'il se rétracte, est peu résistant et s'émiette, surtout à sa partie inférieure.

Cet *émiettement du caillot* n'est que le prélude de la *redissolu-tion du caillot* : au bout de 3 ou 4 jours la moitié de la masse solide est liquéfiée ; dans quelques cas, la liquéfaction est complète en 48 heures. Ces transformations traduisent l'exagération d'un phénomène normal : tout caillot sanguin est condamné à disparaître par autolyse ; mais la digestion ne commence guère avant le quatrième jour et reste fort incomplète. Les modifications de la coagulation dépendent, en partie, de l'insuffisance des *hématoblastes*, dont le nombre tombe de 250.000, chiffre normal, à 150.000 et même 90.000 et 45.000.

Le *retard de la coagulation* du sang, qui explique la persistance de certaines hémorragies chez les individus atteints d'affections hépatiques, est un phénomène de même ordre que les précédents, souvent très marqué, le caillot ne commençant à se former qu'au bout de 45 minutes, une et même plusieurs heures.

On complétera l'examen clinique en déterminant le *temps de saignement*. Il suffit, suivant le procédé conseillé par Duke, de faire une petite piqûre au lobule de l'oreille et d'éponger avec un papier buvard, toutes les demi-minutes, la gouttelette de sang qui s'écoule. A l'état normal l'hémorragie dure de trois minutes à trois minutes et demie. Chez les hépatiques, les temps de saignement sont augmentés, mais variables, un effort compensateur se produisant qui par moments ramène l'écoulement à la durée normale. L'augmentation du temps de saignement est plus fréquente dans le sexe féminin. Elle constitue un signe précis d'intolérance à certains médicaments, comme les arsénobenzènes, et peut servir à guider le traitement.

Examens urinaires. — Nous ne pouvons décrire toutes les méthodes qui permettent de doser dans l'urine et dans le sang les diverses substances dont les variations traduisent les modifications fonctionnelles du foie. Presque tous les corps que la

chimie biologique a fait connaître subissent l'influence de la glande
hépatique. Il nous suffira de rappeler quel intérêt s'attache à la
détermination de l'*acide urique* qui est assez facile et de l'*allantoïne*, qui est beaucoup plus délicate. Nous avons déjà parlé de
la présence de la *créatine*, qui remplace la créatinine dans un
grand nombre d'affections hépatiques.

Le dosage de la *cholestérine* est entré dans la pratique médicale depuis les travaux de Chauffard et Grigaut. Nous ne pouvons décrire les méthodes auxquelles on a recours. Il suffit de
signaler l'intérêt qui s'attache à cette recherche.

Troubles de la circulation portale. — Le syndrome de l'hypertension portale, tel qu'il a été décrit par Gilbert et Villaret, se
traduit surtout par des troubles que révèle la simple exploration
clinique : ascite, circulations collatérales, œdèmes, hypertrophie
de la rate. On complète l'examen en prenant la pression artérielle et en recueillant les urines pour en déterminer la quantité
et savoir dans quelles proportions se fait l'émission aux divers
moments de la journée.

L'*oligurie* est de règle. L'*anisurie* est une véritable ataxie de
l'élimination urinaire, consistant en des oscillations brusques,
répétées et accusées au début des 24 heures. Sous le nom d'*isurie*,
Gilbert et Lippmann ont décrit un nouveau symptôme, fréquent
à la période terminale des cirrhoses avec ascite et caractérisé
par l'égalité du taux urinaire quotidien.

Le plus précoce et le plus important des symptômes d'hypertension portale est l'*opsiurie*. Au lieu d'être immédiatement
consécutive aux repas, la polyurie alimentaire est retardée de
3 à 4 heures.

Il y aurait même lieu de décrire une opsiurie normale.

En soumettant un sujet sain à un régime alimentaire ne contenant que des substances solides et en lui faisant boire régulièrement 100 gr. d'eau par heure, à raison de 25 cmc. par
15 minutes, P. Violle a constaté une opsiurie digestive. La
moyenne de l'élimination urinaire tombe de 150 gr. à 45 gr.
pendant les 4 heures qui suivent chaque repas. Violle explique
cette intéressante constatation par la congestion physiologique
du système porte dont la pression, comme l'a montré Rosapelly,

monte pendant la période digestive de 7-14 à 16-24 mm. Il semble plus simple de l'attribuer aux nombreuses sécrétions qui se produisent et utilisent toute l'eau disponible.

*
* *

Nous n'avons pu qu'indiquer rapidement les méthodes d'analyse qui permettent de déterminer avec plus ou moins de précision le fonctionnement du foie. Il nous a semblé intéressant de résumer en un tableau les diverses recherches qu'on est appelé à faire, quand on veut profiter des moyens d'exploration que les sciences biologiques mettent actuellement à la disposition de la clinique. Sans doute, il n'est pas constamment nécessaire d'avoir recours à ces méthodes scientifiques, souvent longues et toujours délicates. Dans la plupart des cas, l'examen clinique fournit les renseignements suffisants à la pratique. C'est seulement quand on se trouve en face d'un cas difficile ou quand on veut poursuivre des recherches originales, qu'il faut utiliser les procédés que nous avons groupés dans le tableau suivant :

I. — TROUBLES DE LA FONCTION BILIAIRE

A. — Rétention ou surproduction de bile.
    Conséquences cliniques :
        Ictère.
        Coloration de la peau et des muqueuses.
        Décoloration des matières fécales. Troubles de la ⎫
           digestion des aliments et surtout des graisses. ⎪ Rétention
           Exagération des putréfactions intestinales. ⎬ biliaire
           Prurit. Bradycardie. ⎭
    Analyse des urines :
        Recherche des pigments biliaires.
        Recherche de l'urobiline.
        Recherche des acides biliaires.
        Recherche des produits attribués aux putréfactions intestinales
           (acides sulfo-conjugués, dérivés scatoliques).
    Analyse des matières fécales :
        Recherches des éléments de la bile.
        Dosage des matières grasses.
    Examen du sang :
        Recherches des pigments biliaires et de l'urobiline.
        Recherche des hémoconies.

Détermination de la résistance globulaire.
Recherche des iso et autolysines.
Recherche éventuelle des parasites et des anticorps.
B. — Insuffisance de la fonction biliaire.
Examen et analyse des matières :
Recherche des pigments (acholie pigmentaire) et des graisses.
Recherche du mucus et des muco-membranes.

2. — Troubles de la fonction glycogénique

Etude des glycosuries provoquées :
Glycosurie alimentaire.
Glycosurie adrénalinique et phloridzique.
Dosage du sucre dans le sang.
Recherche de la glycuronurie : épreuve du camphre.

3. — Troubles de la fonction antitoxique

Eliminations provoquées.
Détermination de la toxicité urinaire.
Recherche de la glycuronurie : épreuve du camphre.

4. — Troubles de la fonction cétonique

Détermination de l'acidose : épreuve de Sellar.
Recherche de l'acide acétylacétique : réaction de Gerhardt.
Recherche de l'acétone.
Recherche de l'acide β-oxybutyrique.

5. — Troubles des fonctions protéopexique et protéolytique

Analyse des urines :
Recherche de l'albumine, des albumoses et des peptones.
Dosage de l'urée, des acides aminés, de l'azote total.
Dosage de l'ammoniaque.
Epreuves de l'amino-acidurie provoquée et de l'ammoniurie provoquée.
Dosage de l'azote colloïdal.
Examen du sang :
Dosage de l'azote total ; des acides aminés ; de l'azote uréique ; de l'azote résiduel.
Etude de la crise hémoclasique.
Recherche de l'insuffisance hémocrasique.

6. — Troubles de la fonction nucléolytique

Dosage de l'acide urique dans l'urine et dans le sang.
Recherche de l'allantoïne.

7. — Troubles de la fonction créatinique

Recherche et dosage de la créatine et de la créatinine dans l'urine.

8. — Troubles de la fonction cholestérique

Dosage de la cholestérine dans le sang.

9. — Troubles de la circulation portale

Conséquences cliniques :
> Ascite. Circulations collatérales. Œdèmes. Abaissement de la pression artérielle.

Modifications de la sécrétion urinaire :
> Oligurie. Opsiurie. Anisurie. Isurie.

10. — Troubles de la fonction thermogène

Monothermie. Hyperthermie. Fièvre hépatalgique. Hypothermie.

RÉSUMÉ

La multiplicité et l'importance des fonctions dévolues au foie expliquent le volume considérable de cet organe, son apparition précoce chez l'embryon, l'activité de sa circulation sanguine. Par un trait de génie, Galien avait saisi le rôle primordial que le foie remplit dans l'organisme ; il avait compris que les substances alimentaires, introduites dans l'intestin, ne pouvaient être utilisées qu'après avoir subi dans la glande hépatique une transformation ultime. Cette conception, conservée comme un dogme par le Moyen Age, fut violemment attaquée à la Renaissance. L'Ecole anatomique s'inscrivit en faux contre l'idée ancienne et, se limitant aux observations faites sur le cadavre, prétendit restreindre le rôle de la glande à la seule sécrétion de la bile. Les travaux de Cl. Bernard nous ramenèrent à une plus large compréhension des choses ; ils fondèrent véritablement la physiologie du foie ; car aux hypothèses intuitives, toujours chancelantes, ils substituaient des déductions tirées d'expériences inattaquables. Dès lors, le doute n'était plus possible ; on dut se rendre à l'évidence. Mais une idée allait surgir, qui risqua d'arrêter le progrès. Pour mieux souligner l'importance de la fonction glycogénique nouvellement découverte, quelques savants pensèrent que le foie est un organe formé par la fusion de deux glandes distinctes. Il serait l'homologue du pancréas et de la rate. La glande biliaire correspondrait à la glande pancréatique, pourvue comme elle d'un conduit excréteur ; la glande glycogénique serait une glande close, analogue à la rate. Les travaux ultérieurs devaient montrer ce que cette théorie avait de spécieux et de factice. La glycogénie n'est qu'une modalité de l'activité chimique du foie. Celui-ci n'agit pas seulement sur les hydrates de carbone, il retient et transforme la plupart des substanes organiques, les graisses, les albumines et leurs dérivés, les produits de la digestion et de la désassimilation, les produits glandulaires et les poisons microbiens. En un mot, il arrête la plupart des substances que lui amène la veine porte et leur fait subir de profondes modifications.

Par une de ces antithèses, dont l'histoire des sciences nous fournit tant d'exemples, tandis qu'on exaltait l'importance des fonctions internes du foie, on essayait de diminuer son rôle dans l'excrétion de la bile. On est arrivé à prétendre qu'il ne fabrique ni le pigment ni les sels biliaires; il ne ferait que les enlever au sang; leur formation devrait être reportée en d'autres points de l'organisme et le foie, comme le rein, ne serait qu'un filtre électif. La théorie est trop récente pour qu'on puisse porter un jugement définitif. Nous lui avons objecté quelques faits qui lui semblent peu favorables et nous persistons à penser que la formation des produits biliaires incombe à la cellule hépatique. Mais il faut le reconnaître, tant qu'on n'aura pas reproduit, en dehors de l'organisme, au contact des extraits de foie ou par la méthode des circulations artificielles, du pigment et des sels biliaires, un doute pourra persister.

Si l'on formule des objections contre la fonction qui, de tout temps, semblait dévolue au foie sans conteste possible, on admet aujourd'hui les fonctions chimiques que la science moderne nous a fait connaître.

Ces fonctions sont mises sous la dépendance de ferments.

Ceux-ci, suivant une loi qui semble générale, exercent des actions réversibles. Ainsi les ferments qui donnent naissance au glycogène en déshydratant et polymérisant le glycose, reforment du glycose en hydratant et scindant le glycogène. Ils travaillent dans un sens ou dans un autre, leur intervention ayant simplement pour effet d'établir un état d'équilibre entre plusieurs substances mises en contact. La conception contient, cela va sans dire, une part d'hypothèse, puisque nous ne savons rien de la nature ni de la constitution des ferments. Nous observons des phénomènes que nous rapportons à des substances hypothétiques.

Si nous acceptons facilement les recherches sur la multiplicité et la complexité des fonctions hépatiques, c'est que les travaux modernes démontrent que tous les organes remplissent dans l'économie des rôles nombreux et variés. A côté d'une fonction nettement apparente, qui accapare et fixe tout d'abord l'attention, chaque glande, on pourrait presque dire chaque cellule, intervient dans une foule de manifestations accessoires. Rien d'instructif comme l'histoire du poumon, qui, jusque dans ces derniers temps, était considéré comme servant exclusivement aux échanges respiratoires. On discutait sur la loi qui les régit ; on les expliquait par des phénomènes osmotiques, ou bien on invoquait un mécanisme spécial échappant plus ou moins complètement aux données actuelles de la physique. On sait aujourd'hui, qu'en plus de sa fonction apparente, le poumon joue un rôle fort complexe ; il arrête et transforme certains alcaloïdes ; il assure l'oxydation de diverses substances dont plusieurs sont toxiques ; il intervient dans la coagulation du sang ; il lance dans la circulation des produits autolytiques actionnant le système nerveux cardio-vasculaire ; il arrête les graisses et les lipoïdes déversés par le canal thoracique dans le système veineux. Cette action lipopexique est complétée par une action lipodiérétique. La graisse emmagasinée est partiellement détruite, en même temps que sont détruits certains lipoïdes, la cholestérine par exemple.

La lipodiérèse n'appartient pas exclusivement au poumon. Le foie agit avec autant d'énergie et, s'il ne vient qu'en seconde ligne, c'est que les graisses absorbées dans l'intestin sont déversées par le canal thoracique dans la veine sous-clavière gauche ; elles traversent d'abord le poumon qui les arrête et les transforme. Les autres organes interviennent aussi, à un degré moindre, mais tous détruisent les graisses, comme ils détruisent le glycose et les acides aminés ; tous agissent sur la plupart des substances organiques que la chimie nous a fait connaître.

Ainsi les fonctions, qu'on voulait autrefois localiser, sont diffuses ; mais une sorte d'évolution s'est produite, ayant fait que certaines propriétés se sont développées dans certains amas cellulaires, tandis que d'autres ont diminué et ont fini par disparaître. Le foie semble avoir conservé et même exalté la plupart des activités chimiques répandues dans l'organisme ; il accomplit des réactions qui, sans être exclusives, sont prépondérantes. Les progrès de la chimie biologique ont toujours eu pour conséquence d'étendre nos connaissances sur la physiologie du foie, car cette glande intervient constamment pour arrêter ou modifier les corps ou les groupements dont l'analyse révèle la présence dans les organes et les tissus.

La plupart des modifications chimiques que le foie accomplit exigent la présence du glycogène, comme nous l'avions établi, dès 1886, en étudiant l'action du foie sur les poisons. Cette corrélation s'explique facilement par la formation d'un glycoside se transformant par oxydation en un acide glycuronique conjugué. En s'unissant au sucre, la substance perd son pouvoir toxique et acquiert la propriété de passer facilement à travers le filtre rénal.

Le glycogène n'est pas moins utile dans un grand nombre d'autres manifestations de l'activité hépatique et ce résultat établit une certaine corrélation entre les diverses fonctions du foie.

Il existe aussi des collaborations intimes entre le foie et les autres glandes. Nous avons montré, à plusieurs reprises, que les organes éloignés peuvent travailler à une même fonction, la coordination étant assurée soit par le système nerveux, soit par les sécrétions internes. Ces synergies fonctionnelles, dont nous commençons seulement à comprendre l'importance, expliquent un grand nombre de sympathies morbides. Rien d'intéressant, sous ce rapport, comme l'étude de la glycogénie hépatique. En accumulant le glycogène, le foie met en réserve l'élément principal des manifestations énergétiques. Il est ainsi le collaborateur du muscle et lui fournit le sucre consommé pour la production des mouvements. Mais la glycogénie, c'est-à-dire l'accumulation du glycose sous forme de glycogène et l'excrétion du glycogène à l'état de glycose, est réglée par un triple mécanisme : l'un nerveux, mis en évidence par la piqûre du quatrième ventricule ; un autre humoral, intervenant chaque fois que se modifie la teneur du sang en glycose ; un dernier hormonal, expliquant l'influence du pancréas, des capsules surrénales, de l'hypophyse, de la thyroïde sur la glycémie et sur le développement des glycosuries.

Rappelons encore, sans y insister, les relations qui unissent, tant à l'état physiologique qu'à l'état pathologique, le foie au tube digestif, à la rate, au rein, au système cardio-vasculaire, au système nerveux et nous comprendrons comment la conception des corrélations fonctionnelles s'est peu à peu substituée aux données trop étroites des constatations anatomiques.

L'étude de la physiologie normale et pathologique du foie fait passer en revue la plupart des fonctions de l'organisme ; elle nécessite des incursions continuelles sur le terrain de la chimie biologique ; elle montre l'intervention constante de la glande dans la plupart des transformations que subissent les matières organiques ; elle peut servir d'introduction à l'étude de la physiologie générale. Aussi de nombreux savants continuent-ils à poursuivre des recherches sur le fonctionnement du foie. Les résultats obtenus, pour importants qu'ils soient, n'ont point donné les solutions définitives, chaque découverte nouvelle ne faisant que préparer la voie aux investigations futures. Il est probable, sinon certain, que bien des conceptions actuellement admises se modifieront, que bien des faits nouveaux surgiront qui viendront ébranler les hypothèses, les plus solides en apparence. Cette évolution incessante ne doit pas empêcher de fixer, à certains moments, l'état de la Science. C'est ce que nous avons essayé de faire dans ce livre.

Nous n'avons pas la prétention d'avoir rédigé un ouvrage complet et, malgré nos recherches bibliographiques, nous avons dû omettre bien des travaux intéressants. Mais ce que nous avons voulu faire ressortir, c'est que des progrès considérables ont été réalisés en ces dernières années, et cependant l'éclat des découvertes modernes n'a pas dissipé toutes les ténèbres : bien des questions restent obscures, bien des résultats paraissent douteux, bien des problèmes demandent des recherches complémentaires.

Indiquer les lacunes ou les imperfections de la Science, c'est montrer la route ouverte au progrès, c'est donner les meilleurs moyens de marcher vers de nouvelles conquêtes. Ne nous arrêtons jamais dans la voie des recherches ; ne nous endormons pas sur les résultats acquis. Que notre curiosité toujours en éveil, s'efforce sans cesse de pénétrer plus avant les secrets qui se dérobent. Il faut être persuadé que jamais un sujet n'est épuisé. Alors même qu'on croit avoir obtenu la solution complète de tous les problèmes qui se posent, une découverte surgit qui ébranle les assises de nos connaissances. Le travail opiniâtre et incessant des chercheurs n'aboutit qu'à des résultats incomplets et approximatifs. Malgré l'importance des progrès qui ont été réalisés en ces dernières années, nous sommes persuadé que l'avenir ouvrira de nouveaux chapitres à la physiologie normale et pathologique du foie.

INDICATION CHRONOLOGIQUE

DES TRAVAUX DE L'AUTEUR SUR LA

PHYSIOLOGIE NORMALE ET PATHOLOGIQUE DU FOIE.

1886. 1. Note sur le rôle du foie dans les intoxications. *Soc. de Biologie,* 13 février, 2e note, *Ibid.,* 31 juillet.

2. Rôle antiseptique de la bile (en collab. avec Charrin). *Ibid.,* 7 août.

3. Contribution à l'étude des glycosuries d'origine hépatique. *Revue de Médecine,* novembre.

1887. 4. Influence du jeûne sur la résistance des animaux à quelques alcaloïdes toxiques. *Soc. de Biologie,* 19 mars.

5. Action du foie sur les poisons. *Thèse de doctorat,* Paris, 24 mars.

6. Rôle du foie dans les auto-intoxications. *Gazette des hôpitaux,* 28 mai.

7. Veine porte (développement, physiologie, pathologie). *Dict. encyclop. des Sciences médicales,* 2ᵉ série, t. XXVI, 18 novembre.

1889. 8. Un rôle protecteur du foie. *Congrès de Physiologie,* Bâle, 12 septembre.

1890. 9. Note sur l'anatomie pathologique de la tuberculose du foie chez la poule et le faisan (en collab. avec Cadiot et Gilbert). *Soc. de Biologie,* 18 octobre.

1891. 10. Angiocholites microbiennes expérimentales (en collab. avec Charrin). *Ibid.,* 21 février.

11. Note sur un procédé d'injection dans les voies biliaires. *Ibid.,* 21 février.

12. Toxicité des extraits de tissus normaux. *Ibid.,* 31 octobre.

1892. 13. Action du foie sur la strychnine. *Archives de Physiologie,* janvier.

14. Toxicité urinaire et glycosurie alimentaire dans les maladies du foie. *Gazette hebdomadaire,* 20 février.

15. Extirpation totale du foie chez la grenouille; durée de la survie. *Soc. de Biologie,* 11 juin.

16. Le foie et l'uropoèse. *Gazette hebdomadaire,* 5 novembre.

1893. 17. Physiologie normale et pathologique du foie. 1 vol. de l'*Encyclopédie des Aide-Mémoire,* Gauthier-Villars et Masson, édit., 20 février.

18. Lésions hépatiques d'origine infectieuse. *Soc. de Biologie*, 1er juillet.

19. Note sur les variations de la glycogénie dans l'infection charbonneuse. *C. R. Acad. des Sciences*, 9 octobre.

1894. 20. Recherches sur les variations de la glycogénie dans l'infection charbonneuse. *Archives de Physiologie*, janvier.

21. Quelques travaux récents sur le rôle du foie dans les auto-intoxications. *Revue générale des Sciences*, 15 février.

22. Des lésions et des troubles hépatiques dans quelques infections. *La Presse médicale*, 26 mai.

1897. 23. La fonction protectrice du foie. *Ibid.*, 26 juin.

24. Sur le rôle protecteur du foie contre l'infection charbonneuse. *Soc. de Biologie*, 9 octobre.

1898. 25. Sur les effets des inoculations microbiennes dans les diverses parties du système circulatoire. *Ibid.*, 12 mars.

26. Action des organes sur la strychnine. *La Presse médicale*, 16 avril.

27. Les organes protecteurs contre les infections. *Ibid.*, 15 juin.

28. Sur un procédé permettant de déterminer l'état fonctionnel du foie (en collab. avec Garnier). *Soc. de Biologie*, 2 juillet.

29. De quelques conditions qui modifient l'action du foie sur les microbes. *Ibid.*, 15 octobre.

30. Le rôle du foie dans les infections. *La Presse médicale*, 21 décembre.

1899. 31. Influence du jeûne et de l'alimentation sur le rôle protecteur du foie (en collab. avec Garnier). *Soc. de Biologie*, 18 mars.

32. Nouvelles recherches sur le rôle du foie dans les infections. *Ibid.*, 14 octobre.

33. Le rôle protecteur du foie et du poumon. *Cinquantenaire de la Soc. de Biologie*, p. 213, 27 décembre.

1900. 34. De la fièvre typhoïde à forme hépatique. *La Presse médicale*, 28 février.

35. Des modifications anatomiques et chimiques du foie dans la scarlatine (en collab. avec Garnier). *Revue de Médecine*, mars.

36. Note sur les nodules infectieux du foie dans la variole (en collab. avec P. E. Weil) *Soc. de Biologie*, 3 novembre.

1901. 37. Recherches sur l'état du foie dans l'érysipèle et les infections à streptocoque (en collab. avec Garnier). *Revue de Médecine*, 10 février.

38. Etude anatomique et chimique du foie dans la variole (en collab. avec Garnier). *Archives de méd. exp.*, septembre.

39. *Les maladies infectieuses.* 1 vol. grand in-8° de 1520 p. Paris, Masson, édit. (Action du foie sur les microbes, pp. 234-251 ; sur les toxines microbiennes, pp. 251-257 ; rôle du foie dans la fièvre, pp. 637-640 ; modifications des fonctions hépatiques dans les infections, pp. 1040-1091).

1904. 40. Article Foie : action sur les poisons et sur les microbes : physiologie pathologique et pathologie générale. *Dictionnaire de Physiologie de Ch. Richet*, t. VI, pp. 732-746, 13 février.

41. Développement du bacille charbonneux dans les réseaux d'origine de la veine porte (en collab. avec Garnier). *Soc. de Biologie*, 20 mai.

1905. 42. La coagulation de la mucine. *Ibid.*, 11 novembre.

1906. 43. Action du foie sur les extraits intestinaux (en collab. avec Josué). *Ibid.*, 24 mars.

44. Les poisons du tube digestif (en collab. avec Garnier). *Revue de Médecine*, août et décembre.

45. Les substances hypotensives des parois intestinales (en collab. avec Josué). *Journal de Physiologie et de Pathologie générale*, 15 juillet.

1907. 46. *Alimentation et digestion.* 1 vol. in-8⁰ de XI-524 p. Paris, Masson et Cie, édit. (Action du foie sur l'alcool, p. 54 ; le fer pp. 68-70 ; toxicité des extraits, pp. 91-92 ; action sur les poisons colibacillaires, p. 375 ; sur les poisons putrides et intestinaux, pp. 392, 408, 419-422, 441, 507 ; hypothermie par insuffisance hépatique, p. 376 ; lésions du foie d'origine intestinale, pp. 487, 505-507).

47. Les variations de l'eau dans l'organisme des inanitiés. *La Presse médicale*, 16 octobre.

1908. 48. Sur un cas de cholécystite à bacille paratyphique B (en collab. avec Demanche). *Soc. médicale des hôpitaux*, 14 février.

1909. 49. Les produits de dégradation des albumines ; leur toxicité. *Journal de Physiologie et de Pathologie générale*, mai.

50. Les fonctions du foie. *La Presse médicale*, 10 novembre.

51. Influence de la bile sur la production des poisons putrides dans l'intestin. *Soc. de Biologie*, 4 décembre.

1910 52 *Digestion et nutrition.* 1 vol. in-8⁰ de XIII-624 p. Masson et Cie, édit. (Ferments hépatiques, pp. 21-56, 248-257 ; 366-369, 527 ; action du foie sur les hydrates de carbone, pp. 21, 79, 242-249, 264-289 ; sur les graisses pp. 356-369, 390-398, 409-414 ; sur les albumines et leurs dérivés, pp. 498, 516, 527-530, 550, 586 ; sur les poisons, pp. 243, 280, 430, 609).

53. Les fonctions du foie. *La Revue du mois*, 10 février.

54. Influence de la bile sur les fermentations microbiennes. *Soc. de Biologie*, 19 mars ; 30 mars ; 20 avril.

55. La toxicité de la bile. *La Presse médicale*, 27 mars.

56. Influence des extraits et des sels biliaires sur les fermentations microbiennes. *Soc. de Biologie*, 27 avril.

57. Action de la bile sur les matières protéiques. *Ibid.*, 29 juin.

58. Influence de la bile sur la putréfaction des matières azotées. *Ibid.*, 27 juillet.

59. Influence de la bile sur les fermentations microbiennes des hydrates de carbone. *Archives de méd. exp.*, juillet.

60. Le paradoxe de l'acholie intestinale. *La Presse méd.* 2 octobre.

1913. 61. Quelques considérations sur le rôle de la bile. *Ibid.*, 17 février.

62. Influence de la bile sur les putréfactions intestinales. *Archives des maladies de l'appareil digestif*, mars.

63. Action des liquides isotoniques et isovisqueux en injections intra-vasculaires (en collab. avec Garnier). *Archives de méd. exp.*, mai.

64. Action du *Bacillus mesentericus vulgatus* sur l'amidon ; influence de la bile et des sels biliaires. *Ibid.*, juillet.

1914. 65. Les intoxications et les auto-intoxications. *Nouveau Traité de Pathologie générale*. Paris, Masson et Cie édit., t. II, pp. 1-486. (Action du foie sur les poisons, pp. 75-86 ; toxicité des extraits de tissus, pp. 216-225 ; de la bile, p. 227 ; auto-intoxications d'origine hépatique, pp. 271-281 ; acétonémie et acidose, pp. 328-334 ; action des poisons sur la sécrétion biliaire, pp. 437-439 ; lésions hépatiques d'origine toxique, pp. 469-471).

1915. 66. La glycuronurie normale et pathologique (en collab. avec Chiray). *Acad. de méd.* 13 avril.

67. La glycuronurie normale et pathologique. *Soc. méd. des hôpitaux*, 30 avril.

68. La glycuronurie dans le cancer. *Ibid.*, juin.

69. Le rôle antiputride de la bile. *Annales de l'Institut Pasteur*, novembre.

70. Note sur la recherche de l'acide glycuronique dans l'urine. *Soc. de Biologie*, 18 décembre.

1916. 71. La glycuronurie ; ses variations dans les affections hépatiques. *La Presse médicale*, 18 mai.

72. La glycuronurie dans les affections hépatiques. *Archives des maladies de l'appareil digestif*, 15 octobre.

1917. 73. Les organes protecteurs contre les poisons et les microbes. *Anales de la facultad de Medicina*. Montevideo, octobre et novembre.

1918. 74. Action des extraits d'organes et des autolysats. *La Presse médicale*. 21 novembre.

1920. 75. Le pouvoir réducteur des tissus. *Ibid.*, 17 nov.

1921. 76. Recherches exp. sur le pouvoir réducteur des tissus. *Revue de Médecine*, janvier.

77. Sur l'excrétion intestinale de la bile après occlusion du canal cholédoque (en collab. avec L Binet). *Soc. de Biologie*, 12 mars.

78. Le pouvoir lipolytique des sucs pancréatique et intestinal ; influence de la bile (en collab. avec L. Binet). *Ibid.*, 15 octobre.

1922. 79. Le pouvoir lipolytique du sang et des tissus (en collab. avec L. Binet). *Ibid.*, 14 janvier.

80. Importance et signification de la glycogénie hépatique. *La Presse médicale*, 18 janvier.

81. Le métabolisme des graisses. Lipopexie et lipodiérèse pulmonaires (en collab. avec L. Binet). *Ibid.*, 1er avril.

82. Les actions cardio-vasculaires des extraits hépatiques. *Ibid.*, 24 mai.

TABLE DES MATIÈRES

		Pages
Chapitre premier. —	Considérations générales	1
— II. —	Poids, volume et constitution chimique du foie	10
— III. —	Circulation sanguine	23
— IV. —	La sécrétion biliaire	48
— V. —	Rôle de la bile ; les ictères	89
— VI. —	Glycogénie hépatique	132
— VII. —	Action du foie sur les matières grasses	181
— VIII. —	Action du foie sur les matières protéiques	194
— IX. —	Rôle du foie dans la coagulation du sang	225
— X. —	Action du foie sur les poisons	232
— XI. —	Action du foie sur les microbes	259
— XII. —	Ferments oxydants et réducteurs. Rôle du foie dans la thermogenèse	266
— XIII. —	Fonction martiale du foie	282
— XIV. —	Autolyse hépatique	290
— XV. —	Pathologie expérimentale du foie	323
— XVI. —	Synergies fonctionnelles et sympathies morbides	336
— XVII. —	Exploration fonctionnelle du foie	352
Résumé		389
Indication chronologique des travaux de l'auteur sur la physiologie normale et pathologique du foie		395